Die Ameise

Schilderung ihrer Lebensweise

Die Ameise

Schilderung ihrer Lebensweise

Von

K. ESCHERICH

Dr. med. et phil.

o. ö. Professor an der Universität München

Zweite verbesserte und vermehrte Auflage

Mit 98 Abbildungen

Braunschweig

Druck und Verlag von Friedr. Vieweg & Sohn

1917

ISBN 978-3-322-98076-2 ISBN 978-3-322-98715-0 (eBook)
DOI 10.1007/978-3-322-98715-0

Softcover reprint of the hardcover 2nd edition 1917

Meiner lieben Frau

Emilie geborene Vinnen

in dankbarer Verehrung
gewidmet

Vorwort zur ersten Auflage.

Mehr denn drei Dezennien sind verflossen, seit A. Forels grundlegendes Werk über die schweizerischen Ameisen erschienen. Seit jener Zeit hat — wohl hauptsächlich angeregt durch eben dieses Werk — das Interesse an diesen geselligen Tieren gewaltig zugenommen, und heute darf man wohl sagen, daß kaum ein anderes Insekt einer solch allgemeinen und begeisterten Beliebtheit sich erfreut als die Ameise. Eine stattliche Reihe namhafter Biologen der verschiedensten Richtung (Zoologen, Physiologen, Psychologen usw.) arbeiten heute zusammen, einen Einblick in die intimsten Regungen der Ameisenseele zu gewinnen und die Kräfte aufzudecken, durch welche so viele Tausende von Einzelheiten zu einem geschlossenen Verband vereinigt und zu einem harmonischen Zusammenarbeiten geführt werden.

Von Jahr zu Jahr häufen sich die literarischen Erscheinungen auf diesem Gebiete, Entdeckung folgt auf Entdeckung, eine interessanter und überraschender als die andere, einerseits Lücken ausfüllend, andererseits frühere Anschauungen umstoßend oder verbessernd.

Für den Fernerstehenden ist es ganz unmöglich, dieser Hochflut auch nur einigermaßen zu folgen, und so wurde schon seit längerer Zeit eine dem heutigen Stande unseres Wissens entsprechende Darstellung des Ameisenlebens allerseits als dringendes Bedürfnis empfunden.

Der Zweck der vorliegenden Schrift ist, diesem Bedürfnis nachzukommen. Ich suchte ein Lebensbild der Ameise zu entwerfen, wie es den modernen Forschungsergebnissen gerecht wird, und welches, frei von allem phantastischen Beiwerk, lediglich auf bewiesenen Tatsachen fußt. Man erwarte also keinen Ameisenroman mit den grotesken Phantasien eines Büchner, mit sentimentalen Rührszenen und menschengleichen Heldengestalten, sondern lediglich eine einfache kritisch-referierende Darstellung des wirklich Beobachteten.

Wie der Titel sagt, handelt das Buch ausschließlich von der Lebensweise der Ameise; ich habe daher Morphologie, Anatomie und Systematik nur kurz und fragmentarisch berührt, d. h. nur insoweit, als es für das Verständnis der Biologie erforderlich ist.

Was die Behandlung des Stoffes betrifft, so lag mein Bestreben nicht etwa darin, alles, was je über Ameisen mitgeteilt wurde, im einzelnen aufzuzählen, sondern ich trachtete vielmehr danach, durch kritische Auslese und Vermeidung von unnötigen Wiederholungen zu einer möglichst kurzen[1]) und prägnanten Darstellung zu gelangen. Denn dadurch kann die Übersichtlichkeit des Bildes nur gewinnen. Für diejenigen, welche tiefer in einzelne Gebiete eindringen wollen, ist jedem Kapitel ein ziemlich ausführliches Literaturverzeichnis beigegeben, in welchem die wichtigste einschlägige Literatur zu finden ist.

In dieser Form — so wage ich zu hoffen — dürfte mein Buch sowohl Naturfreunden, welche auf ihren Spaziergängen gelegentlich Ameisenbeobachtungen machen, als auch solchen, die sich selbst forschend betätigen wollen, in gleicher Weise nützlich sein. Sollten, angeregt durch diese Schrift, der Ameisenkunde neue Freunde zugeführt werden, so würde ich dies mit größter Freude begrüßen. Denn unendlich viel gibts noch zu tun, überall stehen noch große Fragezeichen und harren noch wichtige Probleme der Lösung.

Schließlich sei es mir gestattet, allen Freunden, die mir bei der Bearbeitung dieses Buches behilflich waren, sei es durch Ratschläge oder durch Überlassung von Material oder Literatur, herzlichst zu danken. Den größten Dank schulde ich Herrn Dr. A. Ludwig, der mir seine Beihilfe beim Lesen der Korrekturbogen in reichstem Maße schenkte und der sich auch der großen Mühe unterzog, das Register zu verfassen. Endlich fühle ich mich auch den Herren Verlegern für ihr liebenswürdiges Entgegenkommen und die große Sorgfalt, die sie auf die Ausstattung des Buches verwandten, besonders verbunden.

[1]) Da vorliegende Schrift ursprünglich für die im gleichen Verlage erscheinende Sammlung naturwissenschaftlicher Monographien „Die Wissenschaft“, für deren Bände ein begrenzter Raum vorgeschrieben ist, bestimmt war, so sind vielleicht manche Kapitel kürzer ausgefallen als erwünscht.

Straßburg i. Els., im Februar 1906.

K. Escherich.

Vorwort zur zweiten Auflage.

Kurz nach Erscheinen der ersten Auflage wurde ich aus den sonnigen Höhen rein wissenschaftlicher Tätigkeit herausgerissen, um meine Arbeit der praktischen Seite der Insektenkunde, der angewandten Entomologie, widmen zu sollen. Groß und ernst waren die Aufgaben, vor die ich gestellt wurde. Das wärmende Entzücken, das ehedem so oft bei stiller Beobachtung der vielen Wunder des Ameisenstaates meine Adern durchrieselte und mich der kleinlichen Alltagswelt völlig entrückte, erlebte ich in meinem neuen Berufe nicht mehr. Ich lernte dafür die rauhe Seite des Lebens kennen. Wo die Praxis des Lebens, wo das wirtschaftliche Interesse beginnt, da hört die Sonne des rein geistigen Genießens zu scheinen auf und an ihre Stelle tritt eine rauhe Atmosphäre voller leidenschaftlicher Gegensätze und heftiger Widerstände. Hier heißt es, hart zu werden, weder nach rechts noch nach links zu sehen, sondern unbeirrt und geradeaus auf das Ziel, das einem als das richtige vorschwebt, loszumarschieren. Der Weg ist schwierig, Mißverständnisse aller Art, Angriffe schlimmster Sorte, von nah und fern kommend, stellen die Wegsteine dar. So kam ich aus der Welt des ungestörten Forschens und des Friedens in die Welt des Kampfes, eines Kampfes nach allen Seiten. Auch dieser erwärmte, allerdings in anderer Weise als das Glück stiller Naturbeobachtung, nämlich durch das stolze Bewußtsein, die ganze Kraft in den Dienst der Allgemeinheit gestellt und daran mitgearbeitet zu haben, den Kampf gegen die zahllosen Schädiger unserer Volkswohlfahrt zu organisieren. Dieses Bewußtsein ist es, welches für die vielen Enttäuschungen entschädigt und welches dafür sorgt, daß die seit frühester Jugendzeit in der Brust flammende Begeisterung nicht erstickt wird.

Mitten in diesem Kampfleben erreichte mich eines Tages (im Jahre 1913) die Aufforderung des Verlages, eine neue Auflage meines Ameisenbuches zu bearbeiten. Wie eine Aussicht auf eine herrliche

Ferienreise in ein schönes, heiteres Land erschien mir diese Botschaft. Andererseits war ich mir allerdings auch bewußt, daß die Reise mit manchen Schwierigkeiten verbunden sein werde, da die Sturmflut myrmekologischer Literatur seit Erscheinen der ersten Auflage nicht nachgelassen hatte, sondern im Gegenteil noch gewachsen war.

Viele Anschauungen, die in der ersten Auflage vertreten wurden, bedurften einer Korrektur. Ja, einige Kapitel mußten von Grund auf umgestaltet und neubearbeitet werden, so der Abschnitt über die soziale Symbiose (Kapitel VII), über die Beziehungen der Ameisen zu den Pflanzen (Kapitel IX), über die Psychologie (Kapitel X). Auch der systematische Anhang bedurfte einer gründlichen Durchsicht und wesentlichen Erweiterung. Endlich wurde, einem vielfach geäußerten Wunsche aus dem Leserkreise entsprechend, ein weiterer Anhang über die Beschädigungen der Ameisen in Haus und Garten und deren Bekämpfung eingefügt.

Die Textfiguren wurden um nicht weniger als 30 vermehrt, die teils nach Photographien und Zeichnungen hergestellt, teils anderen Arbeiten und vor allem dem großen Wheelerschen Werke entnommen wurden.

Die Neubearbeitung wurde während meines leider nur zu kurzen Aufenthaltes (April bis August 1914) in dem reizenden, lachenden Durlach bei Karlsruhe, umgeben von einem Blüten- und Blumenmeere, begünstigt von den glücklichsten äußeren Umständen, ausgeführt. So gestaltete sich die nach langjähriger Pause wieder aufgenommene Beschäftigung mit meinen alten Lieblingen in der Tat als eine wundervolle Reise in sonnige Gefilde.

Treue Reisebegleiter standen mir zur Seite, die mir manche der Schwierigkeiten, die sich mir in den Weg stellten und von denen ich einige sicherlich allein kaum mehr hätte überwinden können, auf die Seite räumten und so wesentlich zum Gelingen beitrugen: Herr Dr. R. Brun in Zürich, der sich der schwierigen Aufgabe unterzog, das X. Kapitel über die Psychologie neu zu bearbeiten, und sodann mein Freund H. Viehmeyer in Dresden, der den systematischen Teil kritisch durcharbeitete und zum großen Teil neu gestaltete. Herzlichster Dank sei diesen beiden treuen Helfern auch hier gesagt.

Vielen Dank schulde ich ferner Herrn Dr. Alex. Adam und Herrn Dr. Emil Förster (Freiburg) für die äußerst instruktiven Originalzeichnungen der Samentasche und des Stachels, die sie eigens für diese

Auflage angefertigt haben, und ferner Herrn Dr. H. W. Frickhinger, der mich beim Lesen der Korrekturen in freundlicher Weise unterstützte.

Endlich sei auch noch des Verlages dankend gedacht, der bezüglich der Vermehrung des Textes und der Abbildungen das weitgehendste Entgegenkommen zeigte, und der trotz der gegenwärtigen schwierigen Verhältnisse die Herstellung des Werkes in Angriff nahm und in der alten guten Ausstattung zur Durchführung brachte.

Das Manuskript der Neuauflage wurde am Tage vor Beginn des Völkerringens am 31. Juli 1914 abgeschlossen. Der Druck wurde im Sommer 1916 begonnen.

München, im März 1917.

K. Escherich.

Inhaltsverzeichnis.

Drittes Kapitel. **Fortpflanzung.**

Viertes Kapitel. **Nestbau.**

Fünftes Kapitel. **Ernährung.**

Sechstes Kapitel. **Verschiedene Lebensgewohnheiten.**

Siebentes Kapitel. **Beziehungen der Ameisengesellschaften zueinander und zu anderen sozialen Insekten (Termiten).**

(Soziale Symbiose.)

Achtes Kapitel.

Die Beziehungen der Ameisen zu nichtsozialen Tieren.

(Individuelle Symbiose, Myrmekophilie.)

Neuntes Kapitel. **Beziehungen der Ameisen zu den Pflanzen.**

Zehntes Kapitel. **Psychologie.**

Anhang I.

Anhang II.

Einleitung.

1. Systematisches.

Die Ameisen gehören zu der Insektenordnung der Hymenopteren (Hautflügler). Sie bilden eine sehr große Familie (*Formicidae*) und zählen nicht weniger als etwa 5000 beschriebene Arten (Spezies), Unterarten (Subspezies) und Varietäten. Dieselben verteilen sich auf etwa 170 Gattungen, und diese wieder auf fünf Unterfamilien: die Ponerinen, Dorylinen, Dolichoderinen, Myrmicinen und Camponotinen. Die Unterschiede, welche diese Subfamilien trennen, betreffen nicht nur das äußere Chitinskelett, sondern auch die innere Organisation (Bau des Giftapparates, des Pumpmagens usw.), wie aus der umstehenden Übersichtstabelle zu ersehen ist.

Die meisten Ameisenarten zeichnen sich durch eine ungeheure Variabilität aus. „Die Zahl der Varietäten und der geographischen Rassen oder Subspezies ist bei den Ameisen Legion. Feinste Nuancierungen verbinden größere Formengruppen in einer Weise, die den Systematiker fast in die gleiche Verzweiflung bringt, wie die Gattung *Hieracium* den Botaniker. So z. B. kann man in der mächtigen, in der ganzen Welt verbreiteten Formengruppe, die unter dem Artnamen *Camponotus maculatus Fb.* vereinigt ist, und welche ungeheuer extreme, voneinander enorm abweichende Formen enthält, nirgends eine scharfe Grenze zwischen den einzelnen Formen finden. Sobald man aus einem Lande eine neue Rasse des *C. maculatus* erhält, so ist man sicher, daß weitere Forschungen allmähliche Übergänge zu anderen Rassen und Varietäten bald zutage fördern. Deshalb mußte man darauf verzichten, innerhalb dieses Formenkreises Arten zu gründen. Eine ungeheure Zahl Rassen werden hier durch eine noch größere Anzahl fein nuancierter Varietäten in Form, Größe, Farbe, Behaarung, Skulptur usw. miteinander verbunden. Man war dadurch gezwungen, zum Quadrinominalsystem zu greifen und z. B. folgende Namen zu geben: *Camponotus maculatus F. r. oertzeni For. var. escherichi Em.* Angenehm ist das nicht, aber diese Schwerfälligkeit ist besser als eine scheinbare Vereinfachung, die den Tatsachen Gewalt antut" (Forel, 1904).

Übersicht über die Hauptcharaktere der fünf Unterfamilien.

I. Kloakenöffnung spaltförmig; Stachel stets ausgebildet, wenn auch mehr oder weniger rudimentär; Giftblase mit Knopf.

A. Stachel stets vollkommen entwickelt und funktionsfähig. Stielchen entweder ein- oder zweigliederig; im ersteren Falle das erste eigentliche Abdominalsegment an seinem Hinterrand gewöhnlich eingeschnürt; Pumpmagen sehr einfach (ohne Kelch, Klappen, Kugel usw.).

a) Puppen mit Kokon; Stielchen eingliederig; Gaster zwischen dem ersten und zweiten Segment eingeschnürt; Stirnleisten getrennt oder genähert; im letzten Falle vorn plattenförmig erweitert und die Insertion der Fühler bedeckend. Subfamilie *Ponerini.*

b) Puppen nackt (ohne Kokon); Stielchen ein- oder zweigliederig (meist).

α) Stirnleisten einander stark genähert, meist vertikal, die Insertion der Fühler nicht bedeckend; Stielchen ein- oder zweigliederig; Augen gewöhnlich sehr klein oder fehlend; subtropisch oder tropisch. Subfamilie *Dorylini.*

β) Stirnleisten mehr oder weniger voneinander getrennt; Stielchen stets zweigliederig; Augen meistens gut ausgebildet, nur selten rudimentär oder fehlend; kosmopolitisch.
Subfamilie *Myrmicini.*

B. Stachel rudimentär (ausgenommen *Aneuretus Em.*); Stielchen eingliederig; eigentliches Abdomen ohne Einschnürung zwischen erstem und zweitem Segment; Giftdrüse manchmal rudimentär, dafür aber stets kräftige Analdrüsen ausgebildet; Pumpmagen kompliziert (mit Kelchglocke, Kugel usw.); Puppen nackt.
Subfamilie *Dolichoderini.*

II. Kloakenöffnung rund mit einem Haarkranz umgeben; Stachel fehlend bzw. umgebildet zu einem Stützapparat für die Wände der Giftdrüse; letztere eine Giftblase „mit Polster" besitzend; Stielchen stets eingliederig; eigentliches Abdomen ohne Einschnürung zwischen erstem und zweitem Segment; Puppen meistens mit Kokon.
Subfamilie *Camponotini.*

Eine Übersicht über die in Deutschland vorkommenden Ameisen folgt unten im Anhang.

Der Ameisenurform am nächsten stehend sind entschieden die Ponerinen; von diesen nahmen die übrigen vier ihren Ursprung, wahrscheinlich ganz unabhängig voneinander. Die Dolichoderinen entstanden von den Ponerinen durch allmähliche Ausbildung des Pumpmagens und Rudimentärwerden des Giftapparates, der beinahe gänzlich durch die Analdrüsen ersetzt wird (vgl. Kap. I). Eine sehr schöne Zwischenform zwischen Dolichoderinen und Ponerinen bildet die Gattung *Aneuretus Em.*, welche einerseits typische Dolichoderinencharaktere besitzt, andererseits aber einen deutlichen Stachel. Die Dorylinen lassen sich am besten von der Ponerinengattung *Cerapachys* ableiten; sie haben keinerlei Beziehungen zu den übrigen drei Subfamilien, denn die Übereinstimmung des zweigliederigen Stielchens (von *Eciton* usw., s. Übersicht) mit dem der Myrmicinen ist lediglich als Konvergenzerscheinung aufzufassen. Die Myrmicinen zweigten sich wahrscheinlich von der Ponerinengattung *Myrmecia* oder *Cerapachys* ab und machten ihre Entwickelung ebenfalls ohne jede Beziehung zu den übrigen Subfamilien durch. Noch recht zweifelhaft und unklar bleibt die Abstammung der Camponotinen; bezüglich der Umbildung des Pumpmagens finden sich wohl manche Zwischenformen, dagegen ist die vollkommene Umbildung des Giftapparates („Giftblase mit Polster" usw., s. Kap. I) bis jetzt noch total unverständlich (vgl. Forel, 1903).

Aber trotz dieser riesigen Variabilität besitzen die einzelnen Rassen und Varietäten dennoch eine Konstanz, wie sie sonst kaum zu finden ist. Denn in den weitaus meisten Fällen zeigen die Mitglieder der gleichen Kolonien auch die gleichen Merkmale, so daß also die eigentlichen zoologischen Varietäten nicht rein individuell sind, sondern jedesmal ganze Kolonien umfassen.

„Die meisten Rassen und deutlicheren Varietäten sind geographisch, d. h. gewissen Bezirken eigen, andere dagegen mehr physikalischen oder chemischen Bedingungen des Bodens, des Klimas usw. angepaßt. Recht oft kann man bei Ameisen sehen, daß eine Art, die in gewissen Gegenden konstant ist (z. B. *Tetramorium caespitum L.* in Zentral- und Nordeuropa), in anderen Gegenden in zahlreiche Varietäten und Rassen zerfällt (die genannte Art in den Mittelmeerländern). Wiederum findet man Subspezies, welche in gewissen Gegenden scharf getrennt erscheinen, in anderen dagegen durch eine ununterbrochene Varietätenserie ineinander übergehen.“ (Forel, 1904.)

2. Geographische Verbreitung.

Die geographische Verbreitung der Ameisen ist ungemein ausgedehnt und erstreckt sich über alle Länder zwischen den beiden Polarkreisen. Die höchste Entwickelung des Ameisenlebens finden wir innerhalb des Tropengürtels, wo die Ameisen eine Großmacht, mit welcher Tier- und Pflanzenwelt wohl zu rechnen hat, darstellen. Von den Wendekreisen gegen die Polarkreise nimmt die Zahl und Bedeutung der Ameisen mehr und mehr ab. Die Ameisenfaunen decken sich im allgemeinen mit denjenigen der übrigen landbewohnenden Tiere; so finden wir z. B. eine große Verwandtschaft zwischen der nearktischen und paläarktischen Fauna, dagegen eine ebenso große Verschiedenheit zwischen der nearktischen und neotropischen, der neotropischen und äthiopischen Fauna usw. Besonders merkwürdig ist die Übereinstimmung der arktischen und antarktischen Ameisenfauna, so z. B. zeigen die antarktischen *Melophorus*-Arten eine große Ähnlichkeit mit den arktischen *Lasius*-Arten. Jedoch beruht diese Ähnlichkeit sicher nicht auf Stammesverwandtschaft, sondern auf Konvergenz, hervorgerufen durch Klima usw. (Forel).

Die Verbreitung der Ameisen kann auf verschiedene Weise geschehen. Einmal durch die geflügelten Weibchen, die, wenn sie auch schwache Flieger sind, durch den Wind weit verschlagen werden können, wofür die zuweilen weit draußen auf der See oder auf hohen kahlen Berggipfeln gefundenen Weibchen Zeugnis ablegen. Mögen auch die meisten der auf diese Weise aus ihrer Heimat entführten Weibchen zugrunde gehen, so kann es doch dem einen oder anderen der Verschlagenen gelingen, in der fernen Fremde eine neue Kolonie zu gründen und so die Art dorthin zu verpflanzen. Ausgeschlossen ist diese Verbreitungsart natürlich bei denjenigen Ameisen, deren

Weibchen ungeflügelt sind, wie bei den Dorylinen, gewissen Ponerinen und Myrmicinen. Bei den ersteren wird dieser Mangel durch die große Wanderlust, die der Verbreitung sehr zu statten kommt, gewissermaßen wieder ausgeglichen. — Auch das Wasser übernimmt nicht selten die Verbreitung, indem bei Überschwemmungen zahlreiche Ameisen weit abgetrieben werden können. Bei manchen Ameisen, die der Überschwemmungsgefahr besonders ausgesetzt sind, hat sich die Gewohnheit herausgebildet, daß die Bewohner eines Nestes, sobald sie vom Wasser überrascht werden, sich fest zu einer lebenden Kugel zusammenballen. In dieser Form können sie auf der Oberfläche der Fluten weit dahintreiben, bis sie an einen vorspringenden Felsen oder hereinragenden Baumstumpf oder dergleichen gelangen, wo sie festen Fuß fassen können (s. unter Kap. VI).

Eine bedeutende Rolle in der Verbreitung der Ameisen spielt endlich die Verschleppung durch den Menschen. Darauf beruht zum großen Teil die auffallende Zahl der Kosmopoliten unter den Ameisen. Am häufigsten geschieht die Verschleppung mit Pflanzen; Forel bekam aus der Pflanzenschutzstation in Hamburg in zwei Jahren nicht weniger als 29 verschiedene importierte Ameisenarten, darunter eine aus Tasmanien zurückimportierte Art. Fortwährend reisen zahlreiche Ameisen auf Schiffen und infizieren fremde Länder, besonders die Inseln, „deren Lokalfauna sie so zerstören, daß manche insulare Ursprungsfauna bereits nicht mehr existiert“. So wurde z. B. *Plagiolepis longipes* vor längerer Zeit aus Cochinchina nach der Insel Reunion verschleppt und hat daselbst eine Reihe der hier ansässigen Ameisenarten vertrieben; ferner hat die aus Südamerika stammende sogenannte argentinische Ameise, *Iridomyrmex humilis*, in den Vereinigten Staaten, wo sie vor einigen Dezennien eingeschleppt wurde, sich in erschreckender Weise ausgebreitet und ist zu einer ernsten Plage geworden; dabei hat sie ebenfalls viele der heimischen Ameisen verdrängt. Auch in Madeira hat sich die letztgenannte Ameise eingebürgert und im Laufe der Jahre die dortige „Hausameise“ *Pheidole megacephala* aus den Häusern vertrieben, um selbst die Stelle der „Hausameise“ einzunehmen, gleichwie die Wanderratte die Hausratte allmählich verdrängt hat.

3. Staatenleben.

Alle Ameisen bilden Gesellschaften (auch „Staaten“ oder „Kolonien“ genannt). Der Ameisenstaat ist organisch gegliedert, d. h. er wird zusammengesetzt von mehreren (gewöhnlich drei) mit verschiedenen körperlichen und psychischen Eigenschaften ausgestatteten „Kasten“: Männchen (♂♂), Weibchen (♀♀) und Arbeiter (☿☿). Letztere, die eine besondere Entwickelungsform der Weibchen darstellen, bilden weitaus die Hauptbevölkerung jedes Staates. Die Geschlechtsformen treten dagegen numerisch weit in den Hintergrund. Wenn auch die Zahl der Königinnen (d. h. befruchtete entflügelte

Weibchen) nicht wie bei den Bienen streng auf 1 fixiert ist, sondern meistens mehr beträgt [5, 10, ja in ganz großen Staaten bis zu mehreren Hundert[1])], so bleibt sie doch stets verschwindend klein gegenüber der Zahl der Arbeiterinnen. Männchen befinden sich überhaupt nur ganz kurze Zeit im Staate, da sie schon wenige Tage nach dem Auskriechen ihr Nest auf Nimmerwiedersehen verlassen, um die einzige ihnen zukommende Pflicht, die Befruchtung, zu erfüllen.

Stimmen nun einerseits die meisten Ameisenstaaten in diesen Grundlagen mehr oder weniger überein, so zeigen sie doch andererseits bezüglich der Einzelheiten der Sitten, der Höhe der „Kultur" usw. gewaltige Unterschiede.

Es gibt einerseits sehr primitive Ameisenstaaten mit nur schwach ausgeprägter, andererseits aber auch solche mit weitgehendster Arbeitsteilung, Staaten, die eine hohe Organisation erkennen lassen, die es zu einer hohen „Kultur" gebracht haben. Wir werden Ameisen kennen lernen, welche richtige Viehzucht, andere, welche Gartenbau treiben, und wieder andere, die der Sklaverei obliegen, Kriege führen, Bündnisse schließen usw. Die Analogien der Ameisenkultur mit der menschlichen Kultur sind oft geradezu frappierend, so zwar, daß unkritische Köpfe ganz übersehen haben, daß es sich nur um Analogien handelt und den Ameisen kurzweg menschliche Motive für ihre Handlungen untergelegt haben. Die Absurdität dieses anthropomorphistischen Standpunktes ist jedem Einsichtigen klar. Man braucht nur den enormen Unterschied zwischen Ameisen- und Menschengehirn zu beachten, um einzusehen, daß es sich um rein äußerliche Ähnlichkeiten handeln kann. Dieselben beruhen auf „Konvergenzerscheinungen, deren komplizierter Zusammenhang in beiden Fällen (Ameise und Mensch) durch das Faktum der sozialen Gemeinschaft lebender Gehirne hervorgerufen wird" (Forel). Näheres darüber siehe unter Kap. X.

4. Untersuchungsmethoden.

Um das Ameisenleben kennen zu lernen, ist es vor allem nötig, die Ameisen fleißig in der freien Natur unter ihren natürlichen Lebensbedingungen zu studieren. Zu den verschiedensten Tages- und Jahreszeiten, bei verschiedenem Wetter, verschiedenen Temperaturen müssen die Beobachtungen angestellt werden; und alles, was man in und auf den Nestern gesehen, selbst das Unscheinbarste, ist gewissenhaft zu notieren. Nur auf solche Weise kann man sich allmählich ein ungefähres Bild von den Regeln, nach denen die Ameisengesellschaften leben, verschaffen. Aber in die intimsten Familiengeheimnisse einzudringen, wird in der freien Natur schwer oder gar nicht gelingen; denn die Ameisen sind überaus sensible Tiere und werden meistens durch die geringste Störung

[1]) Kutter fand (nach Brun, 1912) in einem Neste von *Formica rufa* nicht weniger als 256 flügellose Weibchen (Königinnen). — Wasmann bezeichnet das Vorkommen mehrerer Königinnen in einem Staate als Pleometrose.

schon in mächtige Aufregung versetzt, indem die einen gegen den Störenfried anzugehen suchen, während die anderen mit der Brut in die entlegenen tiefsten Partien des Nestes flüchten. Und da man ohne Störung eine Untersuchung der natürlichen Nester überhaupt nicht vornehmen kann, so wird man sich auf diese Weise schwerlich einen vollkommenen Einblick in den normalen Gang des Staatenlebens verschaffen können.

Man hat deshalb versucht, die Ameisen unter künstliche Bedingungen zu bringen, welche den natürlichen möglichst nahe kommen, welche aber ermöglichen, das Treiben der Ameisen jederzeit, ohne eine Störung zu verursachen, beobachten zu können. Schon Huber hat solche „künstlichen Nester" bei seinen Studien angewandt; später wurde diese Methode mehrfach modifiziert, ergänzt und verfeinert, vor allem durch Lubbock, Forel, Wasmann, Janet, Miß Fielde, Santschi, Brun u. a.

Die gebräuchlichsten Nester sind die sogenannten „Lubbock-Nester" (Fig. 1). Diese zeichnen sich nicht nur durch ihre große Einfachheit aus, sondern auch dadurch, daß sie den natürlichen Bedingungen der Ameisen relativ gut Rechnung tragen. Sie bestehen aus zwei Glasscheiben, welche durch einen Holzrahmen um einen der Größe der Ameisen entsprechenden Zwischenraum getrennt werden. Die untere Scheibe, welche den Boden des Nestes bildet, ist fest mit dem Rahmen verbunden (eingekittet), während die obere Scheibe lose aufliegt. Um das Entweichen der Ameisen zu verhindern und gleichzeitig für Luftzirkulation im Neste zu sorgen, tut man gut, auf die Oberseite des Rahmens eine Schicht Watte oder einen dicken wolligen Stoffstreifen (Flanell) aufzuleimen. In dieses Nest nun werden die zu beobachtenden Ameisen mit etwas Erde gesetzt (s. unten), und es dauert nicht lange, daß sie sich hier wohnlich einrichten, Gänge und Kammern minieren usw. Es ist sehr wichtig, daß der Zwischenraum zwischen den beiden Glasscheiben nicht zu groß genommen wird, da sonst die Ameisen die Scheibe mit Erde verbauen und sich so den Blicken des Beobachters entziehen. Für kleinere Ameisen (*Leptothorax, Tetramorium, Lasius*) sind 3,5 bis 7 mm und für größere (*Formica, Camponotus*) 7 bis 15 mm Zwischenraum vollkommen genügend. Auch mit der Größe des Nestes soll man nicht zu freigebig sein. Der Umfang eines Nestes für die größten Ameisen soll nicht mehr als höchstens 25 × 25 cm betragen, während für die kleineren und mittleren Arten 9 × 12 oder höchstens 13 × 18 cm am zweckentsprechendsten ist[1]). Die Darreichung von Nahrung und Wasser

Fig. 1.

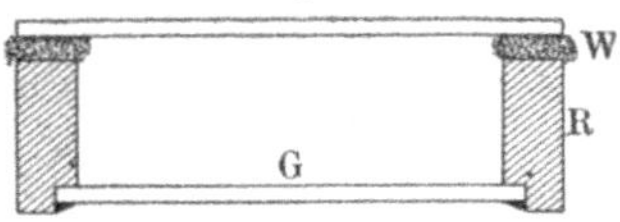

Lubbock-Nest im Querschnitt.

R Holzrahmen, *G* Glasscheiben, *W* Wattelage.

[1]) Ich wähle die Größen 9 × 12, 13 × 18, weil die gangbarsten photographischen Platten dieselben aufweisen. Die mißglückten Platten können so noch eine nützliche Verwendung finden.

kann man auf verschiedene Weise bewerkstelligen; das einfachste ist, daß man die Deckscheibe etwas abrückt und an der offenen Stelle das Nötige direkt einführt. Man kann aber auch im Nestrahmen eine Lücke lassen, so daß die Ameisen frei aus- und einlaufen und sich die Nahrung außerhalb des Nestes holen können. Natürlich ist dann dafür zu sorgen, daß die Ameisen nicht entweichen können, indem man das Nest in einem gewissen Abstand mit einer Wasserrinne oder einem Wall aus Gipsmehl (Forel) umgibt. Diese Methode hat entschieden den Vorzug vor der ersteren, daß den Ameisen größere Bewegungsfreiheit gegeben wird; andererseits aber hat sie auch wieder Nachteile: Die Wasserrinne kann nämlich das Entweichen der Ameisen doch nicht ganz verhindern, da viele schwimmend das andere Ufer erreichen; und der Gipswall ist sehr unbeständig und wird durch jeden stärkeren Luftzug mehr oder weniger abgetragen, abgesehen davon, daß das Zimmer des Beobachters durch den Gipsstaub auch nicht gerade wohnlicher wird.

Im Hinblick darauf hat nun Wasmann eine Nestform konstruiert, die sowohl allseitig geschlossen ist, als auch den Ameisen eine bedeutend größere Bewegungsfreiheit als die einfachen Lubbock-Nester

Fig. 2.

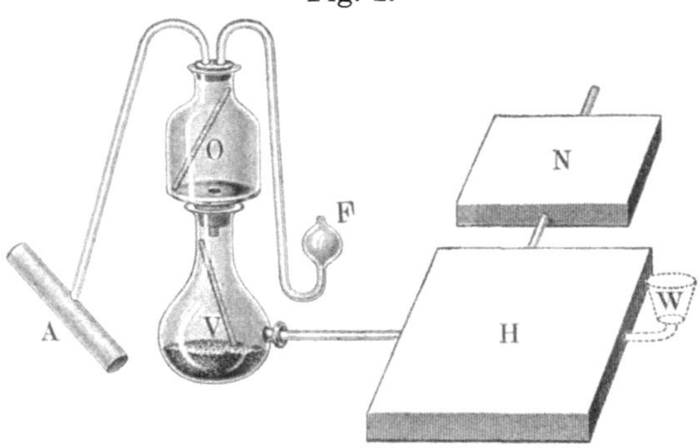

Wasmann-Nest. Nach Wasmann.

H Hauptnest, *N* Nebennest, *V* Vornest, *O* Obernest, *F* Futternest, *A* Abfallnest, *W* Wassertrog.

gewährt. Die Grundlage des Wasmannschen Nestes (Fig. 2) bilden zwei „Lubbock-Nester" (*H* und *N*), die durch eine Glasröhre miteinander in Verbindung stehen und die das eigentliche Nestinnere darstellen sollen, in welchem die große Masse der Ameisen mit ihren Königinnen, Larven, Puppen usw. sich aufhält. Das eine der beiden „Lubbock-Nester", das „Hauptnest", ist mit verschiedenen Gläsern verbunden, welche der nächsten Umgebung des natürlichen Nestes entsprechen sollen und den Ameisen Gelegenheit geben, sich freier zu bewegen (s. Fig. 2). Im „Vornest" befindet sich eine Schicht Erde und ferner ein Holzstab (ebenso wie im „Obernest"), um den Ameisen das Hinauf- und Hinabklettern zu erleichtern, besonders, wenn die Glaswände beschlagen sind. Vom „Obernest“ gehen zwei Glasröhren aus, von welchen die eine zum „Futternest“ (*F*), die andere zum „Abfallnest“ (*A*) führt. Das nötige Wasser wird durch eine Röhre, welche durch den Holzrahmen geht (*W*), dem Hauptnest zugeführt.

Eine andere Nestform, aber ebenfalls auf dem Prinzip der „Lubbock-Nester“ basiert, gibt Miß Fielde (1904) an. Sie empfiehlt, die Rahmen anstatt aus Holz aus Glas (zusammengekitteten Glasleisten) herzustellen; außerdem wird das Nestinnere durch eine Zwischenwand, ebenfalls aus Glasleisten, in zwei Räume geteilt, welche aber auf der einen Seite miteinander kommunizieren (Fig. 3). Jeder der beiden Räume wird durch eine besondere Glasplatte bedeckt. Der eine Raum dient als Futter-, der andere als Wohnraum. Ersterer soll möglichst trocken, letzterer dagegen durch ein kleines Schwammstück, das alle paar Tage mit Wasser getränkt wird, feucht gehalten werden. Dieses „Fielde-Nest“ hat vor dem einfachen „Lubbock-Nest“ den Vorzug, daß es leicht gereinigt werden kann; denn durch Verdunkelung des einen und Erhellung des anderen Raumes können die Ameisen leicht herüber oder hinüber gelockt werden, so daß die leere Abteilung einer gründlichen Reinigung unterzogen werden kann[1]).

Fig. 3.

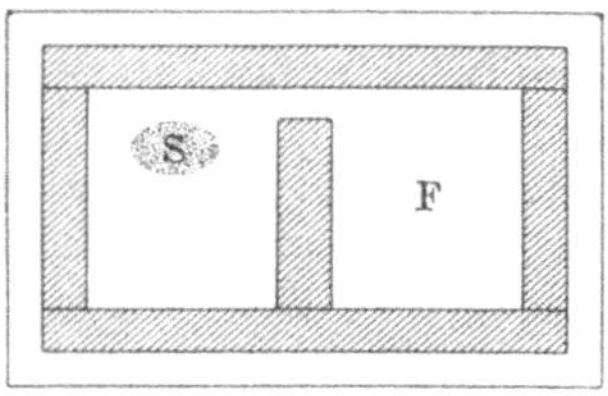

Fielde-Nest. Nach Fielde.
S Schwamm zum Feuchthalten der Wohnkammer, *F* Futterraum.

Auf einem ganz anderen Prinzip beruht die von Ch. Janet konstruierte Nestform, die unter dem Namen „Janet-Nest“ bekannt ist. Von der Tatsache ausgehend, daß die gedeihliche Entwickelung eines Ameisenvolkes sehr viel von dem Feuchtigkeitsgehalt der Nestluft abhängt, daß aber die Regulierung desselben im „Lubbock-Nest“ viel zu wünschen übrig läßt, verwendet genannter Forscher für seine künstlichen Nester poröses Material, nämlich Gips. Das typische „Janet-Nest“ besteht aus einem Gipsblock, in welchem sich eine Anzahl durch Scheidewände voneinander getrennter und nur durch kleine Öffnungen (Gänge) in Verbindung stehender Nestkammern befinden (Fig. 4, K_1 bis K_3). An der einen Seite des Blockes ist ein Wassertrog (*Tr*), welcher ein- oder zweimal wöchentlich mit Wasser gefüllt wird. Von hier aus durchzieht das Wasser den ganzen Block und verleiht, indem es in den Nestkammern verdunstet, der Luft einen Feuchtigkeitsgehalt, welcher in der dem Troge nächstliegenden Kammer (K_1) am größten, in der entgegengesetzten (K_3) dagegen am geringsten ist. Da die drei Kammern durch Gänge miteinander kommunizieren, so haben

[1]) Da das „Fielde-Nest“ ausschließlich aus Glas besteht, so ist es natürlich wesentlich schwerer als das „Lubbock-Nest“. Um diesen Nachteil zu heben, schlägt Miß Edith Buckingham vor, für die Bodenplatte des Nestes Aluminium (anstatt Glas) zu verwenden.

die Ameisen die Möglichkeit, den ihnen am meisten zusagenden Feuchtigkeitsgrad auszuwählen bzw. ihre Brut je nach Bedürfnis nach der trockenen Kammer K_3 oder der feuchteren K_1 zu bringen. Die Bedeckung des Nestes geschieht mittels Glasscheiben, und zwar einer doppelten Lage. Zunächst wird über die drei Kammern eine gemeinsame Scheibe gedeckt, welche in der Mitte jeder Kammer einen runden Ausschnitt besitzt; sodann wird über jede Kammer noch eine besonderezweite Scheibe gelegt, um die Öffnungen in der ersten Scheibe zu schließen. Wie beim „Fielde-Nest“ kann man auch hier die Ameisen durch Verdunkelung usw. in bestimmte Kammern locken. Am besten läßt man eine Kammer zum Darreichen des Futters hell, während man die beiden anderen mit Pappdeckel oder schwarzem Tuch bedeckt; es entspricht dies am ehesten den natürlichen Verhältnissen. Viehmeyer (1905) hat das „Janet-Nest“ dadurch noch verbessert, daß er den Gipsblock in einen niederen Zinkkasten brachte, von dessen Seitenwänden aus Messingbügel quer über den Block ziehen. Letztere lassen gerade so viel Platz, daß man die erste (gemeinsame) mit Löchern versehene Glasplatte unter ihnen durchschieben kann. Auf die Bügel sind schmale Messingstreifen aufgelötet, die für einzelne obere Gläser (Deckscheiben) jederseits eine Nut geben. In dieser Fassung ist das Nest ein kompakter handlicher Apparat geworden, so daß man es ruhig in einer Kiste oder einem Koffer transportieren kann.

Fig. 4.

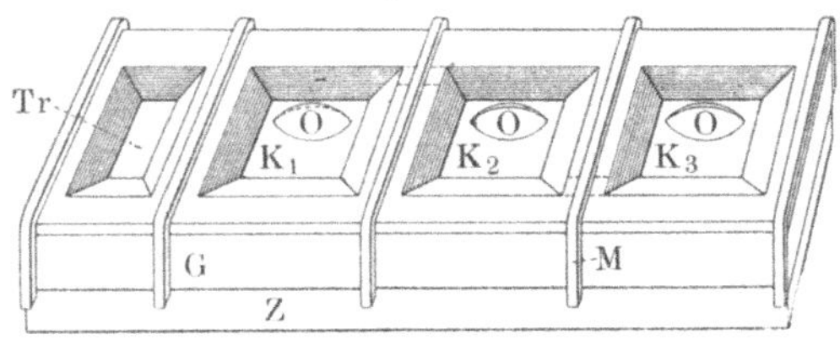

Janet-Nest in Viehmeyerscher Montierung. Nach Viehmeyer.

G Gipsblock, *Tr* Wassertrog, K_1 bis K_3 Kammer 1 bis 3, die durch Gänge (durch punktierte Linien angedeutet) miteinander in Verbindung stehen, *O* Öffnung der Deckgläser, *M* Messingbügel, *Z* Zinkkasten.

Der Hauptvorzug des „Janet-Nestes“ besteht in der idealen Lösung der Bewässerungsfrage Andererseits aber besitzt es auch mehrere Nachteile: Einmal ist die Herstellung komplizierter, zeitraubender und kostspieliger als die der Lubbock-Nester[1]), und so-

[1]) Viehmeyer (1905) gibt folgende Anleitung: Um ein solches Nest herzustellen, wird man am besten zunächst vom Tischler eine Holzform anfertigen lassen. Zu beachten ist dabei, daß das Holz vollkommen glatt gehobelt ist. Die Holzklötzchen, welche die Nestkammern darstellen, müssen aufgenagelt (nicht angeleimt), die Außenwände am besten nur mit Schrauben befestigt werden. Nachdem die Form mit Schellacklösung ausgestrichen und darauf tüchtig eingeölt ist, kann der dick angerührte Gips hineingegossen werden. Letzterer kann — je nach Bedürfnis — mit Farbe, Ocker oder Umbra (1 Tl. Umbra zu 4 bis 5 Tln. Gips) versetzt werden. Nach dem Festwerden der Gipsmasse schraubt man die Seitenwände los; wenn das Holz gut eingeölt war, löst sich der Block leicht aus der Form.

dann scheinen die Gipsnester die Schimmelbildung mehr zu begünstigen als die „Lubbock-Nester", wenigstens haben Viehmeyer sowohl als ich die Erfahrung gemacht, daß die Futterreste auffallend schnell zu schimmeln beginnen.

Das Janetsche Gipsnest kann natürlich in verschiedener Form hergestellt und so den mannigfaltigsten Zwecken angepaßt werden. Janet selbst hat mehrere Modifikationen beschrieben, von denen hier wenigstens das Vertikalnest (Fig. 5) erwähnt werden soll: Dasselbe besteht aus einem aufrecht stehenden Gipsblock, der mit einem System unregelmäßiger Gänge und Kammern (das dem eigentlichen Neste

Fig. 5.

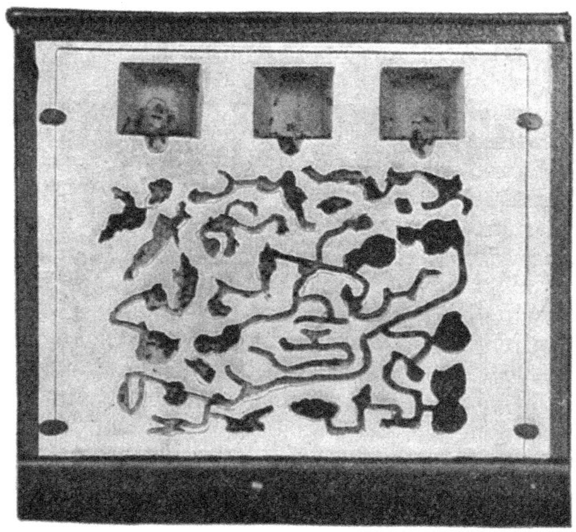

Vertikalnest nach Janet.
(Im Frankfurter Zoologischen Garten aufgestellt.)

entspricht) durchsetzt ist. Außerdem sind oben drei regelmäßige Kammern angebracht, welche der Außenwelt entsprechen sollen: in der linken steht ein Näpfchen mit Nahrung, in der rechten ein solches mit Wasser. Ferner läuft auf der rechten Seite im Gipsblock ein unten geschlossener Kanal herunter, der mit Wasser gefüllt ist, während auf der linken Seite ein oben und unten offener Luftkanal den Block durchzieht; so werden verschiedene Feuchtigkeitszustände im Neste geschaffen, indem die Feuchtigkeit links am stärksten ist und von da nach rechts allmählich abnimmt.

Andere Forscher haben weitere Kombinationen und Modifikationen des Gipsnestes konstruiert: So stellt das von Wheeler zu seinen Studien verwendete Beobachtungsnest gewissermaßen eine Kombination des „Janet"- und „Fielde-Nestes" dar; bei demselben bestehen der Boden und die Seiten wie beim „Janet-Nest" aus gefärbtem

Gips, während die Art der Bedeckung und die Einteilung des Innenraumes dem „Fielde-Nest entnommen sind.

Santschi benutzt bei seinen vor allem für kleinste Ameisen bestimmte Beobachtungsnester nur für die Seitenwände Gips, während Boden und Decke aus Glas bestehen: Auf eine Glasplatte (gereinigte photographische Platte) werden mit feuchtem Gips die Umwallungen von zwei Kammern aufgetragen, die mit einem kurzen schmalen Gang in Verbindung gebracht werden. Dann wird mit einer zweiten Glasplatte, die zuvor mit etwas Öl eingerieben wurde, auf die noch feuchten Gipswälle so lange gedrückt, bis nur noch ein ganz schmaler Zwischenraum von wenigen Millimetern (zwischen den beiden Platten) bleibt. Wenn dann der Gips getrocknet ist, kann die Deckplatte abgenommen und in zwei Teile zerschnitten werden, um damit jede der beiden Kammern einzeln bedecken zu können. Dieses Nest kann infolge seiner geringen Dimensionen sogar auf den Objekttisch eines Mikroskopes gestellt werden, so daß die Bewohner „mikroskopisch“, natürlich nur mit einem schwachen Objektiv, beobachtet werden können.

Wieder eine andere Form geben Göldi und Huber den Nestern, die für die Beobachtung der brasilianischen Blattschneiderameisen bestimmt sind: Sie entsprechen in ihren Umrissen den glocken- oder „steigbügelförmigen“ Pilzkammern der genannten Ameisen. Es handelt sich bei dieser Form demgemäß um ein Vertikalnest, bei dem die Vorder- und Hinterseite mit Glasscheiben zur Beobachtung versehen sind.

Wesentlich von dem Janetschen Typ abweichend ist das von Brun empfohlene Beobachtungsnest, indem hier anstatt Gips Insektentorf als hauptsächliches Baumaterial verwendet wird. „Die überaus leichten, feingepreßten Platten (Insektentorf) besitzen gerade die meist erforderliche Dicke von 1 cm; sie werden, je nach der Phantasie, auf einer Fläche ausgehöhlt zur Darstellung mannigfacher Kammern und Gänge, an den Schmalseiten mit feinem Drahtgeflecht umhüllt und auf Ober- und Unterfläche mit Glasplatten bedeckt, welche durch Klammern oder dergleichen angepreßt erhalten werden. Verbindungsröhren und ein seitlich angebrachter Wassertrog, mit rechtwinkelig umgebogener Spitze in den Torf gesteckt, vervollständigen das Ganze. Die Bewässerung erfolgt dann sehr einfach durch Kapillarattraktion in dem porösen (vor dem Gebrauch anzufeuchtenden!) Nestmaterial und nimmt, je weiter vom Trog entfernt, um so mehr ab in feiner gradueller Abstufung; so können die Ameisen den ihnen zusagenden Feuchtigkeitsgrad jeweils selbst wählen. Auch die Ventilation läßt nichts zu wünschen übrig; sie geschieht in ausreichendem Maße durch die feinen Lücken zwischen Drahtnetz und Glasplatten. Schimmelbildung tritt selten ein, und wenn sie eintritt, so bleibt sie meist auf die enge Umgebung von Nestabfällen beschränkt, die dann von den Tieren bald eingemauert werden“ (Brun, 1912).

Wenn wir die verschiedenen hier besprochenen Nestformen miteinander vergleichen, so können wir kaum einer derselben den absoluten

Vorzug vor den übrigen geben; die eine Form eignet sich eben für diesen, die andere für jenen Zweck besser. Wollen wir z. B. eruieren, wie lange eine jung befruchtete Königin ohne Nahrung zu leben vermag, so leistet entschieden das „Janet-Nest" die besten Dienste, da hier irgendwelche uns verborgene Nahrungsquellen ausgeschlossen sind. Wollen wir dagegen die Bautätigkeit studieren, so werden wir am besten ein „Lubbock-Nest" verwenden. Um den Haushalt der sogenannten „gemischten Kolonien" richtig kennen zu lernen, empfiehlt es sich zum „Wasmann-Nest" zu greifen; zum Beobachten ganz kleiner Ameisen ist das „Santschi"- oder „Brun-Nest" besonders geeignet usw. Es kommt ferner auch darauf an, wo die Beobachtungen ausgeführt werden sollen, ob zu Hause im Laboratorium oder auf Reisen. Für letzteren Fall ist natürlich ein so komplizierter Apparat wie das „Wasmann-Nest" vollkommen ungeeignet, und sind die einfachen „Lubbock-Nester" wohl am besten angebracht. Man kann sich dieselben eventuell überall selbst rasch herstellen, sie nehmen wenig Platz weg, lassen sich leicht transportieren usw. Ich habe sowohl in Kleinasien als in Nordafrika, Ceylon usw. vielfach eine größere Anzahl solcher Nester — selbst auf weiteren Reisen zu Pferd — mit herumgeschleppt und sie stets aufs beste bewährt gefunden[1]).

Die Besetzung der Nester kann man auf verschiedene Weise bewerkstelligen. Man nimmt eine Kolonie oder wenigstens einen Teil davon in einem Sack oder in einer Blechbüchse, die einen mit feiner Drahtgaze überzogenen Deckel besitzt, nach Hause; handelt es sich nur um ein schwaches Volk und um gemütliche, langsame Ameisen, wie z. B. *Myrmica*-Arten, so kann man kurzerhand den Inhalt des Sackes oder der Büchse in das künstliche Nest schütten, die Erde usw. glattstreichen und die Glasscheibe darüber decken. Die wenigen dabei entkommenden Ameisen kann man leicht einfangen und nachträglich ins Nest setzen. Anders aber, wo ein starkes Volk sehr lebhafter flinker Ameisen eingezwingert werden soll; hier wird man wenig Erfolg mit dieser Methode haben, man muß schon etwas raffinierter vorgehen, um solch wilde Ameisen in das Gefängnis zu bringen. Am besten verfährt man dabei folgendermaßen: Man errichtet auf einem großen Brett aus Gipsmehl einen allseitig geschlossenen Wall (Forel) und stellt innerhalb desselben das Nest auf, das gut angefeuchtet und dessen Deckel nicht ganz geschlossen ist, sondern eine Lücke offen läßt. Sodann schüttet man den Inhalt des mitgebrachten Sackes in die „Forelsche Arena", um das Nest und über dasselbe. Der Gipswall ist für die Ameisen ein unüberwindliches Hindernis, und so sind sie gezwungen, in der Arena zu bleiben. Da nun das mitausgeschüttete Nestmaterial bald ausgetrocknet ist, die Ameisen aber Feuchtigkeit bedürfen, so suchen sie schon nach kurzer Zeit das feuchte Nest auf und bald ist die ganze Gesellschaft darin

[1]) Miß Fielde ließ sich einen besonderen Koffer mit mehreren Etagen bauen, in welchem viele Nester bequem und sicher transportiert werden können.

versammelt. — Wenn man die Arena nicht so groß machen will, so kann man das künstliche Nest auch außerhalb des Gipswalles aufstellen; man muß dann nur jenes vermittelst einer Glasröhre, welche die Gipsmauer durchbricht, in Verbindung mit dem Innenraum der Arena setzen. Je nach der Findigkeit und Lebendigkeit der Art werden die Ameisen nach kürzerer oder längerer Zeit von selbst das Nest aufsuchen. Man kann die Übersiedelung auch etwas beschleunigen, wenn man einige Ameisen mit der Pinzette ergreift und in das Nest steckt; denn diese kommen gewöhnlich bald durch die Glasröhre in die Arena zurück und holen die dort befindlichen Genossen in das ihnen besser zusagende feuchte Nest (Viehmeyer).

Falls man keinen Gips zur Hand hat, kann man sich auch einer allseitig gut schließenden Kiste bedienen, in die man zuerst das etwas geöffnete, angefeuchtete Nest stellt und dann die Ameisen usw. schüttet. Am nächsten Tage befinden sich gewöhnlich bereits alle Ameisen mit samt ihrer Brut in dem Neste.

Man kann auch, wie Schmitz empfiehlt, die eingesammelten Ameisen direkt aus den Sammelgefäßen in die künstlichen Nester überleiten, indem man die ersteren mit den letzteren durch Glasröhren verbindet. Wenn das künstliche Nest verdunkelt und zugleich angefeuchtet, der Sammelbehälter dagegen erhellt und trocken gehalten wird, so fangen die Ameisen schon bald an, in jenes überzusiedeln, besonders wenn man ihnen den Aufenthalt im Sammelbehälter durch öfteres Schütteln und Hineinblasen noch mehr verleidet. „Wegen der Enge der Röhren dauert der Umzug stunden-, ja tagelang, und es gewährt einen interessanten Anblick, wenn nicht bloß Eier, Larven und Puppen, sondern auch erwachsene Arbeiter in zusammengekauerter Haltung massenhaft von ihren Gefährten hinübergetragen werden.“ (Schmitz.)

Sind die Ameisen einmal eingezogen und haben sie sich in dem künstlichen Neste wohnlich eingerichtet, so gehen sie bald wieder ihren normalen Beschäftigungen nach. Und so ist uns die Möglichkeit geboten, das Gesellschaftsleben der Ameisen in ihrem ruhigen normalen Gange jederzeit bequem beobachten zu können, was — wie oben erwähnt — draußen in der freien Natur ausgeschlossen ist. Wir können dabei auch die Lupe anwenden und damit selbst die feinsten und intimsten Regungen der Ameisenseele ablesen.

Von großer Wichtigkeit für das Gedeihen einer Kolonie im künstlichen Neste ist die Anwesenheit einer Königin. Für die Erlangung derselben läßt sich kein allgemein gültiges Rezept angeben, da sich die verschiedenen Arten recht verschieden bezüglich des Auftretens und des Aufenthaltes der Königinnen verhalten, und so kann man nur dann mit einiger Bestimmtheit auf das Habhaftwerden von Königinnen rechnen, wenn man mit den Lebensgewohnheiten der betreffenden Arten vertraut ist. Bei manchen Arten allerdings wird man kaum Schwierigkeiten haben, sich Königinnen zu verschaffen, wie z. B. bei *Formica fusca* oder *Myrmica rubra* usw., bei denen die

Königinnen sehr häufig sind. Bei anderen dagegen muß man schon alle Nestwinkel gründlich durchsuchen, wenn man zum Ziele gelangen will, wie z. B. bei *Formica rufa* (obwohl auch diese reich an Königinnen ist), *F. sanguinea, Lasius flavus* u. a. Schmitz gibt einige Anhaltspunkte, wie man auch bei diesen Arten sich ohne größere Schwierigkeiten in den Besitz von Königinnen setzen kann: bei den beiden *Formica*-Arten wird man am ehesten zum Ziele gelangen, wenn man in den ersten warmen Frühjahrstagen die oberflächlichen Partien des Nestes untersucht, in denen sich um diese Zeit die meisten Nesteinwohner aufhalten, um sich zu sonnen und zu erwärmen. Für *Lasius flavus* empfiehlt Schmitz Ende September bis Oktober die Kolonien auszugraben, wobei man nicht selten geflügelte Weibchen[1]) findet, die als Stammütter benutzt werden können. Es ist überhaupt auch bei anderen Arten recht empfehlenswert, die Ausgrabungen im Spätherbst oder noch besser im Winter vorzunehmen, da zu dieser Zeit die Ameisen in halberstarrtem Zustande und meist in großen Ansammlungen vereinigt anzutreffen sind, so daß man sich in aller Gemütsruhe des größten Teiles der Einwohnerschaft bemächtigen kann.

Wenn man die nötige Sorgfalt anwendet, so kann man eine Kolonie viele Jahre im künstlichen Nest erhalten, und zahlreiche Kinder und Kindeskinder unter seinen Augen entstehen sehen. Vor allem muß dafür gesorgt werden, daß das Nest nicht zu trocken wird, und sodann darf natürlich auch die nötige Futtermenge nie fehlen. Am besten reicht man ihnen Honig, Sirup, angefeuchteten Zucker oder auch Fleischkost, wie geschabtes rohes Fleisch, lebende oder getötete und zerstückelte Insekten usw., je nachdem eben die betreffende Art mehr zu den Vegetarianern oder Fleischfressern gehört (s. Kap. V). Besonders ist endlich darauf zu achten, daß keine Schimmelbildung auftritt; wo dies der Fall ist, da muß die Kolonie sofort in ein anderes Nest umquartiert werden.

Die künstlichen Nester eignen sich auch vortrefflich zur Anwendung der experimentellen Untersuchungsmethode. Und es ist dieselbe auch in der Ameisenbiologie weit mehr wie sonstwo in der Insektenbiologie angewandt worden. Lubbock, Forel, Wasmann, Bethe, Wheeler, Miß Fielde, Emery, Viehmeyer, Santschi, Brun u. a. haben sich dieser Methode in besonders ausgiebiger Weise bedient und große Erfolge damit erzielt. Das Experiment bietet aber auch eine Gefahr, nämlich die, daß man es überschätzt. Wenn man mit Ameisen experimentiert, darf man nie vergessen, daß es sich um soziale Tiere handelt, und daß man daher aus dem Benehmen einzelner aus ihrem Verband gerissener Individuen nicht allzuweitgehende und bestimmte Schlüsse auf das Ameisenleben im allgemeinen ziehen darf. Das Experiment darf nie

[1]) Nach der Meinung von Schmitz handelt es sich bei diesen um befruchtete Königinnen, die wegen verspäteter Entwickelung und vorgerückter Jahreszeit keinen Hochzeitsflug unternehmen konnten und im Nest selbst von den Männchen befruchtet wurden.

zu einseitig betont werden; die Grundlage der Ameisenforschung muß stets die genaue Beobachtung der normalen Lebensgewohnheiten der Ameisen — sei es draußen oder im künstlichen Nest — bilden. Ist dies nicht der Fall und kommt das Experiment als die einzige Methode in Anwendung, so ist es unvermeidlich, daß man zu einer gänzlich irrigen Auffassung des Ameisenlebens gelangt[1]).

5. Geschichtliches.

Von einer historischen Übersicht über die Entwickelung der Ameisenkunde glaube ich hier Abstand nehmen zu können, da unten bei der Behandlung der einzelnen Gebiete jedesmal genügend darauf Rücksicht genommen und jedem Kapitel ein ziemlich ausführliches Literaturverzeichnis beigegeben wird. Ich möchte mich hier

[1]) Rudolf Brun schreibt die größte Wichtigkeit der Beobachtung in der freien Natur zu; er äußert sich darüber folgendermaßen: „Überall da, wo es sich darum handelt, die normale Biologie einer bestimmten Ameisenart festzustellen, ist die direkte Beobachtung in freier Natur — bzw., wo diese nicht voll ausreicht — das Experiment in freier Natur die wichtigste, weil exakteste und sicherste Forschungsmethode, der gegenüber die Beobachtung im künstlichen Nest stets nur als ergänzendes und in jedem Einzelfall als mit Vorsicht zu verwertendes Hilfsmittel in Betracht kommen kann. Die Gründe liegen einmal darin, daß normalerweise stets zahlreiche in ihren Wirkungen nur schwer oder nicht übersehbare äußere Einflüsse das spezielle Verhalten der Ameisen mitbestimmen, zum zweiten aber auch umgekehrt darin, daß im künstlichen Nest an die Plastizität der Ameisenpsyche ganz andere und meist viel höhere Anforderungen gestellt werden als in freier Natur. Oder kurz ausgedrückt: In der durch die künstliche Gefangenschaft in unübersehbarer Weise veränderten äußeren und inneren energetischen Situation. Die Ameisen sind eben keine Bakterien oder Infusorien, mit denen man nach Belieben schalten und walten kann, sondern sie besitzen eine ganz komplizierte Psychologie, die man stets mit in Berechnung zu ziehen hat. Nun sind aber solche Beobachtungen in freier Natur nicht allein sehr mühsam, sondern auch ungemein zeitraubend; selten hat man die gewünschte Art in der Nähe, sondern man muß oft stundenweit gehen, bis man geeignete Kolonien findet. Diesem Nachteil haben wir früher mit Erfolg dadurch abgeholfen, daß wir wie weiland Nebukadnezar ganze Riesenstaaten von *F. rufa, sanguinea, C. ligniperda* u. a. zur bequemen Beobachtung in unseren Garten verpflanzten. Die Schwierigkeit dieser besonders Anfängern warm zu empfehlenden Methode bestand jeweils nur darin, daß es nicht immer gelang, eine Königin mit zu erwischen, was dann natürlich eine längere Fortdauer der betreffenden Kolonie in Frage stellte (um so mehr, als die Fremdlinge meist durch die überall wimmelnden *Lasius niger* noch erheblich dezimiert wurden). Auch waren die neuen Kolonien natürlich ganz auf die oft kaum genügenden Einkünfte eines Ziergartens angewiesen, was dann schließlich doch manchmal eine rasche Degeneration infolge chronischer Unterernährung bewirkt haben mochte —, falls die Tiere es nicht vorzogen, vorher auszuwandern und so eines Tages spurlos verschwanden!“ — Als Ideal erblickt Brun die Schaffung von besonderen Versuchsgärten für Ameisen, wo auf genügend großen und je nach Bedürfnis durch Wassergräben voneinander abgetrennten Landparzellen mit natürlichem Pflanzenbestande die verschiedensten Arten gehegt werden können.

nur darauf beschränken, diejenigen Forscher zu nennen, denen das Hauptverdienst beim Ausbau der Myrmekologie zukommt; in biologischer Hinsicht sind dies William Gould (1747), Pierre Huber (1810), in dem wir den Vater der wissenschaftlichen Ameisenkunde zu erblicken haben, Forel (1873 bis heute), Lubbock (1875 ff.), McCook (1875 bis 1884), Adlerz (1884 bis 1902), E. Wasmann S. J. (1886 bis heute), Ch. Janet (1893 bis heute), W. M. Wheeler (1900 bis heute), Miß Fielde (1900 bis heute), Viehmeyer (1904 bis heute), Santschi (1905 bis heute), die Gebrüder Brun (1909 bis heute) und V. Cornetz (1909 bis heute). In bezug auf die Systematik sind zu nennen: Fred. Smith, Gustav Mayr, J. Roger, C. Emery, Aug. Forel, Ed. André und W. M. Wheeler.

Weitaus das meiste verdankt die Ameisenkunde Aug. Forel, dessen Arbeiten sowohl für die Systematik als die Biologie grundlegend sind. Seit seiner frühesten Jugend, ja seit seiner Kindheit haben die Ameisen sein Interesse im höchsten Grade erweckt, und diese Begeisterung lebt heute noch ungeschwächt in ihm fort. Seine selten vielseitige Bildung, sein weiter Blick, sein überaus scharfer Verstand, seine fabelhafte Arbeitskraft, die ihm in seinem eigentlichen Berufe (als Psychiater), die ihm in dem gewaltigen Kampfe gegen den Alkoholismus die Führerrolle einnehmen ließen, diese seltenen Eigenschaften offenbaren sich auch in seinen unzähligen Ameisenarbeiten. Nirgends stößt man auf die kleinliche Auffassung des Spezialisten, überall — selbst in den systematischen Arbeiten — erkennt man den großzügigen, umfassenden Geist. Und wenn die Ameisenkunde — im Gegensatz zu den meisten übrigen Gebieten der Entomologie — stets die volle Wissenschaftlichkeit bewahrt hat, so verdankt sie dies in erster Linie Forel[1]). Neben Forel sind noch als besonders verdienstvolle Förderer der Myrmekologie zu nennen: C. Emery, der vor allem die systematischen Kenntnisse in seltenem Maße gefördert hat; ferner E. Wasmann, der hauptsächlich die Beziehungen der verschiedenen Ameisenarten zueinander (soziale Symbiose) und der Ameisen zu anderen Tieren (individuelle Symbiose oder Myrmekophilie) studiert und dabei eine Fülle der interessantesten Entdeckungen, die teilweise zu ganz neuen Gesichtspunkten führten, gemacht hat; und endlich der Amerikaner W. M. Wheeler, der sich seit einer Reihe von Jahren mit großem Erfolg der Erforschung der amerikanischen Ameisen widmete und in seinem 1910 erschienenen großen Werke „Ants" ein ausgezeichnetes, zuverlässiges Handbuch geschaffen hat, das einen Markstein in der Geschichte der wissenschaftlichen Ameisenkunde bedeutet.

---

[1]) Im Anschluß an den Berner Zoologenkongreß (1904) war es mir vergönnt, den Autor der „Fourmis de la Suisse" in seinem Heim zu besuchen. Für die liebevolle Aufnahme, für die reiche Anregung, die ich im Hause Forel gefunden, sei hier nochmals innigst gedankt. Die Tage in Chigny gehören jedenfalls zu den interessantesten und lehrreichsten meines Lebens.

Verzeichnis der auf die Einleitung bezüglichen Literatur.

Adlerz, Gottfr., Myrmecologiska Studier 1—4. Stockholm 1884 bis 1902.

André, Ed., Species des Hyménoptères 2. Les Fourmis. Beaune 1881.

André, Ernest, Les Fourmis. Paris 1885.

Bethe, A., Dürfen wir Ameisen und Bienen psychische Qualitäten zuschreiben? Bonn 1898.

Brun, Edgar und Rudolf, Beobachtungen im Kempfthaler Ameisengebiete. In: Biol. Zentralbl. **33**, 17 ff., 1913.

Brun, Rudolf, Weitere Beiträge zur Frage der Koloniegründung bei den Ameisen. In: Biol. Zentralbl. **36**, 154 ff., 1912. (Enthält Beschreibung eines neuen Typus eines Beobachtungsnestes.)

Buckingham, Edith N., Division of Labor among Ants. In: Proc. Americ. Acad. **46**, No. 8, 1911.

Emery, C., Clef analytique des Genres de la Famille des Formicides. In: Ann. Soc. Ent. Belg. 1896, p. 172—189. Außerdem noch zahlreiche andere systematische und einige biologische Arbeiten.

Fielde, Adele, Portable Ant-Nests. In: Biol. Bull. **2**, No. 2, 1900.

Fielde, Adele, Portable Ant-Nests. In: Ebenda **7**, No. 4, 1904.

Forel, Aug., Les Fourmis de la Suisse. Zürich 1874. Außer diesem Hauptwerk, das die Grundlage der Ameisenkunde bildet, noch zahlreiche (mehrere hundert) kleinere oder größere Schriften teils anatomischen, teils biologischen, teils systematischen Inhalts. Die meisten der anatomisch-biologischen Schriften sind unten bei den einzelnen Kapiteln angeführt. Auf die Einleitung beziehen sich speziell noch:

Forel, Aug., Mélanges entomologiques, biologiques et autres. In: Ann. Soc. Ent. Belg. **47**, 249—268, 1903.

Forel, Aug., Über Polymorphismus und Variation bei den Ameisen. In: Zool. Jahrb., Suppl. **7**, 571—586, 1904.

Gander, Martin, Ameisen und Ameisenseele. Einsiedeln 1908.

Göldi, E. A., Der Ameisenstaat. Akademische Vorträge. Leipzig 1911.

Gould, William, An Account of English Ants. London 1747. (Die erste wissenschaftliche Darstellung des Ameisenlebens. — Überaus selten!)

Huber, Pierre, Recherches sur les Moeurs de Fourmis indigènes. Paris 1810. (Eine klassische Schilderung des Ameisenlebens, mit einer Menge feiner Beobachtungen. Jeder, der sich mit Ameisen beschäftigt, sollte zuerst den alten Huber studieren.)

Janet, Charles, Appareil pour l'Élevage et l'Observation des Fourmis et d'autres petits animaux. In: Ann. Soc. Ent. France **62** (1893).

Janet, Charles, Appareil pour l'Observation des Fourmis et des Animaux myrmecophiles. In: Mém. Soc. Zool. France **10** (1897). — Außerdem noch mehrere Schriften über Anatomie und Biologie der Ameisen (s. unten).

Knauer, F., Die Ameisen. Leipzig 1906.

Lubbock, John, Ameisen, Bienen und Wespen. Leipzig 1883.

Mayr, Gustav, Die europäischen Formiciden. Wien 1861. — Außerdem noch zahlreiche Schriften systematischen und faunistischen Inhalts.

McCook, Rev. H., The Honey Ants of the Garden of the Gods 1882.

McCook, Rev. H., The Natural History of the Agricultural Ant of Texas 1880.

Roger, Jul., Eine Reihe systematischer Arbeiten, hauptsächlich in der Berl. entomolog. Zeitschrift.

Sadownikowa, M., Stereoskopische Bilder aus dem Leben der Ameisen. Moskau 1911.

Sajo, K., Krieg und Frieden im Ameisenstaat. Stuttgart 1908.

Schmitz, H., Das Leben der Ameisen und ihrer Gäste. Regensburg 1906.

Schmitz, H., Wie besiedelt man künstliche Ameisennester? In Entomolog. Wochenblatt (Insektenbörse) **24** (1907).

Smith, Fred., Zahlreiche systematische Schriften, 1842 bis 1865.

Stoll, Otto, Zur Kenntnis der geographischen Verbreitung der Ameisen. In: Mitteil. schweiz. entomol. Ges. **10**, Heft 3.

Viehmeyer, H., Beobachtungsnester für Ameisen. In: Aus der Heimat, 1905.

Viehmeyer, H., Bilder aus dem Ameisenleben. Leipzig 1908.

Wasmann, E., Die zusammengesetzten Nester und gemischten Kolonien der Ameisen. Münster 1891.

Wasmann, E., Vergleichende Studien über das Seelenleben der Ameisen und der höheren Tiere. 2. Auflage. Freiburg i. Br. 1900.

Wasmann, E., Zur Kenntnis der Ameisen und Ameisengäste von Luxemburg. I—III. Luxemburg 1906 bis 1909.

Wasmann, E., Die psychischen Fähigkeiten der Ameisen. 2. Auflage. Stuttgart 1909. — Außerdem noch über hundert kleinere und größere Schriften über die Biologie der Ameisen und Ameisengäste (s. unten).

Wheeler, W. M., Zahlreiche Arbeiten über die Biologie und Systematik nordamerikanischer Ameisen, 1900 bis heute, hauptsächlich im Biological Bulletin American Naturalist und Bulletin of the American Museum of Natural history erschienen.

Wheeler, W. M., Ants, their structure, development and hehavior. New York 1910. — Ein vorzügliches Handbuch, das für den Myrmekologen unentbehrlich ist.

Ziegler, H. E., Tierstaaten und Tiergesellschaften. In: Handwörter buch der Naturwissenschaft **9** (1913).

Erstes Kapitel.

Morphologie und Anatomie.

Wenn wir die Biologie eines Tieres verstehen wollen, so müssen wir dessen Körperbau und Organisation kennen. Denn es besteht ein überaus inniger Zusammenhang zwischen Körperbildung und Lebensweise, indem erstere durch letztere bedingt wird und umgekehrt. Diesen Zusammenhang aufzudecken ist eine der vornehmsten Aufgaben der Biologie.

Wir wollen daher zunächst die Morphologie und Anatomie der Ameise behandeln — jedoch keineswegs etwa vollkommen erschöpfend, sondern nur insoweit, als es für das Verständnis der Biologie nötig ist.

Zur allgemeinen Orientierung über die Regionen des Körpers, die Lage der Organe usw. mag Fig. 6 (auf folgender Seite) dienen. Aus ihr dürfte das Wissenswerte klarer hervorgehen als aus langen Beschreibungen.

A. Morphologie.

1. Der Kopf.

Die Form des Kopfes ist je nach den Arten und auch nach den Ständen [♂, ♀, ☿, ♃[1])] ungeheuer verschieden: dreieckig, viereckig, rund, oval, länglich, quer usw. (vgl. Kap. II). Auf der gewölbten Vorderseite gewahren wir gewöhnlich eine Anzahl Leisten, Furchen, Felder usw., über welche Fig. 7 Auskunft gibt. — Ferner ist der Kopf der Träger der Mundwerkzeuge (Ober- und Unterkiefer, Unterlippe) und der Hauptsinnesorgane (Augen, Fühler).

a) Die Ober- oder Vorderkiefer (Mandibeln) stellen das massivste und kräftigste Mundgliedmaßenpaar dar. Sie inserieren gewöhnlich an den Außenecken des vorderen (bzw. unteren) Kopfrandes, selten mehr in der Mitte desselben (*Odontomachini*). Meistens sind sie schaufelförmig — mit gewölbter Außen- bzw. Vorderfläche, und konkaver Innen- bzw. Hinterfläche — und lassen je drei Ränder unterscheiden: einen konvexen Außenrand, einen konkaven Innenrand

[1]) ♃ = Soldat, eine sekundäre Entwickelungsform der Arbeiter (siehe Kap. II).

Fig. 6.

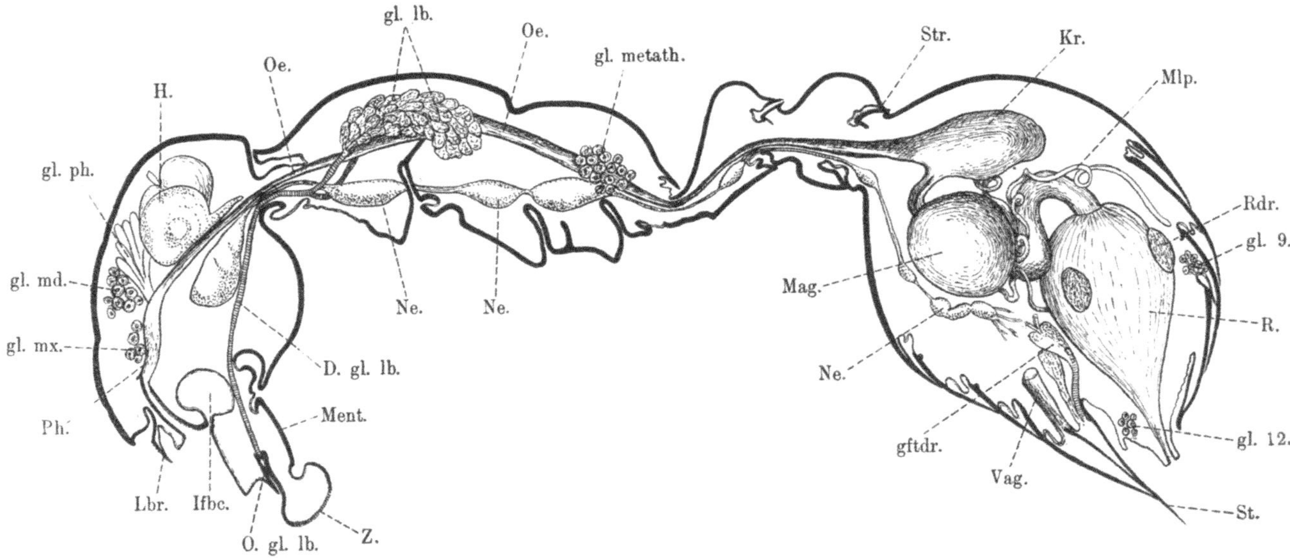

Längsschnitt durch eine Ameise (*Myrmica rubra L.*), schematisiert (nach Janet).

D. gl. lb. unpaarer Ausführgang der Labialdrüse („Speichelgang"), ***gl.*** Drüse, ***gl. lb.*** Labial-(„Speichel"-)Drüse, ***gl. md.*** Mandibulardrüse, ***gl. mx.*** Maxillardrüse, ***gl. metath.*** Metathoracaldrüse, ***gl. ph.*** Pharyngealdrüse, ***Gftd.*** Giftdrüse, ***H.*** Gehirn (Oberschlundganglion), ***Ifbc.*** Infrabuccaltasche, ***Kr.*** Kropf, ***Lbr.*** Labrum, ***Mag.*** Magen, ***Ment.*** Mentum, ***Mlp.*** Malpighische Gefäße, ***Ne.*** Bauchganglien, ***Oe.*** Ösophagus, ***O. gl. lb.*** Mündung der Speicheldrüse, ***Ph.*** Pharynx, ***R.*** Rectum, ***Rdr.*** Rectaldrüsen, ***St.*** Stachel, ***Str.*** Stridulationsorgan, ***Vag.*** Vagina, ***Z.*** Zunge.

und einen geraden Vorderrand (Fig. 8 A). Letzterer ist gewöhnlich mit Zähnen besetzt und wird deshalb auch als „Kaurand“ bezeichnet, allerdings sehr unzutreffend. Denn die Zähne dienen zu allem anderen, nur nicht zum Kauen; die mit Kaurand versehenen Mandibeln sind viel eher mit den Händen als mit den Kiefern des Menschen vergleichbar. Die Ameisen bedienen sich ihrer als Waffen zur Verteidigung und zum Ergreifen und Zerreißen der Beutetiere, als Transportorgane zum Tragen der Brut, Herbeischleppen von Baumaterial usw., ferner als Grab- und Maurerwerkzeuge usw. — Wo der Kaurand fehlt, da sind diese Funktionen wesentlich reduziert und die Mandibeln sind dann entweder nur noch als Waffe oder nur noch als Transportorgane zu gebrauchen, nicht mehr aber zum Graben, Mauern usw. Die Träger solcher glatten („sichel-“, „hakenförmigen“ oder „linearen“) Mandibeln (Fig. 8 B) sind daher mehr oder weniger unselbständig und auf Hilfe angewiesen. Wo alle Stände (♂, ♀, ☿) einer Art damit bedacht sind (wie z. B. bei den Amazonen- oder Säbelameisen oder bei *Anergates*), da müssen fremde Ameisen, deren

Fig. 7.

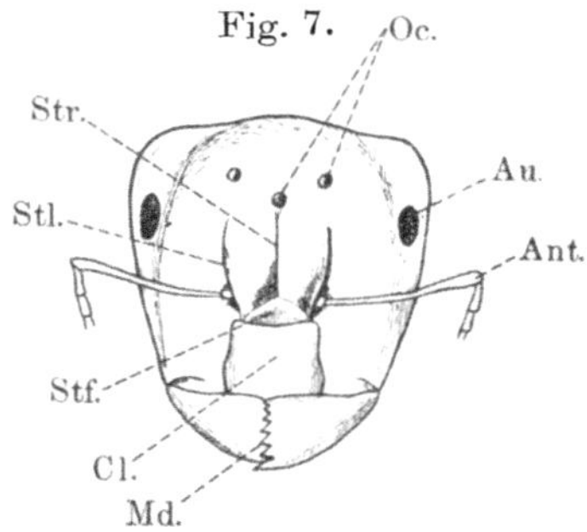

Kopf von *Camponotus ligniperdus Ltr.* ☿, Vorderseite (nach André).

Ant. Fühler, *Aug.* Seitenaugen, *Cl.* Clypeus, *Md.* Mandibeln, *Oc.* Stirnaugen, *Stf.* Stirnfeld, *Stl.* Stirnleisten, *Str.* Stirnrinne.

Fig. 8 A.

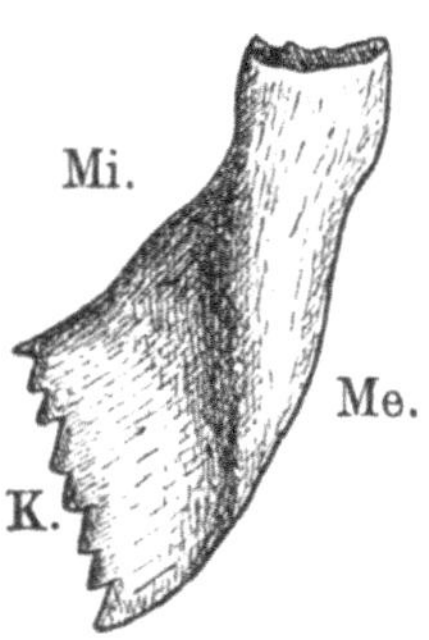

Mandibel mit Kaurand (von *Formica sanguinea Ltr.*). Nach Forel.

Me. Außenrand, *Mi.* Innenrand, *K.* Kaurand.

Fig. 8 B.

Mandibel ohne Kaurand (von *Polyergus rufescens Ltr.*). Nach Wasmann.

Mandibeln mit Kaurand versehen sind, zur Hilfe beschafft werden (Sklavenraub, Parasitismus); wo aber nur ein Stand (♂ oder Soldat) glatte Oberkiefer besitzt, da nehmen sich die anderen mit Kaurand ausgerüsteten Gesellschaftsmitglieder jenes an.

Die Oberkiefer sprechen also eine beredte Sprache für den Biologen und erlauben vielfach einen sicheren Schluß auf die Lebensweise (z. B. bei den Sklavenräubern).

b) Die Unter- oder Mittelkiefer (Maxillen) bestehen, wie bei allen Insekten, aus der Angel (Cardo), dem Stamm (Stipes), den Tastern (Palpen) und den beiden Laden (Fig. 9). Letztere stellen dünne ovale oder dreieckige Platten dar, welche verschiedentlich mit Borsten besetzt sind. Auf der Oberfläche der Außenlade sieht man parallel zu deren Innenrand eine Reihe Geschmackspapillen (Fig. 9, *gp.*) und ferner einen Borstenkamm (*K*), welcher als Reinigungsorgan dient (vgl. Kap. VI, 1). — Die Gliederzahl der Palpen schwankt zwischen 1 bis 6. — Aus dem Bau der Maxillen (vor allem den dünnen zahnlosen Laden) geht deutlich hervor, daß die Ameisen nur flüssige oder halbflüssige Nahrung zu sich nehmen können. Ferner weist uns die verschiedene Zahl der Palpenglieder darauf hin, daß nicht alle Ameisen in gleicher Weise zur selbständigen Nahrungssuche begabt sind. Solche Formen z. B., welche nur ein Palpenglied besitzen (*Anergates*), sind dieser Fähigkeit vollkommen bar und daher unbedingt auf die Fütterung durch andere Ameisen angewiesen.

Fig. 9.

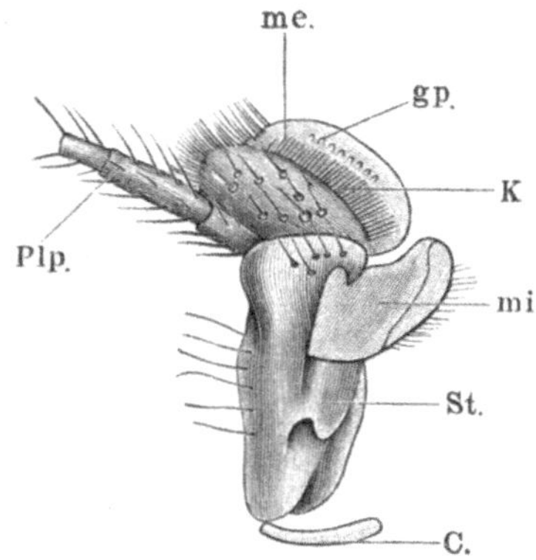

Maxille von *Formica pratensis De Geer*. ☿, von oben gesehen (nach Forel).

C. Cardo, *gp.* Geschmackspapillen, *K.* Borstenkamm (Putzapparat), *me.* äußere Lade, *mi.* innere Lade, *Plp.* Palpen, *St.* Stipes.

c) Die Unterlippe, Hinterkiefer (Labium) besteht aus dem Unterkinn (Submentum), dem Kinn (Mentum), den Lippentastern (Palpen), der Zunge (Glossa) und den Nebenzungen (Paraglossen) (Fig. 10). Besonders auffällig ist die Zunge (Glossa): Dieselbe ist sehr stark entwickelt, von länglich eirunder Form, in der Ruhelage etwa in der Mitte geknickt und wie ein Taschenmesser ventralwärts zusammengeklappt. Ihre Oberfläche ist deutlich und tief gerieft. — Zu beiden Seiten der Zungenbasis finden sich die im Verhältnis zur Zunge gewöhnlich kümmerlich entwickelten Paraglossen, die durch einen überaus kräftigen Borstenbesatz ausgezeichnet sind [Fig. 10, *pgl.*[1])]. — Die Zahl der Palpenglieder schwankt hier zwischen 1 und 4. — Die mächtige Entfaltung der Zunge entspricht der großen Rolle, welche

[1]) Hilzheimer, der Unterlippe und Hypopharynx der Hymenopteren vergleichend morphologisch studierte, glaubt, daß die früheren Autoren die Paraglossen gänzlich übersehen haben. Dies ist aber ein Irrtum: schon Meinert (1860) hat die Paraglossen sehr deutlich abgebildet und auch als solche angesprochen, ebenso Wasmann, Adlerz u. a.

dieses Organ im Leben der Ameise spielt: es dient nicht nur zur Nahrungsaufnahme, sondern auch zur Reinigung, zur Brutpflege und Krankenpflege.

d) Mit dem Labium innig verbunden ist der Hypopharynx. Nach den Studien Hilzheimers (1904) ist derselbe bei allen Hymenopteren vorhanden und manchmal sogar noch so kräftig ausgebildet, daß er eigene Kauorgane zu tragen imstande ist (*Vespa*). Bei den Ameisen ist dies allerdings nicht mehr der Fall, immerhin ist er aber noch sehr gut entfaltet, indem er am Submentum beginnt und, das ganze Mentum von oben verdeckend, nach vorn bis zu den Paraglossen reicht. Er besteht aus dem Stützgerüst und dem Hypopharyngeallappen. Die überaus dünne Decke des letzteren trägt zwei Borstenreihen, die zusammen ein V bilden, und die — da die Spitze der Borsten mit hakenartiger Krümmung nach rückwärts gewendet sind — wohl als Organe zum Festhalten dienen. Morphologisch dürften diese Borstenreihen den „Kauorganen" des Wespenhypopharynx entsprechen.

Fig. 10.

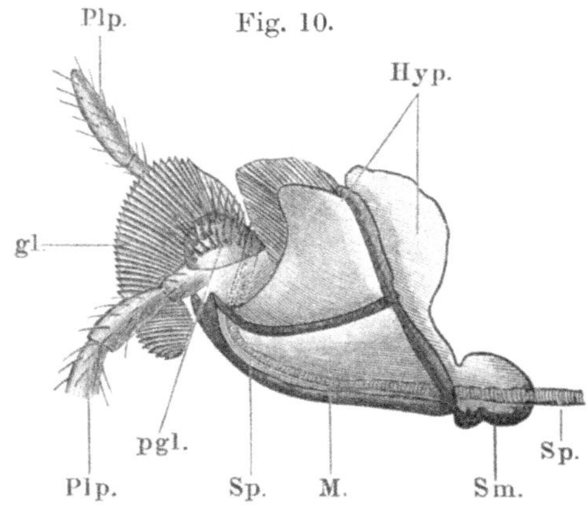

Unterlippe (Labium) und Hypopharynx von *Formica spec.*, von der Seite gesehen (teilweise nach Hilzheimer).

gl. Zunge, *Hyp.* Hypopharynx, *M.* Mentum, *pgl.* Paraglossa, *Plp.* Palpen, *Sm.* Submentum, *Sp.* Speichelgang.

e) Im Anschluß an den Hypopharynx ist noch ein Organ zu nennen, dessen morphologische Bedeutung noch nicht ganz klar gelegt ist, nämlich die Ifrabuccaltasche[1]). Sie stellt eine runde, ziemlich große Höhlung dar, welche zwischen Speichelgang und Mundhöhle gelegen ist (vgl. Fig. 6 *Ifbc.*). Nach Janet dient sie hauptsächlich als Ablagerungs- und Verarbeitungsstätte für Nahrungsabfälle und die bei der Reinigung abgekämmten Schmutzpartikelchen (vgl. Kap. VI, 1); ferner nimmt das befruchtete ♀ der pilzzüchtenden *Atta*-Arten in dieser Tasche die zur Koloniegründung nötige Pilzmasse auf den Hochzeitsflug mit.

f) Die Oberlippe (Labrum) ist eine quere, verschiedengeformte (oft zweilappige) Platte, welche gewöhnlich unter dem Clypeus verborgen ist. Sie ist mit diesem beweglich verbunden, so daß sie aufgeklappt und zurückgeschlagen werden kann. Letztere Stelle nimmt

[1]) Leider läßt Hilzheimer dieses Organ vollkommen unberücksichtigt. Heymons (6me Congrès internat. Zoolog., p. 458. Berne 1904) faßt es als „ein zum Hypopharynx gehörendes Gebilde" auf.

sie in der Ruhelage ein; man sieht dann auf der Hinterseite des Kopfes von den Mundteilen außer den beiden Palpenpaaren nur das Labrum und Mentum, alle übrigen Teile sind von diesen beiden verdeckt.

g) Bei manchen Ameisen, speziell solchen, die in sandigem Terrain (Wüste) leben (wie z. B. *Messor*- oder *Myrmecocystus*-Arten), finden sich in der Umgebung des Mundes auffallend lange Borsten (Macrochaeten), die am Vorderrande des Clypeus, auf der Innenseite der Mandibeln, am Kinn und auf der Gula in Reihen angeordnet sind. Dieselben stellen in ihrer Gesamtheit eine Art Körbchen dar, welches die betreffenden Ameisen befähigt, größere Menge losen Sandes zu tansportieren, was einen großen Vorteil für die Grabarbeit bedeutet. Man bezeichnet daher den ganzen circumoralen Borstenapparat auch als Psammophor [Santschi[1])].

h) Die Fühler (Antennen) inserieren in einer besonderen Grube (Fühlergrube) außerhalb der sogenannten Stirnleisten (Fig. 7, *Stl.*). Sie sind stets gekniet und bestehen aus Schaft und Geißel. Ersterer ist stets eingliedrig und gewöhnlich nicht viel kürzer als die Geißel, nur bei den ♂♂ ist er mitunter etwas stärker verkürzt. Die Geißel besteht aus 9 bis 13 Gliedern, in seltenen Fällen aus weniger (bei *Epitritus* z. B. nur aus 3!). Gewöhnlich werden die Geißelglieder terminalwärts dicker und größer, entweder allmählich oder mehr oder weniger unvermittelt, d. h. eine Keule bildend. Über die Funktion der Fühler s. Kap. X.

i) Die Seitenaugen liegen am Seitenrande des Kopfes oder nahe demselben an der Oberseite, und zwar entweder in der Mitte oder dem Scheitel oder dem Mandibulargelenk genähert. Sowohl bezüglich der Form als auch der Größe beobachten wir je nach der Spezies große Verschiedenheiten. Es gibt einerseits sehr gut sehende Arten, deren Augen aus einer großen Anzahl (1000 und mehr) Fazetten bestehen, andererseits aber auch sehr schlecht sehende mit nur ganz wenig (1 bis 10) Fazetten. Endlich gibt es auch Arten, die der Seitenaugen gänzlich entbehren[2]). Auch je nach dem Geschlecht bzw. Stande walten beträchtliche Unterschiede bezüglich der Größe wie Form der Augen vor: am größten sind sie bei den ♂♂, bei denen sie gewöhnlich halbkugelförmig gewölbt sind, etwas kleiner sind sie bei den ♀♀, am kleinsten bei den Arbeitern. Die Größe der Differenzen läßt sich am besten durch die Zahl der Fazetten ausdrücken; es seien daher einige Beispiele (nach Forel) erwähnt: bei *Formica pratensis* ♂ beträgt die Zahl der Fazetten etwa 1200, beim ♀ 830 und beim ☿ etwa 600; bei *Tapinoma erraticum* ♂ etwa 400, ♀ etwa 260, ☿ etwa 100; *Solenopsis fugax* ♂ etwa 400, ♀ etwa 200 und ☿ etwa 6 bis 9; *Ponera punctatissima* ♀ 100 bis 150, ☿ 1 bis 30. — Diese Beispiele

---

[1]) Wheeler, der die Macrochaeten zum erstenmal beschrieben hat, erblickte in ihnen einen Reinigungsapparat. Doch erscheint obige Erklärung Santschis richtiger, zumal dieselbe auf direkten Beobachtungen beruht.

[2]) *Typhlopone, Leptanilla, Anomma* usw.

zeigen zugleich, daß durchaus nicht überall dasselbe Verhältnis bezüglich der Augengröße der Stände herrscht. Die größten Differenzen bestehen bei unterirdisch lebenden Ameisen, da bei diesen die Augen für die ☿☿ überflüssig sind, während die ♂♂ und ♀♀ deren zum Hochzeitsflug notwendig bedürfen (z. B. *Solenopsis*). Andererseits sind bei solchen Arten, welche oberirdisch und offen nisten, die geringsten Unterschiede zu finden (z. B. *Formica*) Die absolute und relative Größe der Augen kann uns also sehr wohl Anhaltspunkte für die Biologie der betreffenden Ameisen geben.

k) Außer den Seitenaugen kommen den Ameisen auch noch Stirnaugen zu, wenigstens den ♂♂ und ♀♀, während sie bei den ☿☿ häufig fehlen oder wenigstens stets viel kleiner sind als bei den Geschlechtstieren. Die Zahl der Ocellen ist meistens 3, nur ganz selten 2 oder 1; bezüglich der Anordnung siehe Fig. 7. Bei den ♂♂ sind sie besonders groß und stark gewölbt und liegen manchmal auch noch auf hervorragenden Höckern[1]).

2. Der Brustabschnitt.

Der Ameisenthorax besteht aus vier Abschnitten: dem Pro-, Meso- und Metathorax und dem Epinotum[2]) („Segment médiaire"). Die ersteren drei setzen sich aus Tergum und Sternum zusammen; am Meso- und Metathorax schieben sich außerdem noch verschiedene Platten („Epimerite" und „Episternite") zwischen Tergum und Sternum ein. Eine weitere Komplikation erfährt das Thoraxskelett dadurch, daß das Tergum des Mesothorax wieder in verschiedene Teile zerfallen kann, welche als Mesonotum i. sp., Proscutellum („Paratteri" Emerys) und Scutellum unterschieden werden. Die Lage und Form der einzelnen Stücke wird aus Fig. 11 A ohne weiteres klar.

Nicht überall sind diese Abschnitte durch deutliche Nähte voneinander getrennt, es ist dies im Gegenteil ein relativ seltenes Vorkommnis. Gewöhnlich haben mehr oder weniger ausgedehnte Verwachsungen stattgefunden. Bei den Geschlechtstieren beschränken sich dieselben meistens auf die Epimerite und Episternite (s. Fig. 11 B), bei den ☿☿ dagegen gehen sie viel weiter, indem jeder Thorakalabschnitt zu einem einzigen geschlossenen Ring ohne Nähte verschmelzen kann, also Tergit + Epimerit + Episternit + Sternit. Auch die einzelnen Abschnitte des Mesonotums (Mesonotum i. sp., Proscutellum und Scutellum) verwachsen bei den ☿☿ zu einer einheitlichen Platte (s. Fig. 11 C). — Sehr konstant und sehr innig ist ferner (sowohl bei ♂ und ♀ als auch ☿) die Verschmelzung des Epinotums mit dem Metasternit, weshalb die meisten früheren Autoren ersteres ganz übersahen bzw. zum Metanotum rechneten. Erst Janet (1898)

---

[1]) Eingehende Untersuchungen über die Stirnaugen der Ameisen stellte neuerdings C. Julius Caesar an, worauf im 10. Kapitel noch Bezug genommen werden soll.

[2]) Nomenklatur nach Emery (1900).

und Emery (1900) machten auf diesen Irrtum aufmerksam. Das Epinotum ist häufig mit Dornen, Haken usw. besetzt. — Der Bau und die Form des Thorax ist das wichtigste Merkmal zur Unterscheidung von ♀ und ☿, wie im nächsten Kapitel des näheren ausgeführt wird.

Als Anhänge des Thorax kommen dorsal die Flügel (nur bei ♂ und ♀) und ventral die Beine in Betracht. Der Bau der ersteren (d. h. deren Geäder usw.) kann hier übergangen werden

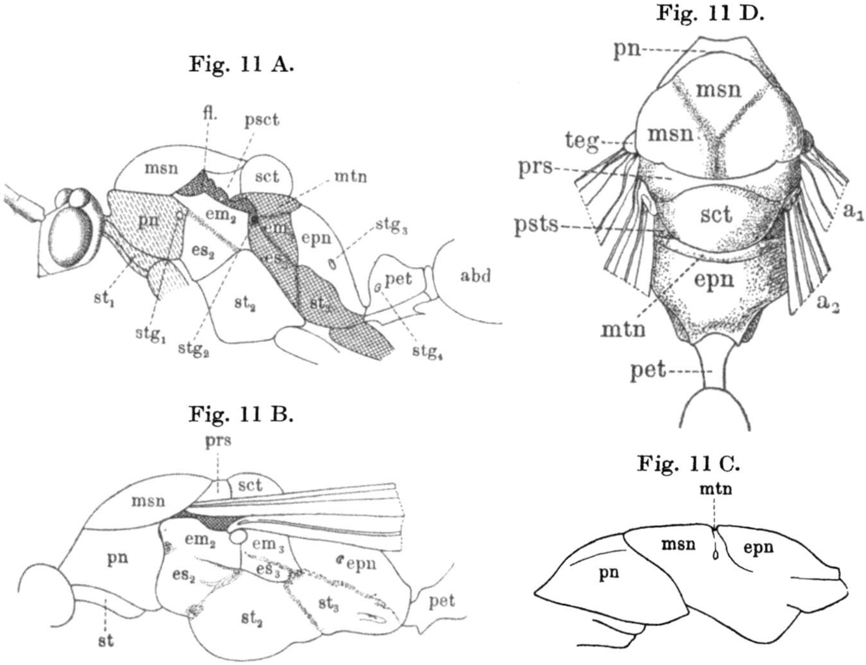

Thorax verschiedener Ameisen. A. Thorax von *Streblognathus aethiopicus F. Sm.* ♂ (Ponerine), seitliche Ansicht nach Entfernung der Flügel, Prothorax und Metathorax schraffiert; B. Thorax von *Platythyrea conradti Em.* ♂ (Ponerine), seitliche Ansicht; C. Thorax von *Camponotus fulvipilosus F.* ☿, seitliche Ansicht; D. Thorax von *Paraponera clavata Oliv.* ♂, von oben gesehen. Nach Emery.

a_1 und a_2 Vorder- und Hinterflügel, *abd.* Abdomen, *em.* Epimerit, *es.* Episternit, *epn.* Epinotum, *fl.* Flügelgelenk, *msn.* Mesonotum, *mtn.* Metanotum, *pet.* Petiolus, *pn.* Pronotum, *prs.* und *psct.* Proscutellum, *psts.* Postscutellum, *sct.* Scutellum, *st.* Sternit, *stg.* Stigma, *teg.* Tegula.

und bezüglich der Beine sei auch nur ein Organ, als für die Biologie wichtig, erwähnt, nämlich der „tibiotarsale Putzapparat“ der Vorderbeine. Derselbe besteht: 1. aus einem sehr kräftigen gebogenen tibialen Sporn, welcher an seiner konkaven, dem Tarsus zugewandten Seite gekämmt ist, 2. aus einem einreihigen tarsalen Kamm, welcher auf der dem Sporn gegenüberliegenden, mehr oder weniger ausgehöhlten Partie des ersten Tarsengliedes angebracht ist und 3. aus einem von Drüsenporen durchsetzten Wulst, welcher diesen tarsalen Kamm in seiner ganzen Länge begleitet. Der Sporn stellt nach Janet (1895), welchem wir die eingehendste Untersuchung des Putzapparates verdanken, ein enormes, beweglich eingelenktes Haar dar (daher sind die Zähne seines Kammes nicht hohl), während dagegen die Zähne des tarsalen Kammes echten, gelenkig mit der Cuticula verbundenen Sinneshaaren gleichkommen. Der Apparat dient vor allem zur Reinigung der Antennen, welche zwischen den beiden Kämmen durchgezogen werden; dadurch wird der an ihnen haftende Schmutz abgestreift, während das aus den tarsalen Drüsen stammende Sekret die abgestreiften Partikelchen verbindet und so deren Entfernung erleichtert (s. Kap. VI, 1). — Zu bemerken ist noch, daß der Sporn keine eigene Muskulatur besitzt und daher die Annäherung der beiden Kämme lediglich durch die Flexion des Tarsus gegen die Tibia bewirkt wird.

Fig. 12.

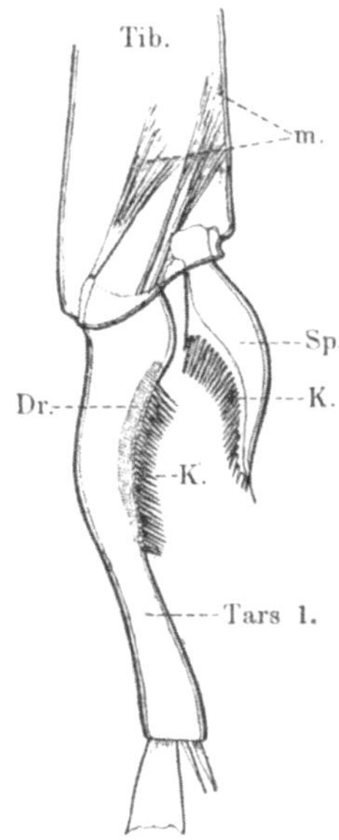

Tibiotarsaler Putzapparat von *Myrmica rubra L.* Nach Janet.

Dr. Drüsenwulst, *K.* Spornkamm, *K'.* tarsaler Kamm, *m.* Muskulatur, *Sp.* tibialer Endsporn, *Tib.* Tibia, *Tars.* 1 erstes Tarsenglied.

3. Das Abdomen.

Das Ameisenabdomen zeichnet sich besonders dadurch aus, daß das erste Segment oder die ersten zwei Segmente stark reduziert und verengt sind, wodurch „der eigentliche Hinterleib" durch ein „Stielchen" (Petiolus) vom Thorax getrennt erscheint. Die Form und die Größe des Stielchens ist bei den verschiedenen Gattungen und Unterfamilien recht verschieden und hängt natürlich in erster Linie davon ab, ob es ein- oder zweigliederig ist. — Wo nur ein Stielchenglied vorhanden, da trägt dasselbe dorsal eine mehr oder weniger hohe, verschieden gestaltete „Schuppe" (s. Fig. 26). Ist das Stielchen aber zweigliederig, so ist das erste Glied gewöhnlich vorn dünn und zylindrisch, hinten knotenförmig verdickt, und das zweite Glied in seiner ganzen Ausdehnung knotenförmig (s. Fig. 6). Das erste Glied hat außerdem „unten vorn fast immer einen kleinen Fortsatz als Hemmungsmittel für die zu starke Abwärtskrümmung des Stielchens, da sich dieser Fortsatz an das Metasternum stemmt (Mayr)".

Dem Stielchen verdankt die Ameise zum großen Teil ihre enorme Beweglichkeit und Gelenkigkeit und ihre Überlegenheit über die anderen Insekten. Die Beweglichkeit ist natürlich um so größer, je länger das Stielchen, je lockerer die Artikulation seiner Glieder. Die zweigliederigen Stielchen sind demnach den eingliederigen in dieser Beziehung überlegen; ebenso wie die Stielchen mit niederer Schuppe oder kleinem Knoten eine weit größere Beweglichkeit erlauben als die mit hoher Schuppe oder großem Knoten. Denn die Schuppe sowohl wie die knotenförmigen Verdickungen stellen Sperrvorrichtungen dar, welche der Gelenkigkeit „eine bestimmte Grenze setzen, über welche hinaus dieselbe dem Tiere zum Schaden gereichen würde" (Fenger, 1862). Außerdem dürften sie auch dazu dienen, dem Stielchen eine größere Festigkeit und einen größeren Schutz zu gewähren.

Der auf den Petiolus folgende Abschnitt (der „eigentliche Hinterleib" oder „Gaster") artikuliert mit dem Stielchen gewöhnlich an seinem vordersten Ende, nur bei einer Gattung (*Crematogaster*) an seiner Oberseite (nahe dem Vorderende). Die Form des Gaster kann je nach der Spezies sehr verschieden sein: rund, oval, länglich, herzförmig usw. Bei den Ponerinen zeigt er zwischen dem ersten und zweiten Segment eine deutliche Einschnürung (Beginn der Bildung eines zweiten Petiolusgliedes). Die Zahl der Gastersegmente beträgt gewöhnlich 4 beim ♀ und ☿, 5 beim ♂. Das erste Segment ist in der Regel das größte, oft die Hälfte oder zwei Drittel des Gaster bedeckend; bei *Myrmica* (und anderen Ameisen) besitzt es vorn dorsal eine geriefte Platte (s. Fig. 6 *Str.*), auf welche sich ein Fortsatz vom zweiten Stielchengliede anlegt, wodurch ein Stridulationsorgan gebildet wird; denn durch Reiben der Platte gegen den Fortsatz (bei Auf- und Abbewegen des Abdomens) entstehen Geräusche (s. Kap. VI). — Eine biologisch besonders bemerkenswerte Eigenschaft des Gaster ist seine enorme Ausdehnungsfähigkeit. Wir werden unten mehrfach Fälle kennen lernen, in denen der Gaster zu einer riesigen Kugel aufgeschwollen erscheint; die Segmentplatten sind dann durch die dünnen Intersegmentalhäute weit voneinander getrennt. Diese Dehnbarkeit kommt nicht nur der Entwickelung der Eier zugute, sondern wird auch zur Ansammlung großer Nahrungsvorräte benutzt (Honigameisen, s. Kap. V, 2 b).

Als Anhänge des Abdomens sind die „Genitalanhänge" und der „Giftstachel" zu nennen. Erstere bieten lediglich vergleichend morphologisches und systematisches Interesse und können daher hier übergangen werden, letzterer soll im Zusammenhang mit der Giftdrüse noch erwähnt werden.

B. Anatomie.

1. Der Darmkanal.

Am Darmkanal der Ameisen lassen sich in der Reihenfolge von vorn nach hinten folgende Abschnitte unterscheiden: Mundhöhle, Pharynx, Ösophagus, Kropf, Pumpmagen, Magen, Dünndarm und Rectum. Betreffs der Lage des Darmkanals und seiner Abschnitte bitte ich den schematischen Durchschnitt Fig. 6 zu Rate zu ziehen. Besonders in die Augen fallend ist die Länge der Ösophagus, welche durch das Vorhandensein des Stielchens bedingt ist. Denn erst im Gaster ist Raum für Erweiterungen des Darmrohres vorhanden. Den Biologen interessiert vom Darmkanal hauptsächlich der letzte Abschnitt des Vorderdarms, d. h. der Kropf und der „Pumpmagen", denn diese spielen im sozialen Leben der Ameisen eine hervorragende Rolle. – Der Kropf stellt eine sackartige Erweiterung des Vorderdarms dar, in welcher die Ameisen die Nahrung sowohl für den eigenen Bedarf als auch besonders zur späteren Verteilung an ihre Kameraden und Larven aufspeichern. Man kann ihn deshalb mit Forel recht wohl als „sozialen Magen" bezeichnen. Seine Wände sind dünn und ungeheuer elastisch, besitzen aber nur eine schwache Muskulatur. Wie enorm die Dehnbarkeit des Kropfes sein kann, darüber werden wir unten bei Besprechung der Honigameisen (Kap. V, 2 b) noch näheres erfahren.

Fig. 13 A.

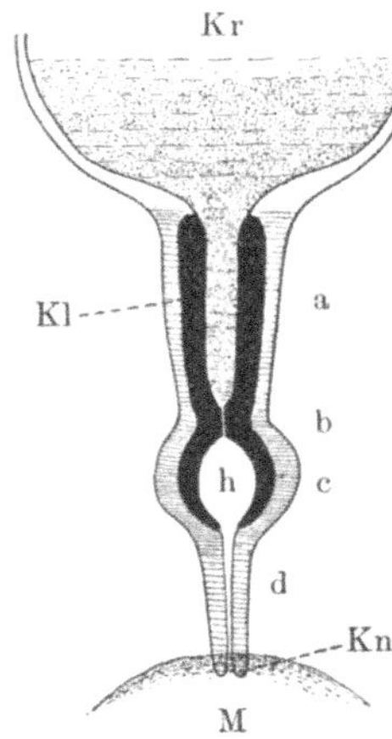

Fig. 13 B.

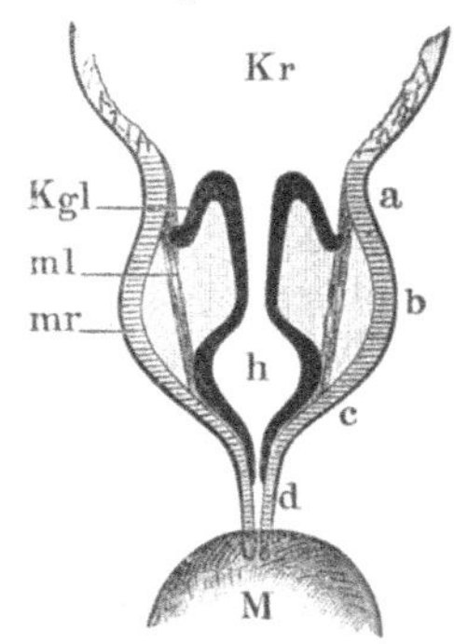

Pumpmagen; A. von *Camponotus spec.*; B. von *Plagiolepis spec.* Nach Forel u. Emery.

a Kelchregion, *b* Klappenregion, *c* Kugelregion, *d* zylindrischer Abschnitt, *h* Hohlraum der Kugel, *Kgl* Kelchglocke, *Kl* Kelchblätter, *Kn* „Knopf", *Kr* Kropf, *M* Magen, *mr* Ringmuskulatur, *ml* Längsmuskeln.

Der Kropf findet seine Fortsetzung in dem Pumpmagen (auch Kaumagen, Gésier oder Histème genannt). Derselbe dient einerseits dazu, Nahrung vom Kropf in den Magen zu pumpen, andererseits einen hermetischen Verschluß zwischen Kropf und Magen herzustellen. Der Bau des Pumpmagens ist keineswegs bei allen Ameisen der gleiche, sondern weist in den verschiedenen Gattungen oder Unterfamilien ganz beträchtliche Differenzen auf, so zwar, daß er auch als systematisches Gruppenmerkmal sehr gut zu verwenden ist. In seiner höchsten Ausbildung (bei den Camponotinen) besteht er aus folgenden Abschnitten: dem Kropf schließt sich zunächst der „Kelch" an, in welchem man vier lange chitinöse Blätter („Kelchblätter", sépales) unterscheiden kann. Weiter nach hinten folgt die verengte Region der Klappen und hinter diesen sehen wir wieder eine Erweiterung, welche als „Kugel" bezeichnet wird. Diese drei Abschnitte bilden den eigentlichen Schließ- und Pumpapparat. Derselbe steht nun nicht direkt mit dem Chylusmagen in Verbindung, sondern erst vermittelst eines engen Rohres, des sogenannten „zylindrischen Abschnittes", welcher im Inneren des Magens mit einer wulstigen Vorragung, dem „Knopf", endet (s. Fig. 13). Was die Muskulatur des Pumpmagens betrifft, so handelt es sich in der Hauptsache um Ringmuskeln (Konstriktoren), welche besonders kräftig in der Kugelregion ausgebildet sind; die Längsmuskeln treten dagegen ganz in den Hintergrund.

Von den vielen Modifikationen, die der Pumpmagen in den verschiedenen Gattungen usw. zeigt, seien nur einige hier erwähnt: Der Kelch bzw. die Kelchblätter können pilzhut- oder glockenförmig nach hinten umgeschlagen sein; dadurch rückt natürlich die Klappenregion nach vorn an die Grenze zwischen Pumpmagen und Kropf. Die umgeschlagene Kelchpartie nennt man „Kelchglocke" (Fig. 13 B, *Kgl*). Dieser Typus wird durch *Plagiolepis* und verwandte Gattungen repräsentiert. — Die Verkürzung des Pumpmagens, die hier angebahnt ist, kann noch weiter fortschreiten, indem auch die Klappenregion kürzer wird. Dadurch rückt die Kugelregion an die Kelchglocke und wird von dieser ganz oder zum Teil verdeckt. Kommt nun noch hinzu, daß die Kelchglocke in den Kropf hineingezogen und daß ferner auch der „zylindrische Abschnitt" stark verkürzt wird oder ganz verschwindet, so kann es den Anschein haben, daß der Kropf direkt mit dem Chylusmagen in Verbindung tritt. Solche Typen finden wir in verschiedener Ausbildung bei den Dolichoderinen.

Ganz abweichend verhält sich der Pumpmagen der Dorylinen, Ponerinen und Myrmicinen. Hier können wir weder Kelch noch Kugel unterscheiden, sondern der ganze Apparat besteht lediglich aus einem einfachen zylindrischen, mit starker Ringmuskulatur ausgestatteten Rohre, in dessen Lumen eine Anzahl kräftiger chitinöser Längsfalten vorspringen. Die Beförderung der Nahrung vom Kropf in den Magen geschieht hier bei diesen einfachen Apparaten nicht durch Pumpbewegung, sondern durch peristaltische Kontraktionen.

Beim Ausbrechen der Nahrung (zum Zweck der Fütterung) spielt der Pumpmagen keine aktive Rolle, sondern lediglich die eines Verschlußapparates (vgl. auch Kap. V, 1). Auch der Kropf kann den Brechakt kaum einleiten, da dessen Muskulatur dazu viel zu schwach ist, deshalb glaubt Janet (1902) in dem Pharynx, der eine sehr kräftige Muskulatur besitzt, das Organ erblicken zu dürfen, welches das Ausbrechen bewirkt. Er nimmt an, daß durch bestimmte Bewegungen des Pharynx eine Saug- und Pumpwirkung erzielt wird, wodurch — je nach der Art und Reihenfolge der Kontraktionen — eine Füllung oder eine Entleerung des Kropfes erzielt wird. — Betreffs der Anatomie des Pumpmagens siehe besonders Forel (1878) und Emery (1888).

Die übrigen Abschnitte des Darmkanals: der Chylusmagen, Dünndarm mit den Malpighischen Gefäßen (4 bis 50 an der Zahl), das ampullenförmige Rectum mit den Rectaldrüsen weisen keine Besonderheiten auf und können hier übergangen werden. Die Drüsen der Mundregion und des Pharynx werden im Zusammenhange mit den übrigen Drüsen im nächsten Abschnitt noch besprochen.

2 Die Drüsen.

Drüsensekrete spielen im Leben der Ameisen (wie aller sozialen Insekten) eine große Rolle: sie dienen als Verteidigungsmittel, zur Ernährung der Brut, als Kitt zum Erbauen der Nester, als gegenseitiges Erkennungsmittel (Legitimation) usw. Kein Wunder also, daß der Ameisenkörper eine ganze Reihe verschiedenartiger Drüsen beherbergt.

a) Drüsen der Mund- und Pharyngealregion. — Jedes Mundextremitätenpaar besitzt eigene paarige Drüsen, die wir als Mandibular-, Maxillar- und Labial- (oder Speichel-)drüsen unterscheiden.

Fig. 14.

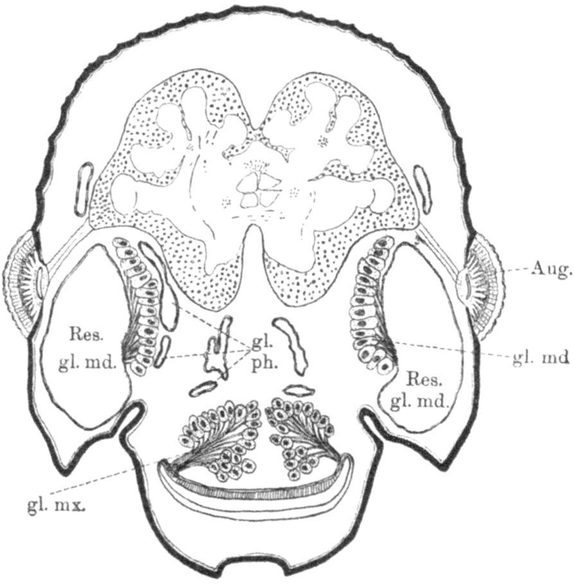

Frontalschnitt durch den Kopf von *Myrmica rubra L.* Nach Janet.

Aug. Seitenaugen, *gl. md.* Mandibulardrüsen, *gl. mx.* Maxillardrüsen, *gl. ph.* Pharyngealdrüsen, *Res. gl. md.* Sammelreservoir der Mandibulardrüse.

Die Mandibulardrüsen („Glande mandibulaire" Janets, „glandula mandibulae" Meinerts) sind gut entwickelt und bestehen aus zwei Teilen: dem drüsigen Teil, welcher aus einer großen Zahl einzelliger Drüsen besteht, und dem voluminösen Reservoir, welches an der Basis der Mandibeln mit einer spaltförmigen Öffnung nach außen mündet. Die Lage des mächtigen Drüsenorgans wird am besten aus dem beigegebenen Frontalschnitt ersichtlich (Fig. 14 *gl. md.* und *Res. gl. md.*).

Die Maxillardrüsen („Glande maxillaire" Janets) sind viel unscheinbarer als die vorhergehenden. Sie bestehen aus einer Gruppe einzelliger Drüsen, deren Ausführgänge, zu Büscheln vereinigt, durch ein Cribellum jederseits in die vordere Partie der Mundhöhle einmünden (s. Fig. 14 *gl. mx.*).

Die Labialdrüse („glande labiale“ Janets, glandulae pectorales Meinerts, Speicheldrüsen) gehört bezüglich ihrer (unpaaren) Mündung der Mundregion an, bezüglich des drüsigen Teiles aber der Brustregion. Wenn wir sie hier bei den Drüsen der Mundregion besprechen, so tun wir dies im Hinblick auf ihre Entstehung (aus einer Hauteinstülpung der Labialregion). — Die paarigen Drüsen sind ziemlich umfangreich und liegen dem Ösophagus dorsal und lateral an (siehe Fig. 6 *gl. lb.*) Sie setzen sich aus vielen Follikeln (Acini) zusammen, welche in je einen Sammelkanal münden. Nach kurzem Verlauf schon vereinigen sich diese beiden Kanäle zu einem unpaaren Kanal („Speichelgang“), welcher nach vorn zieht, um zwischen Labium und Hypopharynx nach außen zu münden (s. Fig. 6 *D. gl. lb.*). Der Speichelgang zeichnet sich durch eine deutlich geringelte Intima aus, wodurch er etwas an Tracheen erinnert. Bei manchen Formen (z. B. *Formica*) sind nach Meinert die paarigen Sammelkanäle vor ihrer Vereinigung noch zu einem ziemlich umfangreichen Rerservoir erweitert.

Für die Pharynxregion kommt nur ein Drüsenpaar in Betracht, nämlich die Pharyngealdrüse („glandes postpharyngeénes“ Janets, „glandula verticis“ Meinerts, „cephalic salivary gland“ Lubbocks). Dieselben werden gebildet durch paarige Ausstülpungen der Wand des Vorderdarms, direkt hinter dem Pharynx. Sie stellen zwei Säcke mit handschuhfingerartiger Verzweigung dar, welche sich vor und über dem Gehirn ausbreiten. (Vgl. Fig. 6 *gl. ph.* und Fig. 14 *gl. ph.*)

Was die physiologische und biologische Bedeutung der Mund- und Pharynxdrüsen betrifft, so sind wir darüber noch schlecht unterrichtet. Wir können nur Vermutungen äußern. Für die Verdauung dürften ihrer Lage nach nur die Maxillar- und vor allem die Pharyngealdrüsen in Betracht kommen, da ja nur diese in das Lumen des Vorderdarms münden. Die Mandibulardrüse liefert höchstwahrscheinlich den Kitt und den Mörtel zum Bauen; wir schließen dies daraus, daß bei den kartonfabrizierenden Ameisen (*Lasius fuliginosus*), welche des Zementes in besonderem Maße bedürfen, die fraglichen Drüsen besonders gut entwickelt sind (Meinert, Forel). Und was endlich die Labialdrüse betrifft, so dürfte diese wohl bei der Brutpflege eine Rolle spielen („Bespeicheln“ der Eier, Larven usw. s. Kap. III). Mehr läßt sich heute noch nicht darüber sagen.

b) Thorakale Drüsen. — Außer der Labialdrüse kommt dem Thorax nur noch eine paarige Drüse zu, welche Meinert als „Glandula metathoracis“ und Janet als „Glande de l’anneau médiaire“ bezeichnet. Dieselbe liegt im Segment médiaire (zu beiden Seiten) und ist ziemlich stark entwickelt (s. Fig. 6, *Gl. metath.*); sie setzt sich aus zahlreichen einzelligen Drüsen zusammen, deren Ausführkanälchen durch eine Siebmembran in eine geräumige mit Luft gefüllte Höhlung münden. Letztere ist (wenigstens bei *Myrmica*) nur durch einen schmalen Spalt nach außen geöffnet. Nach Janet dient das Sekret dieser auffallenden Drüse vielleicht dazu, den für die gegenseitige Erkennung so wichtigen Nestgeruch auf dem Körper der Ameise zu fixieren.

c) Abdominale Drüsen. — Als Abdominaldrüsen kommen außer einigen kleinen intersegmentalen Hautdrüsen (s. Fig. 6, *gl.* 9 und *gl.* 12) vor allem die Giftdrüse und die Analdrüsen in Betracht.

Die „Giftdrüse“ findet sich bei den Weibchen und Arbeitern aller Ameisen, und zwar stets in der hinteren Region des Abdomens ventral von der Rectalampulle gelegen. Sie stellt einen ziemlich komplizierten Apparat dar, an dem man folgende Teile unterscheiden kann: 1. den giftsezernierenden Abschnitt (die eigentliche Drüse), 2. das Sammelreservoir (Giftblase), 3. den ausführenden Abschnitt (mit oder ohne Stachel) und 4. die Nebendrüse (oder akzessorische Drüse). Nach der Form und gegenseitigen Lagerung dieser Abschnitte unterscheidet Forel zwei Haupttypen, welche er als „Giftblase mit Polster“ und „Giftblase mit Knopf“ bezeichnet.

Bei beiden Typen zeigt die eigentliche Giftdrüse einen tubulösen Bau und besteht aus einfachen Röhren, deren Wände durch die Drüsenzellen gebildet werden. Man kann einen paarigen und unpaaren Teil an ihr unterscheiden: ersterer ist frei, letzterer mit der Giftblase innigst verbunden bzw. in sie eingeschlossen. Handelt es sich nun um den ersten Typus („Giftblase mit Polster“), so treten die beiden freien Drüsenenden dorsal am hinteren (distalen) Ende der Giftblase in diese ein, indem sie zugleich zu einem einzigen Rohre verschmelzen. Dieser unpaare eingeschlossene Drüsenabschnitt ist enorm lang — Forel maß 20 cm! — und muß sich deshalb in unzählige Windungen zusammenlegen. Dadurch wird ein großes, ovales, dichtes Polster gebildet, welches die dorsale Decke der Giftblase darstellt (Fig. 15). Die eigentliche Mündung des Drüsenrohres in das Lumen der Giftblase liegt dem proximalen Ende derselben genähert. — Beim zweiten Typus (Giftblase „mit Knopf“) dagegen vereinigen sich die paarigen freien Drüsenenden am proximalen Ende (am Gipfel) der Giftblase und treten hier als unpaares Rohr in dieselbe ein. Die Eintrittsstelle ist jedoch (wie ja auch beim ersten Typus) nicht gleichbedeutend mit der Mündung, sondern das Drüsenrohr stülpt die Blasenintima vor sich ein und mündet erst nach mehrfachen Windungen mehr

Fig. 15.

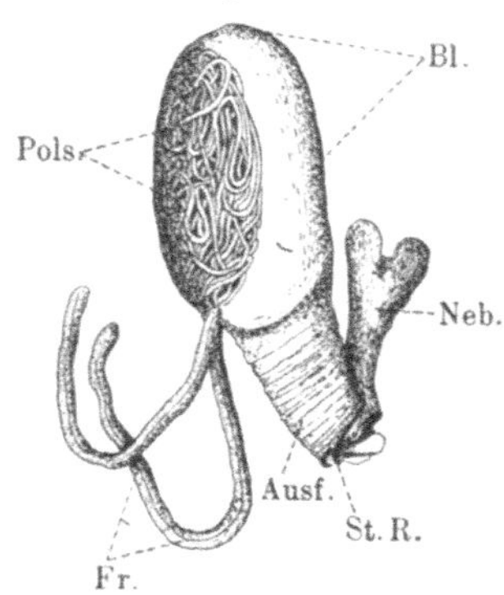

Giftapparat von *Formica rufibarbis* ☿.

Ausf. Ausführgang des Giftapparates, *Bl.* Sammelblase, *Neb.* Nebendrüse, *Pols.* „Polster“, *St. R.* Stachelrudiment.

oder weniger weit von der Eintrittsstelle entfernt mit einer knopfförmigen Verdickung („Knopf“) in das eigentliche Blasenlumen (Fig. 16).

Zu diesen Unterschieden der beiden Typen treten auch noch wesentliche Differenzen in der Bildung der ausführenden Abschnitte: beim ersten Typus ist der Ausführkanal sehr breit, nur wenig schmäler als die Blase und mündet, von einigen Stützbalken umgeben, frei ohne Stachel in die Kloake; beim zweiten Typus ist der Ausführkanal sehr schmal und dünn und steht mit einem Stachel in Verbindung.

Was die „Nebendrüse“ betrifft, so ist dieselbe bei beiden Typen ziemlich übereinstimmend gebaut: sie stellt einen schlauch-, kugel- oder birnförmigen Sack dar, dessen Wand durch die Drüsenzellen gebildet wird und dessen Mündung direkt neben bzw. ventral von der Blasenmündung gelegen ist, von dieser nur durch eine schmale Falte geschieden (Fig. 15 *Neb.* und Fig. 16 *Acc Dr*).

Auf die Morphologie des Stachels will ich nicht näher eingehen; ich verweise in dieser Hinsicht auf die vor wenigen Jahren erschienene ausgezeichnete Arbeit von Emil Foerster (1912) und auf die beistehende Fig. 16, die von diesem Autor für die Neuauflage eigens angefertigt und mit näherer Erläuterung versehen wurde. Nur das sei hier erwähnt, daß die vollkommenste Ausbildung des Stachels bei den Ponerinen, Myrmicinen und teilweise auch noch bei den Dorylinen zu finden ist,

Fig. 16.

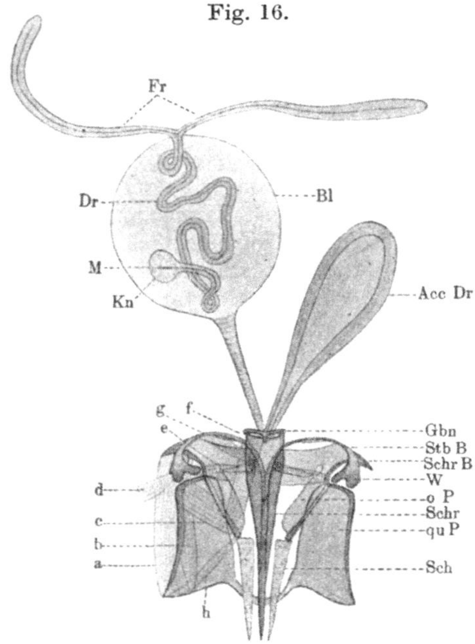

Giftapparat der *Myrmica laevinodis* ☿ (Originalzeichnung von Foerster).

(Gift- und akzessorische Drüse nach einer Abbildung Forels) von der Ventralseite gesehen, die seitlichen Partien des Stechapparates, die in Wirklichkeit rechts und links von dem eigentlichen stachelförmigen Gebilde in der Mitte steil dorsalwärts in die Höhe steigen, in eine Ebene ausgebreitet. *Fr* freie Drüsenschläuche der Giftdrüse, *Dr* zum Schlauch vereinigte Giftdrüse innerhalb der Blase, *Kn* knopfförmige Endanschwellung der Giftdrüse, *M* Ausmündung der zentralen Giftdrüsenröhre in die Blase, *Bl* Giftblase, *Acc Dr* akzessorische Drüse, *Gbn* Gabelbein, *Stb B* Stechborstenbogen, *Schr B* Schienenrinnenbogen, *W* winkelförmige Endanschwellung der Stechborsten, *o P* oblonge Platte, *qu P* quadratische Platte, *Schr* Schienenrinne, *Sch* Stachelscheiden. Der Stich wird durch die beiden Stechborsten verursacht, welche der Schienenrinne und ihren Bögen ventralwärts aufliegen und auf dieser vor- und rückwärts bewegt werden können. Sie sind mit der Rinne durch eine Längsfurche verbunden, die sich in eine dem ganzen Rande der Schienenrinne aufsitzende Leiste (Schiene) hineinpaßt. Das Hervorstoßen der Stechborsten über die Rinne wird durch Kontraktion der Protrusores *a* und *b* bewirkt, das Zurückziehen in die Ruhelage durch die Retractores *c* und *d*. Die Muskeln *e* bis *h* sind an der Bewegung der übrigen Chitinteile des Stachels beteiligt.

während er bei den Dolichoderinen nur noch sehr klein und schwach und bei den Camponotinen gänzlich rückgebildet bzw. nur noch in einigen als Stützbalken dienenden Chitinspangen vorhanden ist.

Der Giftapparat bildet die Hauptverteidigungswaffe der Ameisen. Wo ein Stachel vorhanden, wird das abgeschiedene Gift direkt in den Körper des Feindes injiziert; wo aber der Stachel rückgebildet ist, da beißen die Ameisen zuerst mit ihren Mandibeln eine Wunde in den feindlichen Körper, krümmen dann ihren Hinterleib nach vorn, um so das Gift in die Bißwunde zu spritzen. Wie weit die stachellosen Ameisen (*Camponotini*) ihr Gift zu spritzen vermögen, kann man am besten dadurch erfahren, daß man an einem heißen Sommertag einen größeren „Haufen“ der Waldameisen beunruhigt: ein dichter, meterweit reichender Sprühregen ergießt sich sogleich aus der Nestkuppel, Gesicht und Hände des Friedensstörers befeuchtend. Da die Blase selbst nur eine schwache Muskulatur besitzt, so müssen wir annehmen, daß das Gift durch indirekte Muskelwirkung (Bauchpresse) ejiziert wird.

Die Wirkung des Ameisengiftes[1]) auf den Menschen ist nur unbedeutend und äußert sich meistens nur in sehr geringfügigen lokalen Entzündungen. Nur einige tropische Ameisen können schmerzhafte, auch mit Allgemeinerscheinungen verbundene Verletzungen verursachen. — Um so verderblicher ist die Wirkung des Giftes auf Ameisen und andere Insekten; hier wirkt es meistens todbringend. Auch ohne daß es in eine Wunde eingedrungen, ruft die bloße Berührung oft schon Betäubungen hervor. Wenn man eine Anzahl Ameisen in eine Glasröhre zusammensperrt und sie zum Giftspritzen reizt, so gehen sie in kurzer Zeit an ihrem eigenen Gift zugrunde. — Die Ameisen tragen allerdings ein Gegenmittel bei sich, und zwar in Drüsen, die ein alkalisches Sekret ausscheiden. Doch sind die Sekretmengen zu klein, um solche gewaltigen Säureergüsse zu neutralisieren. Janet glaubt, daß unter anderen auch die „Nebendrüse“ ein alkalisches Sekret produziert, welches dazu dient, den beim Ausspritzen im Stachel und dessen Umgebung verbleibenden Säurerest zu neutralisieren.

Wir haben endlich noch die Analdrüsen zu besprechen. Diese sind nicht, wie die Giftdrüsen, Gemeingut aller Ameisen (bzw. der ♀ und ☿), sondern kommen nur in der Unterfamilie der Dolichoderinen vor. Sie liegen im hinteren Ende des Abdomens über dem Darm, sind paarig angelegt und bestehen: erstens aus je einer ziemlich großen Sammelblase, welche bis zur Mitte des Abdomens nach vorn

[1]) Über die Natur des Ameisengiftes ist man noch keineswegs im klaren. Man nennt zwar gewöhnlich die Ameisensäure als eigentliches Gift, doch ist diese Anschauung nach v. Fürth (1903) keineswegs gerechtfertigt. „Überall, wo man die Ameisensäure für die Giftwirkung eines Sekretes verantwortlich gemacht (Bienen, Prozessionsraupen, Brennesseln), konnte die Annahme einer strengen Kritik nicht standhalten. Man geht also schwerlich fehl, wenn man das Gift der Ameisen als eine ihrer Natur nach unbekannte Substanz bezeichnet.“

reichen kann, und zweitens aus dem der Blase seitlich angelagerten drüsigen Organ. Letzteres setzt sich aus lauter einzelligen Drüsen zusammen, welche ihr Sekret in einen gemeinsamen Kanal ergießen; dieser mündet nahe dem distalen Ende in die Blase (s. Fig. 17 A und B). Die beiden Blasen vereinigen sich gewöhnlich in ihrer hinteren (distalen) Hälfte und münden mit einer gemeinsamen unpaaren Öffnung nach außen bzw. in die Kloake, direkt oberhalb der Anusöffnung.

Fig. 17 A.

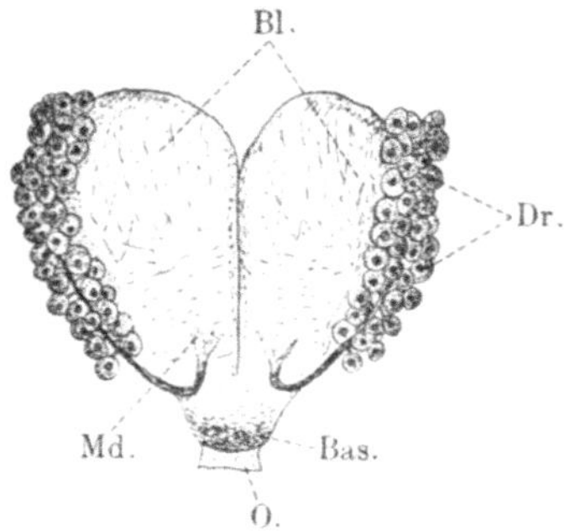

Fig. 17 B.

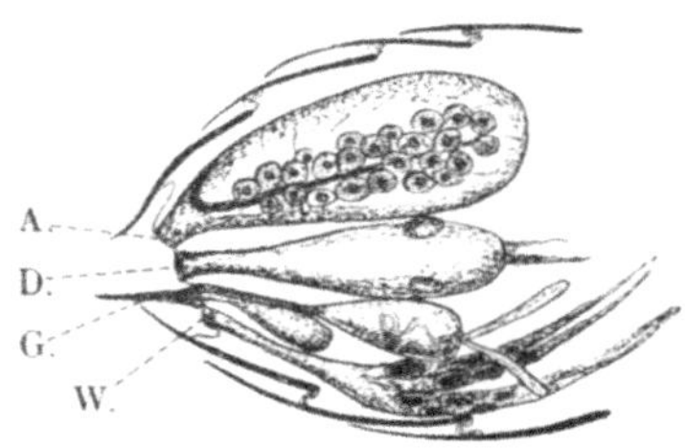

A. Analdrüse von *Bothriomyrmex meridionalis* ☿.

Bas. unpaarer distaler Abschnitt der Sammelblase (*Bl.*), *Dr.* Drüsen, *Md.* Mündung des Drüsenganges in die Blase, *O.* Mündung der Sammelblase nach außen.

B. Topographie der Kloakengegend derselben Ameisenart. Nach Forel.

A. Analdrüse, *D.* Darm, *G.* Giftapparat, *W.* Geschlechtsorgan.

Was die biologische Bedeutung der Analdrüsen betrifft, so dienen dieselben bzw. deren Sekret nach Forel ebenfalls zur Verteidigung. Wenn *Tapinoma* oder andere Dolichoderinen sich zu verteidigen haben, so suchen sie ihre Feinde mit ihrem Abdomen zu berühren, aus dessen Spitze eine „hellweiße schaumige Flüssigkeit" hervorquillt. Letztere erzeugt bei den davon betroffenen Feinden eine außerordentlich heftige Wirkung. Das Analdrüsensekret von *Tapinoma* besitzt einen sehr starken charakteristischen Geruch, bei *Bothriomyrmex*, *Dolichoderus* u. a. erscheint es dagegen geruchlos.

3. Das Nervensystem.

Vom Nervensystem interessiert uns hier nur das Oberschlundganglion (das Gehirn); denn nur dieses bietet mit dem sozialen Leben zusammenhängende Besonderheiten dar, während die übrigen Abschnitte [Bauchmark[1]), periphere Nerven] dem allgemeinen Typus entsprechen.

Wie bei den übrigen Insekten, lassen sich auch am Ameisengehirn — entsprechend den drei Ganglien, aus denen es zusammengesetzt

[1]) Die Zahl der Bauchganglien und ihre Lage ist auf dem schematischen Längsschnitt Fig. 6, *Ne.* zu ersehen.

ist — drei Abschnitte unterscheiden, die als erster, zweiter und dritter Gehirnabschnitt oder Proto-, Deuto- und Titrocerebrum bezeichnet werden. — Den weitaus größten Teil des Gehirns nimmt das Protocerebrum ein, das dem „primären Hirn-

Fig. 18.

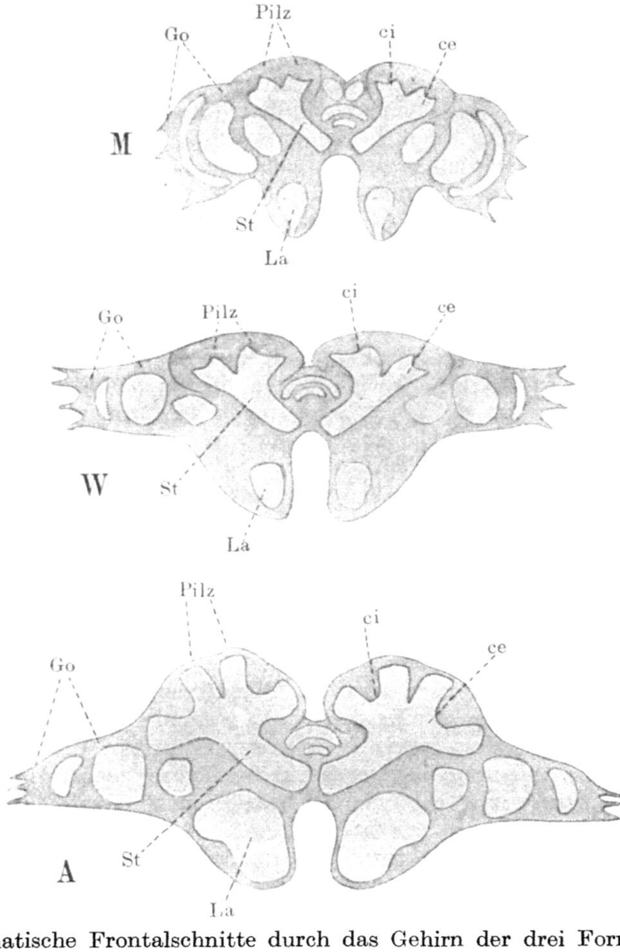

Schematische Frontalschnitte durch das Gehirn der drei Formen der Ameisen. A Arbeiter, W Weibchen, M Männchen. Nach Pietschker.

Pilz pilzförmiger Körper, *ci* innerer Becher, *ce* äußerer Becher, *St* Stiel, *Go* Ganglion opticum, *La* Lobus antennalis.

lappen" Leydigs („Gehirnstamm" Forels) zusammen mit der „pilzhutförmigen Hirnpartie" entspricht. Von ihm gehen seitlich die meist sehr umfangreichen, breiten Sehlappen (Lobi optici oder Ganglia optica) ab, die zu den Seitenaugen ziehen; außerdem meist noch nach vorn bzw. dorsalwärts einige dünnere Nervenstränge, die zu den Stirnaugen ziehen. Wo drei Stirnaugen vorhanden sind (was ja die Regel ist), finden sich vier Stränge, da zu dem mittleren Auge zwei Stränge treten (was darauf hindeutet, daß auch das mittlere Auge ursprünglich paarig angelegt war) (Fig. 19). — Der zweite Hirnabschnitt, das Deutocerebrum, ist wesentlich kleiner und besteht in der Hauptsache aus den Riechlappen, von denen die zu den Fühlern ziehenden „Antennennerven" entspringen. Außer dem Geruchszentrum enthält es wahrscheinlich auch noch das Zentrum für die Tast-, Geschmacks- und Gehörsempfindungen. — Der dritte Abschnitt, das Tritocerebrum, auch Ösophagusganglion genannt, liegt unter bzw. hinter dem Deutocerebrum und geht nach hinten in die Schlundkommissur über; es entsendet Nerven zu der Oberlippe und der Schlundwand.

Uns interessiert hier vor allem der erste Hirnabschnitt, und zwar wegen der demselben zukommenden sogenannten „pilzförmigen Körper" (auch Dujardinsche Körperchen genannt). Diese bestehen aus einer Anhäufung von Ganglienzellen und Fasermassen, die so angeordnet sind, daß sich auf Schnitten annähernd die Form eines Pilzes ergibt (Fig. 18). Äußerlich treten dieselben als geringere oder stärkere Anschwellungen oder Verdickungen der Protocerebrumhälften hervor. Man unterscheidet an den pilzförmigen Körpern einmal die Stiele (Fig. 18 *St.*) und Becher (Fig. 18 *ci* und *ce*), die aus Fasermasse bestehen, und sodann die Zellmassen, und zwar die inneren Zellmassen, die die Höhlung der Becher ausfüllen, und die äußeren Zellmassen, welche die Becher außen umgeben.

Wenn wir hier die pilzförmigen Körper besonders hervorheben, so ist dies darin begründet, daß diese Gebilde bei den sozialen Insekten auffallend hoch entwickelt sind, was auf einen Zusammenhang des sozialen Lebens bzw. der durch dieses bedingten höheren geistigen Fähigkeiten mit der Ausbildung der Pilzkörper schließen läßt. Wir sind zu einer solchen Auffassung um so mehr berechtigt, als die Pilzkörper bei den verschiedenen Ständen der Ameisen (Männchen, Weibchen und Arbeiter) in der Regel deutliche Differenzen aufweisen, die im Einklang mit dem Grade der sozialen Betätigung der betreffenden Stände stehen.

Am besten ausgebildet sind die pilzförmigen Körper gewöhnlich bei der Arbeiterin[1]), welcher ja die mannigfaltigsten Arbeiten für das Wohl der Kolonie obliegen, geringer entwickelt finden wir sie beim

---

[1]) Das gleiche Verhalten zeigen die pilzförmigen Körper bei den Bienen, indem sie auch bei den Bienenarbeiterinnen weitaus am höchsten entwickelt sind. Dagegen sind sie bei den Hummeln und Wespen bei den Weibchen durchgehends am besten ausgebildet und stets höher entwickelt als bei den Arbeiterinnen. Darin liegt aber nur eine Bestätigung unserer Auffassung, da ja bei den Hummeln und Wespen an die Weibchen weit höhere Anforderungen in sozialer Hinsicht gestellt werden als bei den Ameisen und Bienen (vgl. hierzu die Arbeiten von H. v. Alten und H. E. Ziegler).

Weibchen, welches im allgemeinen auch weniger komplizierte Aufgaben zu erfüllen hat, und am schwächsten ausgebildet sind sie in der Regel beim Männchen, welches ja am eigentlichen sozialen Leben für gewöhnlich kaum irgendwelchen aktiven Anteil nimmt. Allerdings sind die Unterschiede nicht überall in gleich deutlicher Weise ausgeprägt; ja es kommen sogar Fälle vor, in denen die Pilzkörper beim Weibchen größer sind als bei der Arbeiterin und beim Männchen kaum kleiner als bei der letzteren, wie Wheeler z. B. bei *Formica*

Fig. 19.

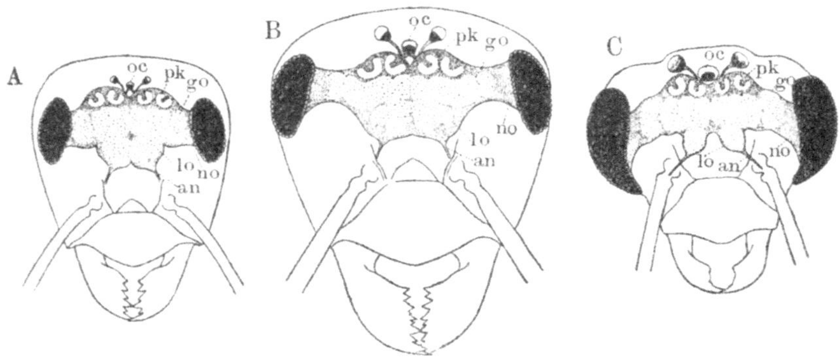

Die Gehirne der drei Stände (A Arbeiter, B Weibchen, C Männchen) von *Formica fusca*, in die Kopfumrisse eingezeichnet (bei gleicher Vergrößerung). Aus Wheeler.

an Antennen-Nerv, *go* Ganglion opticum, *lo* Lobus olfactorius, *no* Nervus opticus, *oc* Ocellen, *pk* pilzförmige Körper.

fusca festgestellt hat (Fig. 19). Auch die neueren Untersuchungen Pietschkers haben ergeben, daß die Pilzkörper bei den Männchen durchaus nicht immer so stark rückgebildet sind, wie Forel angenommen hat. Es wird Gegenstand weiterer Forschung sein, die verschiedenen anatomischen Befunde bei den verschiedenen Arten durch biologische Beobachtungen zu ergänzen, wenn wir über die Bedeutung der pilzförmigen Körper völlig ins klare kommen wollen.

4. Die Geschlechtsorgane.

Auf die Anatomie der männlichen Geschlechtsorgane brauche ich mich nicht näher einzulassen, denn sie bietet kein spezielles Interesse für die Biologie dar. Die weiblichen Organe dagegen müssen wir wenigstens einer kurzen Betrachtung unterziehen: Sie bestehen wie bei den meisten Insekten 1. aus den paarigen Ovarien, 2. aus den paarigen Eileitern, 3. aus dem unpaaren Eileiter mit dem Receptaculum seminis und 4. der ebenfalls unpaaren Vagina mit der Begattungstasche.

Die Ovarien setzen sich aus einer Anzahl Eiröhren zusammen, in denen Ei- und Nährkammern abwechseln. Die Zahl der Eiröhren ist ungeheuer verschieden und kann je nach der Gattung zwischen zwei (Ponerinen) und mehreren Hundert (*Eciton*) schwanken. — Besonderes Interesse besitzt das Receptaculum seminis, da es eine Reihe mit den sozialen Einrichtungen zusammenhängende Eigentümlichkeiten aufweist. Vor kurzem wurden von Alexander Adam eingehende vergleichende Untersuchungen über dieses Organ bei den sozialen Insekten veröffentlicht, wodurch unsere bis dahin so mangelhaften Kenntnisse (vgl. erste Auflage) wesentlich erweitert und die recht komplizierten Verhältnisse unserem Verständnis nahegebracht wurden.

Fig. 20 A.

Fig. 20 B.

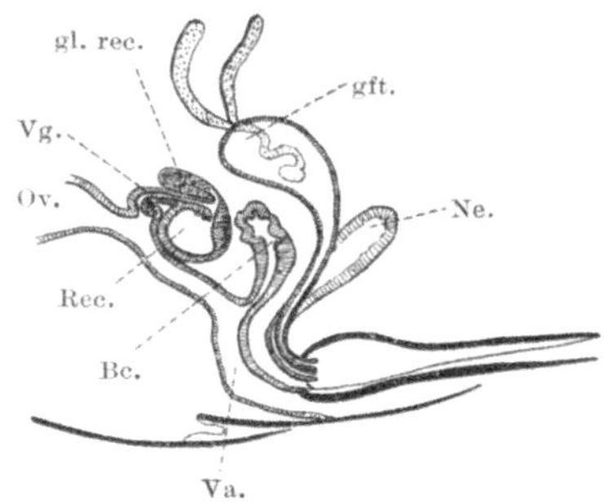

A. Ovarium von *Leptothorax emersoni Wheel.* ☿. Nach Holliday.

Bc. Bursa copulatrix, *Rec.* Receptaculum seminis.

B. Schematischer Längsschnitt durch den weiblichen Ausführweg. Nach Janet.

Bc. Bursa copulatrix, *gft.* Giftdrüse, *gl. rec.* Anhangsdrüse des Receptaculum, *Ne* Nebendrüse (des Giftapparates), *Ov.* Oviduct, *Rec.* Receptaculum, *Va.* Vagina, *Vg.* Verbindungsgang zwischen Receptaculum und Vagina.

Das Receptaculum (Fig. 21) findet sich bei allen von Adam untersuchten sozialen Hymenopteren auf der dorsalen Seite des unpaaren Eileiters als ein Anhangsgebilde desselben, und besteht meist aus einer kugeligen oder birnförmigen, bei den Ameisen vorwiegend nierenförmigen Samenkapsel (*SK*), ferner aus dem Ausführungsgang, dem sogenannten Samengang (*Sg*), der die Kapsel mit dem Eileiter verbindet, und endlich einem Paar Anhangsdrüsen (*Dr*), deren gemeinsamer Ausführungskanal in das distale Ende des ebengenannten Samenganges nach dessen Austritt aus der Kapsel (in seltenen Fällen in die Kapsel selbst) einmündet.

Die Größe der Samenkapsel zeigt bei den verschiedenen Arten beträchtliche Verschiedenheiten und richtet sich deutlich nach dem Spermienbedarf der Königin. Es geht dies ohne weiteres aus den Maßen hervor, die Adam für die Samenkapsel einer Anzahl Hymenopteren gibt, und von denen hier wenigstens einige angegeben seien: Der Durchmesser bzw. die Breite des Receptaculums beträgt bei der Honigbiene 1,5 mm, bei *Formica* 1 mm, bei *Lasius fuliginosus* ebenso, bei *Lasius emarginatus* 0,7 mm, bei *Tetramorium* 0,6 mm, bei *Camponotus* 0,4 mm, beim Hummelweibchen 0,3 mm, beim Hornissenweibchen 0,3 mm und bei *Myrmica rubida* 0,25 mm. Der Zusammenhang zwischen diesen Ziffern und der Größe der von den betreffenden Weibchen gegründeten Kolonien ist evident: „Den Bedürfnissen in den riesigen *Formica*-Nestern entspricht eine Samenkapsel, deren Fassungsvermögen dem der Bienenkönigin kaum nachsteht. Dagegen genügt für die *Camponotus*-Königin, deren Kolonien niemals so volkreich sind, ein geringerer Spermienvorrat, dessen Behälter nicht viel größer als bei einer Hummelkönigin ist. Die Größe der Samenkapsel

Fig. 21.

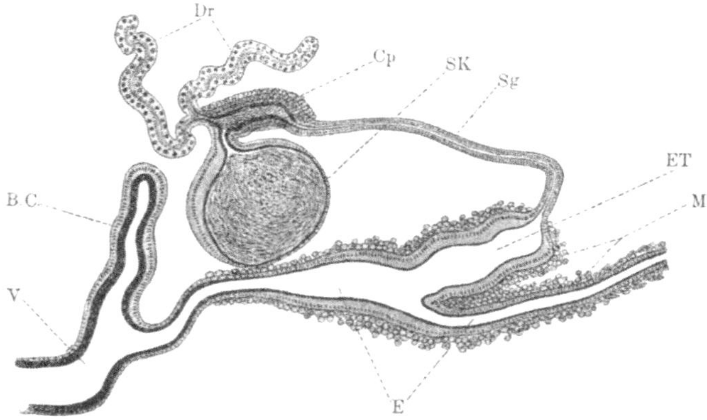

Receptaculum seminis der *Camponotus*-Königin. Medianer Längsschnitt, schematisiert. (Nach Originalzeichnung von Adam.)

SK Samenkapsel mit Spermatozoen, *Sg* Samengang, *Dr.* Anhangsdrüsen, *E* unpaarer Eileiter, *Cp* Kompressormuskulatur, *ET* Eileitertasche („Befruchtungstasche"), *M* Quergetroffene Muskelfasern des Eileiters und der Eileitertasche, *B. C.* Bursa copulatrix, *V* Vagina.

zeigt sich hierbei gänzlich unabhängig von der Körpergröße der betreffenden Königinnen: So ist z. B. bei *Camponotus*, der größten unserer Ameisenarten, das Organ kaum halb so groß wie bei den viel kleineren *Formica*- und *Lasius*-Königinnen; ein *Lasius*- oder *Tetramorium*-Weibchen kann eine größere Spermamenge speichern als die riesige Hornissenkönigin usw."

Der Samengang (Fig. 20 *Sg*), welcher die Samenkapsel mit dem unpaaren Eileiter verbindet, beginnt auf der Dorsalseite der Kapsel in der eingebuchteten Mitte des nierenförmigen Gebildes. In seinem proximalen, d. h. dem Eileiter zugekehrten Teil stellt er ein dünnes Röhrchen mit engem Lumen dar, dessen Wandungen aus niederem, innen schwach chitinisiertem Zylinderepithel bestehen. Gegen die Samenkapsel nimmt das Epithel an Höhe zu, ebenso wird die Chitinauskleidung wesentlich dicker, während zugleich das Lumen sich zu einem flaschenförmigen Raum erweitert. Dieser erweiterte Teil des Samenganges besitzt eine überaus kräftige Kompressorenmuskulatur (*Cp*), deren Fasern an einer leistenförmigen Verdickung der Chitincuticula inserieren und von da aus divergierend den flaschenförmig erweiterten Abschnitt des Samenganges wie eine Kappe umhüllen. Bei manchen Arten tritt zu diesem Kompressor noch ein Paar lateraler Längsmuskeln, welche an der gleichen Chitinleiste entspringen und längs des Samenganges zu einer zweiten Chitinverdickung am vorderen (proximalen) Ende des erweiterten Abschnittes ziehen. Die Wirkung dieser Muskeln (Flexoren) besteht in einer Krümmung des letzteren Abschnittes, wodurch der Rauminhalt desselben verringert und also die Wirkung der Kompressoren noch vergrößert wird.

Der Samengang mündet nicht direkt in den unpaaren Eileiter, sondern in eine taschenförmige Ausbuchtung desselben, die meist recht geräumig ist und seitlich in zwei mächtige, über die Seiten des Eileiters hinausragende rautenförmige Lappen ausgezogen ist. Die Wandung dieser zweilappigen Tasche wird aus einem hohen Zylinderepithel mit kräftiger Chitincuticula und einem äußerst starken Muskelüberzug gebildet.

Was endlich die paarigen Anhangsdrüsen der Samenkapsel betrifft, so stellen diese schmale zylindrische Gebilde von ziemlicher Länge dar, welche in unregelmäßigen kleinen Windungen verlaufen und sich in ihrem proximalen Ende zu einem kurzen gemeinschaftlichen Kanal vereinigen, welcher von der dorsalen Seite her in den Samengang mündet.

Die Bedeutung des hier beschriebenen komplizierten Samentaschenapparates besteht zweifellos in der Hauptsache darin, den aufgenommenen Spermienvorrat möglichst sparsam bzw. in sorgfältig abgemessenen Portionen über die abzulegenden Eier zu verteilen. Sparsamkeit und feine Regulierung der Spermaabgabe ist für die sozialen Insekten von allergrößter Wichtigkeit, da eine einmalige Füllung der Samenkapsel für viele Jahre vorhalten muß und außerdem auch die Bestimmung des Geschlechtes von der Befruchtung oder Nichtbefruchtung des durch den Eileiter tretenden Eies abhängt. Unsere Kenntnisse sind zwar noch nicht so weit vorgeschritten, daß wir alle bei der Spermaregulierung sich abspielenden Vorgänge restlos verstehen, doch ergibt sich nach den Untersuchungen Adams etwa folgendes Bild: Der Muskelapparat des Samenganges wirkt als Pumpe („Spermapumpe"), indem bei der Erschlaffung der Muskulatur das Lumen des Samenganges sich erweitert, wodurch eine gewisse Menge Samen aus der Samenkapsel angesaugt wird. Da das Lumen des Samenganges an der mit Muskulatur versehenen Stelle an und für sich schon ziemlich weit ist, so kann die Saugwirkung keine allzu große mehr sein, so daß jedesmal nur kleine Spermienmengen bei dem Pumpakt aus der Samenkapsel in den Samengang übertreten dürften. Übrigens verhalten sich die verschiedenen Ameisen in bezug auf die Pumpleistung nicht ganz übereinstimmend, indem die aus Kompressoren und Flexoren bestehende Pumpmuskulatur bei den Myrmicinen[1]) jedenfalls kräftiger wirkt als die nur aus Kompressoren bestehende Pumpe der Formicinen. — Nicht so einfach als die Spermapumpe ist die Bedeutung des taschenförmigen Anhangs des Eileiters zu erklären. Nach Adam stellt derselbe eine Einrichtung zur sicheren Erzielung der Befruchtung dar. „Daß die Befruchtung davon abhängig sein sollte, daß die Spermatozoen das Ei im Ovidukt oder in der Vagina aufsuchen müßten, ist bei dem geräumigen Umfang des Ovidukts und seines taschenförmigen Anhangs, in dem ein so geringes Spermienpaket, wie es die Spermapumpe abgibt, sicherlich sich verlieren müßte, ohne jemals das Ei zu erreichen, undenkbar. Eine gesicherte Befruchtung ist in diesem Falle vielmehr nur dann möglich, wenn das Ei durch die Tätigkeit der starken Eileitermuskulatur in die Tasche hineingeschafft und sein Mikropylenende an die Mündung des Samenleiters herangepreßt wird." Unterbleibt dies, so unterbleibt auch die Befruchtung; und so hätten wir also in der Eileitertasche (von Adam auch „Befruchtungstasche" genannt) die eigentliche oder wenigstens die wichtigste Einrichtung für die Geschlechtsbestimmung zu erblicken, während der Spermapumpe vielleicht mehr die Sorge für die sparsame Verteilung der Spermamasse zukommt (Adam).

Bisher haben wir nur die Geschlechtsorgane der echten Weibchen im Auge gehabt; wir müssen nun noch einen Blick auf die Geschlechtsorgane der Arbeiter werfen. Im allgemeinen sind die Geschlechtsorgane der Arbeiter mehr oder weniger reduziert gegenüber den betreffenden Organen bei den Königinnen. Bei den Ovarien drückt sich dies meist in einer geringeren Zahl der Eiröhren aus; die Differenz kann sehr groß sein, wie z. B. bei den Dorylinen, wo z. B. die Königin von *Eciton* mehrere hundert Eiröhren besitzt, während bei den Arbeitern die Ovarien fast vollkommen rückgebildet sind. Ebenso zeichnen sich die Arbeiterinnen von *Solenopsis* und *Tetramorium* durch den gänzlichen Verlust der Eiröhren (wie überhaupt der gesamten Geschlechtsorgane) aus. Auch bei *Camponotus* ist die Differenz ziemlich auffällig, und verhält sich die Zahl der Eiröhren von ♀ und ☿ etwa wie 7 bis 10 : 1. Bei anderen Formen dagegen, wie bei den recht ursprünglichen Ponerinen, ist die Differenz nur sehr gering, ebenso bei der parasitisch lebenden *Leptothorax emersoni* und anderen.

Noch deutlicher als in der Zahl der Eiröhren macht sich die Reduktion in der unvollkommenen Ausbildung des Samentaschenapparates geltend. Schon Adlerz hat darauf hingewiesen, daß der durchgreifendste Unterschied der Königinnen den Arbeiterinnen gegenüber der Besitz eines funktionsfähigen Receptaculum seminis sei. Diese Anschauung ist neuerdings durch die Untersuchungen Adams im großen und ganzen bestätigt worden, indem auch dieser

[1]) Die Spermapumpe der Myrmicinen nähert sich etwas der Spermapumpe der Bienenkönigin, wie sie von Bresslau beschrieben wurde, dem wir überhaupt die erste eingehende Darstellung des komplizierten Samentaschenapparates der sozialen Insekten verdanken.

Forscher zu dem Resultat gelangt, daß die Arbeiterinnen der Ameisen den Königinnen gegenüber durch „das Fehlen oder höchstens die Anwesenheit eines Rudimentes der Samentasche von inkonstantem Entwickelungsgrade" charakterisiert sind[1]).

Literatur.

Adam, Alex., Bau und Mechanisuus der Receptaculum seminis bei den Bienen, Wespen und Ameisen. In: Zool. Jahrb., Abt. Anat. u. Ontog. **35** (1912), 1—74, Taf. 1—3.

Alten, H. v., Zur Phylogenie des Hymenopterengehirns. In: Jen. Zeitschr. f. Nat., 46. Bd., 1910.

Adlerz, Gottfr., Myrmecologiska Studier **2**, Stockholm 1886.

André, Ed., Species des Hymenoptères **2**, 5—19.

André, Ernest, Les Fourmis. Paris 1885 (Kap. II).

Beyer, O. W., Der Giftapparat von *Formica rufa*, ein reduziertes Organ. In: Jen. Zeitschr. f. Nat. **25**, 26—112, 1891. Tafel 3 u. 4.

Bickford, Elisabeth, Über die Morphologie und Physiologie der Ovarien der Ameisenarbeiterinnen. In: Zool. Jahrb., 5. Abt., Syst. 1895, S. 1—26. Taf. 1 u. 2.

Bresslau, E., Der Samenblasengang der Bienenkönigin. In: Zool. Anz. **29**, 299—323, 1905.

Brun, R., Weitere Beiträge zur Frage der Koloniegründung bei den Ameisen. In: Biol. Zentralbl. **32** (1912).

Caesar, C. Julius, Die Stirnaugen der Ameisen. In: Zool. Jahrb., Abt. f. Anat. u. Ontog., 35. Jahrg., 1912, 161—242, Taf. 7—10.

Dewitz, H., Über Bau und Entwickelung des Stachels der Ameisen. In: Zeitschr. f. wiss. Zool. **28**, 527 ff., 1877.

Emery, C., Über den sogenannten Kaumagen einiger Ameisen. In: Zeitschr. f. wiss. Zool. **46**, 378—412, 1888. Taf. 27—29.

Emery, E., Intorno al Torace delle Formiche. In: Bull. Soc. Ent. Ital. **32** (1900).

Fenger, W. H., Allgemeine Orismologie der Ameisen usw. In: Arch. f. Naturgesch. **28**, 282—352, 1862. Taf. 10—12.

Fenger, W. H., Anatomie und Physiologie des Giftapparates bei den Hymenopteren. In: Arch. f. Naturgesch. **29**, 139—178. Taf. 9.

Foerster, Emil, Vergleichend-anatomische Untersuchungen über den Stechapparat der Ameisen. In: Zool. Jahrbücher (Anat. u. Ont.) **34**, 347—380, 1912. 2 Taf.

Forel, Aug., Les Fourmis de la Suisse 1874 (1. u. 2. Partie).

Forel, Aug., Der Giftapparat und die Analdrüsen der Ameisen. In: Zeitschr. f. wiss. Zool. **30**, Supplbd., S. 26—68, 1878. Taf. 3 u. 4.

Forel, Aug., Études myrmecologiques en 1878 (avec l'anatomie du gésier des fourmis). In: Bull. Soc. Vaud. Sc. Nat. **15**, 337—392, 1878. Taf 23.

Forel, Aug., Die psychischen Fähigkeiten der Ameisen. München 1901.

Fürth, O. v., Vergleichende chemische Physiologie der niederen Tiere. Jena 1903, S. 346—348.

Hilzheimer, Max, Studien über den Hypopharynx der Hymenopteren. In: Jen. Zeitschr. f. Nat. **39**, 119—150, 1904. Taf. 2.

---

[1]) Die gegenteiligen Behauptungen Miss Hollidays, die bei einer Anzahl echter Arbeiterinnen gut ausgebildete Receptacula gefunden haben will (s. 1. Auflage), konnte Adam als auf Irrtum beruhend nachweisen. Vielfach dürfte der amerikanischen Forscherin eine Verwechslung der Samentasche mit der Eileitertasche unterlaufen sein.

Holliday, Margaret, A Study of some ergatogynic Ants. In: Zool. Jahrb. Syst. **19**, 293—328, 1903. 16 Fig.

Janet, Charles, Sur la Morphologie du squelette des segments postthoraciques chez les Myrmicides. Beauvais 1894.

Janet, Charles, Sur l'Anatomie du pétiole de la Myrmica rubra. Paris 1894.

Janet, Charles, Sur l'Organe de nettoyage tibio-tarsien de Myrmica rubra. In: Ann. Soc. Ent. Fr. **63** (1894).

Janet, Charles, Système glandulaire tégumentaire de la Myrmica rubra. Lille 1898.

Janet, Charles, Aiguillon de la Myrmica rubra: Appareil de fermeture de la gland a venin. Paris 1898.

Janet, Charles, Anatomie du Corselet de la Myrmica rubra Reine. Paris 1898.

Janet, Charles, Sur les Nerves céphaliques, les Corpora allata etc. Paris 1899.

Janet, Charles, Essai sur la Constitution morphologique de la Tête de l'Insecte. Paris 1899.

Janet, Charles, Anatomie du Gaster de la Myrmica rubra. Paris 1902.

Janet Charles, Observations sur les Fourmis. Limoges 1904.

Kraepelin, C., Untersuchungen über den Bau, Mechanismus und Entwickelungsgeschichte des Stachels der bienenartigen Tiere. In: Zeitschr. f. wiss. Zool. **23** (1873).

Leydig, Fr., Zur Anatomie der Insekten. In: Müllers Arch. f. Anat. u. Physiol. 1859, S. 56—59. Taf. 24.

Lubbock, Sir John, On some Points in the Anatomy of Ants. In: The monthl. micr. Journ. 1877.

Lubbock, Sir John, On the Anatomy of Ants. Trans. Lin. Soc. 1879.

Mayr, G., Die europäischen Formiciden. Wien 1861.

Meinert, Fr., Bidrag til de danske Myrers Naturhistorie. In: Dansk Vetensk. Selskabs. **5** (1860).

Pietschker, Heinrich, Das Gehirn der Ameise. In: Jen. Zeitschr. f. Naturw. N. F. **40** (1910), Heft 1.

Rabl-Rückhard, Studien über Insektengehirne. Das Gehirn der Ameise. In: Reicherts Arch. f. Anat. u. Physiol. 1878.

Santschi, F., Sur la signification de la barbè des Fourmis arénicoles. In: Rev. Suisse Zool. **17** (1909).

Szabó, József, A *Camponatus ligniperda* noi invarkészülékenék szerkezete. In: Allatani Közleményck **10** (1911), 3 Taf. (Über das Receptaculum seminis.)

Wheeler, W. M., Ants. New York 1910.

Ziegler, H. E., Die Gehirne der Insekten. In: Nat. Wochenschr. N. F. **11** (1912), 14. Juli.

Zweites Kapitel.

Polymorphismus.

Unter Polymorphismus verstehen wir die Eigenschaft einer Art, sich in mehrere verschiedene Formen zu differenzieren, die alle mehr oder weniger regelmäßig bei jeder „Generation oder bei gewissen Generationen als Kinder der gleichen Eltern wieder erzeugt werden“ (Forel).

Bei den Ameisen ist diese Eigenschaft in hohem Maße ausgebildet. Beruht doch die Organisation und die weitgehende Arbeitsteilung des Ameisenstaates zum größten Teil auf derselben.

Fig. 22.

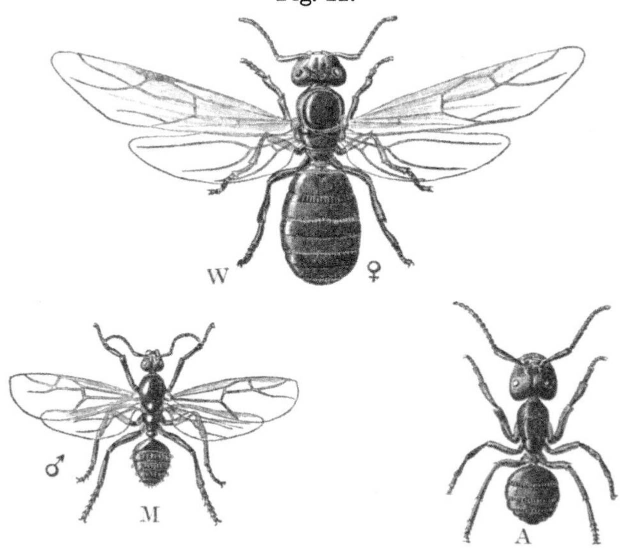

Die drei typischen Formen: M Männchen (♂), W Weibchen (♀), A Arbeiter (☿) von *Camponotus ligniperdus Ltr.* Nach Ziegler.

Normalerweise unterscheiden wir drei Formen: geflügelte Männchen (♂), geflügelte Weibchen (♀) und ungeflügelte Arbeiter (☿). Nur in ganz seltenen Ausnahmen, bei parasitisch lebenden Ameisen (*Anergates, Epoecus* usw.) ist die Arbeiterform in Wegfall gekommen; sonst findet sie sich überall. In vielen Fällen kommen aber zu den drei klassischen Formen durch weitere sekundäre Spaltung noch mehrere andere hinzu; oder es können auch die normalen Formen durch andere vertreten werden, wie z. B. die geflügelten Männchen durch ungeflügelte usw. Der Polymorphismus ist also keineswegs bei allen Ameisen nach dem typischen Schema durchgeführt, sondern dasselbe ist häufig stark modifiziert und kompliziert.

1. Die drei typischen Formen.

Wo der normale Trimorphismus vorliegt, da ist die Unterscheidung der drei Stände leicht.

a) Männchen (♂) und Weibchen (♀). Die beiden typischen Geschlechtsformen haben den Besitz von Flügeln und als Folge davon die starke Entwickelung des Mesothorax, und ferner das Vorhandensein von drei Stirnozellen gemeinsam; andererseits aber unterscheiden sie sich in mehreren Punkten sehr wesentlich voneinander.

Die auffälligste Differenz besteht in der Kopfbildung: Der Kopf des ♂ ist unverhältnismäßig kleiner und flacher als der des ♀, dabei sind die Seitenaugen des ersteren gewöhnlich viel größer als die des letzteren. Auch die Fühler des ♂ verhalten sich häufig verschieden von denen des ♀, indem sie aus einer größeren Gliederzahl bestehen können oder durch starke Verkürzung des Schaftes der charakteristischen Teilung in Schaft und Geißel ganz zu entbehren scheinen. Die Kiefer des ♂ sind meist schwächer als die des ♀. Das Abdomen des ♂ besteht gewöhnlich aus sieben, beim ♀ nur aus sechs sichtbaren Segmenten. Der Habitus des ♂ ist fast immer viel schlanker und zarter als der des ♀.

Zu diesen morphologischen Unterschieden kommen häufig auch noch Färbungsdifferenzen hinzu: so findet man nicht selten bei Arten, deren ♀♀ und ☿☿ hell gefärbt sind, dunkle oder gar schwarze ♂♂ (z. B *Polyergus*) und auch umgekehrt bei schwarzen ♀♀ helle ♂♂ (z. B. *Myrmecocystus*) usw.

Bezüglich der geistigen Fähigkeiten ist das ♀ dem ♂ weit überlegen; denn letzteres hat meist nur „sehr schwache Instinkte und ganz rudimentäre oder mangelnde geistige Plastizität", entsprechend dem schwächer entwickelten Großhirn, während das Weibchen ein gut entwickeltes Gehirn und ebenso gut entwickelte geistige Fähigkeiten besitzt.

b) Weibchen und Arbeiter. Die Arbeiterform ist aus der Weibchenform hervorgegangen durch Rückbildung der Flügel und durch Reduktion der Geschlechtsorgane. Auf diesen beiden Momenten basieren auch die durchgreifendsten Unterscheidungsmerkmale zwischen ♀ und ☿. Das Fehlen oder Vorhandensein von Flügeln hat natürlich einen wesentlichen Einfluß auf die Konfiguration des Thorax, speziell des Mesothorax. Entsprechend der kräftigen Muskulatur, welche für die Flügel nötig ist, ist dieser Brustabschnitt beim ♀ ungleich voluminöser als beim ☿: bei letzterem ist das Mesonotum kaum größer, oft sogar viel kleiner als das Pronotum, beim ♀ dagegen ist es enorm vergrößert, und zwar auf Kosten des Pronotum, welches auf ein schmales hufeisenförmiges Stück reduziert, vom Mesonotum dorsal vollkommen überlagert ist (s. Fig. 26, *B* und *C*). Ferner ist der weibliche Mesothorax auch distalwärts beträchtlich verlängert, indem sich ihm noch mehrere gesonderte Stücke wie das Proscutellum, Scutellum und Postscutellum nach hinten zu anreihen, während diese Stücke dem Arbeiter größtenteils fehlen. Da nun die dorsalen Brutabschnitte beim ♀ auch viel stärker gewölbt, und endlich auch die sternalen Abschnitte mächtiger entfaltet sind, so ergibt sich eine auffallende Höhe des weiblichen Thorax, welcher die Höhe des Arbeiterthorax um das Doppelte übertreffen kann (vgl. Fig. 26, *B* und *C*). Die Form des weiblichen Thorax wird dadurch so charakteristisch, daß an ihm das ♀ stets leicht zu erkennen ist, auch wenn es seine Flügel abgeworfen hat und auch vielleicht sonst dem ☿ sehr ähnlich ist.

Auch bezüglich der gesamten Körpergröße existieren vielfach auffallende Unterschiede zwischen ♀ und ☿. Manchmal sind die Größendifferenzen ganz kolossale, wie z. B. bei den Dorylinen (siehe Fig. 24) oder bei *Carebara vidua*, deren ☿ winzig klein ist und kaum 1,5 mm Länge erreicht deren ♀ dagegen nicht weniger als 22 mm lang und 8 mm breit wird — ein Fall, der ziemlich vereinzelt im ganzen Tierreich dastehen dürfte. Gewaltige Größendifferenzen herrschen auch bei vielen unserer einheimischen Arten, so in der Gattung *Lasius*, *Tetramorium*, *Pheidole*, *Crematogaster*, *Acantholepis*, *Plagiolepis* u. a. Andererseits gibt es aber auch Arten, deren ♀ und ☿ bezüglich ihrer Körpergröße nur wenig oder gar nicht voneinander abweichen (verschiedene *Ponerinen*, *Leptothorax* usw.). Und zwischen diesen Extremen stehen eine Reihe Zwischenstufen mit mäßigen Größendifferenzen, wie sie z. B. die *Formica*- und *Camponotus*-Arten aufweisen.

Als ein weiterer Unterschied zwischen ♀ und ☿ ist die Bildung des Kopfes zu erwähnen: Der Kopf des ☿ ist relativ größer und gewölbter als der des ♀; sodann fehlen dem ersteren die drei Stirnozellen gewöhnlich ganz oder sind nur schwach entwickelt, während sie beim ♀ stets gut ausgebildet sind. Die Seitenaugen sind beim ☿ meistens kleiner als beim ♀. Der weibliche Kopf nimmt also bezüglich der Größe als auch der Augenbildung gewissermaßen eine Mittelstellung zwischen dem männlichen Kopf einerseits und dem Arbeiterkopf andererseits ein. Die geistigen Fähigkeiten der ☿☿ sind, entsprechend der mächtigen Entfaltung des Großhirns, hoch entwickelt, was sich besonders in einer auffallenden geistigen Plastizität kundgibt.

2. Atypische Formen und weitere Formspaltungen.

Die hier besprochenen drei typischen Formen können, wie schon gesagt, entweder durch andere (atypische) vertreten werden oder durch Spaltung noch um eine oder mehrere vermehrt werden.

Die verschiedenen männlichen Formen.

Außer der typischen Form kommen mehrfach auch atypische ♂♂ vor, von denen hier folgende genannt seien.

1. Gynaecomorphe ♂♂ („Gynaecaner") der parasitischen, arbeiterlosen Gattungen *Anergates* und *Epoecus*, die habituell mehr der weiblichen als der männlichen Form ähneln. Besonders weit abweichend von der typischen Form sind die *Anergates*-♂♂, die ungeflügelt und sonderbar geformt sind und einen stark degenerierten Eindruck machen (siehe Fig. 70 A.)

2. Ergatomorphe ♂♂, welche stets ungeflügelt sind und habituell den ☿☿ gleichen, so zwar, daß es manchmal schwer wird, sie von denselben zu unterscheiden. Diese merkwürdige Männchenform kommt bei verschiedenen Gattungen vor, so bei *Cardiocondyla*, *Formicoxenus*, *Ponera*-Arten usw. Die ergatomorphen ♂♂ scheinen die geflügelten meistens zu ersetzen, denn nur bei wenigen Arten sind die beiden Formen gleichzeitig nebeneinander nachgewiesen worden, so daß ein richtiger Dimorphismus vorliegt [so bei *Ponera Eduardi* nach Forel[1])]. Wie sind solche Männchen entstanden? „Die Frage ist noch ganz unklar, obwohl im ersten Moment die Regression eines normalen Männchens, das seine Flügel allmählich verliert und schließlich arbeiterähnlich wird, als wahrscheinlichste Erklärung erscheint" (Forel).

Fig. 23.

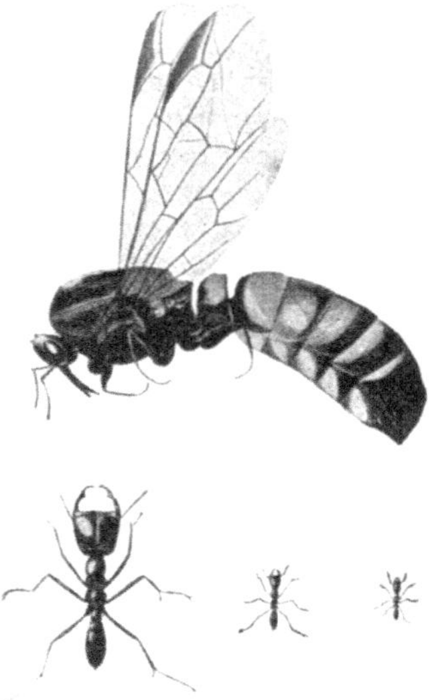

Doryloides Männchen (geflügelt) von *Dorylus*, darunter der dazugehörige Soldat (links) und zwei kleine Arbeiter. Nach Emery.

Daß der Ergatomorphismus der ♂♂ nicht monophyletisch entstanden ist, braucht in Anbetracht des getrennten spontanen Vorkommens bei den verschiedensten Gattungen kaum betont zu werden. Es handelt sich hierbei zweifellos um Konvergenzerscheinungen, deren Ursache hauptsächlich im Aufgeben des Hochzeitsfluges zu sehen ist.

3. Doryloide ♂♂ („Dorylaner"): Die ♂♂ der Treiberameisen, speziell der Gattungen *Dorylus* und *Eciton*, weichen durch ihre riesenhafte Größe sowie durch ihre eigentümliche Körperform (lange Man-

---

1) Emery glaubte dies auch für *Ponera punctatissima* festgestellt zu haben; er berichtigte sich aber später selbst dahin, daß das betreffende geflügelte ♂ einer anderen Art angehörte.

dibeln, zylindrischen Hinterleib und den Bau der Genitalanhänge) so sehr von dem gewohnten Habitus der Ameisenmännchen ab (Fig. 23), daß sie als besondere Männchenform aufgeführt zu werden verdienen[1]).

Die verschiedenen weiblichen Formen.

Im weiblichen Geschlechte sind eine ganze Anzahl atypischer Formen bekannt, und zwar nicht nur ungeflügelte, sondern auch unter den primär geflügelten ♀♀ sind mehrfach Abweichungen vom normalen Typus und sekundäre Spaltungen beobachtet worden.

Betrachten wir zunächst die geflügelten Formen, so kommen folgende Modifikationen vor:

1. Mikrogynen oder Zwergweibchen, welche sich von dem normalen ♀ nur durch die geringere (oft nur halbe) Größe und den etwas schmäleren Thorax auszeichnen. Solche Zwergformen sind ziemlich häufig beobachtet: bei einigen *Myrmica*- und *Leptothorax*-Arten, bei *Formica fusca*, *microgyna*, *pallidefulva*, *Formicoxenus nitidulus*, *Plagiolepis pygmaea*, *Pheidole ceres* u. a. (Forel, Wasmann, Adlerz, Wheeler, Reichensperger, Holliday). Ob die Mikrogynen die normalen ♀♀ vollkommen verdrängen und ersetzen können, ist noch fraglich; bei *Formica microgyna* scheint dies allerdings der Fall zu sein, da Wheeler in den Kolonien derselben stets nur Zwergweibchen angetroffen hat.

2. „β-Weibchen", welche den normalen (α-)Weibchen zwar an Größe gleich, sich aber durch verschiedene andere Merkmale (wie Verdickung der Beine, stärkere Behaarung usw.) von diesen unterscheiden. Dieser Dimorphismus, d. h. die Spaltung in α- und β-Weibchen, ist bis jetzt nur bei *Lasius latipes* (aus Nordamerika) beobachtet (durch Wheeler). Möglicherweise sind aber auch diejenigen Fälle, wo die ♀♀ sehr ungewöhnliche Charaktere aufweisen (wie bei *Formica ciliata*, *oreas* usw.), auf eine derartige Spaltung und nachträgliches Aussterben der α-Form zurückzuführen.

3. Makronote brachyptere Weibchen, welche sich von der normalen Form durch den auffallend breiten Thorax und kürzere Flügel unterscheiden. Diese Form ist nach Wasmann (1897) eine pathologische Erscheinung, verursacht durch die Anwesenheit von Sozialparasiten (*Lomechusa*) in der Kolonie. Sie ist bis jetzt nur bei einigen *Formica*-Arten beobachtet. —

Unter den ungeflügelten Weibchen lassen sich weitere drei Kategorien unterscheiden:

---

[1]) Nach Santschi (1906) haben die ♂♂ der Gattung *Leptanilla* einerseits ebenfalls deutliche doryloide Charaktere (speziell im Bau der Genitalien), stehen aber andererseits den typischen *Dorylus*-♂♂ diametral gegenüber, indem sie von winziger Statur sind (etwa 1 mm). So hätten wir also, falls wir die *Leptanilla*-♂♂ zu den doryloiden ♂♂ rechnen wollen, doryloide Riesen und Zwerge (Makro- und Mikrodorylaner) zu unterscheiden, von denen die ersteren die größten und die letzteren die kleinsten aller existierenden Ameisen-♂♂ darstellen.

4. Doryloide Weibchen. Diese kommen ausschließlich bei den Dorylinen (Wanderameisen) vor, und stellen ein Seitenstück zu den doryloiden ♂♂ dar. Sie sind höchst merkwürdige, vollkommen flügel- und meist auch augenlose Geschöpfe von enormer Größe (bis 50 mm) und besitzen einen von den Arbeitern durchaus verschiedenen Habitus, so daß sie ursprünglich gar nicht als die ♀♀ der Wanderameise erkannt, sondern als ein besonderes Hymenopteren-Genus unter dem Namen *Dichthadia* beschrieben wurden [weshalb sie auch als „dichthadoide ♀♀“ bezeichnet werden[1])].

Wir kennen bis heute erst von wenigen Dorylinen die Weibchen, obwohl man schon seit längerer Zeit mit besonderem Eifer danach fahndet[2]).

Fig. 24.

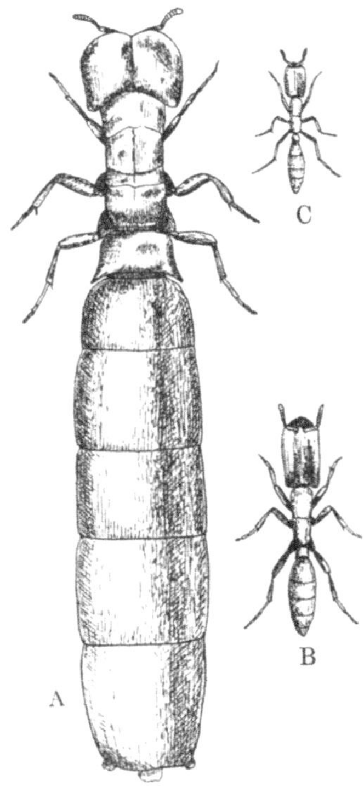

Dorylus conradti Em. *A* doryloides Weibchen, *B* größter Arbeiter, *C* kleinster Arbeiter. Nach Emery.

Fig. 25.

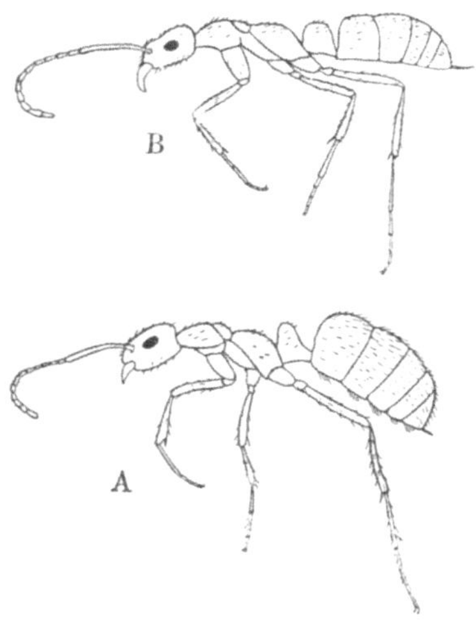

Ergatoides Weibchen (*A*) und normaler Arbeiter (*B*) von *Leptogenys elongata Buckl.* Nach Wheeler.

5. Ergatoide Weibchen, welche im Gegensatz zu den dichthadoiden den Arbeitern sehr ähnlich sind, so zwar, daß man mit-

[1]) Goeldi macht auf die Ähnlichkeit dieser ♀♀ mit den Termitenköniginnen aufmerksam und schlägt die Bezeichnung „termitoide Riesenweibchen“ vor.

[2]) Bekannt sind die ♀♀ von *Dorylus helvolus* (früher als *Dichthadia* beschrieben), *Anomma nigricans*, *Aenictus abeillei* (früher als *Alaopone* beschrieben), *Eciton carolinense*, *coecum* (früher als *Pseudodichthadia* beschrieben), *schmitti* und *opacithorax*.

unter sie kaum davon zu trennen vermag. Sie unterscheiden sich von den Arbeitern fast nur durch ihre bedeutendere Körpergröße, die etwa der der normalen Königin entspricht, und durch den dickeren Hinterleib, während die Brustbildung und überhaupt der ganze Habitus durchaus der Arbeiterform gleichkommt (Fig. 25). Die ergatoiden Weibchen kommen vor allem bei den niederen Ameisen, den Ponerinen vor (*Ponera*, *Odontomachus*, *Pachycondyla*, *Anochetus*, *Leptogenys*) und scheinen hier vielfach sogar die einzige Weibchenform zu sein (Emery, Wheeler). Aber auch bei höheren Ameisen trifft man zuweilen solche arbeiterähnliche Weibchen an; ziemlich häufig sind sie z. B. bei *Polyergus rufescens* beobachtet, und zwar schon durch P. Huber, der sie „femelles aptères" bezeichnet hat. Nach Wasmann sind die ergatoiden *Polyergus*-♀♀ sehr konstant und zeigen nur äußerst. selten Übergänge zu den normalen ♀♀ oder ☿☿ bzw. gynäkoiden ☿☿. Wahrscheinlich sind diese Formen dadurch entstanden, daß einzelnen Arbeiterlarven von *Polyergus*, welche schon über das Stadium, in welchem bei den weiblichen Larven die Flügelanlage sich zu entwickeln pflegt, hinaus sind, nachträglich noch besondere (königliche) Pflege zuteil wurde. Dadurch konnte wohl noch die Körpergröße und vor allem die Entwickelung der Ovarien und des Abdomens beeinflußt werden, nicht mehr aber die Entwickelung des Thorax, da die Entscheidung über die Entwickelungsrichtung desselben bereits gefallen ist.

Fig. 26.

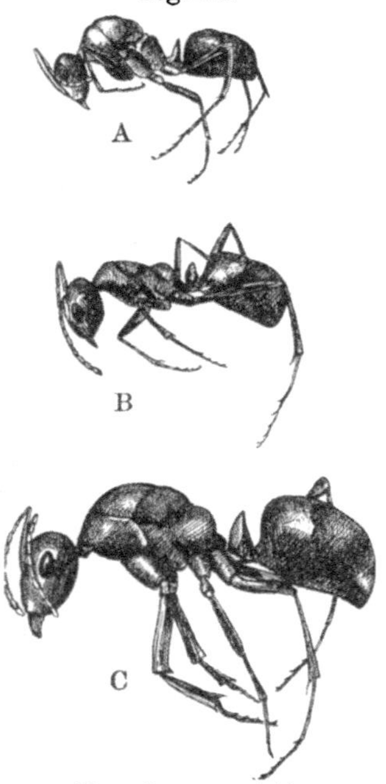

Pseudogyne (*A*), normaler Arbeiter (*B*) und befruchtetes Weibchen (*C*) von *Formica sanguinea*. Nach Wasmann.

6. Pseudogynen. Das wesentliche Kennzeichen derselben besteht in der buckligen Auftreibung (Hypertrophie) des Mittelrückens, wodurch die Brust weiblichen Habitus erhält, während das Abdomen Arbeitercharakter zeigt. In den weitaus meisten Fällen sind die Pseudogynen völlig flügellos, nur ausnahmsweise können Flügelansätze von verschiedener Ausbildung vorhanden sein. Letzteres trifft nur für die größten Formen der Pseudogynen, welche Wasmann als Makropseudogynen[1]) bezeichnet, zu, während die gewöhnlichen Formen von Pseudogynen, die Mikro- und

[1]) Wasmann (1909) unterscheidet verschiedene Kategorien von Makropseudogynen, die er als „echte", „ergatoide" und „gynäkoide" Makropseudogynen bezeichnet; letztere leiten durch allmähliche Übergänge zu den geflügelten Weibchen über.

Mesopseudogynen, die in ihrer Größe der kleinsten und mittleren Arbeiterform entsprechen, stets vollkommen flügellos sind. Die Pseudogynen sind krüppelhafte Wesen (auch in ihren psychischen Fähigkeiten), welche wie die makronoten brachypteren ♀♀ in das Gebiet der Pathologie gehören, und auch durch die gleichen Ursachen, nämlich durch die Anwesenheit von Ameisengästen (*Lomechusa*, *Xenodusa* oder *Atemeles*) veranlaßt werden.

Die Pseudogynen sind in Gegenden, wo die genannten Käfer vorkommen, eine häufige Erscheinung und können so überhand nehmen, daß die betreffenden Kolonien daran zugrunde gehen; denn sie sind weder zur Fortpflanzung, noch zur Verrichtung von Arbeiten fähig. Am häufigsten sind sie bei *Formica sanguinea*, *rufa*, *pratensis*, *rubicunda*, ferner kommen sie auch bei verschiedenen *Myrmica*- und einigen nordamerikanischen *Camponotus*-Arten vor; auch von *Pheidologeton diversus* ist ein pseudogynes Exemplar [1]) beschrieben (Emery).

Die verschiedenen Arbeiterformen.

1. Inkompletter Polymorphismus. Wenn wir den Weg, welchen vermutlich die Spezialisierung der Arbeiterkaste gegangen, verfolgen wollen, so müssen wir mit dem inkompletten Polymorphismus beginnen. Derselbe ist dadurch charakterisiert, daß die Arbeiter einer Ameisenart in verschiedenen Formen auftreten, die aber nicht scharf voneinander zu trennen sind, sondern durch Übergänge miteinander verbunden sind. Die Unterschiede, die hier in Betracht kommen, beziehen sich in erster Linie auf die Körpergröße; allerdings gehen mit dieser oft auch andere morphologische Differenzen Hand in Hand.

Fig. 27.

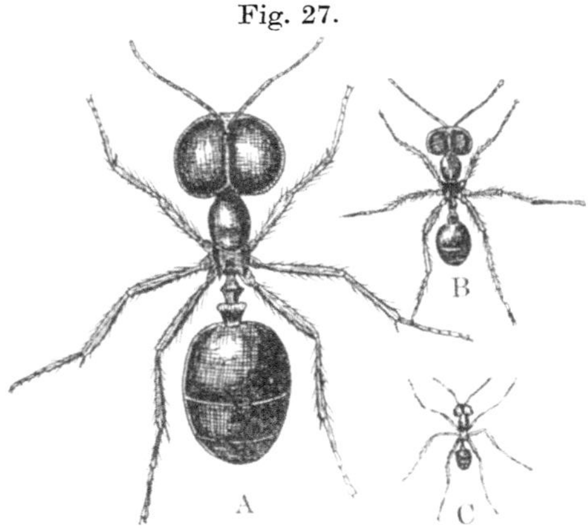

Inkompletter Arbeiterpolymorphismus. Großer (*A*), mittlerer (*B*) und kleiner (*C*) Arbeiter von *Pheidologeton diversus*. Aus Weismann.

Wir können bei dem unvollständig polymorphen Arbeiter wohl von großen, mittleren und kleineren Formen reden, ohne aber scharfe Grenzen zwischen denselben ziehen zu können. Vom

[1]) Ob diese *Pheidologeton*-Pseudogyne ebenfalls durch die Anwesenheit eines Ameisengastes verursacht ist, wissen wir nicht. Es bleibt dies auch für die morphologische Natur der Pseudogynen ganz gleichgültig. Da bis jetzt nur ein einziges pseudogynes Exemplar von *Pheidologeton* bekannt ist, kann es sich sehr wohl um eine rein zufällige Ernährungsstörung der betreffenden Larve gehandelt haben.

größten bis zum kleinsten läßt sich eine mehr oder weniger vollständige Reihe von Übergängen herstellen; dabei ist der Abstand zwischen den Extremen oft ein ganz enormer, wie z. B. bei der Gattung *Pheidologeton* und den großen brasilianischen *Atta*-Arten, wo die Riesen über 15 mm und die Zwerge kaum 2 mm lang sind, oder bei *Anomma wilwerthi* (aus Afrika), wo sich die Riesen zu den Zwergen wie 13 : 2,4 verhalten usw. Auch bei vielen paläarktischen Arten ist der inkomplette Polymorphismus stark ausgebildet, so bei den verschiedenen *Camponotus*, *Myrmecocystus* und den körnersammelnden *Messor*-Arten, bei welch letzteren die größte Form vier- bis fünfmal länger als die kleinste sein kann. Andererseits gibt es aber auch einen leichten inkompletten Polymorphismus mit nur geringen Unterschieden, wie z. B. bei den *Leptothorax*-Arten.

Fig. 28.

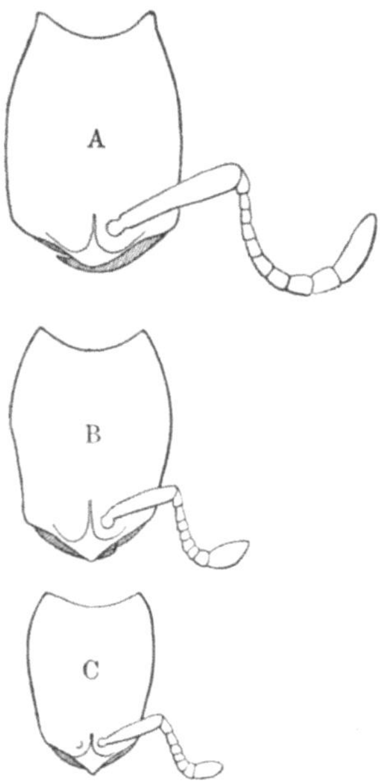

Kopfformen verschieden großer Arbeiter von *Anomma wilwerthi*. Nach Emery.
A Fühler 11-gliederig, *B* Fühler 9-gliederig, *C* Fühler 8-gliederig.

Wie oben schon bemerkt, sind mit den Größendifferenzen häufig auch andere Unterschiede verbunden. So variieren bei den Dorylinen Hand in Hand mit der Körpergröße auch die Form des Kopfes und der Fühler gar nicht unbeträchtlich. Der Kopf wird beim Kleinerwerden des Arbeiters entweder kürzer und breiter oder schmäler und länger, gleichzeitig springt der Clypeus weiter vor und nimmt eine dreieckige spitze Form an, und endlich — was am auffallendsten ist — wird auch die Zahl der Fühlerglieder reduziert. Im folgenden ein Beispiel davon:

Anomma wilwerthi.

Körperlänge 13 mm,	Clypeus nicht vorspringend	Kopf vorn deutlich breiter als hinten; Fühler 11-gliederig,
„ 10 „	„ „ „	
„ 6 bis 3,5 „	„ deutlich vorspringend	
„ 3 „ 2,4 „	Kopf vorn schmäler als hinten; Clypeus vorspringend, zugespitzt; Fühler 9- bzw. 8-gliederig.	

Damit ist aber die Mannigfaltigkeit des inkompletten Arbeiterpolymorphismus noch nicht erschöpft; manchmal hat z. B. der große ☿ „sonderbare Hörner, Auswüchse u. dgl., die dem kleinsten fehlen oder umgekehrt" usw. Kurz, die Erscheinungen dieses Polymorphismus sind überaus verschiedenartig und dabei sehr verbreitet; „es gibt vielleicht ebenso viele Ameisenarten mit unvollständigem Polymorphismus, wie solche mit monomorphen Arbeitern" (Forel).

2. Kompletter Dimorphismus; Soldat (♃). Sterben nun bei einer Ameise von den unvollständig polymorphen Arbeitern alle Formen bis auf eine einzige aus, so resultiert der typische monomorphe Arbeiter. Bleiben dagegen von dem Reduktionsprozeß zwei verschiedene Formen verschont, die nun durch eine weite Lücke voneinander getrennt sind, so entsteht ein kompletter persistenter Dimorphismus, der durch das Auftreten der sogenannten „Soldatenkaste“ charakterisiert ist.

Wo ein dauernder kompletter Arbeiterdimorphismus vorhanden ist, wird die größere Form gewöhnlich als „Soldat“ (♃) bezeichnet. Die meisten Soldaten zeichnen sich aber nicht allein durch die größere

Fig. 29 A.

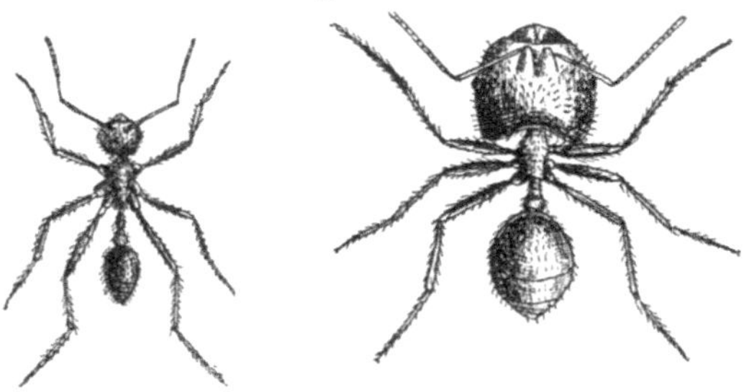

Fig. 29 B.

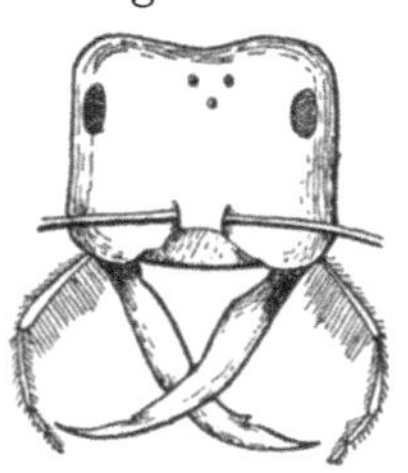

Fig. 29 C.

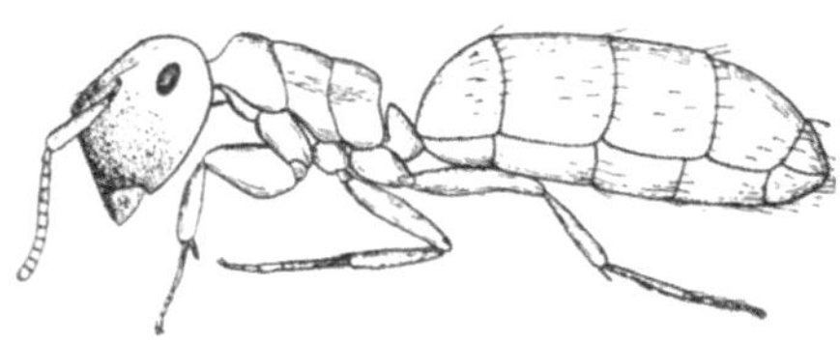

Verschiedene „Soldaten“. A. *Pheidole pallidula Nyl*, links ☿, rechts Soldat (mit mächtigem Kopf); B. Kopf des Soldaten von *Myrmecocystus bombycinus* (mit linearen Mandibeln); C. *Colobopsis abditus* (mit abgestutzter rauhskulptierter Vorderfläche des Kopfes). Nach André und Wheeler.

Gestalt, sondern auch noch durch andere recht charakteristische Merkmale vor den normalen ☿ aus, am häufigsten durch einen Riesenkopf (*Pheidole*), oder durch besonders starke oder säbelförmig gestaltete Mandibeln (*Myrmecocystus*), oder auch durch eine ganz besondere Form des Kopfes (*Colobopsis*) usw. Es läßt sich keine einheitliche Definition der Soldatenform geben, da letztere auch nicht überall an die gleiche Funktion angepaßt ist, sondern bei den verschiedenen Arten ganz verschiedenen Zwecken zu dienen hat. Die Bezeichnung „Soldat“ ist daher nicht immer gerade sehr glücklich; denn oft ist die Tätigkeit und das Benehmen dieser Formen sehr wenig soldatisch.

Eine Soldatenkaste ist hauptsächlich in folgenden Gattungen ausgebildet: bei *Pheidole*, *Myrmecocystus* (*bombycinus*), *Colobopsis*, ferner bei *Dimorphomyrmex*, *Acanthomyrmex*, bei vielen *Cryptocerus*- und einigen *Eciton*-Arten, bei *Crematogaster biformis* usw.

3. Makroergaten. Manchmal kommt bei solchen Ameisen, bei denen der ☿ für gewöhnlich monomorph ist, ein anormaler Dimorphismus vor. Wasmann fand nämlich bei *Myrmica scabrinodis* und *ruginodis* mehrmals neben den normalen Arbeitern noch andere, welche sich vor diesen durch ungewöhnliche Größe, speziell des Kopfes, auszeichneten. Da diese Formen zweifellos anormalen Wachstumsverhältnissen ihre Entstehung verdanken, und also keinen speziellen Funktionen angepaßt sind, so dürfen sie auch nicht in einem Atem mit den Soldaten (den Anpassungsformen par excellence) genannt werden. Wasmann legt ihnen die Bezeichnung „Makroergaten" bei.

4. Gynäkoide Arbeiter. Diese unterscheiden sich von dem normalen ☿ nur durch den etwas größeren Hinterleib. Sie werden aus einer normalen Arbeiterin (Imago) durch besondere Pflege herangebildet als Ersatzkönigin, wenn die alte Königin abhanden gekommen ist. Wasmann beobachtete solche gynäkoide ☿☿ mehrfach bei *Polyergus*- und verschiedenen *Formica*-Arten.

Der durch das Erscheinen gynäkoider ☿☿ entstandene Dimorphismus ist kein dauernder; denn die Gynäkoiden können wieder zur normalen Arbeiterform zurückkehren, sobald der Kolonie eine neue Königin zugesetzt wird. Dadurch unterscheiden sich die Gynäkoiden wesentlich von den oben besprochenen ergatoiden Weibchen, welche ja, da sie auf einer verschiedenen ontogenetischen Entwickelung beruhen, dauernde Formen darstellen.

5. Honigträger. Auch hier handelt es sich um einen temporären Dimorphismus. Denn die „Honigträger" sind keineswegs etwa von Anfang an als besondere Form von den typischen ☿ getrennt, sondern sie werden erst nachträglich (als Imagines) verschieden, und zwar dadurch, daß ihr Kropf mit großen Mengen Honig angefüllt wird. Dadurch wird der Hinterleib enorm aufgetrieben, so daß die Segmentplatten, die sich sonst berühren, nun weit voneinander abstehen, und die gelbe Farbe des Honigs durch die dünnen Intersegmentalhäute durchschimmert. Die übrigen Körperteile, Brust und Kopf, entsprechen natürlich vollkommen der normalen Form. Wir werden unten noch auf diese merkwürdigen Geschöpfe zu sprechen kommen. Sie sind bei mehreren Arten angetroffen worden: so bei *Camponotus inflatus*, *Myrmecocystus melliger* u. a.

Fig. 30.

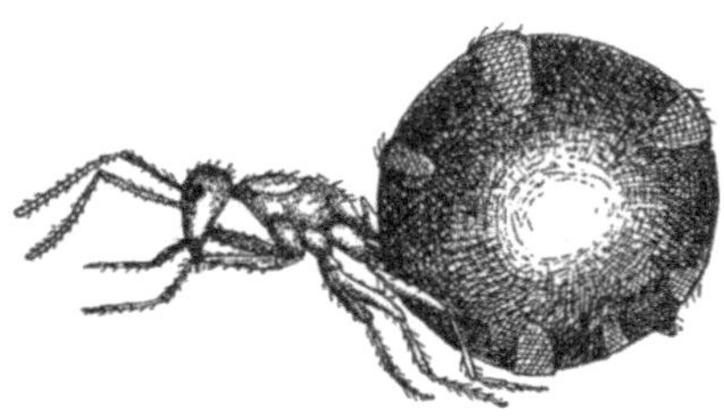

Honigträger von *Myrmecocystus melliger v. hortus deorum* Mc Cook. Nach Mc Cook.

6. Parasitärer Dimorphismus, mermitophore Arbeiter. Eine gewisse äußere Ähnlichkeit mit den Honigträgern besitzt eine andere Kategorie von Arbeitern, welche sich ebenfalls durch den großen prallgedehnten Hinterleib von den typischen Arbeitern unterscheiden, und die wir als mermitophore Arbeiter bezeichnen wollen. Diese Individuen zeichnen sich aber auch noch durch andere charakteristische Merkmale aus, vor allem durch den viel kleineren, hinten schmäleren Kopf, ferner durch den schmäleren Thorax, und mitunter sogar noch durch das Vorhandensein von Ozellen. Dieser Umstand zeigt uns deutlich, daß es sich hier — im Gegensatz zu den Honigträgern — um eine persistente dimorphe Form handelt, welche auf einer verschiedenen Ontogenese beruht.

Die mermitophoren Individuen sind, wie Wheeler gezeigt hat, pathologische Erscheinungen, hervorgerufen durch die Infektion mit parasitischen Würmern der Gattung *Mermis*. Auf der beigegebenen

Fig. 31 A.

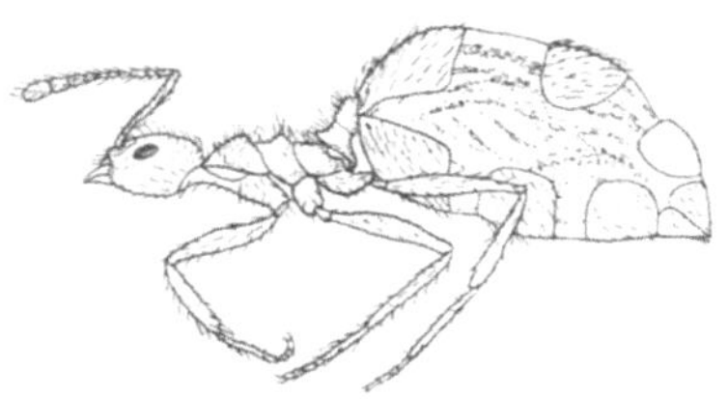

Fig. 31B.

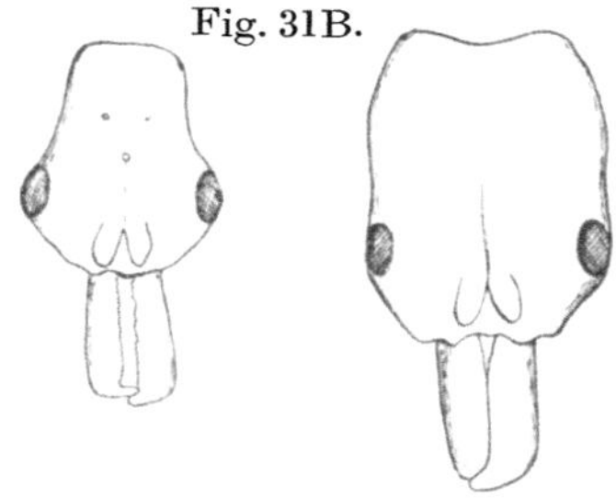

A. Mermitophorer Arbeiter von *Pheidole commutata Mayr*. Nach Wheeler.
B. Kopfform eines mermishaltigen (links) und eines normalen (rechts) Arbeiters von *Odontomachus haematodes*. Nach Emery.

Figur kann man ja auch ganz deutlich den vielfach gewundenen Wurm durch das Abdomen durchschimmern sehen. Da aber nicht nur das Abdomen ausgedehnt, sondern auch Kopf und Thorax der infizierten Individuen verändert ist, so muß die Infektion schon im Larvenstadium stattgefunden, und so die ontogenetische Entwickelung von ihrer normalen Bahn abgebracht haben.

Ich würde diese pathologische Form hier nicht besprochen haben, wenn es sich nur um einen ganz vereinzelten Fall gehandelt hätte; da aber schon eine ganze Reihe übereinstimmender Fälle dieses parasitären Dimorphismus bekannt geworden sind, so glaubte ich diese Formen bei Besprechung des Polymorphismus nicht übergehen zu dürfen. Bis jetzt sind bei folgenden Arten mermitophore ☿☿ beschrieben; *Pheidole commutata* (durch Wheeler), *Odontomachus haematodes* und *chelifer*, *Pachycondyla fuscoatra*, *Neoponera villosa*, *Paraponera clavata* und *Pheidole absurda* (durch Emery)[1].

[1]) In das Kapitel des parasitären Dimorphismus gehören auch die sogenannten „Phthisergaten" Wheelers, das sind Individuen, die im letzten Larvenstadium von einer ektoparasitischen Chalcididenlarve (*Ora-*

7. Arbeiter mit Flügelstummeln („Pteregaten"). Ganz ausnahmsweise finden sich Arbeiter und Soldaten, bei denen mehr oder weniger gut ausgebildete Flügelstummel (am Mesothorax) vorhanden sind (Fig. 32). Manchmal handelt es sich nur um winzige Rudimente, manchmal dagegen um ganz deutliche flügelförmige Anhänge. Bis jetzt sind solche Pterergaten bei *Myrmica* und *Cryptocerus* bekannt geworden (Wheeler).

Fig. 32.

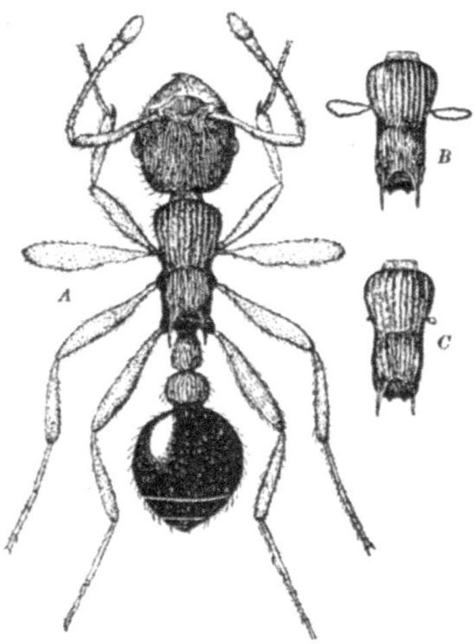

Arbeiter mit Flügelstummeln. A *Myrmica scabrinodis* mit spatelförmigen Flügelstummeln am Mesothorax, B und C Brustabschnitt von zwei anderen Individuen derselben Kolonie mit kleineren Flügelrudimenten. Aus Wheeler.

Ergatogyne Zwischenformen.

Wir haben oben in den ergatoiden ♀♀, in den Pseudogynen und in den gynäkoiden ☿☿ schon einige Formen kennen gelernt, welche man als ergatogyne Formen (♀☿) bezeichnen kann, insofern als bei ihnen Weibchen- und Arbeitercharaktere gemischt vorkommen. Doch konnten wir dort bestimmte Typen unterscheiden und dieselben auch, sofern sie nicht pathologische Erscheinungen darstellten, als spezielle Anpassungsformen erkennen. Anders dagegen verhält es sich mit den ergatogynen Zwischenformen im eigentlichen Sinne. Diese sind in allen Charakteren sehr variabel und stellen mehr oder weniger vollkommene Übergänge vom ♀ zum ☿ dar. Sie sind keine speziellen Anpassungsformen, sondern gleichbedeutend mit den phylogenetischen Zwischenstufen zwischen ♀ und ☿; d. h. die Differenzierung in ♀ und ☿ ist noch nicht vollkommen durchgeführt, der Dimorphismus ♀ bis ☿ noch kein kompletter. Es bedarf dazu erst des Aussterbens der Übergangsformen.

---

sema) befallen wurden, und infolge des Säfteentzuges nur das Puppenstadium erreichen (sich also nicht zur Imago verwandeln) und außerdem eine auffallende Formveränderung erleiden, so daß sie von der normalen Puppe leicht zu unterscheiden sind: Der Kopf und die Augen sind wesentlich kleiner und die Brust viel schmäler als bei dieser. — Eine ganz analoge Erscheinung kommt übrigens auch bei ♂♂- und ♀♀ Puppen vor, bei denen außer der Kleinheit des Kopfes und der Brust auch noch das Fehlen der Flügel auffällt; Wheeler bezeichnet solche durch Parasitismus reduzierte, auf dem Puppenstadium stehen bleibende Männchen und Weibchen als „Phthisaner" und „Phthisogynen".

Ergatogyne Zwischenformen sind nicht selten, besonders bei solchen Arten, bei welchen der Unterschied zwischen ♀ und ☿ an und für sich nur gering ist, wie z. B. bei den Ponerinen oder in der Gattung *Leptothorax* usw. Wasmann hat in einer Kolonie von *Leptothorax acervorum* „manche Individuen angetroffen, welche einen völligen Übergang zwischen ♀ und ☿ zugleich in der Größe, Färbung und Bildung der Brust bildeten, ebenso einige Male bei *Formicoxenus nitidulus*". Und Miß Holliday beschreibt von *Leptothorax emersoni* nicht weniger als 11 verschiedene weibliche Formen, welche von der normalen geflügelten Königin bis zum normalen ungeflügelten Arbeiter eine ununterbrochene Reihe von Übergängen bilden, und zwar nicht nur in bezug auf die Körpergröße und die Konfiguration des Thorax, sondern auch in bezug auf die Ozellen, deren Zahl von 3 zunächst auf 2 und dann auf 1 herabsinkt, um bei der letzten Form ganz zu verschwinden. Es ist hier tatsächlich schwer zu sagen, wo das Weibchen aufhört und der ☿ anfängt, zumal auch die Geschlechtsorgane uns nur einen geringen Anhaltspunkt geben, indem die Eiröhren bei allen 11 Formen mehr oder weniger gut ausgebildet sind.

Fig. 33.

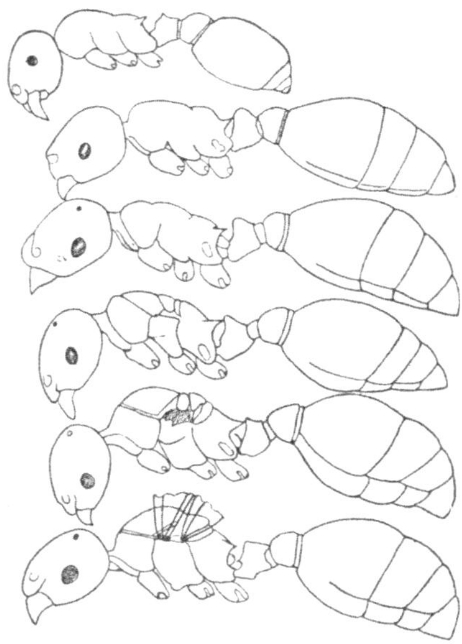

Allmählicher Übergang vom Weibchen (unterste Figur) zum kleinen Arbeiter (oberste Figur) bei *Leptothorax emersoni* Wheeler. Nach Miß Holliday.

Hermaphroditen.

Unter Hermaphroditen verstehen wir bekanntlich die anormale (pathologische) Vereinigung männlicher und weiblicher Charaktere in einem Individuum. Bei den Ameisen sind solche Zwitterformen eine relativ häufige Erscheinung. Bezüglich der Verteilung der männlichen und weiblichen Charaktere herrscht die größte Mannigfaltigkeit, und man kann wohl sagen, daß von den etwa 30 Ameisenzwittern, die bis jetzt beschrieben sind, kaum zwei nach dem gleichen Schema gebaut sind. Bei den Ameisen sind ja überhaupt viel mehr Kombinationen möglich als bei den meisten übrigen Tieren, weil der Hermaphroditismus nicht nur zwischen ♂ und ♀, sondern auch zwischen ♂ und ☿ bestehen kann. Auch die Analyse der Hermaphroditen ist bei den Ameisen besonders leicht, da ja sowohl die beiden Geschlechter, als auch ♂ und ☿ sich wesentlich voneinander unterscheiden, und man kann daher die einzelnen Bestandteile der Mischung meistens sicher erkennen. Im allgemeinen unterscheidet man bei den Insekten folgende vier Zwitterkategorien:

1. Laterale Hermaphroditen (rechts männlich, links weiblich oder umgekehrt).

2. Transversale Hermaphroditen (dorsal weiblich, ventral männlich oder umgekehrt).

3. Frontale Hermaphroditen (vorn weiblich, hinten männlich oder umgekehrt). Und endlich

4. Gemischte Hermaphroditen (unregelmäßige Verteilung der zwei Geschlechter).

Fig. 34.

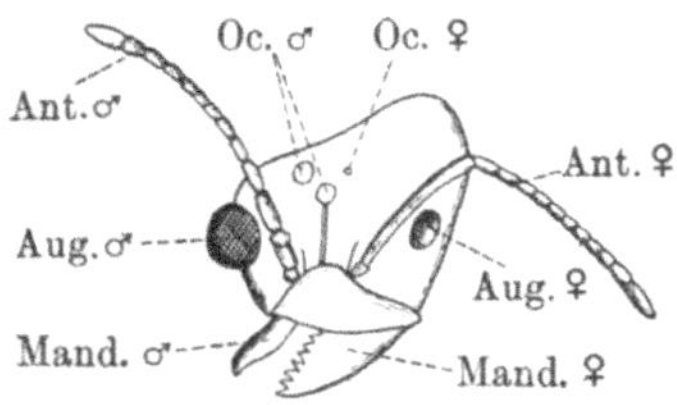

Kopf eines Hermaphroditen von *Azteca instabilis* Sm. Nach Forel.

Rechts weibliche, links männliche Charaktere.

Fig. 35.

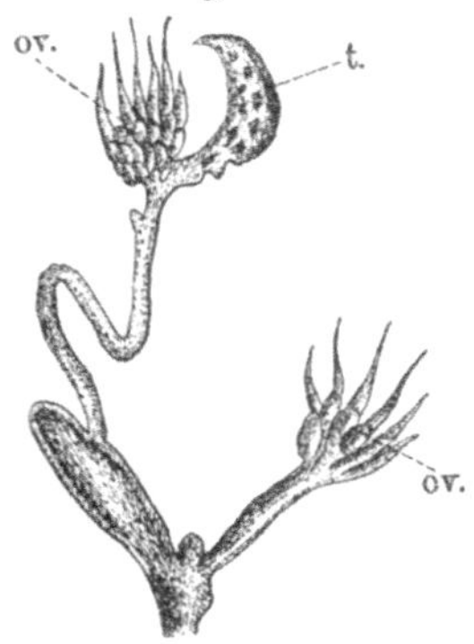

Hermaphroditische Geschlechtsorgane von *Polyergus rufescens*. Nach Forel.

ov. Ovarium, *t.* Hoden.

Bei den Ameisen handelt es sich meistens um gemischte Hermaphroditen, während die drei ersten Zwittertypen in ganz reiner Form wohl überhaupt noch nicht konstatiert sind. Gewöhnlich beschränkt sich der laterale oder frontale usw. Hermaphroditismus nur auf eine bestimmte Körperregion; so ist z. B. bei dem berühmten Forelschen *Polyergus*-Zwitter nur der Kopf deutlich lateral hermaphroditisch, während der Thorax größtenteils weiblich und das Abdomen rein männlich ist (also eine Verbindung von lateralem und frontalem Hermaphroditismus). Ganz ähnlich verhält sich der interessante *Azteca*-Zwitter Forels (siehe Fig. 34). Auch bei den übrigen von Wheeler, Roger, Tischbein, Adlerz, Mc Cook, Wasmann, Dornisthorpe u. a. beschriebenen sogenannten lateralen Hermaphroditen finden sich mehr oder weniger solche unregelmäßige Mischungen. Manchmal sind es nur ganz kleine Körperbezirke, die dem einen Geschlecht angehören; Forel hat sogar einen „gekreuzten Hermaphroditen“ gesehen, bei welchem in zwei einander folgenden Segmenten je die umgekehrte Hälfte männlich war.

Bezüglich der Geschlechtsorgane der Zwitter wissen wir noch sehr wenig. Einige Angaben darüber verdanken wir Forel, der einen Zwitter von *Formica truncicola* und dann den oben genannten *Polyergus* daraufhin untersuchte. Im ersten Falle fand sich ein vollkommen symmetrisches Geschlechtsorgan mit zwei wohlausgebildeten Hoden, und unter diesem ein wenigstens annähernd normales Ovarium; im zweiten Falle dagegen waren beiderlei Geschlechtsdrüsen zu einem einzigen Organ verbunden, und zwar in der Weise, daß sich rechts ein normales Arbeiterovarium, links dagegen sowohl Eiröhren als auch ein kleiner Hoden nebst Anhangsdrüsen befanden (Fig. 35).

Übrigens scheint der Hermaphroditismus der äußeren Form nicht immer an hermaphroditische Geschlechtsorgane gebunden zu sein, wenigstens schienen die Geschlechtsorgane des oben genannten *Azteca*-Zwitters vollständig männlich zu sein; auch bei den neuerdings von Adlerz (1908) beschriebenen interessanten Zwittern von *Anergates* fanden sich im Inneren nur männliche Organe bzw. Teile davon (Ves. seminalis, Vas deferens), während von weiblichen Organen keine Spur vorhanden war[1]).

3. Funktionen der verschiedenen Formen; Arbeitsteilung.

Der Ameisenpolymorphismus ist ein funktioneller, d. h. die einzelnen Formen sind, soweit nicht pathologisch, bestimmten Funktionen angepaßt. Der Polymorphismus geht also Hand in Hand mit der Arbeitsteilung; jedoch darf dabei nicht übersehen werden, daß es im Ameisenstaat auch eine auf psychischer Grundlage beruhende Arbeitsteilung gibt, die ganz unabhängig vom Polymorphismus besteht.

Die Funktion der beiden Geschlechtstiere ist klar; sie besteht in der Fortpflanzung. Die beiden Geschlechter sind aber sehr ungleich dabei beteiligt: dem ♂ liegt lediglich die Befruchtung ob; ist diese ausgeführt, so hat es seinen Lebenszweck erfüllt; es kümmert sich nicht weiter um die Nachkommen[2]). Dem ♀ dagegen fällt zuerst die schwierige Aufgabe zu, ihre Jungen aufzuziehen und eine Kolonie zu gründen; später allerdings, wenn dies geschehen ist und ihr in den Kindern fleißige Gehilfinnen erwachsen sind, wird es in ihrer Arbeit einseitiger und verlegt sich hauptsächlich auf die Pro-

---

[1]) Interessant sind die Angaben von Adlerz (1908) über das biologische Verhalten der *Anergates*-Zwitter: das eine der beiden beobachteten Individuen führte sich wie ein ♂ auf, während die normalen ♂♂ es als ♀ behandelten, d. h. es versuchte fortwährend die Copula mit echten ♀♀, während die echten ♂♂ ihrerseits die Copula mit ihm versuchten. Die Arbeiter der Wirtsameise von *Anergates* (*Tetramonium*) behandelten die Zwitter so schlecht, daß sie entfernt werden mußten, während sie die echten ♂♂ auffallend freundlich behandeln.

[2]) Allerdings sind auch Fälle beobachtet, in denen die ♂♂ unter gewissen Umständen sich auch sozial betätigen; so berichten die Gebrüder Brun, daß bei einem Nestwechsel von *Tapinoma erraticum* auch die ♂♂ sich vielfach aktiv durch Tragen von Brut beteiligt und sich dabei ganz selbständig orientiert haben.

duktion von Eiern. — Damit sind aber dem ♀ nicht etwa alle früheren Instinkte, die es bei der Koloniegründung betätigte, direkt verloren gegangen, sondern dieselben bleiben in ihm stets latent erhalten. So sehen wir denn auch im ausgebildeten Ameisenstaat unter gewissen Umständen die Weibchen wieder an den verschiedensten Arbeiten sich beteiligen. Es tritt dies besonders dann ein, wenn der Kolonie Gefahr droht; die ♀♀ legen dann selbst Hand an das Rettungswerk, schleppen Larven und Puppen fort, bauen zerstörte Wälle wieder auf usw. Die Arbeitsteilung zwischen ♀ und ☿ ist also bei den Ameisen bei weitem nicht so streng durchgeführt wie bei den Bienen, deren Königin zu einer reinen Eierlegmaschine herabgesunken ist.

Ungleich mannigfaltigere und vielseitigere Funktionen haben die Arbeiter zu erfüllen, denn auf ihnen ruht das ganze Wohl und Wehe des Staates; sie haben einfach für alles zu sorgen; für Nahrung, Wohnung, Schutz, Aufzucht der Jungen usw.; sogar am Eierlegen beteiligen sie sich, wenn auch nicht als Regel.

In welcher Weise nun das zahlreiche Heer der Arbeiter in die vielen Pflichten sich teilt, darüber wissen wir noch recht wenig. Nach Miß Buckingham, die neuerdings einige Arten nach dieser Richtung hin studiert hat, ist es im allgemeinen nicht angängig, von einer streng durchgeführten Arbeitsteilung (in dem Sinne, daß diese oder jene Arbeit nur von bestimmten Individuen ausgeführt werden bzw. werden können) zu reden. Allerdings werden gewisse Arbeiten überwiegend von dieser oder jener Gruppe übernommen. In der Regel dürfen wir wohl annehmen, daß bei einem unvollständigen Arbeiterpolymorphismus die größten Individuen sich mehr der Verteidigung[1]), die mittleren und kleinen mehr den friedlichen Bürgerpflichten widmen. Doch können unter Umständen die letzteren ebenso an der Verteidigung sich betätigen, wie die ersteren an den anderen Arbeiten. In Kolonien mit komplizierterem Haushalt wird die Arbeitsteilung gewöhnlich deutlicher und weitergehend: so dienen bei den pilzzüchtenden *Atta*-Arten Brasiliens die mittelgroßen Individuen meist als „Blattschneider“, welche die Blattstücke aus den Blättern ausschneiden, die ganz großen Riesen als „Blattzermalmer“ und Verteidiger, während die Zwerge sich in der Regel bei den Pilzgärten aufhalten, um die Schimmelbildung durch fortwährendes Abbeißen der Myzelfäden zu unterdrücken (s. Kap. V).

Noch prägnanter erscheint die Arbeitsteilung da, wo ein kompletter Dimorphismus vorliegt, indem hier die eine Form (der Soldat) meist einer oder nur ganz wenigen speziellen Funktionen angepaßt ist, während die andere Form (der normale ☿) die übrigen Arbeiten

---

[1]) Die größten Arbeiter gleichen (nach Miß Buckingham) in ihrem Verhalten vielfach auffallend den ♀♀; sie sind für gewöhnlich langsam und träge, und treten erst dann in lebhaftere Aktion, wenn die Kolonie in Gefahr kommt. Miß Buckingham sieht darin eine Einrichtung für die Sicherheit der Kolonie, insofern, als dadurch dem Staate in Zeiten der Not stets frische unverbrauchte Kräfte zur Verfügung stehen.

zu erfüllen hat. Doch müssen wir uns auch hier vor Verallgemeinerungen hüten, indem auch der Soldat sich eventuell an allen Arbeiten beteiligen kann. Die Hauptfunktion des Soldaten ist überdies noch keineswegs überall bekannt; das eine steht aber fest, daß sie bei den einzelnen Arten eine ganz verschiedene sein kann. Die Soldaten der *Pheidole*-Arten mögen wirklich als „Soldaten“ funktionieren, d. h. speziell der Verteidigung und dem Schutze des Volkes dienen; außerdem aber können sie wohl auch die Zerkleinerung großer Beutestücke übernehmen, wie Heer bei der Hausameise Madeiras, der *Pheidole pusilla*, beobachtet hat. Für die Soldaten der *Myrmecocystus bombycinus* aber trifft beides nicht zu; denn einmal sind schon die langen linearen Mandibeln (wegen der Länge des äußeren Hebelarmes) gar nicht zum kräftigen Zubeißen geeignet, und zweitens habe ich durch Beobachtung im künstlichen Nest festgestellt, daß sie sich nicht im geringsten um die Verteidigung kümmern, sondern dieselbe voll und ganz den ☿☿ überlassen. Wahrscheinlich kommt den *Myrmecocystus*-Soldaten eine Art „Ammenfunktion“ zu, d. h. die Brut und vor allem die großen Kokons im Nest herumzuschleppen und bei Störungen in Sicherheit zu bringen. Zu diesem Geschäft sind ihre Kiefer ausgezeichnet geeignet und ich sah auch im künstlichen wie im freien Neste (in Biskra) die Soldaten meistens mit einem Kokon beladen herumlaufen.

Die Funktion der *Eciton*-Soldaten ist vielleicht eine ähnliche, dem Bau ihrer Kiefer nach zu schließen. Auffallend dabei bleibt allerdings, daß sie gewöhnlich zu beiden Seiten der Wanderzüge marschieren, was den Anschein erwecken könnte, als ob sie zum Schutz oder zum Führen da seien. Doch stellen die Beobachter letztere Funktionen sehr in Frage.

Eine ganz eigenartige Stellung nehmen die *Colobopsis*-Soldaten ein. Ihnen fällt nämlich die Aufgabe zu, die Nestöffnung mit ihrem Kopf zu verschließen. Letzterer ist dieser Funktion brillant angepaßt, indem er vorn gerade abgestutzt und auf dieser breiten abfallenden Fläche rauh skulptiert ist (vgl. Fig. 29 C), so daß er von der umgebenden Rinde (die *Colobopsis* leben im Holz) kaum absticht. Der dadurch erzielte Verschluß ist so täuschend, daß man die Eingänge zum Nest nur schwer entdecken kann. Der Soldat bleibt die meiste Zeit in der Stellung, welche die Fig. 46 zeigt. Nur wenn eine Arbeiterin eintreten will, geht er ein wenig zurück und läßt diese herein, um aber sofort wieder auf seinen alten Platz zurückzukehren und die Tür zu schließen [1]). Da der verschließende Soldat infolge der Lage des Kopfes die Ankömmlinge nicht sehen kann und auch seine Fühler, die seitlich angepreßt sind, nicht bewegen kann, glaubte Wheeler ein besonderes spezifisches Tastgefühl auf der rauhen Stirne annehmen zu müssen, welches den Soldaten von der Anwesenheit

---

[1]) Miß Buckingham macht darauf aufmerksam, daß zur Erfüllung dieses langweiligen Portierdienstes die den Soldaten (bzw. größten Arbeitern) angeborene Trägheit (s. oben) sehr zustatten kommt.

einer ☿ verständigt. Forel hält diese Annahme für überflüssig, da die Fühler wenigstens mit ihren äußeren Enden über die Oberfläche hervorragen, was zu einer Verständigung vollkommen genügend ist.

* * *

Wie schon gesagt, gibt es auch eine unabhängig vom Polymorphismus bestehende (auf rein psychischer Grundlage beruhende) Arbeitsteilung, insofern als verschiedene Funktionen nur von ganz bestimmten Individuen (wenigstens eine Zeitlang) ausgeführt werden. So beobachtete Lubbock, daß in einem seiner *Formica fusca*-Nester stets nur ein oder wenige Arbeiter zum Futterholen auszogen, und zwar waren dies immer die gleichen Individuen, wie sich durch Zeichnen mit Farbe leicht feststellen ließ. Die Beobachtungen wurden über mehrere Monate fortgesetzt, so daß es sich also nicht um einen Zufall handeln konnte. Es geht vielmehr mit Gewißheit daraus hervor, daß in dem betreffenden Neste eine auf „gegenseitigem Übereinkommen" beruhende Spezialisierung unter den morphologisch gleichwertigen Individuen stattgefunden hat. Es ist sicherlich nicht unberechtigt anzunehmen, daß die Spezialisierung sich nicht nur auf das Futterholen beschränkt, sondern auch auf andere Funktionen sich bezieht. So hat ja auch in der Tat Viehmeyer in einem *Formica sanguinea*-Neste Spezialisten für die Volksverteidigung (Soldaten ohne Abzeichen) angetroffen, indem hier abwechselnd immer dieselben Individuen Wache hielten. Auch das Fouragieren wurde in diesem Neste nur von wenigen ganz bestimmten Individuen besorgt. Miß Buckingham hat ähnliche Beobachtungen bei *Camponotus americanus* gemacht, daß nämlich einzelne Individuen viel tätiger waren als andere.

Auch das Alter hat einen deutlichen Einfluß auf die Tätigkeit, wenigstens wo es sich um ganz junge eben ausgeschlüpfte Tiere handelt. Diese bleiben nämlich die erste Zeit im Neste und beschäftigen sich nur mit häuslichen Arbeiten, bis sie erfahrener und stark genug geworden sind, den schwierigeren und gefährlicheren Geschäften außer Hause nachzugehen. — Die jungen Bienen verhalten sich bekanntlich genau ebenso.

4. Entstehung des Polymorphismus.

Die Frage der Entstehung des Polymorphismus ist von zwei Gesichtspunkten aus zu betrachten: vom biologisch-phylogenetischen und physiologisch-ontogenetischen.

a) Phylogenie. — Wenn wir uns über die phylogenetische Entwickelung der Polymorphismusformen eine Vorstellung machen wollen, so müssen wir zunächst die Frage überlegen, ob die nicht sozialen Ahnen der Ameisen im weiblichen Geschlecht ungeflügelt oder geflügelt waren. Emery glaubt das erstere annehmen zu müssen, und zwar aus dem Grunde, weil die Mutilliden, von welchen er die Ameisen ableitet, im weiblichen Geschlecht ungeflügelt sind und weil ferner auch bei den niedersten Ameisen, den Ponerinen, ungeflügelte Weibchen viel häufiger auftreten als bei den höheren Ameisen. Ist Emerys Ansicht richtig, so steht der ungeflügelte ☿ der primitiven Form näher als die Königin und muß infolgedessen auch letztere als die abgeleitete Form betrachtet werden, die sich sekundär Flügel erworben hat. Da nun aber die ungeflügelte Form ihrerseits stets aus einer geflügelten Form hervorgegangen ist, so hätten wir hier den Fall, daß ein Organ, welches während der Stammesentwickelung vollständig verloren gegangen, zum zweitenmal wieder in derselben Form erworben worden ist.

Eine solche Wiedererwerbung ist aber meines Wissens noch nirgends im Tierreich konstatiert worden und ist auch aus theoretischen Gründen höchst unwahrscheinlich, so daß wir schon deshalb Emerys Ansicht stark bezweifeln müssen. Aber auch noch andere Gründe sprechen dagegen: so sind auch bei den Ponerinen die meisten ♀♀ geflügelt und selbst bei den *Cerapachyinae*, welche die primitivsten Ameisen darstellen und der hypothetischen Ameisenurform jedenfalls am nächsten stehen, gibt es sowohl geflügelte als ungeflügelte ♀♀. Sodann gibt es doch auch, gerade wie bei den Ponerinen ungeflügelte ♂♂, obwohl doch die ♂♂ der Mutilliden geflügelt sind. Hier soll also das Ungeflügeltsein eine Rückbildung sein, bei den ♀♀ dagegen den primitiven Zustand bedeuten. Es ist doch konsequenter, in beiden Fällen eine Rückbildung der Flügel anzunehmen, verursacht durch gewisse Lebensgewohnheiten (Aufgabe des Hochzeitfluges) der Ponerinen.

Wir halten daher (mit Forel, Wheeler u. a.) Emerys Anschauung für verfehlt und stehen auf dem Standpunkte, daß das Geflügeltsein der beiden Geschlechtstiere der Ameisen dem primitiven Zustande entspricht. Wir müssen also alle ungeflügelten Formen von den geflügelten ableiten. Auf welchem Wege die Flügellosigkeit zustande gekommen, ob plötzlich oder allmählich, d. h. so, daß die Flügel immer kürzer und kleiner wurden bis zum völligen Schwund, darüber haben wir keine Anhaltspunkte. Wir kennen zwar gewisse Individuen mit kürzeren Flügeln (brachyptere ♀ von *Formica sanguinea* und *rufibarbis*) und ferner sind auch verschiedene Arbeiter und Soldaten mit Flügelstummeln beschrieben worden (siehe oben Fig. 32), doch handelt es sich hier um ganz vereinzelte anormale Erscheinungen.

Die weitere Spezialisierung der Arbeiterkaste kann wohl nur auf ganz allmählichem Wege erfolgt sein. Nehmen wir z. B. solche kolossale Größenunterschiede, wie sie zwischen dem ♀ und ☿ von *Carebara* bestehen, so würden diese, falls sie plötzlich (durch Mutation) entstanden wären, unfehlbar den Untergang der Art herbeigeführt haben. Denn die winzige Gestalt der ☿☿ bedingt natürlich ein ganz anderes Benehmen gegen die riesige Königin, eine ganz andere Fütterungsweise, eine andere Baumanier usw. — Dasselbe trifft für die auffallenden Soldaten von *Colobopsis* zu; würden in einer *Colobopsis*-Kolonie ganz unvermittelt solche Formen entstanden sein, so würden dieselben mit ihrem großen eckigen Kopf nichts anzufangen wissen, wenn anders ihnen nicht mit der sonderbaren Kopfform zugleich auch der Instinkt, dieselbe als Tür zu benutzen, mitgegeben worden wäre! Damit wären wir aber bei der „prästabilierten Harmonie" angekommen.

Zudem gibt uns ja der unvollkommene Polymorphismus mit seiner großen Variabilität eine viel plausiblere Erklärung für die Entstehung dieser Differenzen. Bietet doch der unvollkommene polymorphe ☿ der Naturauslese überreiches Material dar, aus welchem einerseits ausgejätet und andererseits ausgewählt und weitergebildet werden kann.

Die Ausbildung großer Unterschiede zwischen ♀ und ☿ können wir uns etwa so vorstellen (nach Emery):

1. Stadium: Monomorpher ☿ in der Größe dem ♀ nur wenig nachstehend (trifft zu für die meisten Ponerinen, viele Myrmicinen, Dolichoderinen und Camponotinen).

2. Stadium: Arbeiter unvollkommen polymorph; große, dem ♀ nahestehende Formen, mittlere und kleine vorhanden (viele Myrmicinen, Dorylinen, Camponotinen usw.).

3. Stadium: Arbeiter dimorph (☿ und ♃), durch Aussterben der Zwischenformen (*Pheidole* usw.).

4. Stadium: Durch Aussterben der großen Form (♃) des dimorphen Arbeiters bleibt endlich nur die kleine Arbeiterform übrig. Der Arbeiter ist jetzt wieder monomorph, unterscheidet sich aber in der Größe sehr stark vom ♀ (*Carebara*, *Paedalgus*, *Solenopsis* usw.)

Es ist dies aber nicht der einzig mögliche Weg, auf welchem die großen Unterschiede zwischen ♀ und ☿ zustande kommen konnten, sondern es können auch die ♀♀ allmählich an Volumen zunehmen, während die ☿☿ ihre ursprüngliche Größe behalten. Dies dürfte für mehrere Gattungen zutreffen (wie für *Lasius*, *Crematogaster* usw.). Wir erkennen diesen Zustand an der Kleinheit der ♂♂, welche auf die entsprechende primitive Kleinheit der ♀♀ schließen läßt.

b) Ontogenie. — Das Problem der physiologischen Ursachen des Ameisenpolymorphismus wollen wir in zwei Fragen auflösen: 1. wie wird das Geschlecht bestimmt und 2. wie wird die Differenzierung des weiblichen Geschlechts in ♀ und ☿ und ferner die weitere Spezialisierung der Arbeiterkaste bewirkt.

Bezüglich der Frage nach der Geschlechtsbestimmung liegt es nahe, an die Verhältnisse bei den Bienen zu erinnern. Bei diesen steht es so gut wie fest, daß aus unbefruchteten Eiern der Königin ♂♂ und aus den befruchteten ♀♀ und ☿☿ hervorgehen. Wenn auch in letzter Zeit dieser von Dzierzon aufgestellte und von Siebold und Leukart tiefer begründete Satz mehrfach bezweifelt wurde, so ist es bis jetzt doch keinem dieser Zweifler gelungen, denselben wirklich zu widerlegen. Zudem geben selbst die Gegner der Dzierzonschen Lehre zu, daß die von Ersatzköniginnen stammenden, also sicher unbefruchteten Eier, ausschließlich Drohnen ergeben.

Findet sich nun bei den Ameisen etwas Ähnliches? Diese Frage hat eine verschiedene Beantwortung gefunden. Forel, Lubbock, Wasmann und Viehmeyer haben dieselbe bejaht: sie stellten für eine ganze Reihe von Ameisen (*Formica sanguinea*, *fusca*, *cinerea*, *Lasius niger*, *Polyergus rufescens*) fest, daß aus den Eiern von ☿☿, die also wohl parthenogenetisch waren[1]), ausschließlich ♂♂ hervorgegangen sind. Auf der anderen Seite berichten aber verschiedene Autoren (Tanner, Reichenbach, Wheeler) von Fällen, in welchen Arbeitereier auch ♀♀ und ☿☿ lieferten. Besonders interessant in dieser Beziehung sind die Beobachtungen Reichenbachs: es wurden in ein künstliches Nest 11 Arbeiter von *Lasius niger* gesetzt, welche sich auf parthenogenetischem Wege derart vermehrten, daß schon nach $1\frac{1}{2}$ Jahren eine stattliche Kolonie von etwa 200 Mitgliedern erstand. Die Nachkommen waren aber nicht etwa lauter ♂♂, sondern zum großen Teil ☿☿, und nur zum kleineren Teil ♂♂; letztere erschienen außerdem nur zu einer ganz bestimmten Zeit, nämlich zur normalen *Lasius*-Schwärmzeit (also im Juli).

Worauf die abweichenden Resultate der obigen Autoren beruhen, läßt sich heute noch schwer sagen. Jedenfalls aber glaube ich nicht, daß sich die verschiedenen Arten der Ameisen bezüglich der Geschlechtsbestimmung verschieden verhalten, sondern bin vielmehr überzeugt, daß äußere Umstände (Zeit, Temperatur usw.) daran schuld sind. Zeigte uns doch Reichenbach, daß die ♂♂ nur zu einer bestimmten Zeit auftraten; werden nun die Beobachtungen gerade zu dieser Zeit angestellt, so fällt das Resultat natürlich anders aus als bei früheren oder späteren Beobachtungen.

Die Frage der Geschlechtsbestimmung ist also bei den Ameisen noch gänzlich unsicher und bedarf zu ihrer Lösung noch zahlreicher eingehender Untersuchungen. Bei den Bienen wissen wir doch wenigstens etwas davon, bei den Ameisen dagegen noch rein gar nichts.

Gehen wir nun zur zweiten Frage über: Wie wird die Differenzierung in ♀ und ☿ usw. bewirkt? — so stehen sich hier zwei Anschauungen gegenüber. Die eine nimmt an, daß die Differenzierung bereits im Ei vollkommen bestimmt sei, also auf rein blastogener Basis beruhe. Jede Form ist danach schon im Keim vollkommen festgelegt, so daß spätere Einflüsse während der Metamorphose an der Entwickelungsrichtung nichts mehr zu verändern vermögen. Es enthält danach auch jedes Ei nur die Anlage für eine einzige Form (♀ oder ☿ oder ♃). Diese Hypothese des „blastogenen Polymorphismus" wird vor allem von Weismann, dann auch von Forel, Dewitz u. a. vertreten.

Die andere Ansicht, als deren Hauptanhänger ich Emery, O. Hertwig, Lubbock und Wasmann nenne, geht dahin, daß der Polymorphismus durch eine verschiedene Behandlung (Ernährung usw.) der Larven hervorgebracht wird („trophogener Polymorphismus").

[1]) Der sichere Nachweis dafür ist allerdings noch nicht erbracht.

Dies ist aber nicht etwa so aufzufassen, als ob die verschiedene Ernährungsweise die erste und einzige Ursache sei, sondern die primäre Ursache ist vielmehr ebenfalls im Keimplasma zu suchen, welches aber die Anlage von allen Formen, welche bei der betreffenden Ameise vorkommen, enthalten muß. Der verschiedenen Nahrung kommt lediglich die Rolle eines auslösenden Reizes zu, durch welchen eine der im Keimplasma enthaltenen Anlagen zur Entwickelung gebracht wird.

Als Hauptbeweis für die erste Anschauung („blastogener Polymorphismus") führt Weismann das Vorhandensein von Zwischenformen zwischen ♀ und ☿ (z. B. der ergatoiden ♀♀) an. „Wie sollen diese Formen in der Theorie der direkten Bewirkung Erklärung finden?!" „Wenn minderwertige Fütterung genügt, um das Ovarium zur Verkümmerung zu bringen und den Arbeitertypus hervorzurufen . . ., welche intermediäre Fütterungsmethode hat diese Zwischenform hervorgerufen?" Vor allem beruft sich aber Weismann auf eine Beobachtung Forels, welcher in einem Neste von *Formica rufa* auf dem Ütliberg eine große Menge von ergatogynen Zwischenformen des Pseudogynentypus antraf. Hier könnten wir sicherlich nicht von einem Versehen in der Larvenfütterung reden! Da nun zudem in demselben Neste im folgenden Jahre wieder eine Menge solcher Zwischenformen vorhanden waren, die frisch ausgeschlüpft waren, so ist wohl, meint Weismann, „keine andere Erklärung zulässig, als daß die ♀♀, welche in beiden Jahren diese Eier gelegt hatten, ihnen ein Keimplasma mitgegeben hatten, dessen Beschaffenheit die Ursache der sonderbaren Mischung ihres Körpers war"[1]).

E. Wasmann jedoch hat eine andere Erklärung zu geben versucht, welche gerade für das Gegenteil der Weismannschen Ansicht, nämlich für die trophogene Entstehung des Polymorphismus spricht. Wasmann hat nämlich durch langjährige, konsequent durchgeführte Beobachtungen nachgewiesen, daß das Auftreten von Pseudogynen mit der Anwesenheit gewisser Ameisengäste (*Lomechusa*, *Xenodusa*, *Atemeles*) ursächlich zusammenhängt. Der Zusammenhang ist folgender: Die genannten Käfer leben mit verschiedenen Ameisenarten (*Formica*- und *Myrmica*-Arten) in Symphilie, d. h. sie werden von den Ameisen gastfreundlich aufgenommen, gefüttert usw. Aber nicht nur das, sie machen auch ihre ganze Entwickelung im Ameisenneste durch, wobei sogar die Ameisen die Pflege der Larven übernehmen. Letztere sind sehr gefräßig und begnügen sich nicht mit dem dargereichten Futter, sondern holen sich auch selbständig Nahrung, und zwar haben sie es vor allem auf die Eier und Larven ihrer Wirtsameisen abgesehen. Unter diesen räumen sie in „er-

---

[1]) Neuerdings hat Bugnion (Compt. Rend. Soc. Biol. 1912, 29. Juni) für die Termiten den Nachweis geführt, daß bei *Termes obscuripes* die charakteristischen Merkmale der Soldatenkaste („die Nase" usw.) bereits im Ei angelegt werden, was für den blastogenen Polymorphismus spricht. Doch dürfen wir diesen Befund bei den Termiten nicht ohne weiteres verallgemeinern.

schreckender Weise" auf, so daß innerhalb weniger Wochen ein großer Teil der ersten Arbeitergeneration (die *Lomechusa*-Entwickelung fällt zeitlich mit der Entwickelung derselben zusammen) vernichtet wird. „Dadurch entsteht ein sehr fühlbarer und plötzlicher Ausfall in der Entwickelung der Arbeitergeneration, und diesen Ausfall suchen die Ameisen dadurch zu ersetzen, daß sie alle noch disponiblen, ursprünglich zu Weibchen bestimmten Larven der unmittelbar vorhergehenden Generation (welche regelmäßig zu den Geschlechtsindividuen erzogen zu werden pflegt) zu Arbeiterinnen umzüchten." Ein zweites Moment, das jedoch nur sekundär ist im Vergleich zu dem eben erwähnten, unterstützt noch die Neigung der Ameisen zur Umzüchtung der weiblichen Larven zu Arbeiterinnen, „nämlich das außerordentlich rasche Wachstum der *Lomechusa*-Larven". „Durch die Wahrnehmung desselben wird die Hauptpflege, die sonst den Weibchenlarven zugewandt wird, auf die *Lomechusa*-Larven übertragen, die den Arbeitern den Eindruck der allervorzüglichsten Pfleglinge machen, weshalb sie von der Erziehung jener abgelenkt werden." (Wasmann 1885, S. 632.)

Danach gehen also die Pseudogynen [wenigstens die gewöhnlichen Mikro- und Mesopseudogynen[1])] aus Larven hervor, die ursprünglich zu Weibchen bestimmt waren, später jedoch zu Arbeiterinnen umgezüchtet wurden. Stellt sich uns doch auch die Pseudogyne morphologisch als eine „krüppelhafte Verbindung der Brustbildung eines Weibchens mit der Hinterleibsentwickelung der Körpergröße einer Arbeiterin" dar.

Wasmann hat seine „parasitische Pseudogynen-*Lomechusa*-Hypothese" auf ein so großes Tatsachenmaterial begründet, daß sie den höchsten Grad von Wahrscheinlichkeit beanspruchen dürfte. Dennoch fehlte aber der Kontrollversuch! Diesen hat zuerst Viehmeyer geliefert: Derselbe setzte eine Königin, welche in einer *Lomechusa*-infizierten Kolonie lebte und hier vier Jahre lang Pseudogynen erzeugt hatte, in ein vollkommen gesundes Volk. Die Folge davon war, daß sie von nun an keine Pseudogynen mehr, sondern nur noch vollkommen normale ♀♀ und ☿☿ hervorbrachte. Zu dem gleichen Resultat kam später auch Wasmann (1909). Damit ist der sichere Beweis erbracht, daß es sich bei der Entstehung der Pseudogynen nicht um pathologisch veränderte Keimanlagen handelt, sondern lediglich um eine Änderung der Brutpflege.

Wir haben hier also einen Fall vor uns, der zweifellos für die Hypothese des trophogenen Polymorphismus spricht, indem ja hier die Entwickelungsrichtung durch besondere Behandlung, sogar noch in einem ziemlich fortgeschrittenen Stadium abgeändert werden konnte.

Auch die „mermitophoren" Exemplare (s. oben) lassen sich in diesem Sinne verwerten. Wir haben oben schon betont, daß die merkwürdige Form dieser Tiere nicht etwa bloß auf einer mechanischen Ausdehnung des Hinterleibes durch den Parasiten beruhen

---

1) Für die Makropseudogynen (s. S. 52) nimmt Wasmann eine verspätete Umzüchtung ehemaliger Arbeiterlarven zu Weibchen als wahrscheinliche Ursache an.

kann, da ja auch der Kopf der Mermitophoren wesentlich anders geformt und viel kleiner ist und mitunter auch durch das Auftreten von Stirnozellen sich vom normalen ☿-Kopf unterscheiden kann. Wir können diese Veränderungen nur dadurch erklären, daß die *Mermis* schon in die Larven der Ameisen eingedrungen sind und dadurch eine Störung der larvalen Ernährung bzw. des Stoffwechsels verursacht haben. Es liegt demnach hier ein ganz analoger Fall vor wie bei den Pseudogynen; nur wird bei den Mermitophoren die Ernährungsänderung direkt durch einen individuellen Parasiten bewirkt, während sie bei den Pseudogynen indirekt, d. h. durch die durch die Anwesenheit eines Sozialparasiten (*Lomechusa* usw.) veranlaßte Abänderung des Brutpflegeinstinktes verursacht wird[1]).

Da bei den Mermitophoren, Phthisergaten usw. genau wie bei den normalen ♀♀ ein großes Abdomen in Verbindung mit Mikrokephalie auftritt, so glaubt Emery (1904) diese Beziehungen zwischen Abdomen und Kopf auf ein allgemeines Wachstumsgesetz zurückführen zu müssen, welches er als „das Gesetz des Gegensatzes zwischen Kopf und Hinterleib“ bezeichnet Wenn „bei der Metamorphose von zwei gleich großen Larven der Hinterleib der einen größer angelegt wird als bei der anderen, so muß der Kopf der ersteren kleiner werden, weil für denselben ein geringes Maß des larvalen Ernährungsmaterials übrig geblieben ist“. „Bei den *Mermis*-haltigen Arbeitern wirkt der Parasit gerade wie ein außergewöhnlich groß gewachsenes Organ des Hinterleibes auf die Kopfgröße ein.“ Nach Emery sollen nun die vielen Polymorphismusformen in erster Linie derartigen Wachstumsgesetzen (verbunden mit „besonderen Korrelationsgesetzen“) ihre Entstehung verdanken.

Durch solche rein mechanische Wachstumsgesetze aber lassen sich unmöglich allein alle die Anpassungsformen, welche der Ameisenpolymorphismus darbietet, wie z. B. die *Colobopsis*-Soldaten mit ihrer eigentümlichen Kopfform und Skulptur, erklären. Solche dürfen wir überhaupt niemals rein ontogenetisch auffassen, sondern können wir nur phylogenetisch verstehen.

Da wir aber doch unzweifelhaft äußere mechanische Einflüsse während der Ontogenese für die Bildung verschiedener Polymorphismusformen wirksam sahen, so müssen wir annehmen, daß diesen die Rolle auslösender Reize zufällt, durch welche die eine oder die andere der im Keimplasma enthaltenen phylogenetisch erworbenen Anlagen aktualisiert wird.

Daß wir unsere Anschauung des trophogenen Polymorphismus lediglich auf pathologische Fälle (Pseudogynen und Mermitophoren) gründen, kann wohl nicht als Einwand gegen die Richtigkeit unserer

---

[1]) Ähnlich wie *Mermis* wirken gewisse ektoparasitisch an Ameisenpuppen lebende Schlupfenwespenlarven auf die Form ein, insofern, als auch hier die befallenen Exemplare einen kleinen Kopf und Thorax und dabei einen aufgetriebenen Hinterleib zeigen (vgl. das oben über die Phthisergaten usw. Gesagte, S. 57, Anmerkung).

Vorstellung gebraucht werden. Ist doch die Erforschung der Pathologie oft der beste Weg zur Erkenntnis des normalen Geschehens!

Welcher Art die äußeren, die Entwickelungsrichtung bestimmenden Einflüsse sind, ob dieselben lediglich in der Quantität[1]) und Qualität der Nahrung bestehen, oder ob noch andere Faktoren, wie Temperatur, Feuchtigkeitsgrad, Art der Bespeichelung usw., in Betracht kommen, darüber wissen wir noch nicht das geringste. Es scheint mir deshalb der Einwand Forels, daß bei den Ameisenlarven, welchen feste Nahrung (wie kleine tote Insekten und Stücke von solchen) vorgesetzt wird (s. Kap. III, 4b), eine genaue Dosierung der Nahrung ausgeschlossen sei, durchaus nicht zwingend gegen die Annahme des trophogenen Polymorphismus zu sprechen. Denn es können ja auch andere Momente als gerade die Qualität oder Quantität der Nahrung als auslösende Reize wirken.

Ist unsere Anschauung von der trophogenen Entstehung des Polymorphismus richtig, so liegt also die Bestimmung über die Zahl der verschiedenen Formen (♀, ☿ und ♃) in den Händen der Arbeiter, indem dieselben durch entsprechende Brutpflege entweder die ♀- oder ☿- oder ♃-Anlage zur Entwickelung bringen können. Damit würden die Ameisen in Übereinstimmung mit anderen sozialen Insekten (Bienen) stehen, bei welchen ebenfalls lediglich die Arbeiter die Erscheinungszeit und die Zahl der einzelnen Stände bestimmen.

* * *

Aus dieser kurzen Übersicht, die ich hier über den Polymorphismus der Ameisen gegeben habe, geht zur Genüge hervor, daß dieses Thema reich an interessanten und wichtigen Problemen ist. Keines dieser Probleme ist noch wirklich gelöst, manche sind überhaupt noch gar nicht ernstlich in Angriff genommen. Es liegt hier noch ein überaus dankbares Feld für die künftige Forschung vor uns! Viele Fragen darunter reichen weit über das Gebiet der Ameisenkunde hinaus und sind sogar geeignet, unsere allgemeinsten biologischen Anschauungen wesentlich zu beeinflussen.

Literatur.

Adlerz, G., Myrmecologiska studier I. *Formicoxenus nitidulus Nyl.* Öfvers. K. Vetensk. Akad. Förhandl. 1884, Nr. 8, S. 43—64.

Adlerz, G., Zwei Gynandromorphen von *Anergates atratulus* Schenk. In: Arkiv för Zool., Bd. 5, Nr. 2, 1908.

[1]) Wheeler schreibt hauptsächlich der Quantität der Nahrung einen großen Einfluß bei der Bildung der verschiedenen Formen zu: Arbeiter = ursprünglich eine Hungerform, Pseudogynen = Kümmerformen, aus vernachlässigten weiblichen Larven hervorgegangen. Dieser Anschauung widerspricht aber nach Wasmann die Existenz der Makropseudogynen, die höchstwahrscheinlich auf eine verspätete Umzüchtung ehemaliger Arbeiterlarven zu ♀♀ zurückzuführen sind. Die Umzüchtung wird wohl „durch eine positive Modifikation des Brutpflegeinstinktes der ☿☿, durch eine Mischung der Arbeitererziehung mit der Weibchenerziehung bewirkt" (Wasmann, 1909).

Brun, Edgar u. R., Beobachtungen im Remptthaler Ameisengebiet. In: Biol. Zentralbl. **33**, 28, 1913.

Buckingham, Edith N., Division of Labor among Ants. In: Proc. Amer. Acad. Arts and Science, Bd. 46, Nr. 18, 1911.

Buttel, H. v., Der gegenwärtige Stand der Kenntnisse von den geschlechtsbestimmenden Ursachen bei der Honigbiene (*Apis mellifica*), ein Beitrag zur Lehre von der geschlechtlichen Präformation. In: Verhandl. d. deutsch. zool. Ges. **14** (1904).

Donisthorpe, H. S. J. K., Some notes on the genus *Myrmica*. In: Ent. Record. **25** (1913).

Emery, Über dimorphe und flügellose Männchen bei Hymenopteren. In: Biol. Zentralbl. **5**, 686, 1885.

Emery, Die Entstehung und Ausbildung des Arbeiterstandes bei den Ameisen. In: Ebenda **14**, 53—59, 1894.

Emery, Die Gattung *Dorylus* Fab. und die systematische Einteilung der Formiciden. In: Zool. Jahrb., Abteil. f. Systematik usw. 8, 685—778, 1895 (3 Tafeln).

Emery, Studi sul polimorfismo e la metamorphosi nel genere *Dorylus*. In: Mem. R. Accad. Soc. Instit. Bologna, Ser. V, **9**, 415—433, 1901 (2 Tafeln).

Emery, Der Geschlechtspolymorphismus der Treiberameisen und die flügellose Urform der Ameisenweibchen. In: Natur. Wochenschr. (N. F.) **1** (1903).

Emery, Zur Kenntnis des Polymorphismus der Ameisen. In: Zool. Jahrb., Suppl. **7**, 587—609, 1904.

Escherich, K., Über die Biologie der Ameisen. In: Zool Zentralbl. **10** (1903).

Escherich, K., Zur Biologie der nordafrikanischen *Myrmecocystus*-Arten. In: Allgem. Zeitschr. f. Entom. **7**, 353—359 u. 390—394, 1902.

Forel, Aug., Les Fourmis de la Suisse 1874. Kap. I; ferner S. 139—142, 383 u. 386—388 und anderen Stellen.

Forel, Aug., Hermaphrodite de l'Azteca instabilis. In: Bull. Soc. Vaud. Sc. Nat. **28**, 268—270, 1892, Taf. 16.

Forel, Aug., Die Nester der Ameisen. Zürich 1892.

Forel, Aug., Über den Polymorphismus und Ergatomorphismus der Ameisen. In: Verhandl. d. Ges. deutsch. Naturf. u. Ärzte 1894.

Forel, Aug., Faune myrmécologique des Noyers dans le Canton de Vaud. In: Bull. Soc. Vaud. Sc. Nat. 4. Sèr. **39**, 83—94, 1903.

Forel, Aug., Über Polymorphismus und Variation bei den Ameisen. In: Zool. Jahrb., Suppl. **7**, 571—586, 1904.

Goeldi, E. A., Der Ameisenstaat. Leipzig 1911.

Heer, O., Über die Hausameise Madeiras. In: Neujahrsstücke d. Züricher Naturforscherges. 1852.

Holliday, Margarete, A Study of some Ergatogynic ants. In: Zool. Jahrb., Syst.-Bd., **19**, 293—328, 1903.

Lubbock, Sir John, Ameisen, Bienen und Wespen 1883 (1. und 2. Kapitel).

McCook, Henry C., The Honey-Ants. Philadelphia 1882.

Reichenbach, H., Über Parthenogenese bei Ameisen und andere Beobachtungen an Ameisenkolonien in künstlichen Nestern. In: Biol. Zentralbl. **22**, 461—465, 1902.

Reichensperger, A., Beobachtungen an Ameisen. In: Ebenda **31** (1911).

Roger, J., Ein Zwitter von *Tetrogmus caldarius*. In: Berl. ent. Ztg. **1**, 15—17, 1857.

Santschi, F., Fourmis de Tunisie capturées en 1906. In: Rev. Suisse Zool. **15**, 2, 1907.

Tanner, *Oecodoma cephalotes*. Second paper. In: Trinidad Field Naturalist' Club **1**, 123—127, 1892.

Tischbein, Zwitter von Formica sanguinea. In: Stett. ent. Ztg. **12**, 295—297, 1851.

Viehmeyer, H., Experimente zu Wasmanns Pseudogynen-*Lomechusa*-Theorie und andere biologische Beobachtungen an Ameisen. In: Allgem. Zeitschr. f. Ent. **9**, 334—344, 1904.

Wasmann, E., Die verschiedenen Zwitterformen von Weibchen und Arbeiterin bei Ameisen. In: Stett. ent. Ztg. 1890, S. 300—309.

Wasmann, E., Einige neue Hermophroditen von *Myrmica scabrinodis* und *M. laevinodis*. In: Stett. ent. Ztg. **51**, 298—299, 1890.

Wasmann, E., Die ergatogynen Formen bei den Ameisen und ihre Erklärung. In: Biol. Zentralbl. **15**, Nr. 16 u. 17, 1895.

Wasmann, E., Über ergatoide Weibchen und Pseudogynen bei Ameisen. In: Zool. Anzeig. 1897, S. 251—253.

Wasmann, E., Neue Bestätigungen der *Lomechusa*-Pseudogynentheorie. In: Verhandl. d. deutsch. zool. Ges. 1902, S. 98—108.

Wasmann, E., Zur Kenntnis der Ameisen und Ameisengäste von Luxemburg. 3. Teil. 1909.

Weismann, Aug., Äußere Einflüsse als Entwickelungsreize. Jena 1894. Zusatz 15, S. 66ff.

Wheeler, W. M., The female of *Eciton Sumichastri* Nort. etc. In: Americ. Natural. **34**, 563—574, 1900.

Wheeler, W. M., A Study of some Texan Ponerinae. In: Biol. Bull. **2**, 1—13, 1900.

Wheeler, W. M., The parasitic origin of Macroërgates among Ants. In: Amer. Natural. **35**, 877—886, 1901.

Wheeler, W. M., Extraordinary Females in three Species of *Formica*, with Remarks on Mutation in the Formicidae. In: Bull. Amer. Mus. Nat. Hist. **19**, 639—651, 1903.

Wheeler, W. M., Some new Gynandromorphous Ants, with a Review of the previously recorded cases. In: Ebenda **19**, 653—683, 1903.

Wheeler, W. M., The American Ants of the Subgenus *Colobopsis*. In: Ebenda **20**, 139—158, 1904.

Wheeler, W. M., Some Notes on the Habits of *Cerapachys Augustae*. In: Psyche 1903, S. 205—209.

Wheeler, W. M. und McClendon, J. F., Dimorphic Queens in on American Ant (*Lasius latipes* Walsh). In: Biol. Bull. **4**, 149—163, 1903.

Wheeler, W. M., The origin of Female and Worker ant from the eggs of parthenogenetic Workers. In: Science, N. S. **18**, 820—833, 1903.

Wheeler, W. M., The Polymorphism of Ants, with an account of some singular abnormalities due to Parasitism. In: Bull. Amer. Mus. Nat. Hist. **23** (1907).

Wheeler, W. M., Ants (Kap. VI u. VII). New York 1909.

Wheeler, W. M., Gynandromorphous Ants described during the decade 1903—1913. In: Amer. Nat. **48**, 1911 (Januar).

Drittes Kapitel.

Fortpflanzung.

In diesem Kapitel sollen alle mit der Fortpflanzung zusammenhängenden Erscheinungen, wie Befruchtung, Vermehrung der Kolonien (Koloniegründung), Vergrößerung (Anwachsen) der Kolonien, Metamorphose und Brutpflege, behandelt werden.

1. Befruchtung.

Bei allen Ameisen, deren Geschlechtstiere geflügelt sind, findet die Befruchtung in Verbindung mit einem sogenannten „Hochzeitsflug" statt. Derselbe ist ein großes Ereignis im Leben der Ameisenvölker. Schon mehrere Tage vorher herrscht eine mächtige Aufregung im Nest, die sich von Tag zu Tag mit der Zunahme der auskriechenden Geschlechtstiere steigert. Man ist aufs höchste erstaunt über die Veränderung, welche während dieser Zeit in der ganzen Kolonie Platz greift. Nicht nur die jungen Geschlechtstiere, welche sich zum Ausfluge rüsten und auf der Oberfläche des Nestes mit zitternden Flügeln herumlaufen, bedingen die Veränderung des Bildes, sondern auch das Benehmen der Arbeiter, die doch an dem Hochzeitsflug gar nicht direkt beteiligt sind, ist ein total anderes geworden. Die Hausarbeit ruht zum großen Teil und auch das Fouragieren ist eingeschränkt; alle Einwohner sind gewissermaßen im Bann des kommenden Ereignisses. Die Erregung der sich zur Hochzeit anschickenden Geschlechter überträgt sich auch auf die Geschlechtslosen und durchzittert das ganze Volk in gleicher Weise. Unstet laufen die Arbeiter unter den Geschlechtstieren herum oder folgen ihnen auf die Grashalme und andere erhöhte Gegenstände, welche von letzteren mit Vorliebe erklettert werden; dabei betrillern sie die geflügelten fortwährend mit ihren Fühlern oder reichen ihnen Nahrung dar. Wie Schäferhunde eine Schafherde umkreisen, so laufen andere Arbeiter um die Masse der Geschlechtstiere, sie in der Umgebung des Nestes zusammenzuhalten; haben sich trotzdem einige von diesen etwas weiter entfernt, so folgen sie ihnen nach und bringen sie mit Gewalt wieder zurück.

Dieses tolle erregte Treiben kann tagelang währen, bis die Stunde des Aufbruches gekommen. Letztere hängt wohl in erster Linie davon ab, ob alle Geschlechtstiere ausgekrochen und zum Fliegen fähig sind. Dann aber spielt auch die Tageszeit und die Temperatur eine mitbestimmende Rolle (s. unten).

Was die Art des Auffluges selbst betrifft, so erfolgt dieser nicht etwa auf einmal, wie auf ein gegebenes Zeichen, sondern meistens ziehen die Geflügelten nacheinander ab und es kann eine ganze Weile dauern, bis alle Hochzeiter sich entfernt haben. Wo Männchen und Weibchen zu gleicher Zeit vorhanden sind, da erheben sich gewöhnlich die Männchen zuerst und die Weibchen folgen nach[1]). Die einzelnen Individuen, die gewöhnlich von erhöhten Punkten der Nestumgebung aus in die Lüfte aufsteigen, entschwinden bald unseren Blicken, und erst nach einer Weile, wenn oben im azurnen Luftmeer die ganze Gesellschaft sich wieder zusammengefunden und sich auch noch mit verschiedenen fremden Hochzeitsflügen vereinigt haben, dann erinnern uns dunkle, Rauchwolken ähnelnde Säulen wieder daran, daß heute der große Tag ist, und daß hoch über unseren Häuptern Tausende und Abertausende kleiner Wesen Hochzeit feiern. Diese Schwärme können, wenn viele Ameisen einer Gegend zu gleicher Zeit aufsteigen, riesige Dimensionen annehmen und wie schwere Wolken die Luft verfinstern. In dem Liebestaumel, in welchem sich alles befindet, verschwinden Rassen- und Artenhaß; und die Töchter und Söhne der Familien, die unten in ewiger Fehde liegen, vereinigen sich oben, „im jungfräulichen unendlichen Raum, in der majestätischen Klarheit des offenen Himmels", um gemeinsam die höchsten Freuden des Lebens zu genießen. Die Luft dort oben ist erfüllt von Liebe — für feindliche Gefühle, für Haß, ist kein Raum mehr.

Abwechselnd heben und senken sich diese lebenden Säulen, welche von den Strahlen der Sonne beschienen tausendfältig glitzern, flimmern und zittern. Auffallenderweise heften sich die Schwärme mit Vorliebe an erhöhte Gegenstände, wie an Kirchtürme, an die Gipfel hoher Pappeln und an Bergspitzen; es genügen aber mitunter auch weniger hohe Gegenstände, so gelang es Huber, sich selbst zur Basis eines

---

[1]) Nicht immer aber erscheinen die beiden Geschlechter gleichzeitig: v. Hagens, Mayer, Forel, Wanach, Wasmann u. a. haben vielfach in einem Neste entweder nur ♂♂ oder nur ♀♀ (geflügelte) angetroffen. Auch ich fand in einem Neste von *Camponotus pubescens* in Sestri Levante anfangs April ♂♂ in großer Anzahl, aber kein einziges geflügeltes ♀. Wasmann (1903) berichtet, daß man in den *Formica sanguinea*-Kolonien nur selten beide Geschlechter gleichzeitig entwickelt antrifft. „Gewöhnlich geht die Entwickelung der ♂♂ derjenigen der ♀♀ in ein und derselben Kolonie voraus, so daß die ersteren meist das Nest schon zum Paarungsfluge verlassen haben, wenn die ♀♀ fertig ausgefärbt sind." Ja, nach Wanach erscheinen wohl bei den meisten unserer *Formica*-Arten die beiden Geschlechter getrennt, ebenso bei *Lasius fuliginosus*, *Leptothorax acervorum* u. a. „Der Zweck dieser Erscheinung ist die Vermeidung der Inzucht zwischen Individuen derselben Kolonie."

solchen Schwarmes zu machen, welcher ihm sogar eine Strecke weit folgte, als er langsam marschierte.

Noch während des „Schwärmens" in der Luft findet bei vielen Ameisen (z. B. *Lasius*) die Befruchtung statt. Die Männchen stürzen sich auf die Weibchen, und klammern sich an ihnen fest, ohne daß letztere dadurch am Fluge behindert werden. Nicht nur ein, sondern zwei oder drei Männchen trägt das Weibchen mitunter auf seinem Rücken, wie Forel bei *Lasius flavus* beobachtet hat. Die Plätze auf dem Weibchen können auch mehrfach gewechselt, d. h. von verschiedenen Männchen nacheinander eingenommen werden.

Die Hauptbedingung dafür, daß die Befruchtung in dieser Weise in der Luft stattfinden kann, ist natürlich die, daß die Männchen leichter und kleiner sind als die Weibchen, so daß diese die ersteren überhaupt zu tragen vermögen. Wo dieses Verhältnis nicht zutrifft (wie z. B. bei den Myrmiciden), da fallen die in der Luft gebildeten Paare vereinigt zur Erde herab, und hier erst wird die Befruchtung ausgeführt, oder die beiden Geschlechter kommen auch einzeln wieder herunter und suchen sich erst auf festem Grunde zu vereinigen. Die Männchen verfolgen dabei die Weibchen in eiligem Laufe und suchen dieselben mit ihren Beinen festzuhalten. Die Kopulation selbst dauert nach Forel niemals länger als eine Minute; gewöhnlich läßt das Männchen schon nach wenigen Sekunden das Weibchen wieder los und entfernt sich von ihm, um womöglich einem zweiten Männchen Platz zu machen. Forel beobachtete (bei *Myrmica*), daß ein Weibchen in weniger als drei Minuten dreimal befruchtet wurde und erst ein viertes Männchen wurde abgewiesen. Nicht selten geben sich die beiden Geschlechter vor oder nach der Befruchtung gegenseitig zärtliche Fühlerschläge oder belecken auch einander (Forel).

Der Hochzeitsflug ist nicht immer mit einem richtigen „Schwarm", wie wir ihn oben geschildert, und unter dem wir eine große Masse geschlossen zusammenfliegender Individuen verstehen, verbunden. Bei Ameisen, welche nur ganz schwache Kolonien bilden, wie z. B. die *Leptothorax*-Arten, ist eine „Schwarmbildung" von vornherein ausgeschlossen. Abgesehen davon aber kommt es auch bei vielen anderen Ameisen, die numerisch sehr gut imstande wären, Schwärme zu bilden, dennoch nicht zu solchen, wie z. B. bei den *Camponotus*- und *Formica*-Arten. „Die ♀♀ von *Camponotus ligniperda* und *herculeanus* sind viel zu schwer, um länger dauernde Flüge zu unternehmen. Sie können auch nicht in gedrängten Massen fliegen; ein einziger Anstoß an das Nachbartier würde genügen, sie zu Boden zu werfen." Sie bilden daher niemals dichte Schwärme, sondern jedes Tier kreist in weiten Abständen einzeln nicht allzu hoch über dem Erdboden, um schon nach kurzem Fluge wieder herabzufallen (Viehmeyer).

Mag nun ein Schwarm gebildet werden oder nicht, so findet doch jedenfalls bei den Ameisen, deren beide Geschlechter geflügelt sind, für gewöhnlich ein Hochzeitsflug statt, insofern als sowohl Männchen wie Weibchen mehr oder weniger gleichzeitig vom heimatlichen Nest ausfliegen, um entfernt von letzterem entweder in der Luft während des Schwärmens oder auf Baumgipfeln oder nach dem Flug auf der Erde die Hochzeit zu feiern[1]).

Anders aber bei solchen Ameisen, deren eines Geschlecht — sei es nun das Männchen oder das Weibchen — primär flügellos ist! Bei diesen kann natürlich von einem Hochzeitsflug in obigem Sinne nicht die Rede sein. Wir haben im vorigen Kapitel eine ganze Anzahl solcher Fälle kennen gelernt: bei einigen *Ponera*-Arten und bei *Anergates* ist das Männchen flügellos, bei *Leptogenys*, *Dorylus*, *Eciton* usw. entbehrt dagegen das Weibchen der Flügel. Wie und wo bei diesen Ameisen die Befruchtung stattfindet, darüber sind noch keine sicheren Beobachtungen gemacht worden. Wir sind daher auf Vermutung angewiesen.

Da, wo es sich um flügellose Weibchen und geflügelte Männchen handelt, sind folgende drei Möglichkeiten zu überlegen: entweder 1. die Männchen suchen fremde Nester auf, um die dort befindlichen jungfräulichen Weibchen zu befruchten, oder 2. letztere werden von dem im selben Neste geborenen Männchen (also ihren Brüdern) befruchtet, oder endlich 3. die jungfräulichen Weibchen verlassen per pedes ihr heimatliches Nest und werden nun während ihrer Wanderung von den herumfliegenden Männchen zufällig aufgefunden und hier befruchtet. Wheeler hält die letztere Annahme für die wahrscheinlichste.

In dem anderen Falle, wo das Weibchen geflügelt und das Männchen ungeflügelt ist, haben wir wohl hauptsächlich mit zwei Möglichkeiten zu rechnen, da die Annahme, daß die Weibchen die Männchen aufsuchen, um sich von diesen befruchten zu lassen, wenig wahrscheinlich ist. Es handelt sich also nur darum, ob das Weibchen im heimatlichen Neste vor ihrem Wegflug von ihren eigenen Brüdern oder von fremden zugewanderten Männchen befruchtet wird. Bei *Anergates* ist die Geschwisterehe sicherlich die Regel; denn die Männchen dieser parasitischen Ameise sind so unbeholfene Wesen, daß sie sich nur schwer fortbewegen und weitere Wanderungen zu fremden jedenfalls nicht unternehmen können. Außerdem haben wir in den vielen Degenerationserscheinungen von *Anergates* einen schwerwiegenden Anhaltspunkt für eine fortgesetzt ausgeübte Inzucht. — Wie es sich

[1]) Allerdings kommen auch Ausnahmen davon nicht selten vor: So berichtet v. Ihering von *Atta sexdens*, daß er niemals Pärchen davon in Kopula sah und daß alle vom Nest auffliegenden ♀♀, soweit er sie untersuchte, bereits befruchtet waren. Danach müßte also bei dieser Ameise die Befruchtung schon unterirdisch in der alten Mutterkolonie stattgefunden haben.

Auch bei *Formica rufa* kommt eine Befruchtung im Nest vor; so fand ich (Juli 1905) in Herrenwies (badischer Schwarzwald) tief im Nestinneren zwei in fester Kopula befindliche Pärchen. Diese Beobachtung ist neuerdings mehrfach bestätigt worden. — Die Brüder Brun sahen bei *Tapinoma erraticum* während des Umzuges einer Kolonie mehrmals Befruchtung der marschierenden geflügelten ♀♀: Sie standen einen Moment still, wurden von einem ♂ bestiegen und gingen dann mit dem ♂ auf dem Rücken weiter.

aber mit den übrigen Ameisen mit ergatomorphen Männchen verhält, entzieht sich bis jetzt vollkommen unserer Beurteilung.

Daß beide Geschlechter gleichzeitig flügellos sind, ist noch bei keiner Ameise beobachtet[1]). Das Geflügeltsein der Geschlechter spielt denn auch eine nicht geringe Rolle im Leben der Ameisen: die Geflügelten sorgen einmal für eine möglichst weite Verbreitung der Art und zweitens für Blutmischung. Am besten wird natürlich dieser Zweck da erreicht, wo beide Geschlechtstiere geflügelt sind, weit weniger dagegen da, wo ein Geschlecht der Flügel entbehrt. Welche Momente die Flügellosigkeit des einen Geschlechtes bedingt haben, ist schwer zu sagen; diese Frage ist auch kaum generell, sondern von Fall zu Fall zu entscheiden.

Die Zeit des Ausfluges der Geschlechter ist nach den verschiedenen Arten sehr schwankend. In unseren Breiten findet derselbe von Frühjahr bis Herbst statt; die Hauptflugzeit fällt in den Hochsommer, doch sind einerseits schon im April und Mai, andererseits auch noch im September oder Oktober Hochzeitsflüge beobachtet worden. Aus der Liste, die Forel über die Paarungszeiten gibt, geht hervor, daß auch für ein und dieselbe Art der Hochzeitsflug zu verschiedenen Zeiten stattfinden kann und daß es überhaupt schwer fällt, bestimmte Regeln darüber aufzustellen. Bei einigen Arten scheint die Zeit mehr fixiert zu sein, wie z. B. bei den *Lasius*-Arten, die bei uns fast regelmäßig Mitte Juli bis Mitte August schwärmen[2]). Andere Arten dagegen sind bezüglich ihres Hochzeitsfluges ganz und gar nicht an eine bestimmte Epoche gebunden; so trifft man z. B. bei den *Formica*-Arten Männchen und geflügelte Weibchen beinahe zu jeder Zeit, ebenso bei *Myrmica rubida* und *scabrinodis* (Viehmeyer).

Auch betreffend der Tageszeit herrschen nach Forel große Unterschiede: z. B. *Formica sanguinea* zieht am frühen Morgen aus, *Polyergus rufescens* um die Mittagszeit, *Lasius flavus* nachmittags, und *Lasius fuliginosus* und *emarginatus* abends oder sogar auch nachts. Auch die Dorylinen-Männchen fliegen des Nachts aus, weshalb man sie am häufigsten an der Laterne fängt. Dasselbe stellte Wheeler für die *Leptogenys*-Männchen (Ponerine) fest.

Haben beim Hochzeitsfluge sämtliche neugeborenen Geschlechtstiere das Nest verlassen? Huber und später Forel haben beobachtet, daß dies keineswegs immer der Fall ist, sondern daß einige (ja mitunter, z. B. bei *Formica rufa*, sogar zahlreiche) Weibchen von den Arbeitern am Ausfluge verhindert oder in das Nest

---

[1]) Bei *Formicoxenus nitidulus* kommen allerdings neben den normalen flügellosen ergatomorphen ♂♂ nicht selten auch ergatoide (flügellose) ♀♀ vor, jedoch nicht als alleinige Weibchenform, sondern neben den geflügelten.

[2]) Allerdings fand Janet bei Beauvais (Frankreich) noch am 23. Okt. ein Nest von *Lasius flavus*, welches von Geflügelten beiderlei Geschlechts wimmelte und vor dem Hochzeitsflug zu stehen schien. Doch hat es sich hierbei sicher um eine zweite Generation gehandelt.

zurücktransportiert werden. Es sind dies solche, welche schon vor dem Ausfluge im Inneren oder auf der Oberfläche des Nestes befruchtet wurden. Sie haben an der Vermehrung des alten Volkes mitzuarbeiten und nehmen bald denselben Rang wie die Königin, ihre Mutter, ein.

Aber auch unbefruchtete Weibchen bleiben zuweilen im heimatlichen Neste zurück, denn man findet solche nach Forel nicht selten nach dem Hochzeitsfluge in den Nestern von *Leptothorax*, *Formica exsecta*, *Myrmica laevinodis* usw. Man erkennt diese jungfräulichen Wesen, auch wenn sie flügellos sind, leicht an ihrer Beweglichkeit, an dem schlanken Abdomen und an ihrem Verhältnis zu den Arbeitern, welches gewöhnlich dem gleichgestellten Genossen entspricht. Meistens aber besitzen sie noch ihre Flügel oder wenigstens Flügelreste, da die unbefruchteten Weibchen ihre Flügel nicht wie die befruchteten entfernen (s. unten), sondern allmählich durch die Arbeit verletzen und abstoßen. Übrigens benehmen sich nicht alle unbefruchtet gebliebenen Weibchen wie gewöhnliche Arbeiterinnen; so verhielten sich unbefruchtete *Lasius*-Weibchen, die v. Buttel im künstlichen Nest beobachtete, genau wie Königinnen und wurden auch von den Arbeitern als solche respektiert. — Forel macht darauf aufmerksam, daß man unbefruchtete Weibchen am häufigsten bei denjenigen Ameisen antrifft, deren beide Geschlechter mit Vorliebe getrennt erscheinen (s. oben), und er hält es nicht für ausgeschlossen, daß die alten Jungfern doch noch unter die Haube kommen, indem sie später, wenn eine Männchengeneration erscheint, im Neste befruchtet werden.

Zuweilen kann man auch Männchen nach dem Hochzeitsfluge noch im Neste antreffen (Forel, Janet). Sie werden nach Forel von den Arbeitern nicht angegriffen oder getötet, sondern meistens ebenso gut wie ihresgleichen behandelt. Allerdings scheint dies nach den neueren Beobachtungen Janets (1904) nicht immer der Fall zu sein, und haben die zurückgebliebenen Männchen auch oft schwer zu leiden unter der Behandlung der Arbeiter[1]). Vielleicht benehmen sich die verschiedenen Arten anders; wahrscheinlicher aber bestimmt der jeweilige Zustand der Kolonie in erster Linie das Verhalten der Arbeiter. Jedenfalls aber gehören die Behauptungen einiger Autoren, daß es regelmäßig zu einer Art „Drohnenschlacht", wie bei Bienen, käme, in das Reich der Fabel.

Was ist das weitere Schicksal der am Hochzeitsfluge beteiligten Geschlechtstiere?

Die Männchen haben mit der Befruchtung ihren Lebenszweck erfüllt. Ihre psychischen und körperlichen Fähigkeiten sind auch in der Regel derart, daß sie dem Staat in keiner Weise mehr nützen können. Sie sind ja vielfach so dumm, daß sie Freund und

---

[1]) Nach persönlicher Mitteilung Viehmeyers wurden im künstlichen Nest die *Strongylognathus*-♂♂ entflügelt und die *Polyergus*-♂♂ sogar getötet.

Feind nicht zu unterscheiden vermögen, sie entbehren ferner der Hauptwaffen, des Stachels und des Giftes, so daß sie auch zur Verteidigung, welche Funktion nach Analogie der Staaten höherer Tiere für die Männchen in erster Linie in Betracht käme, total unfähig sind. — Der Tod der Männchen tritt nicht, wie bei der Biene, unmittelbar nach dem Befruchtungsakt als dessen direkte Folge ein, sondern die Männchen können noch eine ganze Weile am Leben bleiben. Es ist jedoch nur noch ein Vegetieren; unfähig sich allein in der Welt zurecht zu finden und sich selbständig Nahrung zu verschaffen, sterben sie aus Entkräftung allmählich dahin, wenn anders sie nicht von einem Raubinsekt oder einem Vogel schon eher von ihrem Siechtum erlöst worden sind [1].

Ganz anders aber die Weibchen! Bei ihnen beginnt nach der Befruchtung das Leben erst recht; große und ernste Aufgaben harren ihrer jetzt. Die Erhaltung und Verbreitung der Art liegt allein in ihren Händen. Niemals kehren sie nach der Befruchtung wieder in ihr heimatliches Nest zurück, wie Huber und Forel übereinstimmend nachgewiesen. Es ist schon a priori schwer einzusehen, wie die Weibchen, die im blinden Taumel das Nest verlassen haben und geradewegs in die Lüfte aufgestiegen sind, um erst in weiter Entfernung wieder auf die Erde zu kommen — wie diese ihr Heim wieder auffinden sollen, zumal wenn in dem Schwarm die Angehörigen vieler verschiedener Nester vereinigt waren. Die junge Bienenkönigin macht bekanntlich vor dem Hochzeitsflug mehrere vorbereitende Orientierungsflüge, um den Ort ihrer Heimstätte ja recht sicher ihrem Gedächtnis einzuprägen. Bei den Ameisen fällt dies weg und damit auch die Möglichkeit des Zurechtfindens. Auch die Annahme, daß die Weibchen etwa in fremden Nestern ihrer Art Zuflucht suchten, wird durch die Beobachtungen Hubers und Forels hinfällig, wonach jedes fremde Weibchen, welches auf eine Kolonie (auch derselben Spezies) fällt, von den Arbeitern sofort angegriffen und getötet wird [2].

So stehen also die jungen befruchteten Weibchen vollkommen allein in der Welt; sie gehen ihre eigenen Wege, direkt auf ihr Ziel, eine Familie zu gründen, los. Tausende und Abertausende freilich erreichen dieses Ziel nicht; massenweise fallen sie Raubinsekten, Spinnen, Amphibien, Reptilien und Vögeln zum Opfer und werden

[1]) Ein sehr auffallendes Verhalten der ♂♂ (nach dem Hochzeitsfluge?) beobachtete Savage bei der afrikanischen *Anomma rubellus*. Er sah nämlich einmal unter einem Zuge dieser Wanderameise eine Anzahl entflügelter ♂♂ marschieren. Er versuchte einige davon von der Kolonne zu entfernen, aber sie kehrten, wenn freigelassen, wieder dahin zurück. — Emery bemerkt dazu, daß die Flügel der *Anomma*-♂♂ (*Dorylus*) viel leichter abfallen als bei anderen Ameisenmännchen. „Welche Bedeutung dieser Eigenschaft sowie dem Verbleiben der entflügelten ♂♂ unter der Bevölkerung zukommt, ist ein sehr merkwürdiges Problem, zu dessen Lösung es fernerer Beobachtungen bedarf“ (Emery, 1895). — Ganz Ähnliches wie Savage beobachtete W. Müller bei brasilianischen Ecitonen, indem auch in deren Zügen mehrfach entflügelte Männchen sich befanden.

[2]) Ausgenommen davon sind die sozialparasitischen Ameisen.

zertreten, bevor sie überhaupt mit ihrer Aufgabe beginnen konnten, und auch diejenigen, die damit bereits begonnen, erwarten noch vielerlei Gefahren. Nur wenigen ist es vergönnt, das Werk zu vollenden. Die ungeheuer große Zahl von Weibchen, die jedes Jahr geboren werden, und die kaum bemerkbare Zunahme der Kolonien in einer Gegend sind der deutlichste Beweis dafür, wie dornenvoll und gefährlich der Weg der jungen Weibchen ist.

2. Gründung neuer Kolonien.

Während bei den Bienen die Vermehrung der Völker in der aufdringlichsten Weise vor aller Augen sich abspielt, indem die alte Königin mit einem beträchtlichen Teil des alten Volkes auszieht („schwärmt") und in einer neuen Wohnung ihr Staatenleben sofort weiterführt, entzieht sich die Neugründung von Ameisenkolonien für gewöhnlich den Blicken der Menschen; denn sie geschieht unterirdisch oder wenigstens ganz im Verborgenen. Der neue Ameisenstaat ist auch nicht gleich fertig, wie bei den Bienen, sondern er muß jedesmal vollkommen neu geschaffen werden. Hierin liegt einer der tiefgreifendsten Unterschiede zwischen Ameisen- und Bienenstaat; wird doch durch denselben der Grad und die Art der Arbeitsteilung ganz wesentlich beeinflußt.

Nach dem Gesagten kann es nicht wundernehmen, daß die Frage der Koloniegründung der Ameisen lange Zeit ein ungelöstes Problem geblieben ist und daß, wie überall, wo wir auf Vermutungen angewiesen sind, mehrere Ansichten darüber aufgestellt wurden. Auf der einen Seite nahm man an, daß die befruchteten Weibchen allein imstande seien, eine neue Familie zu gründen, auf der anderen Seite dagegen glaubte man, daß die Weibchen dazu unbedingt fremder Hilfe bedürfen.

Die erste Anschauung wurde von Huber begründet, dem wir überhaupt die ersten Beobachtungen und Versuche über die Neuentstehung von Ameisenkolonien verdanken. Die zweite Hypothese wurde zuerst von Lepeletier de St. Fargeau ausgesprochen: er nahm an, daß einzelne befruchtete Weibchen, welche sich nach dem Hochzeitsfluge da und dort verkrochen haben, von zufällig umherirrenden Arbeitern aufgefunden werden, und daß dann diese den Weibchen sich anschließen, um gemeinsam mit ihnen eine neue Kolonie zu gründen. Auch Ebrard und Forel hielten diese Anschauung zunächst für die wahrscheinlichere, obwohl letzterer auch die Hubersche Meinung nicht absolut verwerfen mochte.

Heute wissen wir nun auf Grund der glücklich durchgeführten Versuche von Lubbock, McCook, Blochmann, Forel, Wheeler, Janet, v. Buttel u. a., daß die Vermehrung der Ameisenvölker nicht nach einem einzigen Schema erfolgt, sondern auf verschiedene

Weise geschehen kann[1]). Danach bestehen die beiden obigen Anschauungen (von Huber und Lepeletier) zu Recht, und außerdem kommt sogar noch eine dritte Art der Koloniegründung in Betracht, nämlich Spaltung eines Volkes in mehrere.

a) Unabhängige Koloniegründung durch ein (oder mehrere der gleichen Spezies angehörende) Weibchen. — Diese Art der Völkervermehrung ist entschieden die ursprünglichste und verbreitetste. Sie ist bis jetzt schon bei einer ganzen Anzahl verschiedener Ameisen festgestellt, so bei *Myrmica ruginodis* (durch Lubbock), bei *Camponotus pennsylvanicus* (durch Mc Cook), bei *Camp. ligniperdus* (durch Blochmann und Forel [1902]), bei *Camp. herculeanus* und *Formica fusca* (durch Janet), bei *Lasius niger* (durch Janet, v. Buttel und Mràzek), bei *Aphaenogaster barbara* (durch Piéron) usw., usw.

Der Vorgang scheint sich überall in ziemlich übereinstimmender Weise abzuspielen. Das Weibchen, welches wir oben nach dem Hochzeitsfluge bzw. nach der Befruchtung verlassen haben, nimmt zunächst eine sehr merkwürdige Prozedur an sich vor, nämlich das Abwerfen der Flügel. Die Organe haben ihre Funktion, die Verbreitung der Art zu ermöglichen, erfüllt und sind nun vollkommen nutzlos geworden. Ja, nicht nur das — sie sind jetzt geradezu schädlich, indem sie die Weibchen bei ihren unterirdischen Arbeiten nur hindern. Deshalb werden sie kurzer Hand entfernt. Die Weibchen breiten zu diesem Zweck ihre Flügel möglichst weit aus, drücken sie gegen die Erde, krümmen sich bald nach der einen, bald nach der anderen Seite, um die Wirkung zu erhöhen, und helfen endlich auch mit den Beinen nach, indem sie mit denselben über die Flügel herübergreifen und sie an der Wurzel herabzudrücken suchen[2]). Gewöhnlich braucht es gar nicht allzu vieler Anstrengung, da die Flügel merkwürdig leicht abfallen.

Zweifellos treten nach der Befruchtung Veränderungen an den Flügelwurzeln ein, welche das Abbrechen der Flügel ermöglichen. Denn bei normal befestigten Flügeln würde dies nicht so leicht gelingen; und würden die Flügel etwa von Anfang an schon so lose sitzen, so dürften sie kaum zum Fluge brauchbar sein. Ferner werfen ja die unbefruchtet gebliebenen Weibchen ihre Flügel nicht ab, obwohl sie doch meistens Arbeitergewohnheiten annehmen und ihnen dabei die Flügel sehr hinderlich sein müssen; sie werden sich eben derselben nicht ohne weiteres entledigen können. Allerdings werden auch diese Geschöpfe, wie oben bereits erwähnt, mit der Zeit manchmal flügellos, jedoch auf andere Weise, indem sie beim Arbeiten die

[1]) Eine erschöpfende Übersicht über alle bis jetzt gemachten Beobachtungen von Koloniegründungen geben Crawley und Donisthorpe (The Founding of Colonies by Queen Ants).

[2]) Jeder kann sich selbst leicht von diesem Vorgang überzeugen. Man braucht nur z. B. von den im Juli bis August überall, auch in den Straßen der Städte massenweise herumlaufenden *Lasius*-♀♀ einige in ein Glasgefäß mit etwas feuchtem Sand einzusperren, so werfen sie hierin in kurzer Zeit ihre Flügel ab.

zarten zerbrechlichen Organe häufig verletzen und allmählich ganz abstoßen. Welcher Art die Veränderungen an der Flügelwurzel sind, darüber wissen wir noch gar nichts, und es wäre jedenfalls lohnenswert, diese Frage näher zu verfolgen.

Nachdem nun die befruchteten Weibchen sich ihrer Flügel entledigt, beginnen sie sofort mit der Herstellung einer Wohnung, wobei sie eine große Geschicklichkeit an den Tag legen. Vermöge ihrer bedeutenderen Größe und Stärke sind sie den Arbeitern darin weit überlegen, und es ist geradezu erstaunlich, welche Veränderungen ein einziges Weibchen im künstlichen Nest über Nacht hervorzubringen vermag. Das Ziel ihrer Arbeit geht dahin, einen allseitig geschlossenen Raum („Kessel") herzustellen, sei es, daß sie sich unter Steinen in die Erde eine Höhlung graben, oder daß sie unter Rinde in hohlen Zweigen oder Mauerspalten usw. durch Verstopfen oder Zumauern der Öffnungen sich einschließen.

Ist dies geschehen, so beginnt die Eiablage. Die Eier, die anfänglich nur spärlich erscheinen, werden zu einem kleinen Paket zusammengeklebt und von der Mutter sofort in Obhut und Pflege genommen. Haben wir soeben die junge Königin als ausgezeichnete Baumeisterin kennen gelernt, so sehen wir sie jetzt nicht minder tüchtig in der Brutpflege. Sie hält sich stets bei ihren Eiern auf, bewacht sie und sucht sie bei drohender Gefahr in Sicherheit zu bringen; sie bespeichelt und reinigt sie, genau wie es im ausgebildeten Staate die Arbeiter tun. Die gleiche Pflege wendet sie den ausgeschlüpften Larven zu, denen sie außerdem auch noch Nahrung darreicht. Sie unterstützt des weiteren die Larven beim Kokonspinnen, indem sie kleine Sandkörnchen usw., welche zur Befestigung der ersten Fäden nötig sind, heranbringt. Ist das Gespinst fertig, so reinigt sie dasselbe wieder von den daran haftenden Körnchen; und kommt dann endlich die Zeit des Ausschlüpfens, so greift sie auch dabei hilfreich ein, indem sie das Gespinst öffnet und die darin eingesperrte Imago befreit.

Sie weiß übrigens dabei recht wohl ihre eigenen Puppen von fremden zu unterscheiden, wie aus einem Versuch Blochmanns hervorgeht. Er gab einem Weibchen von *Camponotus ligniperdus*, welches bereits einige ihrer eigenen Larven erzogen hatte, mehrere dem Ausschlüpfen nahe Puppen von *Formica sanguinea* ins Nest. Es trug dieselben wohl hier und da herum, wie ihre eigene Brut, niemals aber öffnete es eine von ihnen, so daß diese fremden Puppen schließlich alle zugrunde gingen, während es die eigenen Puppen zum Ausschlüpfen brachte. — Mit dem Ausschlüpfen der Imago ist die Brutpflege noch nicht beendet, sondern auch dem eben ausgeschlüpften jungen Wesen wendet die Mutter so lange, bis es vollkommen erhärtet und eines selbständigen Lebens fähig ist, ihre Sorgfalt zu. Die Zeit von der Eiablage bis zum Ausschlüpfen der ersten Arbeiterinnen ist sehr verschieden und hängt wohl ebenso sehr von der Spezies als von der Temperatur und anderen äußeren Bedingungen ab. Die Angaben darüber schwanken zwischen sechs Wochen (*Formica fusca*, *Camponotus ligniperdus*) und einem Jahr (*Lasius niger* [nach v. Buttel]).

Womit ernährt die junge Königin ihre ersten Larven? Diese Frage ist nicht so einfach zu lösen. Denn wir erfuhren ja eben, daß das Weibchen sich ganz und gar einmauert und sich von der Außenwelt vollständig abschließt. Und da sie auch keine Vorräte im „Kessel“ ansammelt, bevor sie sich darin einsperrt, so ist sie also völlig ohne Nahrung. Forel (1902) und nach ihm noch verschiedene andere Forscher haben auch experimentell festgestellt, daß junge befruchtete Weibchen tatsächlich lange Zeit [bis elf Monate[1])!] ohne Darreichung von Nahrung zu leben und dabei einige Larven aufzuziehen vermögen[2]).

Vielleicht, so könnte man denken, haben die Weibchen von ihrem heimatlichen Neste noch eine tüchtige Portion Nahrung auf ihren Lebensweg (im Kropf) mitgenommen. Es sind darüber noch keine Untersuchungen angestellt; doch halte ich dies schon a priori für ausgeschlossen, da der Vorrat doch sehr groß sein müßte, dadurch aber das Fliegen wesentlich erschwert, wenn nicht ganz unmöglich gemacht würde. Es bleibt uns daher wohl nichts anderes übrig, als die Nahrungsreserven im Körper der Königin selbst zu suchen; zum Teil dürften dieselben in dem Fettkörper, der bei den jungen Weibchen nach Blochmann sehr voluminös ist, bestehen, zum Teil aber auch in der überaus kräftigen Flügelmuskulatur, welche ja nach dem Abfallen der Flügel funktionslos geworden ist, und nun der Histolyse und Resorption anheimfällt. Auf diese letztere Nahrungsquelle wurde vor allem von Wheeler (1904) und Janet aufmerksam gemacht.

So viel steht also fest, daß die jungen Mütter die Brut in der Regel auf Kosten ihres eigenen Körpers aufziehen. Es bleibt sich dabei ganz gleich, ob die Ernährung durch „Speichel“ geschieht, oder dadurch, daß die Weibchen einen Teil ihrer Eier auffressen und dieselben als Futtersaft ihren Larven wieder darreichen[3]). Wahrschein-

---

[1]) Nach Viehmeyer (1908) sogar bis 15 Monate.

[2]) Forel leitet aus diesen Tatsachen einen obligatorischen, für die ganze Periode der Koloniegründung geltenden Instinkt zur Cenobiose (Fastinstinkt) ab, dessen Wirkung erst nach dem Ausschlüpfen der ersten Arbeiter zu erlöschen beginnt (Brun).

[3]) Nach den neuesten Beobachtungen Jacob Hubers in Para füttert das junge Weibchen von *Atta sexdens* die Larven direkt mit ihren Eiern. Er berichtet darüber: „Nachdem die junge Mutterameise das Ei zur Welt gebracht, betastet sie dasselbe zuerst während einiger Sekunden und wendet sich sodann an eine Larve, welche sie mit den Fühlern kitzelt, bis dieselbe anfängt ihre Kiefer zu bewegen, worauf das Ei meist mit ziemlicher Kraft mit einem seiner Enden zwischen die Kiefer gestoßen wird, welche nun fortfahren, sich gegen dasselbe zu bewegen. Dabei steht das Ei bald senkrecht vom Körper ab, bald liegt es mehr oder weniger ihrer Bauchseite an. Im letzteren Falle drückt die Mutterameise das Ei oft noch durch einen Fußtritt an. Ist die Larve noch klein, so wird das Ei gewöhnlich nach kurzer Zeit wieder weggenommen und einer anderen Larve gegeben; eine große Larve jedoch ist imstande, ein Ei im Verlauf von 3 bis 5 Minuten vollständig auszuschlürfen, so daß nur noch die kollabierte Eihaut übrig bleibt.“

lich sind bei den Ameisen beide Ernährungsweisen kombiniert; denn einerseits ist schon mehrfach (Forel, Janet, v. Buttel usw.) beobachtet, daß die Weibchen nicht selten von ihren Eiern und Larven fressen, und andererseits müssen wir aus der kräftigen Entwickelung der Speicheldrüsen schließen, daß sie ein reichliches Sekret liefern, welches nach Analogie des Bienen- und Termitenspeichels höchst wahrscheinlich zur Ernährung dient

Es ist keine „Tugend", kein Zeichen von „Aufopferung", wenn die junge Mutter ihre Brut mit ihrem eigenen Fleische füttert, sondern Notwendigkeit. Denn nur dadurch, daß sich das Weibchen von der Außenwelt vollständig abschließt, findet es Sicherheit für sich und seine Brut. Würde das Nest offen sein, oder Zugänge von außen zu ihm führen, so würden sich sicherlich bald Räuber einfinden, welche den Eiern und Larven nachstellten, zumal wenn die Königin ihre Brut unbewacht zurücklassend, auf Nahrungssuche ausgegangen. Auch die Königin selbst würde sich ja auf ihren Streifzügen vielerlei Gefahren aussetzen und dadurch das Schicksal ihrer Familie fortwährend in Frage stellen Es ist also ein überaus vorteilhafter Instinkt, welcher die jungen Weibchen zum Zweck der Koloniegründung sich vollkommen einmauern läßt. Derselbe konnte sehr wohl durch Naturauslese gezüchtet werden, zumal die Weibchen sich dafür nicht erst besondere Nahrungsreserven neu erwerben mußten, sondern in den funktionslos gewordenen kräftigen Flügelmuskeln solche bereits besaßen.

Die Gründung einer neuen Kolonie geschieht nicht immer durch ein einziges Weibchen, sondern es können, wie Forel u. a. festgestellt haben, zwei, drei und mehr Weibchen derselben Art sich zusammentun, um gemeinsam ihre Brut aufzuziehen[1]). v. Buttel beobachtete im künstlichen Neste, daß ein Weibchen (von *Lasius niger*), welches kein richtiges Gemach zu bauen imstande war, in die daneben befindliche wohlgebaute Wohnung eines anderen eindrang, und sogar ihre Eier mitbrachte. Die beiden vertrugen sich sehr gut und zogen gemeinsam ihre Larven auf. Sobald aber die ersten Arbeiter erschienen waren, bekämpften sich die zwei Königinnen auf heftigste, bis die eine unterlag[2]). Es wäre interessant zu erfahren,

[1]) Crawley und Donisthorpe (1912, S. 25) berichten von einer entstehenden Kolonie von *Lasius flavus*, die 16 entflügelte ♀♀ enthielt. In Gefangenschaft gesetzt, zogen dieselben gemeinsam eine Anzahl Larven auf (wie weit, d. h. ob bis zu fertigen ☿☿, ist nicht gesagt). — Ob die etwa 50 *Formica rufa*-♀♀, welche Forel (Fourmis de la Suisse, S. 257) am Simplon unter einem Stein gefunden hat, sich zum Zweck der Koloniegründung vereinigt haben, ist sehr zweifelhaft.

[2]) Ähnliche Beobachtungen wurden später von Mràzek und Crawley (ebenfalls bei *Lasius niger*), ferner von den Gebrüdern Brun (1912) bei *Camponotus ligniperdus*, von Wasmann und Viehmeyer (1909) bei *Formica sanguinea* gemacht. Bei der letzteren Ameise, die ihre Kolonien mit Hilfe von fremden, aus geraubten Puppen hervorgegangenen ☿☿ gründet (s. unten), begannen die Feindseligkeiten zwischen den zusammengesetzten ♀♀ kurze Zeit nachdem ihnen Puppen der Hilfsameisen gegeben worden waren. — Im Zusammenhang hiermit ist auch die von

ob dies die Regel ist, d. h. ob schließlich, nachdem die Kolonie gegründet ist, vorerst nur ein Weibchen das Regiment behält. Ist dies nämlich der Fall, so können wir für das Vorhandensein mehrerer, oft sehr vieler befruchteter Weibchen im ausgebildeten Ameisenstaat keine andere Erklärung gelten lassen, als daß die auf oder im Neste befruchteten Weibchen von den Arbeitern am Ausfliegen verhindert und in das Nest zurücktransportiert werden, wie oben geschildert. Sind jedoch die betreffenden Beobachtungen nur Ausnahmen, durch äußere Momente veranlaßt, und werden also die überzähligen Königinnen für gewöhnlich nicht entfernt, so bleibt uns auch noch die Annahme, daß die polygynen Staaten ihre Gründung mehreren Weibchen verdanken[1]).

Die Frage hat noch eine andere Bedeutung: Bleiben nämlich die verschiedenen Weibchen, die gemeinschaftlich eine Kolonie gegründet haben, auch späterhin beisammen, so wird die neue Kolonie höchstwahrscheinlich aus den Nachkommen der verschiedensten Kolonien zusammengesetzt sein und bleiben, da ja beim Hochzeitsflug die Geschlechtstiere von zahlreichen Völkern der ganzen Umgebung sich zu einem einzigen Schwarm vereinigen und daher in buntester Mischung zu Boden fallen. — Werden aber nach der Gründung der Kolonie die überzähligen Weibchen entfernt, so wird dieselbe, wenn sie auch anfangs aus verschiedenen Elementen bestehen kann, allmählich rein werden, d. h. nur aus Nachkommen einer Königin bestehen. Und wenn später zu dieser Stammutter auf die oben beschriebene Weise noch eine

R. Brun gemachte Beobachtung an einer Adoptionskolonie von *Lasius niger* zu nennen: zwei befruchtete *Lasius niger*-♀♀ wurden von ☿☿ derselben adoptiert. Nachdem die beiden ♀♀ drei Monate friedlich mit den ☿☿ zusammen gelebt hatten, wurde das eine offenbar sterile ♀ plötzlich getötet und zerstückelt (wie Brun annimmt, von den ☿☿). Die Tötung geschah in der Zeit der großen Legeperiode, nachdem die andere Königin durch massenhafte Eierproduktion als zur Stammutter vollkommen qualifiziert sich ausgewiesen hatte. Brun erblickt in der Tötung des sterilen ♀ eine sozialbiologische Korrektur, die auf die Eliminierung des als unnützes Glied der Gesellschaft erkannten Gastes hinzielt (Brun, 1912). Ferner berichtet Mc Cook (Agricultural Ant of Texas, S. 146) von einem Kampf zwischen zwei jungen Königinnen. — Möglicherweise ist auch die tote *Atta*-Königin, die Ihering neben einer lebenden in einem neuen Neste fand, das Opfer eines Zweikampfes gewesen. Nach demselben Autor (1907) soll es bei *Azteca Mülleri* zu einer richtigen „Königinnenschlacht“ kommen, aus der nur ein ♀ als überlebend hervorgeht. Zuerst sollen die befruchteten ♀♀, jedes für sich, eine kleine Kolonie gründen („Primordialkolonien“), sodann sollen sich mehrere solcher Primordialkolonien zusammenschließen, um die definitive Kolonie zu bilden. Da letztere aber stets nur ein ♀ enthält, so nimmt v. Ihering an, daß alle die überzähligen Stammütter der Primordialkolonien getötet werden. Bevor nicht eine Bestätigung dieser Angaben vorliegt, möchte ich einstweilen noch ein Fragezeichen dahinter setzen.

[1]) Übrigens können auch ausgebildete polygyne Staaten wieder monogyn werden, wenn man sie unter ungünstigere Bedingungen bringt. So wurden nach Janet von *Tetramorium caespitum* und *Solenopsis fugax* alle überzähligen ♀♀ bis auf eines von den ☿☿ entfernt, sobald die Kolonien vom Freien in künstliche Nester versetzt wurden.

Anzahl Nebenmütter hinzukommen sollten, so ändert dies nichts am Blut der Kolonie, da die letzteren ja von ersterer abstammen und außerdem für gewöhnlich von ihren Brüdern befruchtet werden. Da nun normalerweise sämtliche Angehörige einer Kolonie derselben Form angehören und in Farbe und Skulptur auffallend übereinstimmen, so möchte ich die letztere Eventualität für die wahrscheinlichere halten und also die v. Buttelsche Beobachtung über die plötzliche Umwandlung der gegenseitigen Gesinnungen der gemeinsamen Gründerinnen als die Regel ansehen.

Es wäre dies nicht die einzige Instinktsänderung, die nach dem Auskriechen der ersten Arbeiter in der jungen Königin vor sich geht. Auch der Bau- und Brutpflegeinstinkt tritt nach dem Erscheinen der Arbeiter mehr und mehr in den Hintergrund, in dem Maße, als die Kinder nun diese Funktionen übernommen haben. Übrigens geht die Königin dieser Instinkte nicht vollkommen verlustig und sinkt etwa jetzt zur bloßen Eierlegmaschine herab (wie die Bienenkönigin), sondern die Instinkte, die wir bei der Koloniegründung tätig sahen und bewunderten, bleiben ihr latent erhalten und können jederzeit wieder zum Vorschein kommen[1]). So helfen die Weibchen, wenn der Kolonie Gefahr droht, häufig beim Rettungswerk mit, indem sie die Brut in Sicherheit schleppen, beim Wiederaufbau zerstörter Wälle sich beteiligen usw. (Wheeler, Janet u. a.). Ja, nicht nur das, — sie können nach Janet sogar zum zweitenmal eine neue Kolonie gründen, wenn sie ihrem Stammneste entnommen und isoliert werden!

Sobald einige Arbeiter ausgekommen sind, beginnt das Gesellschaftsleben; denn die Kinder bleiben bei der Mutter und teilen sich mit ihr in der Arbeit. Die ersten Arbeiter, die erscheinen, sind auffallend klein, das hindert sie aber nicht, alle Arbeiterfunktionen zu übernehmen. Zunächst bahnen sie sich einen Weg aus dem Gefängnis, um Nahrung herbeizubringen, sowohl für sich, als für die Brut und die Königin, deren innere Nahrungsquellen vollkommen erschöpft sind. Sie beginnen ferner die Brutpflege auszuüben und den Ausbau des Nestes in Angriff zu nehmen usw.; kurz sie entlasten das Weibchen in jeder Weise, so daß letzteres sich nunmehr ungestört dem Geschäft des Eierlegens widmen kann. Die Folge der Arbeitsteilung drückt sich denn auch baldigst darin aus, daß die Ovarien der Königin sich mächtig entwickeln und die Produktion der Eier bedeutend steigt. Ferner ergeben jetzt auch die Larven, da sie reichlicher Kost bekommen, größere, normale Arbeiter. — Damit verlassen wir die neue Kolonie; die weitere Entwickelung derselben soll unten, wo von dem Wachstum der Kolonien die Rede ist, näher verfolgt werden.

b) Abhängige Koloniegründung (mit Hilfe von fremden Ameisen). — Bei einer ganzen Anzahl von Ameisen sind die Weibchen

---

[1]) Die ♀♀ der Ponerinen betragen sich ihr ganzes Leben lang wie gewöhnliche ☿☿; sie suchen sich auch in ausgebildeten Kolonien selbständig ihre Nahrung und beteiligen sich auch an allen häuslichen Geschäften (Wheeler).

allein nicht mehr imstande, eine neue Familie zu gründen, da ihnen die nötigen Instinkte usw. mehr oder weniger abhanden gekommen sind. Sie bedürfen daher anderweitiger Unterstützung. Diese kann ihnen entweder von jungen Weibchen einer anderen Spezies, welche im Vollbesitz der Bau- und Brutpflegeinstinkte sind, zuteil werden, oder von Arbeitern der gleichen oder auch einer anderen Art. Somit haben wir folgende Möglichkeiten von abhängigen Koloniegründungen in Betracht zu ziehen:

1. Das der Alleingründung unfähige („abhängige") Weibchen begegnet nach dem Hochzeitsfluge einem „unabhängigen" Weibchen, schließt sich diesem an und läßt sich von ihm ihre Jungen aufziehen. Es entstehen dadurch entweder dauernd „gemischte Kolonien" (Allianzkolonien), da ja das „unabhängige" Weibchen selbst ebenfalls Nachkommenschaft bekommt (*Strongylognathus testaceus* + *Tetramorium*); oder aber das letztere wird vom abhängigen ♀ getötet, sobald die nötige Anzahl von Hilfsameisen entstanden sind (*Formica sanguinea* + *fusca* nach Viehmeyer, 1910).

2. Das „abhängige" Weibchen wird nach dem Hochzeitsfluge von Arbeitern der gleichen Art (von derselben oder einer fremden Kolonie) aufgefunden und als Königin angenommen. Hier übernehmen dann die Arbeiter die Funktionen, deren das Weibchen nicht mehr fähig ist, wie im ersten Falle das „unabhängige" Weibchen dieselben über nommen hat (*Formica rufa*).

3. Das „abhängige" Weibchen dringt in eine weisellose oder aber auch königinhaltige Kolonie der Hilfsameise ein, läßt sich hier adoptieren und durch die Arbeiter der Hilfsameisen seine Brut aufziehen. Wo es sich um vollkommene Hilfsameisenkolonien mit Königinnen handelt, wird die letztere zuerst getötet, und zwar entweder von dem eingedrungenen fremden Weibchen, oder aber — was allerdings äußerst frappierend erscheint — von den Arbeitern der Hilfsameisen selbst, also von den eigenen Kindern (welche so ihre Mutter der Fremden zuliebe hinmorden). — Es entstehen auf diese Weise natürlich „gemischte Kolonien" (Adoptionskolonien), die aber zunächst nur temporär sind. Denn die Hilfsameisenfamilie muß mangels Nachwuchses (die Königin ist ja entfernt) über kurz oder lang aussterben, so daß aus der gemischten allmählich eine einfache Kolonie wird, die lediglich aus den Nachkommen der fremden adoptierten Königin bestehen.

Auf diese Weise vollziehen sich, wie in neuerer Zeit durch Wasmann, Wheeler, Viehmeyer, Santschi, Emery u. a. festgestellt wurde, die Koloniegründungen bei einer ganzen Anzahl von Ameisen, wie bei *Formica consocians* (mit Hilfe von *F. incerta*), bei *Formica truncicola, sanguinea, rufa* (mit Hilfe von *F. fusca*), bei *Formica exsectoides* (mit Hilfe von *F. subsericea*) und noch bei verschieden anderen *Formica*-Arten, ferner bei *Lasius fuliginosus* (mit Hilfe von *Lasius mixtus*), bei *Bothriomyrmex* (mit Hilfe von *Tapinoma*), bei *Wheelerliella Santschii* (mit Hilfe von *Monomorium Salomonis*) usw.

Nicht immer werden übrigens die Adoptionskolonien nach Aussterben der Hilfsameisen wieder zu einfachen Kolonien, sondern es können auch dauernde gemischte Kolonien aus ihnen hervorgehen, indem nämlich die Nachkommen des adoptierten Weibchens neue Arbeiterpuppen ihrer Hilfsameise rauben und aufziehen. Es handelt sich dann allerdings nicht mehr um die ursprüngliche Adoptionskolonie, sondern um eine sekundäre Raubkolonie. Näheres darüber siehe unten Kap. VII, A. 2.

4. Das „abhängige Weibchen" dringt in eine kleine Kolonie oder in ein Koloniefragment der Hilfsameise ein, raubt einige Puppen und erzieht sich daraus Hilfsameisen, mit deren Hilfe dann ihre Brut aufgezogen wird. Oder aber das „abhängige" Weibchen nimmt kurzweg Besitz von dem Neste der Hilfsameise, indem es sämtliche Einwohner desselben tötet und so Herr über die gesamte Brut, vor allem der Puppen wird. Die „Gründung durch Puppenraub" ist bei *Formica sanguinea* beobachtet, welche sich Puppen von *Formica fusca* verschafft; die „Gründung durch Nesteroberung" bei *Harpacoxenus*, welcher das Nest von *Leptothorax* heimsucht und erobert (Viehmeyer).

c) Koloniegründung durch Spaltung. Dieser Vermehrungsmodus ist bis jetzt nicht allzuhäufig beobachtet. Forel (1873, S. 285) berichtet einen derartigen Fall von *Formica pratensis*: ein sehr starkes Volk dieser Ameisen legte mehrere Zweigniederlassungen an, welche mit der Stammkolonie durch Straßen verbunden waren und auch einen regen Verkehr mit derselben unterhielten. Im folgenden Frühjahr änderte sich aber das Bild: die gegenseitigen Besuche hörten auf, der Zusammenhang war unterbrochen. Und nicht nur das — sondern die Bewohner der Zweignester und des Stammnestes waren sich auch vollkommen fremd geworden, so daß sie sich bei Begegnungen bekämpften[1]). Damit war das Kriterium für die Selbständigkeit der Kolonien gegeben! Es hat also hier tatsächlich eine Völkervermehrung durch Spaltung stattgefunden. Leider teilt uns Forel nicht mit, ob in die neuen Kolonien auch Königinnen mitgezogen sind.

Dieser Fall dürfte keineswegs vereinzelt sein, sondern höchstwahrscheinlich kommen solche Koloniegründungen durch Spaltung bei allen Ameisen, die Zweigkolonien anlegen (*Formica*-Arten usw.), öfter vor. Für *Formica rufa* scheint dieser Gründungsmodus sogar der häufigste zu sein. Denn einerseits sind junge, selbständig gegründete Kolonien von *rufa* noch niemals, und kleine gemischte Kolonien *rufa* + *fusca* nur sehr selten gefunden worden, und andererseits zeigt gerade die *rufa* eine ausgesprochene Neigung zur Bildung von Zweigkolonien Dazu kommt, daß, wie Wasmann, Brun u. a. festgestellt, befruchtete *rufa*-Weibchen in einer fremden Kolonie ihrer Art leicht aufgenommen werden, so daß also

[1]) Ähnliches, d. h. die Spaltung eines Staates in zwei feindliche Kolonien beobachtete neuerdings Brun (1910) bei *Formica rufa*.

weisellose Zweigkolonien leicht in den Besitz von Königinnen kommen können. Außerdem werden gerade bei den *rufa*-Kolonien zahlreiche nestbefruchtete ♀♀ zurückgehalten, so daß also an ♀♀ für Zweigkolonien kein Mangel ist. — Auch bei *Formica sanguinea* und *cinerea* dürfte die Koloniegründung durch Spaltung vorkommen, nachdem auch bei diesen mehrfach Zweigkolonienbildung beobachtet wurde (Forel 1910, Wasmann 1908, Brun 1912).

Während es sich bei diesen Fällen um eine allmähliche Trennung handelt, so sollen bei den niederen Ameisen, den Ponerinen, spontane Spaltungen vorkommen, indem bei diesen ein Teil der Arbeiter mit den jungen Königinnen auszieht (ähnlich wie bei den Bienen), um neue Kolonien zu gründen (Wheeler). Direkt beobachtet ist ein solcher Exodus allerdings noch nicht, doch glaubte Wheeler auf Grund verschiedener Beobachtungen zu dieser seiner Annahme wohl berechtigt zu sein.

3. Weiterentwickelung und Verfall der Kolonien.

a) Das Wachstum der Kolonien. Sobald das junge Weibchen in den Besitz einiger Hilfskräfte gekommen ist — sei es durch Aufzucht einiger Arbeiter oder Allianz oder Adoption —, so ist die Existenz der neuen Kolonie so gut wie gesichert. Die Weiterentwickelung geht dann rasch von statten: denn infolge der Arbeitsentlastung und reichlicheren Ernährung der Königin wird deren Eiproduktion eine sehr rege; dann verläuft auch die Metamorphose jetzt viel rascher da die Larven durch die Arbeiter besser und reichlicher verpflegt werden, als es durch die Mutter allein geschehen konnte. Selten dürfte die fördernde Wirkung der Arbeitsteilung sich deutlicher und augenscheinlicher dokumentieren, als beim werdenden Ameisenstaat.

Das Tempo und die Grenzen der Entwickelung ist je nach den Ameisenarten sehr verschieden und hängt natürlich in erster Linie von der Fruchtbarkeit der betreffenden Weibchen ab. Da gibt es einerseits Ameisen mit sehr beschränkter Fruchtbarkeit, wie z. B. die Ponerinen, deren Weibchen nach Wheeler meistens nur zwei (oder nur wenig mehr) Eier auf einmal legen und zwischen jeder Eiablage Pausen von einigen Tagen oder Wochen machen. Andererseits gibt es Ameisen, deren Fruchtbarkeit schier unbegrenzt erscheint, wie die *Formica*-Arten, *Lasius* usw.

Die Grenzen des Wachstums, d. h. die Bevölkerungszahl, die eine Kolonie erreichen kann, wird aber auch noch durch andere Momente mehr oder weniger beeinflußt. So wird eine Kolonie natürlich um so schneller und stärker wachsen, je größer die Zahl der ihr angehörigen befruchteten Weibchen ist.

Ferner dürfte auch das Eierlegen der Arbeiterinnen einen Einfluß auf die Volksinkrescenz ausüben. Wir wissen ja aus dem vorigen Kapitel, daß die Arbeiterinnen sehr häufig wohlentwickelte

Ovarien besitzen, und Forel und Lubbock haben schon vor längerer Zeit festgestellt, daß die Arbeiterinnen wirklich mitunter Eier legen können, welche sich zu Imagines entwickeln. Die neueren Beobachtungen von Miß Fielde, Reichenbach, Wheeler, Viehmeyer belehren uns sogar, daß dies eine ganz häufige und gewöhnliche Erscheinung ist: Miß Fielde spricht von Hunderten und Viehmeyer von Tausenden von Eiern, welche in weisellosen Kolonien in relativ kurzer Zeit abgelegt wurden. Daß das Eierlegen der Arbeiterinnen bis jetzt meistens nur in weisellosen Kolonien beobachtet wurde, ist nicht etwa ein Beweis dafür, daß die Arbeiterinnen in Kolonien mit Weibchen sich der Eiablage überhaupt ganz enthalten, sondern es rührt dies wohl daher, daß wir eben in weibchenhaltigen Kolonien nicht wissen können, ob die Eier vom Weibchen oder von Arbeiterinnen herstammen, während in weisellosen Kolonien die Eier ja nur von Arbeiterinnen herkommen können. Nach den anatomischen Befunden von Miß Holliday ist es wohl sicher, daß bei vielen Ameisen auch in ganz gesunden Kolonien die Arbeiterinnen sich gar nicht unwesentlich an der Vermehrung des Volkes beteiligen. Jedenfalls darf dieses Moment bei der Beurteilung der Volksinkrescenz nicht ganz außer Acht gelassen werden.

Endlich muß auch die Lebensdauer der Weibchen berücksichtigt werden. Leider wissen wir aber über die Altersgrenzen der Ameisen noch recht wenig; Lubbock, Janet und Wasmann haben uns zwar gezeigt, daß die Weibchen einiger *Formica*- und *Lasius*-Arten das für Insekten unerhörte Alter von 10 bis 15 Jahren erreichen können, doch erlauben uns diese wenigen Angaben noch keine Schlüsse auf die übrigen Ameisen, welche sicher auch in diesem Punkte sich unterschiedlich verhalten.

Berücksichtigen wir alle diese Faktoren neben der spezifischen Fruchtbarkeit der Weibchen, und nehmen wir ferner auch die äußeren Lebensbedingungen (Klima) hinzu, so werden uns die gewaltigen Differenzen bzw. der Größe bzw. der Bevölkerungszahl der verschiedenen Ameisenstaaten ohne weiteres klar.

Wir kennen Staaten, die in ihrer Blütezeit nicht mehr als 50 bis 100 Arbeiter besitzen (Ponerinen, *Leptothorax*), auf der anderen Seite aber Staaten, die viele Hunderttausende und mehr Einwohner beherbergen. Die volkreichsten Kolonien bilden die *Formica*-Arten, speziell *F. rufa, pratensis, exsecta* oder *exsectoides*. Die Schätzungen über die Einwohnerzahl eines derartigen *Formica*-Nestes gehen allerdings ziemlich weit auseinander, so schätzt sie Lubbock auf 400000 bis 500000, Forel auf etwas über 100000, und Young, der langwierige Zählungen (bei *F. rufa*) vornahm, auf 50000 bis 100000. — Nehmen wir das ungefähre Mittel dieser Schätzungen, so ergibt sich etwa 150000 bis 200000 Einwohner pro Nest. Aber gerade die *Formica*-Arten, insbesondere *rufa, exsecta* und *exsectoides* legen mit Vorliebe Zweigniederlassungen an, welche häufig die Größe der Stammkolonie erreichen. Und auch die Zahl dieser Zweigniederlassungen kann mitunter sehr groß werden: so erwähnt Wasmann (1909) von der Umgebung von Luxemburg eine Riesenkolonie von *Formica rufa* mit etwa 50 Haufen, Forel ein Volk von *Formica exsecta* mit etwa 200 und Mc Cook ein solches mit etwa 1600 Zweignestern, welche alle miteinander in Verbindung standen. Wenn wir nun für jedes dieser Zweignester nur 50000 Einwohner annehmen, so haben wir es hier mit Millionenstaaten zu tun.

b) Kolonientod. — Die Staaten gehen denselben Weg wie die organischen Einzelwesen: sie entstehen, wachsen und vergehen. Untersuchen wir die Ursachen des natürlichen Todes der Ameisenstaaten, so wird derselbe wohl vor allem durch den Tod der Stammutter eingeleitet. Der Staat kann sich allerdings noch längere Zeit nach dem Verlust seiner Gründerin am Leben erhalten, besonders wenn noch eine Anzahl Nebenköniginnen vorhanden sind. Die *Formica*-Kolonien, deren Weibchen, wie eben erwähnt, 10 bis 15 Jahre alt werden können, vermögen denn auch nach Wasmanns Ansicht (1905) eine Lebensdauer von mindestens 20 Jahren zu erreichen[1]).

Der Tod der Königin hat übrigens auch (wenigstens in monogynen Staaten) einen direkten Einfluß auf das Befinden der Arbeiter, wovon man sich in künstlichen Nestern leicht überzeugen kann. Stirbt die Königin, so folgen die Arbeiter gewöhnlich bald nach: mit dem Tode des Weibchens scheint in der Tat die Hauptquelle der Lebensenergie für die Arbeiter zu versiegen.

Auch das Ausgehen des im *Receptaculum seminis* des Weibchens befindlichen Samens kann vielleicht den Verfall des Volkes bedeuten. Bei dem hohen Alter, welches die Ameisen erreichen können, dürfte diese Eventualität gar nicht selten vorkommen, da ja das Rezeptakulum nur einmal im Leben des Weibchens, nämlich während des Hochzeitsfluges oder kurz nachher, gefüllt wird.

Bei den parasitisch lebenden, arbeiterlosen Gattungen *Anergates*, *Epoecus* usw. ist der Untergang der Gesellschaft durch das Aussterben der Wirtsameisen bedingt.

Viele Ameisenstaaten erreichen ihre physiologische Altersgrenze, die in erster Linie von dem Alter der Königin bestimmt wird, gar nicht, sondern gehen schon vorher zugrunde; sei es, daß sie durch Kriege oder Überfälle von Sklavenräubern aufgerieben und vernichtet

---

[1]) Das Alter einer *Formica rufa*-Kolonie ist an und für sich ein unbegrenztes, da die frisch befruchteten Weibchen eines Koloniebezirks größtenteils als neue Königinnen in die alten Nester oder in neue Zweignester derselben Kolonie gelangen, und außerdem durch Kreuzung der geflügelten Weibchen mit herbeigeflogenen Männchen fremder Kolonien eine völlige Inzucht vermieden werden kann. Die alten Haufen werden allerdings allmählich verlassen, wenn ihr Material — größtenteils durch die Tätigkeit der in ihnen hausenden Larven von *Cetonia floricola* — in Mulm sich verwandelt; dann werden eben dafür neue Haufen in einiger Entfernung von den alten angelegt. So erklärt sich, wie eine einzige alte *Rufa*-Kolonie schließlich einen ganzen Bergabhang besiedeln und als „Riesenkolonie" ein Gebiet von 10000 qm beherrschen kann (Wasmann, 1909).

werden, sei es, daß sie an Krankheiten dahinsterben. Von letzteren seien erwähnt die Milbenräude, welcher manches Volk zum Opfer fällt, und sodann die Anwesenheit von Sozialparasiten, insbesondere der Lomechusen, durch welche die normale Brutpflege gestört und das Erziehen krüppelhafter Zwischenformen, welche sowohl zur Arbeit als auch zur Eiproduktion unfähig sind, veranlaßt wird. — In künstlichen Nestern wird der Untergang der Völker am häufigsten durch Schimmelbildung verursacht, in der freien Natur dürfte dies jedoch nur selten vorkommen; höchstens in schwachen, im Absterben begriffenen Kolonien dürfte überhaupt eine Schimmelvegetation aufkommen und dann vielleicht auch das Ende des Volkes beschleunigen.

4. Metamorphose und Brutpflege.

a) Eistadium. Der Vorgang der Eiablage vollzieht sich nach Janet (1904) etwa folgendermaßen: das Weibchen nimmt eine charakteristische Stellung ein, indem es Kopf und Thorax gesenkt, das Abdomen erhoben und den Stachel weit ausgestreckt hält. Das dann nach kurzer Zeit erscheinende Ei tritt sehr rasch aus. Gewöhnlich bleibt es aber an der Spitze des Abdomens noch eine Weile haften, bis das Weibchen den Hinterleib senkt und das Ei an der Erde abstreift, von wo es meistens von einer Arbeiterin sofort aufgelesen wird. Nach Wheeler (1900), Viehmeyer u. a. nehmen die Arbeiter häufig auch die Eier gleich beim Austreten aus dem Hinterleib in Empfang, ja manchmal ziehen sie das Ei schon heraus, bevor es noch den Hinterleib verlassen hat. Während der Eiablage halten sich auch stets eine Anzahl von ihnen bei der Königin auf, besonders in der Nähe des Hinterleibes, welchen sie leise mit den Fühlern betasten und eifrig belecken. Verläßt die Königin ihren Platz, so zieht die ganze Gesellschaft mit, und es ist nicht selten, daß während des Marsches die Eiablage fortgesetzt wird[1]).

Die Zahl der jedesmal direkt hintereinander austretenden Eier ist sehr verschieden und kann zwischen 1 und 30 (oder mehr) schwanken. Auch bezüglich der zwischen die Eiablagen fallenden Pausen bestehen große Differenzen: bei den Ponerinen können dieselben Tage und Wochen währen, bei der von Viehmeyer beobachteten *Formica sanguinea* dagegen betrugen die Pausen in der Hauptlegeperiode regelmäßig nur 10 Minuten, gegen Ende der Legeperiode allerdings erschienen die Eier in unregelmäßigen Zeiträumen, durchschnittlich nach 1 bis 1½ Stunden.

Die Farbe der Eier ist weiß oder gelblich, die Form meist ellipsoidisch; nur bei den Ponerinen sind sie länger und dünner,

[1]) Den jungen Weibchen und eierlegenden Arbeiterinnen stehen gewöhnlich keine Geburtshelfer zur Seite; sie nehmen sich deshalb ihre Eier selbst ab, indem sie den Hinterleib stark nach vorn krümmen und so die Spitze desselben dem Munde nahe bringen.

zylindrisch, bei *Cerapachys* wohl am längsten, nämlich etwa viermal so lang als dick.

P. Huber berichtet, daß die Eier an Größe zunehmen, also wachsen, und auch die späteren Autoren geben dies an. Exakte Messungen darüber sind aber noch nicht gemacht worden. v. Buttel hat zwar Messungen an Eiern vorgenommen, jedoch nur an frisch gelegten; er konstatierte dabei, daß schon diese mitunter recht beträchtliche Größendifferenzen aufweisen können. Möglicherweise ist daher Huber durch diese schon von Anfang an bestehenden Unterschiede getäuscht worden. Es soll damit jedoch die Hubersche Beobachtung nicht als direkt unwahrscheinlich hingestellt werden, denn es ist ja auch schon bei anderen Insekten (speziell Hymenopteren) ein Eiwachstum konstatiert worden. Die Vergrößerung des Eies kann durch Vakuolenbildung oder durch Aufnahme von Flüssigkeit auf osmotischem Wege geschehen. Bei den Ameiseneiern ist letzteres wohl wahrscheinlicher, da dieselben ja von den Arbeitern fortwährend beleckt werden. Durch diese Beleckung, die in erster Linie der Reinigung dient, werden sie sicherlich auch mit Speichel überzogen, der durch das äußerst dünne Chorion leicht ins Innere gelangen kann.

Die Eier werden sehr häufig im Neste herumtransportiert, bald nach oben, bald nach unten usw., wo eben gerade die zuträglichste Temperatur und Feuchtigkeit herrscht. Sie bedürfen der Pflege durch die Arbeiter unbedingt; isoliert gehalten (d. h. ohne Arbeiter) gehen sie stets zugrunde. — Manche Ameisen (*Eciton, Cerapachys*) haben die Gewohnheit, ihre Eier zu bebrüten, d. h. sie mit ihrem Körper zu bedecken, wahrscheinlich zwecks besseren Schutzes oder auch zur Beschleunigung der Entwickelung (Wheeler, 1903).

Die Dauer des Eistadiums schwankt zwischen 1 bis 5 Wochen[1]), Huber und Forel geben etwa 14 Tage an, Janet (für *Myrmica rubra*) 23 bis 24 Tage, v. Buttel (für *Lasius niger*) 4 Wochen, Wheeler (für *Leptogenys*) 5 Wochen usw. Sehr kurz muß das Eistadium bei *Formica, Solenopsis* usw. sein, da bei diesen die ganze Metamorphose nur 6 bis 7 Wochen in Anspruch nimmt.

Die abgelegten Eier gelangen nicht alle zur Entwickelung, ein großer Teil wird von den eigenen Angehörigen aufgefressen. Wir haben ja oben schon erfahren, daß die junge Königin zur Fütterung ihrer ersten Larven vielfach ihre eigenen Eier benutzt. Aber auch im ausgebildeten Staate, bei reichlich vorhandener Nahrung, wird stets ein gewisser Prozentsatz der Eier verzehrt. Meistens besorgen dies natürlich die Arbeiter, doch beteiligen sich auch die Weibchen

[1]) Nach Crawley währte das Eistadium von *Aphaenogaster fulva* (in einem künstlichen von Amerika nach England verbrachten Nest) 250 Tage, während Miß Fielde für dieselbe Ameise eine Eidauer von nur 17 bis 22 Tage angibt. Ob diese starke Verzögerung des Ausschlüpfens wirklich nur auf klimatischen Differenzen beruht, wie Crawley meint, oder ob vielleicht eine Täuschung vorliegt (derart, daß die ausschlüpfenden Eier mit den ersten, 9 Monate früher beobachteten Eiern gar nicht identisch waren), mag vorerst dahingestellt bleiben.

daran. So sah Viehmeyer in einer seiner *Formica sanguinea*-Kolonien, wie die Königin den Arbeitern die soeben von ihr frisch gelegten Eier wieder entriß, zerdrückte und den Inhalt verzehrte. Besonders stark scheint das Eierfressen bei den eierlegenden Arbeiterinnen im Schwunge zu sein; in einer weisellosen Kolonie von *Formica sanguinea* kamen von mehreren tausend Eiern nur etwa 20 zur Entwickelung, während die übrigen größtenteils verzehrt wurden (Viehmeyer). Die Arbeiterinnen verfuhren dabei häufig so, daß sie ihre eigenen eben austretenden Eier direkt von der Hinterleibsspitze wegnahmen, um sie gleich wieder aufzufressen.

b) Larvenstadium. Die Larven der Ameisen gehören dem Madentypus an, d. h. sie sind bein- und augenlos. Ihr Körper besteht meistens aus 12 Segmenten (außer dem Kopfabschnitt). Die Segmentierung ist aber nicht immer deutlich, häufig ist sie nur schwach ausgeprägt oder fehlt auch ganz (wenigstens im hinteren Abschnitt).

Die Form der Larven ist verschieden (Fig. 36 A bis E); meistens sind sie sackförmig, d. h. in der hinteren Hälfte erweitert und nach vorn zu in einen schmäleren Hals auslaufend, welcher ventralwärts gekrümmt ist. Es gibt aber auch annähernd zylindrische Larven (Ecitonen) oder tonnenförmige, welche in der Mitte am dicksten sind und nach beiden Enden gleichmäßig sich verjüngen (*Sima*, *Pseudomyrma*). Auch bezüglich der Stellung des Kopfes bestehen nicht unwesentliche Differenzen bei den verschiedenen Arten: bei den einen ist der Kopf bauchwärts eingeschlagen (vgl. Fig. 36 D und E), so daß die Mundöffnung nach hinten gerichtet ist („hypognather Typus“), bei den anderen dagegen ragt der Kopf frei nach vorn vor („orthognath“). Ersteren Typus zeigen in extremer Form *Sima* und *Pseudomyrma*, weniger ausgesprochen die meisten Myrmiciden; letzteren Typus finden wir bei den Ecitonen, bei *Lasius*, *Formica* usw.

Die Mundteile der Larven sind im allgemeinen nur schwach ausgebildet. Am besten sind sie noch bei den Ponerinen erhalten, bei denen sowohl die Mandibeln als die Maxillen kräftig chitinisiert sind und in scharfe Spitzen enden. Bei den übrigen Ameisenlarven sind gewöhnlich nur die Mandibeln stärker chitinisiert, während die Maxillen dünnhäutig bleiben und eine zum Kauen ungeeignete Form besitzen. Die Außenseite der Maxillen (wie auch der Unterlippe) ist stets mit einigen stumpfen Chitinzähnen besetzt, welche zugleich ein Erkennungszeichen der betreffenden Mundteile darstellen.

Antennen fehlen meistens vollkommen, nur bei wenigen Larven (*Sima*, *Pseudomyrma*) sind winzige Fühlerrudimente festgestellt worden (s. Fig. 36 E).

Besondere Beachtung verdienen die Hautanhänge (Haare, Papillen usw.) der Larven, welche in großer Mannigfaltigkeit auftreten. Bei den Larven der Ponerinen finden wir auf der Oberfläche in regelmäßiger segmentaler Anordnung große Warzen oder Papillen, welche ihrerseits mit Stacheln, Borsten und kleinen Zähnchen besetzt sind (Fig. 36 B). Bei *Ponera coarctata* befinden sich außerdem noch vier

Paar keulenförmiger klebriger Fortsätze auf dem Rücken (Fig. 36 C). Die Larven der höheren Ameisen besitzen keine Papillen, sind aber dafür mehr oder weniger dicht behaart. Die Haare können in ver-

Fig. 36 A.

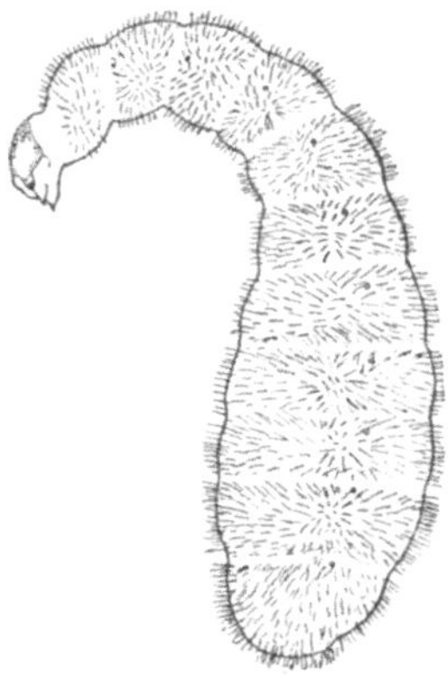

Fig. 36 B.

Fig. 36 C.

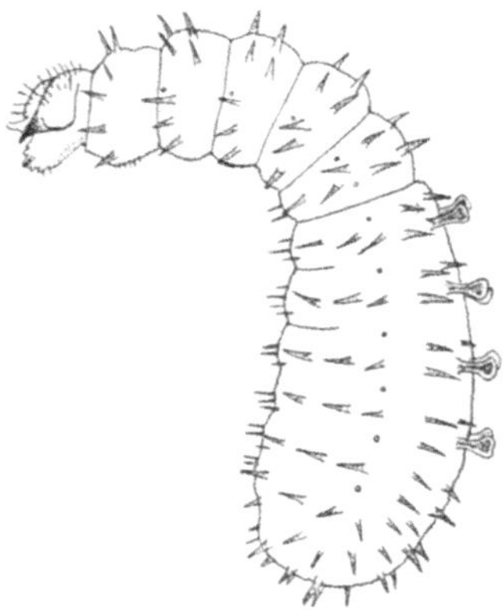

Fig. 36 D.

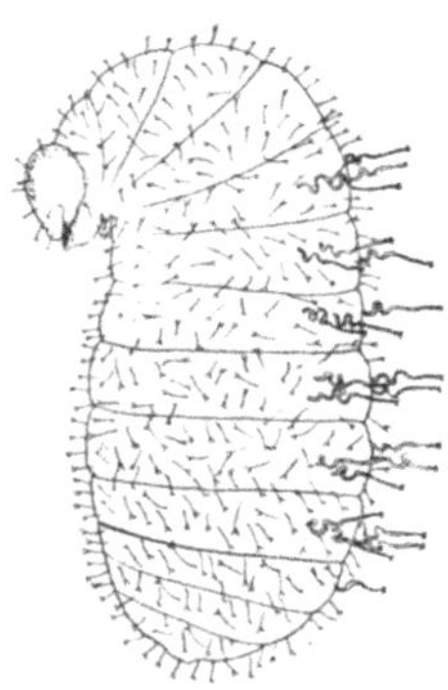

Fig. 36 E.

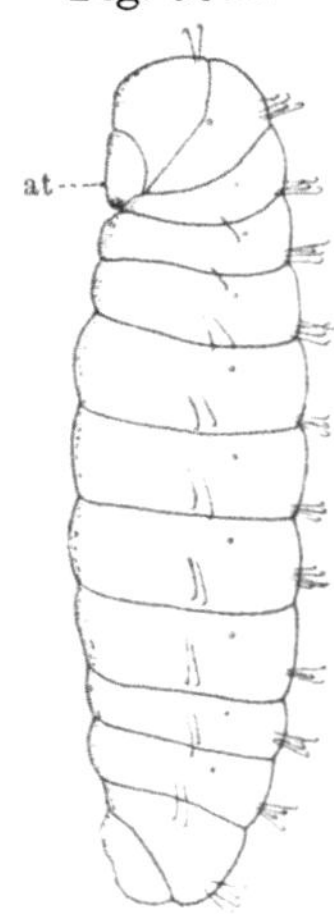

Verschiedene Ameisenlarven. A Larve von *Stigmatomma pallidipes* Rog.; B junge Larve von *Odontomachus haematodes* L.; C Larve von *Ponera coarctata* Ltr.; D Larve von *Solenopsis geminata* Fb.; E Larve von *Sima natalensis*. (A bis D nach Wheeler, E nach Emery.)

at Antennenrudiment.

schiedener Form auftreten: wir finden da kurze steife, borstenförmige oder lange dünne, biegsame, einfache oder gespaltene, gefiederte oder baumartig verzweigte usw. Zwischen diese eingestreut stehen oft noch sehr lange, mehrfach S- oder C-förmig gekrümmte Haare, welche in einen doppelten (ankerförmigen) oder einfachen Haken endigen (siehe Fig. 36 D und Fig. 38).

Die biologische Bedeutung dieser mannigfaltigen Hautanhänge besteht teils in einer Schutz-, teils Haft- oder Klammerfunktion. Als Schutzorgan dienen wohl die Borstenpapillen der Ponerinen, ferner die kurzen, steifen, einfachen oder verzweigten Haare, während die eigenartigen klebrigen Rückenpapillen von *Ponera coarctata*, sowie die langen, gekrümmten Hakenhaare sicherlich als Haftorgane funktionieren. Durch sie erhalten die Larven einmal einen festen Halt an ihrer Unterlage, speziell an schrägen oder vertikalen Wänden; und

Fig. 37 A.

Fig. 37 B.

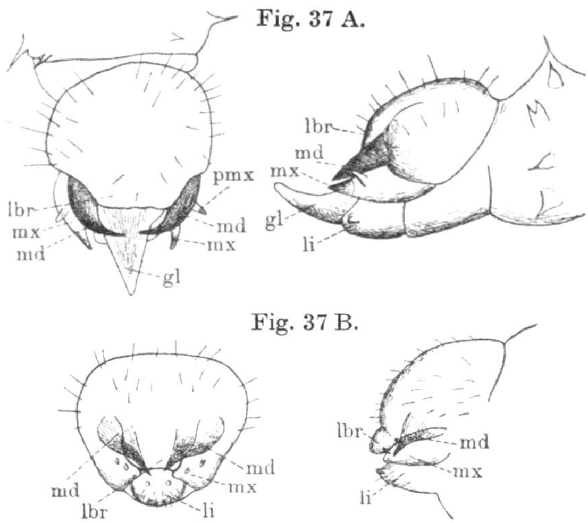

Kopf und Mundteile von Ameisenlarven (links Ansicht von vorn, rechts seitliche Ansicht). A von *Diacamma geometricum* (Ponerine); B von *Camponotus vitreus*. Nach Emery.

gl Zunge, *lbr* Labrum, *li* Labium, *md* Mandibeln, *mx* Maxillen, *pmx* seitliche Fortsätze der Maxillen.

zweitens können damit eine Anzahl Larven zu einem Paket verbunden werden, was einen großen Vorteil für den Transport bedeutet. Die mehrfachen Krümmungen der Hakenhaare stellen nach Janet (1904) eine ausgezeichnete Anpassung an die Haftfunktion dar, indem dadurch eine bedeutende Elastizität erzielt und so die Zugwirkung auf die zarte Haut der Larven wesentlich abgeschwächt wird.

P. Huber u. a. haben behauptet, daß die überwinternden Larven ein dichteres Haarkleid besäßen als die Sommerlarven. Forel kann sich aber dieser Anschauung nicht anschließen; er vermutet vielmehr, daß das Haarkleid nur dichter erscheine, weil die Winterlarven infolge der schlechten Ernährung zusammengeschrumpft seien, — eine Erklärung, die sehr plausibel ist.

Nach dem bisher Gesagten sind also die Ameisenlarven hilflose Geschöpfe, die ganz und gar von den Arbeitern abhängig sind. Unfähig, sich fortzubewegen und selbst Nahrung zu suchen, müssen sie sich diese herbeibringen lassen. Die Ernährung der Larven ist eine der Hauptaufgaben der Arbeiter, die sie die meiste Zeit ihres Lebens beschäftigt hält. Denn es muß ein großes Quantum täglich herbeigeschafft werden, um Hunderte oder Tausende dieser gefräßigen Wesen zufriedenzustellen.

Die Nahrung wird meistens in flüssigem Zustande dargereicht, und zwar in der Weise, daß die Arbeiterin einen Tropfen Nahrungssaftes ausbricht und auf den Mund der Larve fallen läßt, so daß diese ihn nur aufzulecken braucht. Die Arbeiter wissen genau, welche Larven zu füttern sind, da die hungrigen durch Umherschlagen ihres freien Vorderendes sich wohl bemerkbar machen, während die gesättigten unbeweglich daliegen. Der Nahrungssaft stammt größtenteils aus dem Kropf, zum Teil aber sicher auch aus den Speicheldrüsen.

Fig. 38.

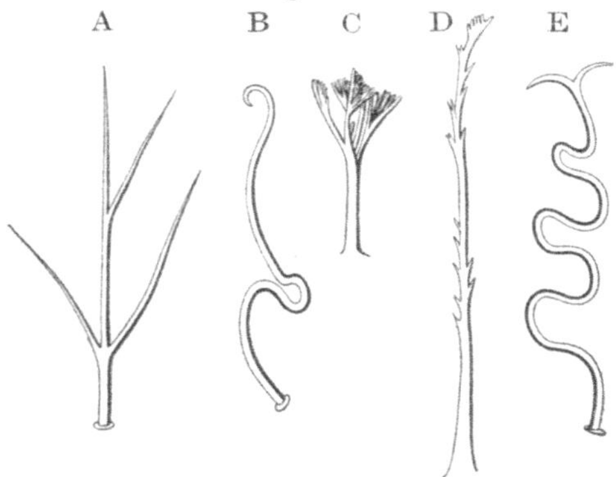

Verschiedene Formen von Hafthaaren.
A verzweigtes Haar der Larve von *Camponotus ligniperdus* (nach Adlerz); B einhakiges Haar der Larve von *Myrmica rubra* (nach Janet); C und D baumartig verzweigte Haare von *Anergates*; E doppelhakiges Haar von *Tetramorium* (nach Adlerz).

Manche Larven sind übrigens auch fähig, feste Nahrung zu verzehren. Bei den Ponerinen scheint dies sogar Regel zu sein, worauf schon die starke Entwickelung der Mundteile schließen läßt. Nach den Beobachtungen Wheelers (1900) legen die Arbeiter dieser niederen Ameisen feste Nahrungsstücke, wie kleine tote Insekten oder Stücke von größeren auf die flache, tellerförmige Bauchseite der Larven, von wo sie sich diese vermöge ihres langen, ventralwärts gebogenen Halses herholen, um sie zu verzehren. Auch Larven von höheren Ameisen sind in letzter Zeit mehrfach beim Verzehren fester Nahrung beobachtet worden; so sahen Janet (1904), v. Buttel, Wasmann, Viehmeyer und Jakob Huber des öfteren *Lasius-*, *Tetramorium-*, *Tapinoma-*, *Formica-*, *Harpacoxenus-* und *Atta*-Larven an Eiern, toten Larven und Insektenstücken fressen. Jedenfalls ist aber diese Ernährungsweise nur bei orthognathen oder mäßig hypognathen Larven möglich, während die extrem hypognathen Larven (wie z. B. *Sima*) ausschließlich auf flüssige Nahrung angewiesen sein dürften.

Die Pflege der Larven besteht nicht nur in der Fütterung. Die Arbeiter haben ihre Pfleglinge außerdem rein zu halten, was sie durch häufiges Belecken besorgen. Ferner müssen die Larven täglich mehr-

Fig. 39.

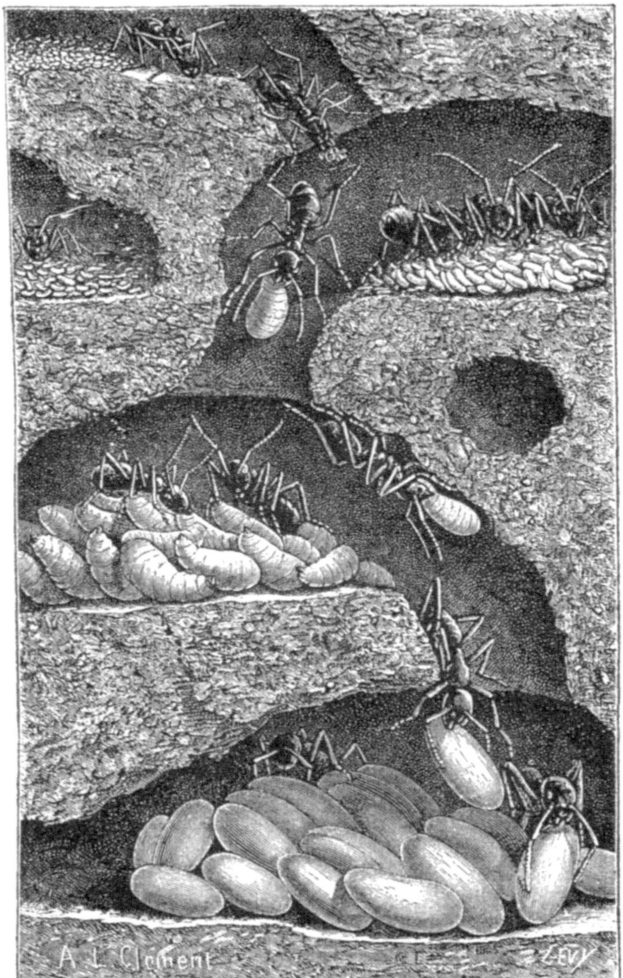

Das Ordnen der Larven und Puppen nach dem Alter bzw. der Größe. Nach Ern. André.

mals umgebettet werden, je nach der Temperatur und Feuchtigkeit, die in den verschiedenen Nesträumen herrscht.

Meistens sind die Larven nach ihrem Alter bzw. ihrer Größe in verschiedene Kammern eingeordnet (Fig. 39). Diese Klassifikation der

Brut resultiert, wie Janet (1904) ausführt, daraus, daß die einzelnen Stadien einer verschiedenen Temperatur und Feuchtigkeit bedürfen; so haben z. B. die Puppen große trockene Wärme, die Eier und jungen Larven dagegen weniger Wärme und mehr Feuchtigkeit nötig. Indem nun die Arbeiter diesen verschiedenen Bedingungen Rechnung tragen, verteilen sie unwillkürlich ihre Brut nach den Stadien in verschiedene Nestregionen, sofern letztere bezüglich der Temperatur- usw. Verhältnisse voneinander abweichen.

Die Dauer des Larvenstadiums kann zwischen wenigen Wochen und vielen Monaten schwanken. Die *Formica*-Arten entwickeln sich z. B. sehr rasch, die *Lasius*-Arten dagegen nur langsam. Sehr viel hängt natürlich davon ab, in welche Jahreszeit das Larvenstadium fällt. Kommen die Larven im Herbst aus, so überwintern sie gewöhnlich und verpuppen sich erst im nächsten Frühjahr oder Sommer; fällt dagegen das Larvenstadium in den Hochsommer, so ist seine Dauer stets viel kürzer. Bemerkenswert ist auch die Beobachtung von Miß Fielde (1901) an *Stenamma fulvum*, daß die Larven aus parthenogenetischen Eiern sich viel langsamer entwickeln als die Larven aus befruchteten Eiern: erstere brauchten etwa 200 Tage, letztere nur 20 bis 97.

Die Larven der Arbeiter und Weibchen sind keineswegs von vornherein verschieden, sondern es treten erst ziemlich spät Größendifferenzen und andere kleine Unterschiede auf, welche eine Bestimmung mit einiger Sicherheit ermöglichen. Wie im vorigen Kapitel dargelegt, geschieht ja die Differenzierung erst während der Metamorphose durch eine verschiedene Behandlung der Larven seitens der Arbeiter.

c) Puppenstadium. Die Puppen der Ameisen[1]) sind entweder nackt oder mit einem Kokon umgeben. Erstere finden sich bei den Ecitonen, Dolichoderinen und Myrmicinen, letztere bei den Ponerinen, Formicinen und vielen Dorylinen. Jedoch gilt dies keineswegs als strikte Regel. Denn bei den Formicinen finden sich manche Formen, welche niemals einen Kokon spinnen, wie z. B. *Colobopsis*, *Bothriomyrmex* usw.; und andererseits kommt es auch gar nicht so selten vor, daß dieselben Arten, welche für gewöhnlich Kokons spinnen, mitunter nackte Puppen besitzen. Letzteres ist bis jetzt bei einer ganzen Anzahl *Formica*-Arten festgestellt (*fusca, rufibarbis, cinerea, sanguinea*), ferner bei *Polyergus rufescens* und mehreren *Lasius*-Arten (vgl. P. Huber, Forel, Mayr, Janet [1904]). Die beiden Puppentypen können sich dann entweder im gleichen Nest gemischt finden oder aber auf verschiedene Nester verteilt sein Forel beobachtete, daß die nackten Puppen besonders im Spätherbst auftreten, während die Sommerpuppen regelmäßig Kokons spinnen. Die Gründe, aus denen diese Ameisen einmal Konkons spinnen, das andere Mal es unterlassen, sind uns gänzlich unbekannt. Vielleicht bringt hier das Experiment Aufschluß[2]).

---

[1]) Im Volke gewöhnlich als „Ameiseneier“ bezeichnet.

[2]) Wanach vermutet, daß (wenigstens bei der von ihm beobachteten *Formica fusca*) der Kokon nur dazu dient, die Larven während der Verpuppung einzuschließen, und daß die fertige Puppe seiner

Beim Kokonspinnen sind die Arbeiter den Larven behilflich, indem sie dieselben mit Detritus, Sandkörnchen usw. umgeben oder sie in Erdgewölbe einbetten, um ihnen feste Anhaltspunkte für die Gespinstfäden zu geben. Haben die Larven das Gespinst fertig ge stellt, so werden sie wieder ausgegraben, von den anhaftenden Sandpartikelchen usw. aufs sorgfältigste gereinigt, bis die Oberfläche der Kokons vollkommen sauber und glatt ist, und dann zu einem Haufen zusammengeschleppt. Die Farbe und Struktur des Gespinstes ist bei den einzelnen Arten sehr verschieden: es gibt weißliche, gelbliche, braune und braunschwarze Kokons, ebenso grob- und feinskulptierte, und man kann danach vielfach mit Sicherheit die betreffende Ameisenspezies bestimmen. Am hinteren Ende des Kokons findet sich gewöhnlich ein schwarzer Fleck, welcher durch die letzten Larvenexkremente gebildet wird.

Mehr noch als zum Anfertigen des Kokons ist die Mithilfe der Arbeiter beim Ausschlüpfen der Imagines nötig. Denn letztere sind in den weitaus meisten Fällen nicht imstande, selbständig den Kokon zu durchbrechen. Wird daher das Gespinst nicht von außen geöffnet, so gehen die Puppen zugrunde. Nur die Ponerinen scheinen eine Ausnahme davon zu machen. Forel beobachtete nämlich in Nordamerika, daß die Kokons von *Ponera coarctata* stets in verlassenen Nestwinkeln aufgestapelt und von den Arbeitern gänzlich ignoriert werden, woraus er schloß, daß die Jungen ohne Hilfe aus dem Kokon schlüpfen könnten. Diese Vermutung ist bald darauf durch Wheeler bei einer anderen Ponerine bestätigt worden, indem er den Vorgang des Ausschlüpfens bei *Stigmatomma* direkt beobachtete: die jungen Imagines bissen selbst ein Loch in den Kokon (die Weibchen ein viel größeres als die Männchen) und verließen darauf selbständig ihr Gefängnis. Die Ponerinen schlüpfen demgemäß gewöhnlich auch in einem viel reiferen Zustande als die höheren Ameisen aus, bei welchen die frischen Imagines oft noch ganz weich und selbständiger Bewegung noch kaum fähig sind.

Auch bei der Entfernung der eigentlichen Puppenhaut (welche ja bei den nackten Puppen die einzige Umhüllung ist) stehen die Arbeiter den Jungen hilfreich zur Seite. Doch ist hier ihr Beistand nicht immer unbedingt nötig; denn Forel hat experimentell nachgewiesen, daß wenigstens die Arbeiternymphen sich allein, ohne fremde Hilfe der Puppenhaut entledigen können. Die ungeschickten Männchen

---

gar nicht mehr bedarf und daher von den ☿☿ daraus befreit wird. Er schloß dies aus folgender Beobachtung: In einem Nest von *Formica fusca* fand er (am 3. August) ausschließlich nackte Puppen, in einem nicht weit davon entfernten anderen Nest derselben Art dagegen zahlreiche Kokons, dazwischen aber ebenfalls einige nackte Puppen. In den folgenden Tagen wurden in diesem Nest die Kokons immer spärlicher, während die Zahl der nackten Puppen stets zunahm; auch fand Wanach in allen Kokons, die er öffnete, stets nur Larven, niemals Puppen. — Die Beobachtung Wanachs verdient eine Nachprüfung auch bei anderen Arten. Für eine Reihe von Ameisen trifft sie sicherlich nicht zu (s. unten).

allerdings scheinen dies nicht zu vermögen; es bleiben bei ihnen, wenn sie sich selbst überlassen werden, an den Flügeln wie am Hinterleib stets größere oder kleinere Stücke der alten Haut hängen, welche ihnen natürlich sehr hinderlich sind und sogar ihren Untergang herbeiführen können.

Die Dauer des Puppenstadiums dürfte ungefähr dem des Eistadiums gleichkommen und ist gewöhnlich bedeutend kürzer als das Larvenstadium, wenn anders es nicht gerade in die kalte Jahreszeit fällt; Janet gibt für *Myrmica rubra* 18 bis 22 Tage an.

Die Zeit des Kokonöffnens ist übrigens nicht genau fixiert, sondern die Arbeiter verfahren dabei ziemlich willkürlich. Die Imagines werden daher auch in ganz verschiedenen Entwickelungsstadien aus ihren Umhüllungen herausgezogen: oft sind sie noch ganz weich und weiß, oft sind sie schon etwas erhärtet und mehr oder weniger ausgefärbt. Daraus geht hervor, daß die Arbeiter nicht etwa auf ein von den Insassen gegebenes Zeichen hin die Kokons öffnen, sondern daß sie selbst wohl ein ungefähres Empfinden für die Zeitdauer besitzen.

Diejenigen Imagines, welche in einem noch sehr unreifen Zustande aus der Puppenhülle gezogen werden, bedürfen natürlich noch eine Zeitlang der Pflege. Die Arbeiter beschäftigen sich denn auch noch intensiv mit den hilflosen Geschöpfen, belecken sie eifrig, tragen sie herum usw., bis die Jungen erhärtet und eines selbständigen Lebens fähig sind.

Die Brutpflege erstreckt sich also über die ganze postembryonale Entwickelung von dem Moment, da das Ei austritt, bis zum Werden des vollendeten Insektes.

Literatur.

Blochmann, F., Über die Gründung neuer Nester bei *Camponotus ligniperdus* Latr. und anderen einheimischen Ameisen. In: Zeitschr. f. wiss. Zool. **41**, 719—727.

Brun, Rud., Zur Biologie und Psychologie von *Formica rufa* und anderen Ameisen. In: Biol. Zentralbl. **30** (1910).

Brun, Rud., Weitere Beiträge zur Frage der Koloniegründung bei den Ameisen. In: Biol. Zentralbl. **32** (1912).

Brun, Edgar u. R., Beobachtungen im Kemptthaler Ameisengebiet. In: Biol. Zentralbl. **33** (1913).

Buttel-Reepen, H. v., Soziologisches und Biologisches vom Ameisen- und Bienenstaat. Wie entsteht eine Ameisenkolonie? In: Arch. f. Rassen- u. Gesellschaftsbiologie **2**, 1—16. 1905.

Crawley, W. C., and Donisthorpe, H., The Founding of Colonies by Queen Ants. In: Transact. Second Entom. Congress 1912.

Ebrard, Nouvelles observations sur les Fourmis. Biblioth. univers. Genève 1861.

Emery, C., Die Gattung *Dorylus*. In: Zool. Jahrb., System. **8**, 685 ff., 1895.

Emery, C., Intorno alle Larve di alcune Formiche. In: Mem. della Accad. delle Scienze dell Istituto di Bologno. Ser. V, **8**, 1—10, 1899. 2 Tafeln.

Emery, C., Studi sul Polimorfismo e la Metamorfosi nel Genere „*Dorylus*". In: l. c., Ser. V, **9**, 3—21, 1901. 2 Tafeln.

Emery, C., Sur l'origine des fourmilières. In: Compt. rend. 6me Congrès internat. Zool. Berne 1904.

Ernst, Chr., Einige Beobachtungen an künstlichen Ameisennestern. In: Biol. Zentral. **25**, 47—51, 1905.

Fielde, Adele M., A Study of an Ant (*Stenamma fulvum piceum*). In: Proc. Acad. Nat. Sc. Philadelphia 1901, S. 425—449.

Forel, A., Fourmis de la Suisse. 1874, S. 388—420.

Forel, A., Quatre notices myrmécologiques. In: Annal. Soc. Ent. Belgique **46**, 180—182, 1902.

Forel, A., Une colonie polycalique de „*Formica sanguinea*" sans esclaves dans le Canton de Vaud. In: Proc. du I. Congrès intern. d'Entomologie 1910, S. 101.

Göldi, E. A., Die erste Anlage einer neuen neuen Kolonie von *Atta cephalotes*. In: Bull. d. VI. Intern. Zool. Kongresses. Bern 1904, Nr. 4, S. 8.

Huber, Jakob, Über die Koloniegründung bei *Atta sexdens*. In: Biol. Zentralbl. **25** (1905).

Huber, P., Fourmis indigènes. Genève 1810, S. 63—126.

Ihering, Herm. v., Die Anlage neuer Kolonien und Pilzgärten bei *Atta sexdens*. In: Zool. Anz. **21**, 238—245, 1898.

Ihering, Herm. v., Die Cecropien und ihre Schutzameisen. In: Englers Botan. Jahrb. **39**, 666—714, 1907.

Janet, Ch., Études sur les fourmis, les guêpes, et les abeilles. Note 13. Limoges 1897, S. 1—62.

Janet, Ch., Observations sur les fourmis. Nr. 24, S. 31—45. Limoges 1904.

Lepeletier St. Fargeau, Hist. nat. des hymenopteres **1**, 144.

Lubbock, John, Ameisen, Bienen, Wespen. 2. Kapitel, S. 25—41. Leipzig 1883.

Mayr, Gustav, Formicina austriaca 1863.

McCook, How a Carpenter Ant Queen founds a Formicary. In: Proc. Acad. Nat. Sciences **3**, 303 ff. Philadelphia 1883.

Müller, W., Beobachtungen an Wanderameisen. In: Kosmos **1**, 81—93, 1886.

Pérez, Ch., Contribution à l'etude des metamorphoses (chez la *Formica rufa*). Lille 1902.

Reichenbach, H., Über Parthenogenese bei Ameisen und andere Beobachtungen an Ameisenkolonien in künstlichen Nestern. In: Biol. Zentralbl. 1902, S. 461—465.

Tanquary, M. C., Biological and embryological studies on Formicidae. In: Bull. Illinois State Laborat. **9** (1913).

Viehmeyer, H., Experimente zu Wasmanns *Lomechusa*-Pseudogynentheorie und andere biologische Beobachtungen an Ameisen. In: Allg. Zeitschr. f. Entom. **9**, 334—344, 1904.

Viehmeyer, H., Beobachtungen und Experimente zur Koloniegründung von *Formica sanguinea*. In: Zeitschr. f. wiss. Insekt.-Biol. 1909.

Viehmeyer, H., Hochzeitsflug und Hybridation bei den Ameisen. In: Deutsche Entom. Nationalbibliothek II, 1911, Nr. 4.

Wanach, Beobachtungen an Ameisen. In: Berl. Ent. Zeitschr. **54** (1909).

Wasmann, E., Parthenogenesis bei Ameisen durch künstliche Temperaturverhältnisse. In: Biol. Zentralbl. **11**, 21—23, 1891.

Wasmann, E., Neues über die zusammengesetzten Nester und gemischten Kolonien der Ameisen. In: Allgem. Zeitschr. f. Entom. **6** u. **7** (1901 u. 1902).

Wasmann, E., Zur Brutpflege der blutroten Raubameise (*Formica sanguinea* L.). In: Insektenbörse **20** (1903).

Wasmann, E., Ursprung und Entwickelung der Sklaverei bei den Ameisen. In: Biol. Zentralbl. **25**, Nr. 4 u. 9, 1905.

Wasmann, E., Weitere Beiträge zum sozialen Parasitismus der Ameisen. In: Biol. Zentralbl. **28** (1908).

Wasmann, E., Zur Kenntnis der Ameisen und Ameisengäste von Luxemburg. III. Teil. Luxemburg 1909.

Wheeler, W. M., The Female of *Eciton Sumichastri* etc. In: Amer. Nat. **34**, 563–574, 1900.

Wheeler, W. M., A Study of some Texan Ponerinae. In: Biol. Bull. **2**, 1–31, 1900. 10 Figuren.

Wheeler, W. M., The habits of *Ponera* and *Stigmatomma*. In: l. c., S. 43–69.

Wheeler, W. M., Some notes on the habits of *Cerapachys Augustae*. In: Psyche 1903, S. 205–210.

Wheeler, W. M., A new Type of Social Parasitisme among Ants. In: Bull. Amer. Mus. Nat. Hist. **20**, 347—375, 1904.

Yung, Em., Combien y-a-t-il de fourmis dans une fourmilière? In: Revue Scient. **14** (4), 269—272, 1900. (Referat in: Allgem. Zeitschr. f. Entom. **6**, 110, 1901.)

Viertes Kapitel.

Nestbau.

Während die Nester der Bienen und Wespen eine große Einförmigkeit besitzen, zeichnen sich die Ameisennester gerade durch das Gegenteil aus. Eine größere Mannigfaltigkeit wie hier läßt sich kaum denken. Nicht nur bezüglich der Form weichen die einzelnen Nester voneinander ab, sondern auch das Material, aus dem sie hergestellt werden, die Konstruktion, die innere Einrichtung, die Örtlichkeit, wo sie errichtet werden, ist bei den einzelnen Arten grundverschieden.

Aber nicht nur das, auch ein und dieselbe Art baut je nach den äußeren Umständen anders: „die gleiche Art wird z. B. in den Alpen unter Steinen, die ihre Sonnenstrahlen auffangen, im Walde in warmen morschen Strünken, in einer fetten Wiese in erhabenen kegelförmigen Erdbauten wohnen" (Forel). Die Anpassungsfähigkeit der Ameisen in dieser Beziehung ist oft geradezu erstaunlich. So berichtet v. Ihering die interessante Tatsache, daß *Camponotus rufipes*, welcher in den hoch gelegenen Gegenden von Rio Grande auf der Erde in alten Baumstrünken usw. nistet, im Überschwemmungsgebiet meistens hoch oben auf Bäumen sein Nest errichtet. Viele andere Ameisen verhalten sich ebenso. Wir kennen auch Fälle, in welchen Ameisen auf künstlich gesetzte, tief einschneidende Veränderungen ihrer Lebensbedingungen prompt antworteten mit einer entsprechenden Modifikation ihres Nestbaues. Forel hat eine Kolonie von *Myrmecocystus altisquamis* von Algier in die Schweiz versetzt, wo sie sich zunächt ein Nest wie daheim bauten. Bald zeigte es sich aber, daß sie in der neuen Heimat mit anderen Feinden zu rechnen hatten wie in Algier, indem sie besonders unter den Angriffen von *Lasius niger* und *Tetramorium caespitum* schwer zu leiden hatten. Diesen neuen Umständen suchten sie nun dadurch Rechnung zu tragen, daß sie die (in Algier normalerweise) sehr große Nestöffnung verkleinerten und schließlich fast ganz mit Erde verstopften. Mehr kann man wahrlich nicht von der Plastizität des Ameisengehirns verlangen! Es gibt kaum ein anderes Moment aus der Ameisenbiologie, welches die Anschauung vom Reflexautomatismus der Ameisen so schlagend ad absurdum zu führen geeignet ist, als eben die große Variabilität bzw. Anpassungsfähigkeit im Nestbau.

Nicht immer entspricht ein Nest einem einzigen Staat, sondern es kommen auch Fälle vor, in denen ein Staat sich über eine große Anzahl von Nestern erstreckt (s. oben, Kap. III, 2 c). Diese Zweigniederlassungen stehen dann sowohl untereinander, als mit dem Stammnest durch Wege in Verbindung, und es findet auch unter den Einwohnern dieser Nester ein steter reger freundschaftlicher Verkehr statt. Solche „polydome“ Staaten finden sich am häufigsten bei den Wald- und Raubameisen (*Formica rufa, exsecta, exsectoides, sanguinea* usw.), dann auch bei verschiedenen baumbewohnenden Ameisen, wie z. B. *Colobopsis, Dolichoderus, Pseudomyrma*. Die Ursache für die Anlage von Zweigniederlassungen ist wohl meistens in einer Überbevölkerung zu suchen. Eine solche tritt bei den Baumbewohnern viel eher ein als bei den Waldameisen, da dem Neste in dem engen Hohlraume eines Zweiges nicht viel Platz zur Vergrößerung geboten ist. Die Waldameisen dagegen, die frei bauen, werden durch keine äußeren Grenzen gehindert und können also ihr Nest, dem Anwachsen der Bevölkerung entsprechend, bis zu einem gewissen Grade ausbauen und vergrößern. Jedoch sind auch ihnen Grenzen gezogen; die Haufen können nicht ad infinitum vergrößert und erhöht werden, ohne im Nest die Luftzirkulation, Temperatur usw. wesentlich zu beeinträchtigen. Deshalb und vielleicht auch noch aus anderen Gründen (Nahrungsmangel) finden wir eine bestimmte Größe der Ameisenhaufen selten überschritten. Ist diese Maximalgröße, die übrigens je nach der Ameisenart und nach der Lokalität eine verschiedene sein kann, erreicht, und findet dann noch ein weiteres Anwachsen des Volkes statt, so wird ein Teil der Bevölkerung in Zweigniederlassungen untergebracht.

Wie wir hier ein einziges Volk über mehrere Nester verteilt sahen, so kommt andererseits auch das umgekehrte Verhältnis vor, d. h., daß mehrere Völker in einem Neste beisammen wohnen („Parabiosis“), oder daß wenigstens zwei oder mehrere Nester nebeneinander oder sogar vollkommen ineinander gebaut sind („zusammengesetzte Nester“ s. Kap. VII).

Die Mannigfaltigkeit der Nester kann noch eine weitere Komplikation erfahren, nämlich dadurch, daß die Nester mehrmals ihre Bewohner wechseln können. Nehmen wir z. B. folgenden Fall: *Lasius flavus* wird aus seinem Nest vertrieben von *Formica pratensis*, welche sich in dem geraubten Nest niederläßt. Nach einiger Zeit aber verläßt die *Formica* dasselbe wieder und es wird nun nochmals von einer anderen Ameise, etwa *Tetramorium caespitum* bezogen. Die *Formica* sowohl als auch das *Tetramorium* wird mehr oder weniger durchgreifende Veränderungen an dem Bau vornehmen, erstere wird die Gänge und Kammern erweitern, letztere dagegen wird sie um das Doppelte zu verengen suchen usw., und so kann das ursprüngliche Nest derart umgestaltet werden, daß der ursprüngliche Erbauer desselben (in unserem Falle *Lasius flavus*) daraus gar nicht mehr erkannt werden kann.

Solche Fälle von Nestwechsel sind gar nicht selten, wie Forel, Wasmann u. a. berichten. Es kommt auch vor, daß die verlassenen

Nester später gelegentlich wieder von ihren Erbauern bezogen werden, nachdem sie eine Zeitlang leer gestanden oder von anderen Ameisen bewohnt waren (Wasmann).

Wir kennen auch einen periodischen Nestwechsel. So stellte Wasmann fest, daß *Formica sanguinea* häufig ein besonderes Winter- und Frühjahrsnest besitzt: ersteres ist im Gebüsch unter den Wurzeln von Bäumen oder Strünken gelegen und bietet einen tiefen warmen Schlupfwinkel für die kalte Jahreszeit, letzteres dagegen liegt meist frei am Rande des Gebüsches.

Im März und April findet der Umzug vom Winter- in das Frühlingsnest statt, und im September in umgekehrter Richtung. „Ist aber der Hochsommer sehr heiß, so beziehen die betreffenden Kolonien ihr Winterquartier schon während der Hundstage: das Winternest wird dann zugleich Hochsommernest". Die Lage des Winternestes im Gebüsch oder an den Wurzeln schattenspendender Bäume ist ebensogut zum Schutz gegen Kälte wie gegen die ausdörrende Sommerhitze geeignet.

Dieser streng periodische Nestwechsel ist aber keineswegs eine allgemeine oder sehr verbreitete Erscheinung, sondern dürfte wohl nur bei gewissen Ameisen und unter besonderen Bedingungen vorkommen. Für gewöhnlich besitzen die Ameisen keine getrennten „Saisonnester", sondern sie suchen ihre Nester den jeweilig herrschenden Temperatur- und anderen Bedingungen durch entsprechende Änderung der Form usw. anzupassen. So werden z. B. die Kuppeln bei steigender Temperatur und Trockenheit niedriger und flacher, bei kühlerer Temperatur und größerer Feuchtigkeit höher und gewölbter. „Die erstere Bauart hat den Zweck, die Verdunstung der Feuchtigkeit möglichst zu beschränken und den heißen Sonnenstrahlen eine möglichst geringe Fläche zu bieten; je höher und gewölbter dagegen der Haufen gebaut wird, desto leichter läuft das Regenwasser ab und desto größer ist auch die Verdunstungsoberfläche wie die Heizoberfläche" (Wasmann, 1900).

Die Mannigfaltigkeit der Ameisennester findet also schier kein Ende. Sie beruht, wie wir hier ausgeführt, auf verschiedenen Momenten, vor allem auf folgenden vier:

1. Auf der verschiedenen Lebensweise bzw. dem verschiedenen Bauinstinkt der einzelnen Arten, woraus der jeder Art charakteristische Baustil resultiert.

2. Auf der großen Plastizität des Bautriebes, welche die Ameisen in den Stand setzt, durch entsprechende Modifikation des ursprünglichen Baustiles (und eventuell Verwendung jedes anderen Materials) alle Umstände und Zufälligkeiten zur möglichsten Raum- und Zeitersparnis, zur möglichsten Bequemlichkeit und Sicherheit auszunutzen. Dadurch können atypische Nestformen entstehen.

3. Auf der Erscheinung des „Nestwechsels" und der „gemischten Kolonien", wodurch der Baustil eines Nestes ein unreiner, d. h. ein aus dem Baustil mehrerer Arten gemischter werden kann.

4. Auf der Fähigkeit der Ameisen, die Temperatur und den Feuchtigkeitsgrad im Nest durch entsprechende Änderung der Nestform zu regulieren. Dadurch entstehen die verschiedenen Saisonformen der Nester.

* * *

Bis jetzt haben wir nur die bleibenden Nester, die den Ameisenkolonien als dauernder Wohnsitz und als Stätte für die Aufzucht ihrer Brut dienen, im Auge gehabt. Nicht alle Ameisen aber sind so seßhaft: es gibt auch eine, obwohl relativ geringe Anzahl, welche die meiste Zeit ihres Lebens ein Nomadenleben führen und während dieser Wanderungen nur temporäre Wohnsitze beziehen. Das sind die Wanderameisen, die Dorylinen; während der kurzen Zeit, da sie sich in einer Gegend aufhalten, bewohnen sie einfach geschützte Stellen (hohle Bäume, Erdspalten usw.), ohne dieselben irgendwie aus- oder umzubauen („Wandernester").

Wenn wir also zu einer Einteilung der Ameisennester schreiten wollen (was für eine kurze übersichtliche Darstellung unbedingt erforderlich ist), so müssen wir zunächst unterscheiden zwischen „Dauernestern" und „Wandernestern". Die Dauernester lassen sich in mehrere natürliche Gruppen einreihen, was auch schon öfter versucht wurde, so von Forel, André, Dahl u. a.

Ich schließe mich im folgenden eng an die Einteilung Forels an, da diese die naturgemäßeste und zugleich auch praktischste sein dürfte. Sie stützt sich in der Hauptsache auf das Material, aus dem die Nester verfertigt werden, berücksichtigt dabei aber auch andere Momente, wie die Örtlichkeit usw. Nur in ganz wenigen Punkten weiche ich von Forel ab: einmal in der Reihenfolge und sodann darin, daß ich die „Marknester" Dahls als eine besondere Gruppe einreihe. Wir unterscheiden demnach folgende Kategorien von Ameisennestern:

A. Dauernester.

1. Erdnester.
2. Kombinierte Nester.
3. Holznester.
4. Marknester.
5. Nester in schon vorhandenen Höhlungen.
6. Kartonnester und gesponnene Nester.
7. Zusammengesetzte Nester.
8. Nester der gemischten Kolonien.

B. Wandernester.

Wenn diese Einteilung auch den meisten Verhältnissen des Nestbaues Rechnung tragen dürfte, so zweifle ich nicht, daß dieselbe manchmal auch versagt. Bei der überaus großen Variabilität und Plastizität des Bauinstinktes ist dies ja nicht anders zu erwarten.

A. Dauernester.

1. Erdnester.

Die Erdnester sind überaus verbreitet und gehören bei uns in Europa jedenfalls zu den häufigsten. Im einfachsten Falle bestehen sie lediglich aus Gängen, die ziemlich oberflächlich in die Erde gegraben sind (Ponerinen); meistens aber ist die Bauart dadurch kompliziert, daß die Gänge tiefer in die Erde dringen und von Zeit zu Zeit zu größeren oder kleineren Höhlungen oder „Kammern“ erweitert werden. Mangels jeder Regelmäßigkeit in der Anlage dieser Gänge bietet sich dem Beobachter beim Öffnen eines solchen Erdnestes ein mehr oder weniger dichtes Labyrinth von Gängen und Kammern dar. Mit der Außenwelt steht dieses Labyrinth durch eine oder mehrere Ausgangsöffnungen in Verbindung.

Was die Bedeutung der Kammern betrifft, so dienen diese in erster Linie zur Aufnahme der Brut; sie können aber auch zu verschiedenen anderen Zwecken benutzt werden. Bei den körnersammelnden Ameisen (*Messor*, *Pogonomyrmex*) werden besonders große Hohlräume angelegt als Kornkammern, in welchen die gesammelten Pflanzensamen angespeichert werden. Bei den Honigameisen (*Myrmecocystus melliger* usw.) dienen besondere Kammern als Aufenthaltsort für die lebenden Honigtöpfe. Da diese die meiste Zeit in hängender Lage verbleiben, so ist die Decke dieser Hohlräume rauh gelassen, um den Ameisen bessere Anheftungspunkte zu geben. Bei den pilzzüchtenden *Atta*-Arten finden sich mächtige menschenkopfgroße Hohlräume, in welchen die Pilze kultiviert werden. Diese Pilzkammern sowohl als auch die Kornkammern liegen oft in großer Tiefe (metertief) unter der Erde. Die Jagdameisen (wie die nordafrikanischen *Myrmecocystus*-Arten) haben besondere Kammern, wo sie ihre Jagdbeute unterbringen, und ferner auch eine Art Rumpelkammern, in welche sie die ungenießbaren Abfälle schaffen. Kurz, die Bestimmung der Kammern kann eine sehr mannigfaltige sein; und daraus erklärt sich auch die Verschiedenheit in der Größe, Form und Lage dieser Hohlräume.

Von dem eigentlichen Nest, dem Gang- und Kammerlabyrinth, gehen oft noch besondere unterirdische Bauten aus; so graben gewisse Arten „sehr tiefgehende und seitlich abzweigende Kanäle, welche unterirdische Wege bilden und manchmal zu gewissen Wurzelblattläusen führen (*Lasius flavus*) oder zu anderen Zwecken dienen“ (Forel). Manche Ameisen minieren auch lange, vielverzweigte Gänge, um in ihnen unterirdisch Jagd auf Termiten oder andere Erdinsekten zu machen (*Lobopelta* in Indien, Dorylinen).

Die bisher besprochenen unterirdischen Anlagen stellen den hauptsächlichsten und wichtigsten Teil der Erdnester dar; jedoch beschränken sich nur relativ wenig Ameisen auf den unterirdischen Bau allein. In den meisten Fällen ist dieser letztere mit verschiedenen oberirdischen

Anlagen (Steinen, Erdwällen oder Erdkuppeln) kombiniert. Ja, es kommen sogar Erdnester vor, welche nur oberirdisch sind, indem sie sich hoch oben auf Bäumen befinden. Wir unterscheiden demnach folgende Formen von Erdnestern: a) rein unterirdische minierte Nester; b) Nester mit soliden Wällen um die Eingangsöffnung („Kraternester"), c) Nester unter Steinen; d) Nester mit Erdkuppeln („Kuppelnester") und endlich e) rein oberirdische Nester („schwebende Ameisengärten").

a) Rein minierte Nester, bei welchen also die in die Tiefe führende Eingangsöffnung vollkommen frei und unbedeckt ist, sind nicht gerade sehr häufig; wir kennen solche von den nordafrikanischen *Myrmecocystus*-Arten, dann von *Ponera contracta*, *Aphaenogaster subterranea* usw., gelegentlich auch *Formica fusca*, *rufibarbis*, *Tetramorium caespitum* u. a.

b) Die Kraternester entstehen dadurch, daß die Ameisen die minierte Erde wallartig um die Öffnungen des Nestes herum anhäufen[1]). Wir finden solche umwallte Nester besonders in sandigem Terrain, vor allem in Wüstengegenden. In der Umgebung von Biskra z. B., der berühmten algerischen Oase, sind diese Kraternester eine überaus häufige Erscheinung; man begegnet ihnen auf Schritt und Tritt. Es sind vor allem die beiden Körnersammler *Messor structor* und *barbarus*, welche solche Wälle erbauen, ferner auch der reizende *Acantholepis frauenfeldi*, verschiedene *Pheidole*-Arten, die pilzzüchtenden Ameisen Amerikas (Fig 40), die Wanderameisen (Dorylidén) usw. Die Wälle sind nicht immer vollkommen kreisförmig und ringsum geschlossen, sondern sie können auch nur halbkreisförmig sein und die Nestöffnung nur einseitig umgeben, wie Forel bei dem Nest von *Messor arenarius* in Südtunis beobachtet hat. Die Wälle bestehen aus lauter zierlichen, übereinanderliegenden Sandkügelchen von $2\frac{1}{2}$ mm Durchmesser und einer rauhen („stachlichen") Oberfläche. Wenn Regen gefallen ist, werden diese Kügelchen bedeutend (um das Doppelte) größer als bei trockenem Wetter (Diehl). „Es ist leicht zu erkennen, wie dieser Wall entsteht. Man sieht die Ameisen aus der Tiefe mit solchen noch etwas feuchten Sandkugeln in den Mandibeln kommen und dieselben auf den Wall legen. Der Wind, der Regen usw. zerstören beständig diesen Wall, der aber ebenso beständig durch die Grabarbeit der Ameisen wieder entsteht (Forel, 1890).

Zweifellos stellen die Wallanlagen nicht bloß ein zufälliges Nebenprodukt der Erdarbeiten dar, sondern dienen einem bestimmten Zwecke, vermutlich dem, einen Schutz gegen Wind zu bieten und so Verwehungen der Nestöffnung zu verhindern. Diehl hat ja auch beobachtet, daß die halbkreisförmigen Wälle (von *Messor arenarius*) stets gegen die Windseite gerichtet waren.

---

[1]) Wie groß die herausgeschafften Erdmengen sein können, zeigen Messungen Vosselers, nach welchen der Erdaushub bei den Dauernestern der Treiberameisen 20 bis 25 Liter betrug.

c) Mit besonderer Vorliebe legen die Ameisen ihre Nester unter Steinen an, und zwar wohl hauptsächlich aus folgenden Gründen: einmal bedeutet diese Bauart eine Arbeitsersparnis, indem der Stein als Dach für die oberen Gänge und Kammern dient; zweitens ist der Stein am besten dazu geeignet, eine rasche Erwärmung des Nestes durch die Sonnenstrahlen herbeizuführen; und drittens ist das Nest unter einem Steine vorzüglich geschützt. Die bedeutendste Rolle dürfte der Stein wohl als Wärmespender spielen, denn die Wärme

Fig. 40.

Kraternester von *Moellerius versicolor* in der Wüste von Arizona. Aus Wheeler.

ist ein überaus wichtiger Faktor im Ameisenleben, vor allem für die Aufzucht der Brut. Wir sehen denn auch, sobald die Sonne scheint oder nur schwach durch die Wolken kommt, bei kühlem oder feuchtem Wetter die Ameisen stets in der obersten Etage, direkt unter dem Stein sich aufhalten. Sobald aber die Sonne verschwindet oder auch, wenn sie stark brennt, so gehen die Tierchen in die tieferen Partien des Erdnestes (Forel). Der Stein, der das Nest bedeckt, darf weder zu klein und zu dünn, noch zu groß und zu dick sein. „Steine von 2 bis 15 cm Dicke sind je nach der Größe der Ameisen und dem Umfang ihrer Kolonien am gesuchtesten“. Denn sie erlauben die beste Wärmeregulierung.

Bei den großen Vorteilen, welche die Anlage der Nester unter Steinen bietet, ist es verständlich, daß man (wenigstens bei uns in Europa) fast unter jedem Stein (von obiger Beschaffenheit) Ameisen antrifft, und zwar die verschiedensten Arten. Es gibt wenige Ameisengattungen, die niemals unter Steinen wohnen.

d) Wo keine Steine zum Wärmeauffangen vorhanden sind, da helfen sich gewisse Ameisen auf andere Weise, indem sie nämlich über dem minierten Neste Erdkuppeln errichten. Der Bau solcher Kuppeln ist keine leichte Arbeit, es gehören besondere (Maurer-) Fähigkeiten dazu. Deshalb sind auch die Nester mit Erdoberbauten nicht so häufig und allgemein verbreitet, wie die Erdnester der vorhergegangenen Kategorien. Als Erbauer von Erdkuppeln kommen bei uns vor allem die verschiedenen *Lasius*-Arten in Betracht (mit Ausnahme von *L. fuliginosus, emarginatus* und *brunneus*) und *Tetramorium caespitum*, die *Myrmica*-Arten, verschiedene *Formica*- und *Camponotus*-Arten und endlich *Tapinoma erraticum*; in Nordafrika *Monomorium* und verschiedene *Aphaenogaster*-Arten, in Amerika *Pogonomyrmex, Acromyrmex* usw. Der beste Maurer bei uns ist der gemeine, in allen Gärten wimmelnde *Lasius niger*, der außer der Kuppel auch gedeckte Gänge zu den Blattläusen usw. (s. unten) erbaut (Forel).

Die Art, wie diese Erdbauten aufgeführt werden, ist von Huber in eingehender und meisterhafter Weise geschildert worden. Ich kann diese Schilderungen hier nicht in extenso wiedergeben, da sie zu viel Raum beanspruchen würden, und verweise daher die Leser auf das erste Kapitel der „*Fourmis indigènes*“[1]. Das Universalinstrument der Ameisen zum Bauen sind die Mandibeln, mit ihnen graben und minieren sie, mit ihnen formen sie die Bausteine und mit ihnen mauern sie. Außer den Mandibeln gebrauchen sie aber auch noch ihre Vorderbeine in der ausgiebigsten Weise, und zwar so, daß sie nicht mehr weiter arbeiten können, wenn ihnen dieselben genommen sind. Zum Mauern ist Wasser notwendig, deshalb werden die Oberbauten der Ameisen stets nur während oder nach Regenwetter ausgeführt. In ihren Mandibeln schleppen die Arbeiter größere oder kleinere Erdklümpchen heran, kneten und formen sie und bringen sie an die Stelle, die aufgebaut werden soll; mit den Vorderbeinen pressen sie dann die kleinen Bausteine fest an und glätten die betreffende Stelle, wobei sie sich mit den Fühlerspitzen stets über ihre Arbeit vergewissern. In geradezu erstaunlich geschickter Weise verstehen sie sich die gegebenen örtlichen Verhältnisse zunutze zu machen, indem sie jeden Grashalm und jedes Blättchen zur Befestigung der Konstruktion als Säulen usw. verwerten. So entsteht in relativ kurzer Zeit jener feste kuppelförmige Bau, dem wir so häufig auf unseren Wiesen begegnen. Huber ist der Ansicht, daß das Wasser allein als Zement für die Erde dient; Forel hält es aber nicht für ausgeschlossen,

[1]) Diejenigen Leser, denen Hubers Werk nicht zur Verfügung steht, finden auch in Forels Fourmis de la Suisse, S. 156—163, die Hauptstellen aus Hubers Beschreibung verbatim angeführt.

Fig. 41 A.

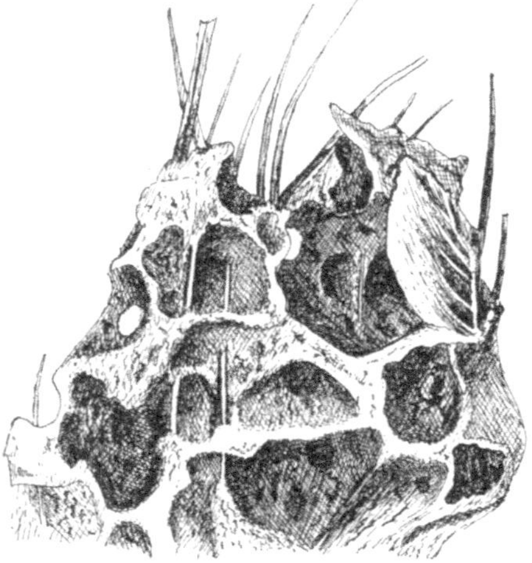

Fig. 41 B.

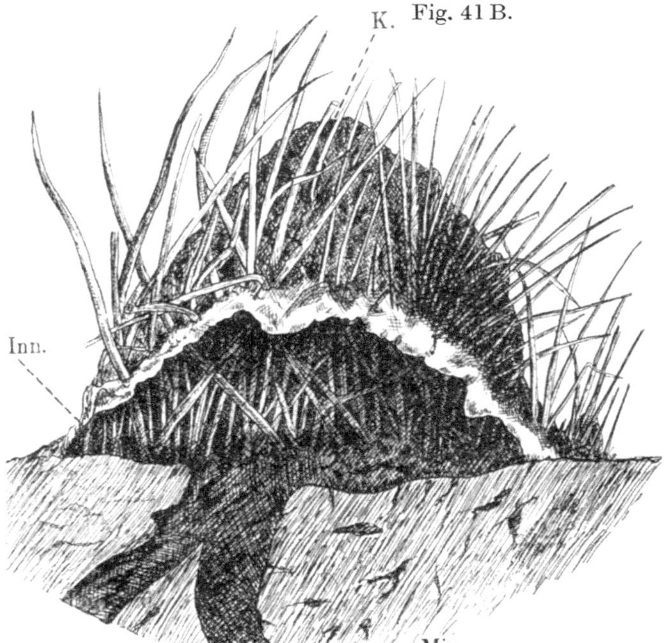

A Bruchstück der Kuppel eines Erdnestes von *Lasius niger* (Kammerlabyrinth; Grasstengel und Blätter dienen als Säulen); B senkrechter Durchschnitt eines Nestes von *Tapinoma erraticum*. Nach Forel.

K temporäre Erdkuppel, *Inn* Inneres der Kuppel mit seinem natürlichen Grasstengelgebälk, *Min* Anfang des unterirdisch minierten Teiles des Nestes.

daß außer dem Wasser auch noch ein Drüsensekret als Kitt hinzukommt.

Betrachten wir nun das Innere einer solchen Erdkuppel, so gewahren wir meistens ein Labyrinth von Gängen und Kammern, wobei aber letztere weitaus überwiegen (Fig. 41 A). Nicht immer aber ist der Bau so solide; so finden wir in den hohen Erdoberbauten des *Tapinoma erraticum* nur wenige notdürftige dünnwandige Kammern oder auch nicht einmal solche, sondern lediglich die Grashalme, um welche das Gewölbe gebaut ist (Fig. 41 B). Diese einfachen Erdkuppeln, die am besten mit einem Zelt zu vergleichen sind, sind auch lange nicht so beständig wie die obigen Bauten von *Lasius* usw. und bestehen nur in der Zeit, in der das Gras wächst; nach der Heuernte verschwinden sie wieder vollkommen.

Fig. 42.

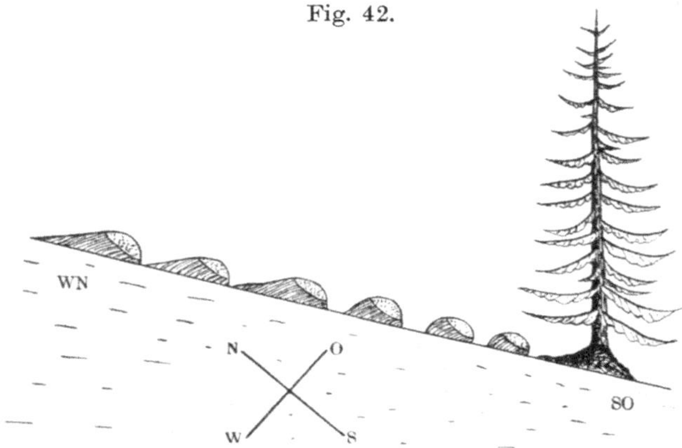

Orientierung der Nestkuppeln nach der Morgensonne. Nach Lindner.

Wir haben oben schon angedeutet, daß die Erdoberbauten demselben Zwecke wie die Steine dienen, also vor allem zur Wärmebeschaffung für die Brut. „Das Gras wächst im Mai und mit ihm die Ameisenkuppeln. Diese schützen gegen die Feuchtigkeit und den Schatten des Urwaldes, den eine Wiese für Ameisen bedeutet. Da oben unter dem Dache der Kuppel fühlt man die Sonnenstrahlen“ (Forel). Wir sehen denn auch die Ameisen mit ihrer Brut meistens in den obersten Partien der Kuppel sich aufhalten. Wo keine soliden Kammern vorhanden sind, in welchen die Brut untergebracht werden kann (*Tapinoma*), da legen die Ameisen (nach Forel) ihre Larven zum Teil auf Blätter usw. dicht unterhalb des Gewölbes, zum Teil halten sie dieselben selbst in den Oberkiefern und wimmeln dabei in den obersten Partien der Kuppel herum. Daß die Oberbauten wirklich mit der Wärmebeschaffung zusammenhängen („theorie des domes“ Forels), geht auch daraus hervor, daß die Orientierung der Kuppeln sich nach der Sonnenbestrahlung richtet. Es ist dies — worauf schon Huber, dann später Tissot und Wasmann und zuletzt Lindner aufmerksam gemacht haben — besonders deutlich auf hohen Gebirgs-

Fig. 43.

1 Kugelförmiger Ameisengarten mit vielen Keimpflanzen. 2 Kleiner Ameisengarten in der Zweiggabel einer *Cordia*. Nach Ule, aus „Die Umschau“ VIII, Nr. 45.

wiesen zu sehen, wo die Nestkuppeln so angelegt sind, daß sie die Strahlen der Morgensonne möglichst ausnutzen können: Sie zeigen da gewöhnlich eine länglich ovale Form, in der Richtung von NW nach SO orientiert, wobei die höchste Erhebung und der steilste Abfall nach SO gerichtet ist. Und nur dieser Teil ist auch gewöhnlich bewohnt. Wo durch Bäume, Mauern, Felsen usw., die gegen SO vor dem Neste liegen, die Morgensonne vom Neste abgehalten wird und die Bestrahlung nur von oben stattfinden kann, fällt auch obige Orientierung weg und das Nest zeigt eine normale runde Form (Lindner). (Fig. 42.)

Die Erdkuppeln können noch fester und widerstandsfähiger ge macht werden dadurch, daß ihre Oberfläche mit Steinchen gepflastert wird, wie es Mc Cook bei der Ernteameise (*Pogonomyrmex occidentalis*) beobachtet hat. Die kleinen weißen Pflastersteinchen, die oft tief aus der Erde herausgeholt werden müssen, werden sehr regelmäßig in eine Lage nebeneinandergesetzt, was dem Neste ein einzig dastehendes Aussehen verleiht.

e) Eine ganz besondere Form von Erdnestern stellen die von Ule beschriebenen „schwebenden Nester" oder „Ameisengärten" dar. Bezüglich ihrer Bauart sind sie am ehesten mit den eben besprochenen Erdkuppeln zu vergleichen, von denen sie sich vor allem durch ihre Lage hoch oben auf den Bäumen unterscheiden. Wie die Kuppeln durch Grashalme usw. besondere Festigkeit erlangen, so wird diese bei den Ameisengärten durch die Wurzeln von Epiphyten erzielt. Das Interessante daran ist, daß die Epiphyten von den Ameisen selbst gesät und kultiviert werden sollen.

Ule fand diese schwebenden Gärten ziemlich häufig im Amazonasgebiet, und zwar in den verschiedensten Formen und Größen je nach dem Alter und der Art der Ameisen: bald waren es nur kleine erste Anlagen, welche die Würzelchen einiger Keimpflanzen mit Erde umgeben zeigten, bald walnuß- bis kopfgroße Nester; letztere glichen in ihrer lockeren Bauart sehr einem Badeschwamm (Fig. 43). Die Ameisen, welche solche Gärten bauen, sind *Azteca olithrix* und *ulei* Forel, *traili* Em. und *Camponotus femoratus* Fb.

2. Kombinierte Nester.

Die typischen kombinierten Nester sind dadurch charakterisiert, daß unterirdische minierte Anlagen mit oberirdischen Bauten aus vegetabilischen und anderen Materialien verbunden sind. Als Erbauer dieser Nester kommen die verschiedenen Waldameisen: *Formica rufa, sanguinea, truncicola, exsecta, pressilabris* sowie ihre nordamerikanischen Verwandten *F. exsectoides, integra, obscuripes* usw. in Betracht.

Auf die unterirdischen Anlagen dieser Nester brauche ich hier nicht mehr einzugehen; denn sie sind im Prinzip genau so wie die entsprechenden Bauten der reinen Erdnester (s. dort). Die Oberbauten bilden jene mächtigen Kuppeln, die unter der Bezeichnung „Ameisenhaufen" allbekannt sind. Sie werden aus den verschiedensten trockenen vegetabilischen Materialien aufgebaut; in Nadelwäldern werden die abgefallenen Nadeln verwendet, in Laubwäldern Holzstückchen, Grasstengelchen, trockene Blättchen usw. Ununterbrochen schleppen Tausende, ja vielleicht Hunderttausende von Arbeitern diese Materialien zunächst aus der unmittelbaren Umgebung, später, wenn diese kahl abgesucht, aus weiterer, mitunter sehr weiter Entfernung herbei und häufen Stückchen auf Stückchen. Der so entstehende Bau

Fig. 44 A.

Nesthaufen von *Formica rufa*, steile Kegelform. 1,40 m hoch, 9 m Umfang. Ungarn, Kom. Gömöv. Phot. Szabó.

ist aber keineswegs ein durchaus regelloser, solider Haufen von Nadeln, Stengeln usw., wie es auf den ersten Blick den Anschein hat, sondern es finden sich in ihm Gänge und Kammern, wie in den Erdkuppeln. Die Konstruktion dieser Hohlräume besteht teils lediglich aus vegetabilischem Material, welches durch entsprechende Lagerung gegenseitig versteift ist, teils aber ist auch Erde als Zement benutzt, wodurch eine höhere Festigkeit erzielt wird. Das oberirdische Gang- und Kammerlabyrinth mündet durch mehrere Öffnungen nach außen; gewöhnlich ist die größte Öffnung am Gipfel der Kuppel gelegen. Bemerkenswert ist, daß die Öffnungen regelmäßig des Nachts sorgfältig geschlossen und am Morgen wieder geöffnet werden. Der Verschluß geschieht durch dasselbe Material, aus dem der Haufen besteht.

Die Größe und Form der Haufen ist verschieden, je nach der Art der Bewohner: *Formica rufa* z. B. baut gewöhnlich sehr große, kegelförmige Kuppeln (Fig. 44 A und B), *F. exsecta* kleinere und flachere, ebenso *F. pratensis*, ohne sich aber streng an diese Formen zu halten. Auch das Material, die Feinheit desselben, seine Lagerung usw.

Fig. 44 B.

Nesthaufen von *Formica rufa*, breitere Form.
Phot. K. Diedrichs, Eutin.

zeigt spezifische Unterschiede, so daß man aus dem Bau der Haufen meistens die betreffende Ameisenart erkennen kann. Auch das Alter der Kolonie spielt natürlich bezüglich der Größe der Haufen eine bedeutende Rolle; wie aber oben schon erwähnt, haben die Haufen der verschiedenen Arten ihre Maximalgröße, über die hinaus sie nur selten kommen. Die Maximalgröße kann sehr bedeutend sein, so dürfte sie bei *F. rufa* in der Höhe etwa 1½ bis 2 m betragen[1]).

[1]) Ein Riesennest von *F. rufa* von seltener Größe fand Wasmann (1909) bei Luxemburg; dasselbe maß im Sommer 1904 15 m im Umfang bei etwa 1½ m Höhe; 1907 betrug der Umfang noch etwas mehr, nämlich 17½ m.

Die Haufen dienen demselben Zwecke wie die Erdkuppeln (siehe dort), d. h. also vor allem zur Wärmebeschaffung. Ich habe mehrfach Temperaturmessungen vorgenommen und zwischen der Temperatur des Haufens und des Erdnestes oder auch der umgebenden Luft Differenzen bis zu 10^0 C festgestellt. Die höchste Temperatur herrschte stets (d. h. an sonnigen Tagen) in den obersten Partien des Haufens. Hier fanden sich auch immer die Puppen und Larven[1]). Eine weitere Bestätigung für Forels ,,theorie des domes" liegt in der Tatsache, daß die haufenbauenden Ameisen in Gegenden mit sehr extremem Klima das Bauen der Kuppeln ganz unterlassen; so fand Forel (1900) in Nordkarolina nur sehr selten wirkliche ,,Haufen". Bei den extremen Plus- und Minustemperaturen dieses Landes, die ziemlich unvermittelt aufeinander folgen, ist ein besonderer Wärmesammler überflüssig, und ist der beste Aufenthalt für die Ameisen und ihre Brut in der Erde.

Außer diesen typischen kombinierten Nestern der Waldameisen gibt es auch gelegentliche oder atypische Nester, welche einen kombinierten Bau aufweisen. So benutzen z. B die *Lasius*-Arten gern alte morsche Baumstrünke zum nisten, indem sie dieselben aushöhlen und aus Erde und Holzmehl Gänge und Kammern in die Höhlung einbauen. Solche atypische kombinierte Nester sind überaus häufig und mannigfaltig und können von den verschiedensten Ameisen gebaut werden.

3. Holznester.

Wenn die Nester in festes totes oder lebendes Holz eingegraben sind, so sprechen wir von ,,Holznestern". Das Holz bietet natürlich einen viel stärkeren Widerstand dem Bearbeiten dar als die Erde, und es bedarf dazu auch ganz besonders starker Werkzeuge. Wir finden dementsprechend hier auch die Arbeiter stets mit sehr kräftigen Mandibeln ausgerüstet.

Es gibt ziemlich viele Holzschnitzer unter den Ameisen; bei uns kommen vor allem die *Camponotus*-Arten in Betracht, deren Nester man überall häufig in Baumstrünken oder Baumstämmen antreffen kann. Gewöhnlich werden dieselben so angelegt, daß ausgedehnte vertikal verlaufende Hohlräume, entsprechend mehreren Jahresringen, ausgenagt werden, die durch stehen gebliebene Zwischenwände voneinander getrennt werden, so daß also die Hohlräume konzentrisch angeordnet sind (Fig. 45). Die vertikalen Kammern gehen aber nicht von oben bis unten ununterbrochen durch, sondern werden durch horizontale Böden in verschiedene Etagen abgeteilt. Im Gegensatz zu den Erdnestern bieten daher diese Art Holznester eine größere Regelmäßigkeit im Bau dar.

Es gibt aber auch andere, die ganz unabhängig von den Jahresringen und ebenso unregelmäßig wie die Erdnester sind. Solche Laby-

---

[1]) Mit Hilfe des Thermometers konnte ich selbst in den größten Haufen meistens leicht und sicher die Puppen- und Larvenkammern auffinden. Ich brauchte nur da nachzugraben, wo das Thermometer die höchste Temperatur zeigte, und fast stets lagen da auch die Puppen usw.

rinthe bauen vor allem die verschiedenen *Colobopsis*-Arten, denen kein Holz zu hart ist, um es mit ihren kurzen sehr kräftigen Mandibeln anzubohren. Fig. 46 zeigt ein Nest von *Col. truncata* in einem Birnbaumaste (im Durchschnitt): wir sehen ein Labyrinth von Gängen und Kammern (genau wie bei den Erdnestern), welches durch eine verhältnismäßig sehr enge Öffnung nach außen mündet. Wie oben (Kap. II, 3, S. 63) bereits mitgeteilt, wird diese letztere stets durch einen „Soldaten" verschlossen, welcher seinen Platz nur verläßt, wenn eine Arbeiterin ein- oder austreten will[1])

Fig. 45.

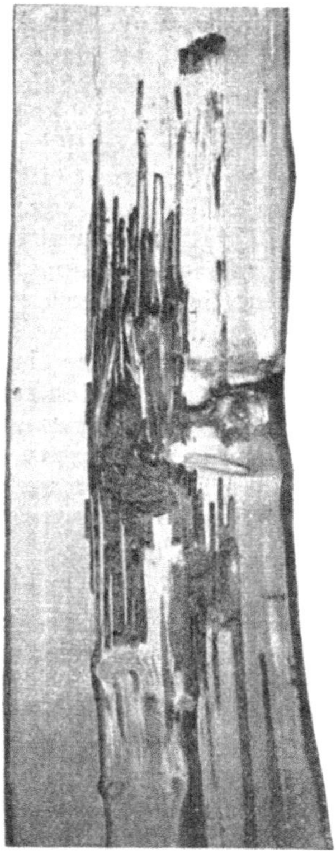

Nest der Roßameise (*Camponotus herculeanus*) in einem Fichtenstamm; rechts in der Mitte ein Spechteinschlag (Straßburger Museum).

Fig. 46.

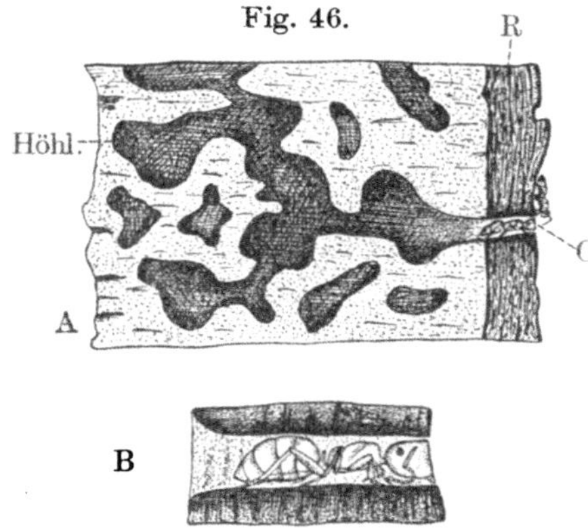

A Durchschnitt eines in einem Birnbaumast eingemeißelten Nestes von *Colobopsis truncata* Spin. B Öffnung des Nestes mit dem als Tür funktionierenden Soldaten; vergrößert. Nach Forel.

Höhl Höhlungen (Kammern) des Nestes im Holze, *R* Rinde des Astes, *O* Öffnung des Nestes nach außen (von einem Soldaten geschlossen).

Auch einige *Leptothorax*-Arten sind Holzschnitzer und graben in der äußersten Schicht der Baumrinde kleine, sehr einfache flach ausgebreitete Nester mit wenig Kammern.

4. Marknester.

An die Holznester schließen sich eng die Marknester an. Während erstere durch Aushöhlen von festem Holz entstehen, werden letztere

[1]) Wheeler fand in Amerika *Colobopsis* auch in den großen Eichengallen von *Holcaspis cinerosus* in ganz ähnlicher Verfassung.

durch Aushöhlen des Markes gebildet. Dahl hat die Bezeichnung „Marknester" eingeführt, und zwar für das Nest von *Camponotus quadriceps*, welches in dem Marke von *Endospermum formicarium* Becc., einem Baum des Bismarck-Archipels, angelegt ist. Das Nest besteht in einer oder mehreren Markkammern, welche mit dem Wachsen der Kolonie immer größer werden und schließlich verschmelzen. „In älteren Zweigen verfließen die Kammern sämtlich zu einer zusammenhängenden Markröhre."

Auch das von Forel (1892) beschriebene und abgebildete Nest von *Technomyrmex albipes* Sm. in einem Stengel von *Solanum auriculatum*, dessen weiches Mark inwendig ausgehöhlt und in Fächer eingeteilt ist, gehört hierher.

5. Nester in schon vorhandenen Höhlungen.

Wir müssen hier zwischen gelegentlichen oder zufälligen und normalen Nestformen unterscheiden.

Bei der großen Plastizität des Bauinstinktes und der Anpassungsfähigkeit der Ameisen ist es natürlich, daß diese jede Gelegenheit, die eine Arbeitsersparnis bezüglich des Nestbaues bedeutet, nach Möglichkeit ausnützen werden. Jede schon vorhandene Höhlung bietet aber den Ameisen eine derartige Gelegenheit dar, denn es fällt hier die schwierigste Arbeit, das Minieren und Ausnagen weg. Vielfach sind die Höhlungen schon derart, daß sie ohne weiteres von den Ameisen bewohnt werden können; in anderen Fällen handelt es sich nur noch darum, allzu große Spalten und Öffnungen zu verengen oder ganz zu vermauern und durch Einbauen von Zwischenwänden oder Böden verschiedene getrennte Kammern für ihre Brut zu schaffen. Die Nester in derartigen Spalten usw. haben außerdem noch den Vorteil des größeren Schutzes und der größeren Festigkeit.

Es ist deshalb kein Wunder, daß wir in fast allen vorhandenen Hohlräumen Ameisen finden: mögen es Mauerspalten oder Holzrisse, verlassene Borken- oder Bockkäfergänge, verlassene Pflanzengallen oder hohle Baumstämme sein, überall nisten gelegentlich Ameisen.

Es gibt aber auch Ameisenarten, welche ausschließlich in natürlichen, und zwar für jede Art ganz bestimmten Höhlungen wohnen. In diesen Fällen haben wir es also mit normalen Nestformen zu tun. Hierher gehören vor allem die mit Pflanzen „symbiotisch" lebenden Ameisen der Gattungen *Azteca*, *Iridomyrmex*, *Cremastogaster* und *Pseudomyrma*.

Azteca instabilis wohnt nur in den hohlen Stämmen gewisser *Cecropia*-Arten und nistet sonst nirgends anders, *Iridomyrmex cordatus* und *Cremastogaster difformis* ausschließlich in den Labyrinthgängen der Luftknollen von *Myrmecodia* bzw. *Hydnophytum* (Fig. 90), *Pseudomyrma flavidula* und *belti* ausschließlich in den hohlen Dornen gewisser Akazien. Die Höhlungen der *Cecropia*-Stämme (Fig. 47) und der

Akaziendornen wie die Labyrinthgänge der genannten Epiphytenknollen sind nicht etwa von den Ameisen erst hergestellt (im Gegensatz zu den Marknestern), sondern entstehen selbständig in den Pflanzen und werden höchstens in der Form von den Ameisen noch etwas verändert. Da nun die in den Höhlungen wohnenden Ameisen den Pflanzen gewöhnlich keinen Schaden zufügen, sondern vielmehr durch Abwehr von Feinden als nützlich sich erweisen können, so werden die betreffenden Hohlräume von vielen Forschern als Anpassungen der Pflanzen an die Ameisen aufgefaßt. Die Pflanzen werden als myrmekophil bezeichnet, das Verhältnis zwischen Pflanzen und Ameisen als Symbiose. Wir werden unten (Kap. IX) noch näher auf diese sowie auf andere verwandte Fälle zu sprechen kommen.

Fig. 47.

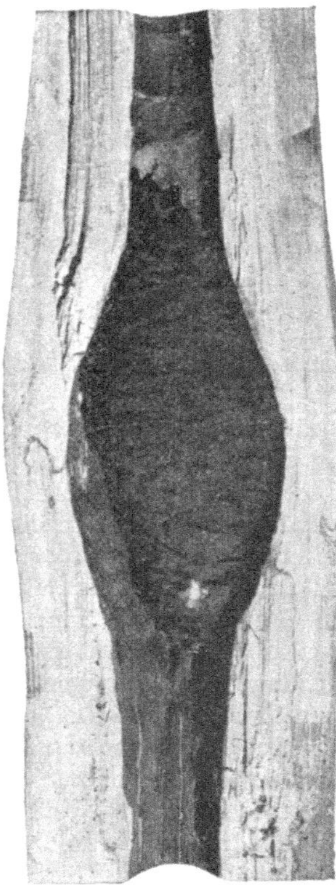

Längsschnitt durch den gallenförmig erweiterten Stamm von *Cecropia* mit dem Neste von *Azteca* (Straßburger Museum).

Auch bei uns in Europa gibt es übrigens einige Ameisen, die regelmäßig (ausschließlich?) in natürlichen Pflanzenhöhlungen wohnen. So finden sich die Nester von *Dolichoderus quadripunctatus* und *Leptothorax affinis* regelmäßig in dem feinen hohlen Markkanal dünner vertrockneter Äste gewisser Bäume (vor allem der Nußbäume). Um eine „Symbiose" in obigem Sinne dürfte es sich hier aber wohl kaum handeln.

Zu erwähnen ist endlich noch, daß nach Forel in den Tropen viele Ameisen vorzugsweise in dünnen trockenen Gramineenstengeln ihre Nester aufschlagen; in Kolumbia, das Forel bereiste, nisten weitaus die meisten Ameisen auf diese Weise. Wir dürfen wohl annehmen, daß es sich hier nicht um rein zufällige Nestformen handelt, sondern daß diese „Stengelnester" eine normale typische Nestform darstellen.

6. Kartonnester und gesponnene Nester.

In Europa waren bisher nur zwei Ameisen bekannt, welche Kartonnester bauen: der bei uns überall häufige *Lasius fuliginosus* und das in Südosteuropa heimische *Liometopum microcephalum*. Neuerdings wurden noch einige weitere Arten als Kartonfabrikanten erkannt, nämlich *Lasius umbratus* (Brun und Donisthorpe), *Lasius emarginatus* (Wasmann) und der südeuropäische *Cremastogaster scutellaris* (Krausse und Wasmann). Wie die Bezeichnung schon sagt, ist für diese Nestform vor allem das Material charakteristisch. Dasselbe besteht aus einem festen „Karton", welchen die Ameisen aus Holzfasern oder feinem Holzmehl usw. (rein oder mit Erde gemischt) und Leim herstellen. Der Leim wird von den Ameisen selbst geliefert und stammt aus der Oberkieferdrüse, welche nach Meinert bei *Lasius fuliginosus* ganz ungewöhnlich groß ist.

Fig. 48 A.

Querschnitt durch einen hohlen, mit dem Kartonnest von *Liometopum* besetzten Eichenstamm. Phot. Emery.

Die Form der Nester ist sehr unregelmäßig und richtet sich ganz nach der Örtlichkeit, wo sie angelegt werden. Die ersteren beiden Kartonverfertiger bauen ihre Wohnungen mit Vorliebe in Hohlräumen alter Bäume; doch halten sie sich durchaus nicht streng daran. Wenigstens hat man die Nester von *Lasius fuliginosus* schon unter den verschiedensten Bedingungen angetroffen, wie z. B. in Erdhöhlen, die wahrscheinlich von kleinem Raubwild (Wiesel, Iltis) herrührten (Brun), in einem Torfkeller (Oudemans), in einem Grabgewölbe, wobei der Karton aus dem Holze des Sarges hergestellt war [Zimmer, 1908[1])].

[1]) Es verlohnt sich wohl, die genaueren Angaben Zimmers über diesen Fund mitzuteilen: „Das auch durch seine Schönheit und Größe

Das Innere des *fuliginosus*-Nestes besteht aus einem Labyrinth von Hohlräumen und Gängen, die alle nur durch die Dicke des Kartons voneinander getrennt sind. Das Nest bekommt dadurch ein schwamm artiges Aussehen. Die Farbe des Kartons ist gewöhnlich schwarzbraun, selten hellbraun.

Meistens zeigen die Wände des *fuliginosus*-Nestes einen samtartigen Überzug, welchen schon Forel als aus Pilzfäden bestehend erkannt hat (1873, S. 182). Lagerheim hat nun neuerdings diesen Pilz, der von Fresenius als *Septosporium myrmecophilum* beschrieben wurde, näher studiert. Das Mycel desselben befindet sich in dem Karton und durchzieht ihn in reicher Verzweigung; von diesem intramatrikalen Mycel gehen lange braune, gerade oder gebogene haarähnliche Hyphen aus, welche jenen samtartigen Flaum bilden. Da der Pilz außerhalb der *Lasius*-Nester nicht vorkommt und da ferner keine anderen Pilze in dem Neste sich finden, so ist es sehr wahrscheinlich, daß die Ameise den Pilz absichtlich züchtet. Aus dieser Pilzzucht können den Ameisen verschiedene Vorteile erwachsen: die Hyphen können zur Nahrung dienen, und das Mycel verleiht dem Karton eine größere Festigkeit (wie das Schilfrohr dem Mörtelbewurf unserer Hauswände). Außerdem kann auch noch die schleimabsondernde Eigenschaft des Pilzmycels vorteilhaft zum Zusammenkitten des Baumaterials dienen.

Fig. 48 B.

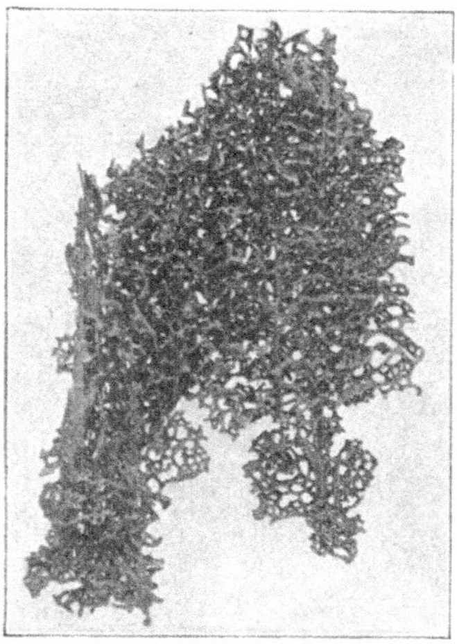

Kartonnest (mit gitterartiger Struktur) von *Liometopum*. Phot. Emery.

Deutlich verschieden vom *fuliginosus*-Nest ist das Kartonnest von *Liometopum*, welches weniger einem Schwamm als einem zierlichen Gitterwerk gleicht (Fig. 48 B); während das Nest von *Cremastogaster scutellaris* wieder mehr ein badeschwammähnliches Aussehen zeigt. Das von Wasmann entdeckte Nest von *Lasius emarginatus* endlich stellte eine mehrere Zentimeter dicke Schicht von „braunem, weichem, später sehr brüchigem Karton dar". Die Kartonmasse glich unregelmäßigen Lagen von dickem, grobem, durchlöchertem Fließpapier oder Filz; sie setzte sich

(etwa 25 × 45 × 45 cm!) bemerkenswerte Nest fand sich in einem gemauerten Grabgewölbe in der Nähe von Breslau. Als das Gewölbe geöffnet wurde, um die Leiche nach einem anderen Platz zu überführen, fand man von ihr nur das Skelett und Reste von Kleidern. Der Sarg war nicht mehr vorhanden, dagegen lag in dem Gewölbe das Ameisennest, von einem sehr starken Volke bewohnt. Die Ameisen mochten wohl durch eine Spalte des Mauerwerks eingedrungen sein und aus dem Holze des Sarges ihren Bau verfertigt haben.

zusammen aus Mulm, Erde, sehr feinen Wurzel- und Rindenfasern; auch Stengelstücke, kleine Steinchen, Fragmente von Schneckenschalen und Stücke von Ameisenkokons waren in den Karton eingewoben.

Während in Europa die Kartonnester nur selten sind, stellen sie in Südamerika, Afrika und Indien eine häufige Erscheinung dar. Es sind vor allem Arten der Gattungen *Camponotus*, *Azteca*, *Cremastogaster*, *Dolichoderus* und *Polyrhachis*, welche solche Nester erbauen. Wenn

Fig. 49.

Kartonnest einer *Cremastogaster*-Art (Straßburger Museum).

viele derselben auch im Prinzip mit dem obigen *Lasius*-Kartonnest übereinstimmen, so unterscheiden sie sich doch in mehreren Punkten von diesem. Einmal werden die Nester der *Cremastogaster* usw. gewöhnlich frei auf Bäumen (Fig. 49), an Ästen hängend, angelegt, und sodann ist der Karton meist feiner und weniger brüchig. Forel hat eine ganze Stufenreihe bezüglich der Beschaffenheit des Kartons aufgestellt, welche vom harten, brüchigen, holzähnlichen des *Lasius fuliginosus* bis zum feinsten, papierdünnen elastischen (dem der Wespennester ähnlich) führt. Die größere Elastizität wird dadurch erreicht, daß weniger Holz und mehr Kitt verwendet wird[1]).

Fig. 50 A.

Kartonnest von *Azteca trigona subsp. mathildae* Forel. Nach einer Photographie von Göldi-Para.

[1]) Manche Autoren berichten, daß von verschiedenen Ameisen zur Verfertigung des Kartons Mist verwendet wird. So soll nach Lund eine Ameise, welche er *Formica merdicola* nennt, und welche in Lagoa santa (Brasilien) an Bambusrohr in einiger Entfernung von der Erde ihr

Die Form dieser freien Kartonnester ist meistens ganz unregelmäßig und wird eben dem Astwerk der betreffenden Bäume angepaßt.

Fig. 50 B.

Bartartig herabhängende Kartonstalaktiten von *Azteca barbifex* Forel. Nach einer Photographie von Göldi-Para.

Nest errichtet, den Mist von Kühen und Pferden als Baumaterial gebrauchen (vgl. Ihering). *Dolichoderus attelaboides* (ebenfalls in Brasilien) baut nach Mayr (1868) sein Nest aus Mauleselmist.

Besonders auffällig sind die Nester verschiedener *Azteca*-Arten (*barbifex, stalactitica, decipiens*), welche aus einer großen Anzahl bartartig herabhängenden Kartonstalaktiten besteht (s. Fig. 50 B). Die Größe derselben kann ganz enorm werden; so berichtet Wasmann von Nestern von *Cremastogaster schenki* aus Madagaskar, welche einen solchen Umfang hatten, daß ein erwachsener Mensch darin Platz finden könnte.

Es gibt aber auch kleinere, regelmäßig geformte Kartonnester, wie sie vor allem einzelne *Polyrhachis-*, *Dolichoderus-* und *Cremastogaster*-Arten bauen. Diese Nester sind gewöhnlich auf einem Blatt errichtet und bestehen aus einem einzigen wallnuß- bis hühnereigroßen Hohlraum, welcher durch eine große, meist zentral gelegene Öffnung mit der Außenwelt in Verbindung steht (Fig. 51). Das Material, aus welchem der Karton dieser kleinen Nester besteht, ist bei den verschiedenen *Polyrhachis*-Arten verschieden: bei *Pol. mayri* und *scissa* aus Ceylon besteht er (wie der Karton der obigen *Cremastogaster*-Nester) aus vegetabilischen Partikelchen, welche durch Drüsenkitt miteinander verklebt sind; bei anderen Arten dagegen, wie z. B. bei *Pol. jerdonii* Forel (ebenfalls aus Ceylon), besteht die Nestwand aus kleinen Steinchen und pflanzlichen Schollen, welche durch ein feines Gespinst zusammengewoben sind. Es treten also hier an Stelle des Kittes feine Seidenfäden. Bei wieder anderen Arten, wie bei *Pol. dives*, wird gar kein fremdes Material mehr benutzt, sondern besteht das Nest aus reinem Seidengespinst. „Das Gewebe ist bräunlichgelblich und zwischen Blättern angebracht, welche damit austapeziert und untereinander verbunden sind.“ „Ein noch feineres zarteres Seidengewebe, feiner und noch dichter als das feinste Seidenpapier, wird von *Polyrhachis spinigera* Mayr produziert.“ „Wunderbarerweise ist dieses Gespinst in der Erde angebracht, wo es eine schlauchförmige, unten kammerartig erweiterte Höhle austapeziert.“

Fig. 51.

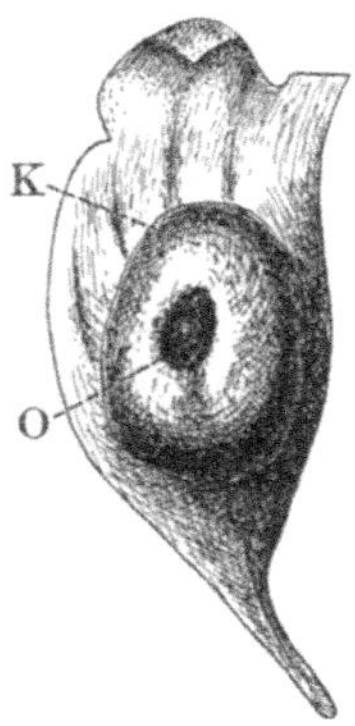

Kartonnest von *Polyrhachis spec.* Nach André.
K Karton, *O* Öffnung des Nestes.

So sind wir also bei den gesponnenen Nestern angekommen. Außer den genannten *Polyrhachis* erbauen auch noch verschiedene *Oecophylla*-Arten (Indien, Australien und Afrika) und *Camponotus senex* Sm. (Brasilien) ähnliche Gespinstnester, und zwar verwenden diese Ameisen lebende Blätter dazu, welche sie zusammenbiegen und an ihren Rändern mit einem dichten Seidengespinst verbinden[1]) (Fig 52 A).

[1]) Eine besonders erwähnenswerte Nestform stellt *Polyrhachis bicolor* (Java) her: von einem gefiederten Palmblatt wird eine der langen schmalen Blatteile nach unten gebogen, und zwar der Länge nach, so daß eine nach unten offene Rinne entsteht, deren offener Spalt mit einem straff gespannten Gespinst geschlossen wird (Jacobson-Wasmann).

Mit demselben seidenartigen Gewebe werden auch alle Lücken und Öffnungen zwischen den Stielen usw. ausgefüllt.

Es erhebt sich nun die Frage, woher die Ameisen, die doch besonderer Spinndrüsen entbehren, den Spinnstoff nehmen? Forel war früher der Ansicht, daß die spinnenden Ameisen aus den kartonfabrizierenden sich allmählich entwickelt haben, indem das Sekret der Oberkieferdrüse, welches diesen den Leim für den Karton liefert, bei jenen eine „fadenziehende" Eigenschaft angenommen habe.

Fig. 52 A.

Blattnest von *Oecophylla smaragdina*.
Nach einer Photographie von Doflein.

Nach den neueren Beobachtungen aber trifft dies nicht zu. Wenigstens ist für *Polyrhachis dives*, *Oecophylla smaragdina*, *virescens*, *longinoda*, *Polyrhachis dives*, *bicolor* und *Camponotus senex* die höchst merkwürdige Tatsache festgestellt, daß sie den Spinnstoff nicht aus ihrem eigenen Körper beziehen, sondern von ihren Larven, welche sie als „Webschiffe" benutzen.

Die erste Kunde darüber brachte Ridley (1890) aus Singapure, und einige Jahre später (1896) berichteten Holland und Green ganz ähnliches aus Ceylon. Holland schildert (bei Green) den Vorgang des Spinnens (von *Oecophylla*) ziemlich eingehend: Die zu verbindenden Blätter werden erst von den Ameisen mittels ihrer Oberkiefer in die richtige Lage gebracht und zusammengehalten. Dann kommen andere in großer Zahl, jede eine Larve im Maule haltend, und fahren nun mit dem Vorderende der Larve von einem Rande des Blattes zum anderen. Wo der Mund der Larve das Blatt berührt, erscheint ein Gespinstfaden, der an dem Blatte festklebt. Dieser Prozeß wird so lange wiederholt, bis die Blätter an ihren Rändern durch ein haltbares Gewebe verbunden sind und schließlich ein filziger papierähnlicher Stoff sich bildet, der aus unzähligen übereinanderliegenden und sich kreuzenden Spinnfäden besteht.

Die Mitteilung, daß Ameisen zum Bau ihrer Wohnung besondere, von ihnen körperlich getrennte Werkzeuge benutzen, mutete so wunderbar an, daß Wasmann fürs erste noch nicht daran glauben mochte und weitere Bestätigung durch andere Forscher für nötig erachtete. Die Bestätigung ist nun neuerdings von verschiedenen Seiten in übereinstimmender Weise eingelaufen, so daß heute kein Zweifel mehr über die Richtigkeit der Angaben Ridleys und Hollands besteht.

Zuerst hat Chun („Aus den Tiefen des Weltmeeres", 2. Aufl., Jena 1903, S. 129) eine indirekte Bestätigung erbracht, indem er bei *Oecophylla*-Larven enorme Spinndrüsen nachwies, welche „an ungewöhnlicher Entwickelung alles überbieten, was wir von den gleichen Drüsen sonstiger Hymenopteren, speziell auch der Ameisenlarven, kennen. Sie bestehen aus vier mächtigen, den Körper in ganzer Länge durchziehenden Schläuchen, welche sich jederseits vereinigen und zu einem auf der Unterlippe ausmündenden Gange zusammenfließen."

Sodann sind aber in den letzten Jahren auch noch mehrfach direkte Beobachtungen über das Spinnen angestellt worden, und zwar von Göldi bei *Camponotus senex,* von den Vettern Sarasin und Fr. Doflein bei *Oecophylla,* und endlich von Edw. Jacobson bei *Polyrhachis dives.*

Die Mitteilungen dieser Forscher bestätigen obige Angaben Hollands in jeder Weise. Besonders anschaulich ist die Schilderung Dofleins, die ich hier wörtlich wiedergeben möchte. Doflein öffnete ein Nest von *Oecophylla,* um das Innere usw. des Baues zu studieren. „Während nun", erzählt der genannte Forscher, „die Hauptmasse der Tiere zur Verteidigung des Nestes sich anschickte, sonderte sich von ihnen eine kleine Truppe ab, welche sich an dem von mir in der Nestwand angebrachten Riß zu schaffen machte. Sie stellten sich in ganz merkwürdiger Weise in einer geraden Reihe auf, wie dies die Abbildung (Fig. 52 B) zeigt. An der einen Seite des Spaltes hatten sie mit ihren Mandibeln den einen Blattrand erfaßt, auf der anderen Seite des Spaltes krallten sie sich mit allen sechs Füßen an der Blattoberfläche fest. Dann zogen sie ganz langsam und behutsam an, setzten ganz vorsichtig einen Fuß nach dem anderen etwas rückwärts und so sah man ganz deutlich die Ränder des Spaltes sich allmählich einander nähern. Es war ein bizarrer Anblick, die Tiere alle einander ganz parallel aufgestellt bei der Arbeit zu sehen.

„Nun kamen andere herbei und fingen an, den Rändern des Spaltes entlang die Reste des alten Gewebes sorgfältig wegzuschneiden.

Sie bissen mit ihren Mandibeln das Gewebe durch und zerrten so lange daran, bis es in Fetzen sich loslöste. Solche Fetzen trugen sie in den Mandibeln an eine exponierte Stelle des Nestes und ließen sie im Winde davonfliegen, indem sie die Mandibeln bei einem Windstoß weit öffneten. Ich sah auch, wie eine ganze Reihe von Ameisen zusammen einen großen Fetzen des Gewebes auf eine Blattspitze hinaustrugen und wie sie dort wie auf Kommando gleichzeitig ihre Mandibeln öffneten und so das große Stück fortflattern ließen.

„Das dauerte fast eine Stunde, dann kam plötzlich ein stärkerer Windstoß, entriß den am Spalt ziehenden Ameisen dessen Ränder und machte die ganze Arbeit nutzlos. Aber die Tiere ließen sich in

Fig. 52 B.

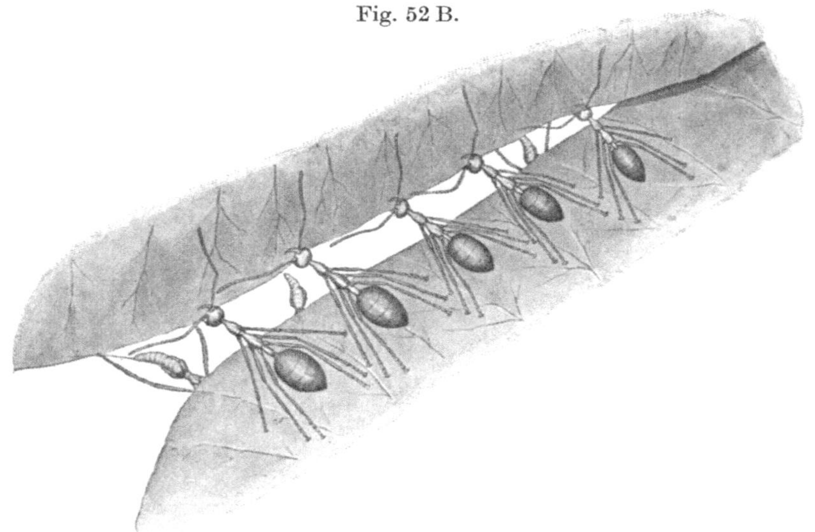

Reparatur eines Spaltes im Nest von *Oecophylla maragdina*.
Nach Doflein.

ihrer Tätigkeit nicht beirren. Von neuem stellte sich eine lange Reihe am Spalt auf und nach einer halben Stunde hatten sie dessen Ränder einander wieder ziemlich nahe gebracht.

„Schon verzweifelte ich an der Möglichkeit, die Hauptsache zu sehen, da kamen aus dem Hintergrunde des Nestes mehrere Arbeiterinnen hervor, welche Larven zwischen ihren Mandibeln hielten. Und sie liefen nicht etwa mit den Larven davon, um sie in Sicherheit zu bringen, sondern sie kamen mit ihnen gerade an die gefährdete Stelle, an den Spalt. Dort sah man sie hinter der Reihe der Festhalter herumklettern und ganz eigenartige Kopfbewegungen ausführen. Sie hielten die Larven sehr fest zwischen ihren Mandibeln, so daß diese in der Mitte ihres Leibes deutlich zusammengedrückt erschienen (vgl.

Fig. 52 C). Vielleicht ist der Druck von Wichtigkeit, indem er die Funktion der Spinndrüsen anregt. Es sah ganz merkwürdig aus, wenn sie mit ihrer Last durch die Reihen der festhaltenden Exemplare hindurchstiegen. Während letztere auf der Außenseite des Nestes sich befanden, führten erstere ihre Arbeit im Inneren des Nestes aus. Sie waren daher viel schwerer zu beobachten. Doch konnte ich nach einiger Zeit mit aller Deutlichkeit sehen, daß sie die Larven mit dem spitzen Vorderende nach oben und vorn gerichtet trugen und sie immer von der einen Seite des Spaltes zur anderen hinüberbewegten. Dabei warteten sie erst ein wenig auf der einen Seite des Spaltes, als ob sie dort durch Andrücken des Larvenkopfes das Ende des von der Larve zu spinnenden Fadens anklebten, fuhren dann mit dem Kopf quer über die Spalte herüber und wiederholten auf der anderen Seite dieselbe Prozedur. Allmählich sah man, während sie diese Tätigkeit unermüdlich fortsetzten, den Spalt sich mit einem feinen seidenartigen Gewebe erfüllen.

Fig. 52 C.

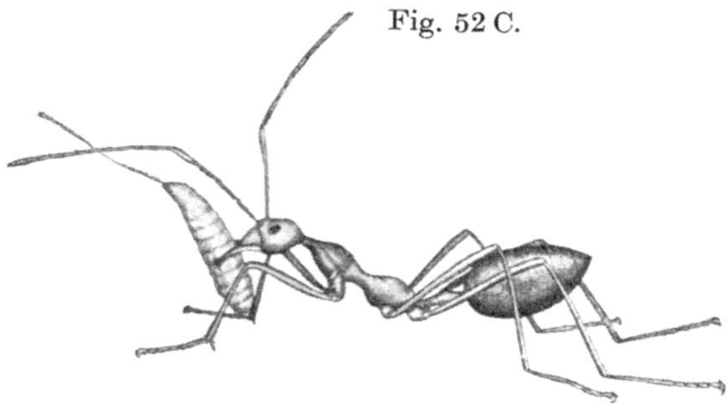

Oecophylla-☿, eine Larve als Spinnrocken benutzend. Nach Doflein.

„Es war kein Zweifel, die Ameisen benutzten tatsächlich ihre Larven als Spinnrocken und zu gleicher Zeit als Weberschiffchen. Indem mehrere Arbeiterinnen ganz nahe beieinander arbeiteten, konnten sie die Fäden einander überkreuzen lassen, so daß ein ziemlich festes Gewebe entsteht. Man kann dasselbe mit der Schere zerschneiden, und kleine Stücke sehen unter dem Mikroskop sehr eigenartig aus. Man sieht eine Menge von feinen Fäden sich überkreuzen und an einzelnen Stellen sieht man ganze Stränge sich in einer Richtung gemeinsam hinziehen. Das stimmt sehr gut mit meinen Beobachtungen der Entstehung des Gewebes überein. Die Ameisen pflegen zuerst an einer Stelle häufig mit den Larven hin und her zu fahren, ehe sie den Ort wechseln und ihre Fäden kreuz und quer spannen. Dadurch entstehen nach kurzer Zeit an mehreren Stellen vor dem Gewebe eine Art von Stricken, welche offenbar den festhaltenden Ameisen einen Teil ihrer Arbeit abnehmen. Man sieht unter dem Mikroskop auch, daß die Fäden des Gewebes an manchen Stellen miteinander verklebt erscheinen. Diese Tatsache erklärt sich sehr einfach, wenn wir bedenken, daß der Faden, wenn er aus der Spinndrüse der Larve hervorgeht, zunächst noch auf einige Momente feucht und klebrig ist."

Diese Schilderung Dofleins wurde neuerdings durch Bugnion noch dahin ergänzt, daß beim Zusammenziehen der Blattränder sich oft ganze Ketten von Arbeitern bilden, indem eine Ameise die andere mit den Mandibeln um die Taille faßt (Fig. 53). Auf diese Weise wird es möglich, auch weiter voneinander abstehende Blattränder zusammenzuziehen. Die Kettenbildung ist übrigens eine ziemlich regelmäßige Erscheinung bei der Reparatur eines zerstörten Nestes, wie ich selbst in Ceylon oft zu beobachten Gelegenheit hatte[1]).

Nachdem nun bei ganz verschiedenen, in getrennten Ländern vorkommenden Ameisen die gleiche Art zu spinnen festgestellt ist, dürfte es wohl zweifellos sein, daß alle gesponnenen Nester auf diese Weise entstehen.

Fig. 53.

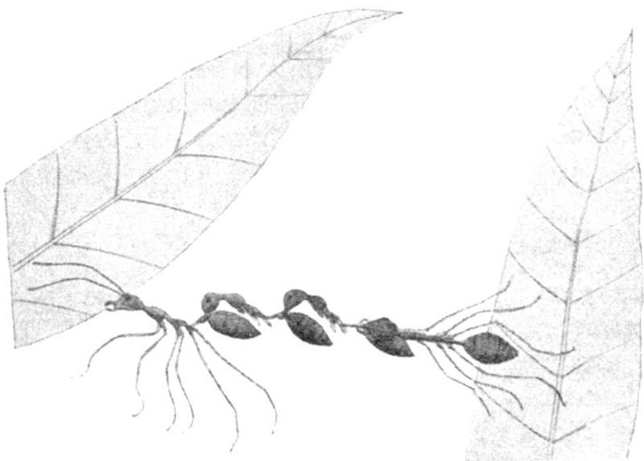

„Kettenbildung" bei der Reparatur eines Nestes von *Oecophylla*. Nach Bugnion.

Wir haben hier eine hochinteressante Tatsache kennen gelernt, die wohl einzig im ganzen Tierreich dastehen dürfte, nämlich die, daß ein Tier sich eines Werkzeuges bedient. Ich glaubte aus diesem Grunde etwas ausführlicher darauf eingehen zu müssen.

7. Zusammengesetzte Nester.

Wir sprechen von „zusammengesetzten Nestern", wenn die Nester von zwei (oder mehreren) verschiedenen Ameisenarten entweder unmittelbar aneinandergrenzen oder ineinander gebaut sind. Meistens verhalten sich die Bewohner der verschiedenen Nester feindlich gegeneinander; man braucht nur die trennenden Wände usw. zu entfernen, um sofort den schönsten Kampf im Gange zu sehen.

[1]) Auch im Insektenband des neuen „Brehm" (bearbeitet von R. Heymons) sind die „lebenden Ketten" auf der von Morin entworfenen Tafel (S. 636) sehr gut dargestellt.

Wir wollen hier nicht von den vielen zufälligen „zusammengesetzten Nestern“ reden, sondern nur die normalen Formen berücksichtigen, nämlich die Nester der „Diebs- und Gastameisen“. Diese Ameisen, die zu den Gattungen *Solenopsis*, *Formicoxenus*, *Leptothorax* usw. gehören und sich durch besondere Kleinheit auszeichnen, bauen ihre Wohnungen gewöhnlich in die dicken Wandungen der Nester größerer Ameisenarten ein. Wo genügend Platz vorhanden, werden die Kammern angelegt, welche durch feine Kanäle miteinander verbunden sind und durch noch feinere Gänge nach außen, d. h. in die Räume der Wirtsameisen führen (Fig. 67). Es können durch sie nur die kleinen Arbeiter der Gast- und Diebsameisen eintreten, während den großen Wirtsameisen der Zutritt versagt ist. Die beiden so ineinander gebauten Nester unterscheiden sich nicht nur durch die bedeutende Differenz in der Breite der Gänge, Kammern usw., sondern auch die Struktur der Wandungen ist beim kleinen Diebsameisennest eine viel glattere als bei dem der großen Wirtsameisen, da letztere natürlich mit größeren Sandkügelchen arbeiten als die Diebsameisen. Näher auf die Beziehungen der beisammenwohnenden Ameisen und andere Details einzugehen, behalte ich mir für ein späteres Kapitel (VII) vor.

8. Nester der „gemischten Kolonien“.

Die Nester der „gemischten Kolonien“ zeigen gewöhnlich eine einheitliche Bauart, nämlich die der Sklavenameisen, da ja die „Herren“ sich meistens gar nicht um den Bau bekümmern, d. h. das Bauen ganz verlernt haben.

Nur in den Fällen, in welchen die „Herren“ noch nicht so stark degeneriert sind, zeigen die Nester Besonderheiten, die hier zu erwähnen sind. Es trifft dies vor allem für die sogenannten „fakultativen Sklavenjäger“ zu, die also nicht unbedingt auf Sklaven angewiesen sind, sondern auch ohne solche auszukommen vermögen, so z. B. *Formica sanguinea* (s. Kapitel VII). „Hier nimmt das Nest eine gemischte Architektur an, indem beide Ameisenarten, jede nach ihrer instinktiven Kunst, daran arbeiten. Und dennoch stören sie einander nicht! Jede Art weiß ihre Arbeit harmonisch mit derjenigen der anderen zu kombinieren, obwohl beider Künste oft sehr verschieden sind, wie z. B. bei der Maurerin *Formica fusca* und bei der nach Art der Zimmerleute arbeitenden *Formica pratensis*. Die *fusca* verbindet mit feuchter Erde die Holzbälkchen der *pratensis*, und das Ganze hält recht gut“ (Forel, 1892).

B. Wandernester.

Wie oben schon erwähnt, gibt es Ameisen, die Dorylinen, welche weite Wanderungen zwecks Beutebeschaffung unternehmen und so für längere Zeit von ihrer Heimstätte sich entfernen. Während dieses

Nomadenlebens richten sie sich für die kurze Zeit, da sie sich in einer Gegend aufhalten, einfach in natürlich vorhandenen Höhlen, Erd- oder Felsspalten, verlassenen Nestern anderer Ameisen, alten Baumstämmen usw. häuslich ein, um, sobald die Gegend ausgeplündert ist, wieder abzuziehen. So besitzen also die Wanderameisen neben ihren Dauernestern, die übrigens auch häufig gewechselt werden, noch temporäre Ruhestätten, sogenannte „Wandernester", von denen wir leider noch nicht allzuviel wissen. Nach Belt, W. Müller und Wheeler beziehen die *Eciton*-Arten Amerikas natürlich geschützte Stellen wie hohle Bäume oder Gesträuche, wo sie zu mächtigen Klumpen zusammengeknäult sind. In diesem Knäuel liegen die Larven und Puppen verwahrt, von ihm aus werden die Raubzüge unternommen und zu ihm wird die Beute gebracht. Der Knäuel stellt also das Nomadennest dar, ein lebendes Nest ohne Haus. Diese „Nester" können eine ganz ansehnliche Größe erreichen, so maß ein von W. Müller beobachteter Klumpen Ameisen und Brut, der nicht die Hälfte der Kolonie ausmachte, nicht weniger als 5600 ccm!

C. Nebenbauten.

Bevor wir den Nestbau verlassen, müssen wir noch einige Worte sagen über die Bauten, welche die Ameisen außerhalb des eigentlichen Nestes errichten, wie Straßenbauten, Pavillons usw.

Die Ameisenstraßen sind allgemein bekannt, man begegnet ihnen auf Schritt und Tritt in unseren Gärten, auf Wiesen, Feldern und in Wäldern. Verfolgt man dieselben, so sieht man, daß sie einerseits zum Nest führen, andererseits gewöhnlich frei enden; man sieht ferner, daß vom Nest nicht nur die eine verfolgte Straße ausgeht, sondern daß gewöhnlich mehrere solche Wege nach den verschiedenen Richtungen gebaut sind. Die Straßen werden richtig angelegt und entstehen nicht etwa von selbst durch die Tritte der Ameisen, wie einige Autoren meinten. Es werden zunächst alle im Wege stehenden Hindernisse sorgfältig weggeräumt, vor allem die Grasstengel usw. abgeschnitten, sodann wird der Boden geglättet oder auch mehr oder weniger ausgehöhlt, so daß die Straße eine flache Rinne bildet. Die Seitenränder der Straße können auch noch mehr oder weniger erhabene Längswälle erhalten (Straßen der Treiberameisen). Ist die Straße fertig gestellt, so wird sie sorgfältig bewacht und unterhalten, indem die Zerstörungen, die natürlich sehr häufig eintreten, sofort wieder repariert werden.

Diese Ameisenstraßen zeichnen sich sehr scharf von der Umgebung ab; sie führen meistens ziemlich gerade ihrem Ziele zu, nur allzu große Hindernisse werden im Bogen umgangen; ihre Länge kann 30, 40 oder 50 und noch mehr Meter betragen[1]). Bis jetzt haben wir nur

[1]) Vosseler konnte eine Straße der Treiberameisen 400 m weit verfolgen.

offene Straßen im Auge gehabt, wie sie bei uns vor allem von *Formica rufa, pratensis* und *Lasius fuliginosus,* in Nordafrika von den *Messor*-, in Amerika von den *Pogonomyrmex*-Arten usw. gebaut werden.

Manche Ameisen aber begnügen sich nicht mit solchen offenen Wegen, sondern überwölben dieselben noch mit einem Erdgewölbe. Es tun dies die verschiedenen *Lasius,* vor allem *L. niger* und *alienus,* sodann *L. brunneus* und *emarginatus,* ferner *Myrmica laevinodis, scabrinodis,* in Brasilien verschiedene *Acromyrmex*-(*Atta*-) Arten, die Wanderameisen usw. Die Erbauung der Gewölbe geschieht auf dieselbe Weise wie die Erbauung der Erdkuppeln (siehe oben). Manchmal wechseln offene und gedeckte Partien auf ein- und derselben Straße miteinander ab oder die Straße verschwindet auch plötzlich ganz in der Erde, um erst nach einer Strecke wieder zum Vorschein zu kommen. Es zeigt sich eben auch hier beim Straßenbau dieselbe große Plastizität und Anpassungsfähigkeit, wie wir sie beim Nestbau kennen gelernt haben.

Der große Vorteil der „Straßen" ist ohne weiteres klar: es sind den Ameisen alle Hindernisse aus dem Wege geräumt, so daß der Hin- und Hermarsch in einem viel rascheren Tempo erfolgen kann als da, wo keine Straßen vorhanden sind. Wie langsam und mühsam gestaltet sich der Marsch durch ein ungeebnetes Terrain, z. B. eine Wiese, besonders wenn die Ameise mit einer größeren Last beladen! Bald bleibt sie da, bald dort hängen; ein ewiges Vor und Zurück, Hinauf und Hinunter, und dabei muß sie stets ängstlich darauf bedacht sein, die Richtung nicht zu verlieren; sobald aber die Straße erreicht, so geht es ohne Unterlaß vorwärts! Deshalb biegen auch die Ameisen, die abseits von der Straße beschäftigt waren, stets zunächst zur Straße ein, um von da aus bequem und rasch ihre Beute nach Hause tragen zu können. Für solche Ameisen, die ein schlechtes Geruchsvermögen besitzen, ist eine „Straße" natürlich von besonderem Wert. „Da gibt es nur zwei Richtungen, und die Wanderer brauchen sich nicht mehr mühselig ihren Weg zu suchen." Gewöhnlich wird ein und dieselbe Straße als Hin- und Herweg benutzt; ich sah aber auch Fälle (bei *Messor barbarus* in Biskra), in denen die Ameisen auf einem besonderen Wege auszogen und auf einem anderen heimkehrten.

Die Straßen führen zu Plätzen, wo besonderer Überfluß an Nahrung vorhanden, sehr häufig zu Blattlauskolonien, die ihnen reichlichen Zuckersaft liefern. Nicht selten errichten die Ameisen (*Lasius, Myrmica, Cremastogaster*) um die letzteren noch besondere Gewölbe, um die geschätzten Nahrungslieferanten vor den Unbilden des Wetters und vor Feinden zu schützen und wohl auch um sie für sich zu sichern. Solche „Blattlaus-Pavillons oder -Zelte" findet man des öfteren auf Sträuchern oder Bäumen, und zwar in der verschiedensten Form. Besonders vielseitig in dieser Beziehung scheint *Cremastogaster lineolata* (Nordamerika) zu sein, deren „Zelte" nach Wheeler nicht nur bezüglich der Form, sondern auch des Materials sich recht verschieden verhalten können. Auch in den Tropen kommen sie vor, und zwar in viel größeren Dimensionen; so beobachtete Dahl im Bismarck-Archipel Blattlausställe, von *Oecophylla* errichtet, welche einen Durchmesser von 40 cm erreichten.

Dieselbe Ameise baut nach Dahl außer diesen Ställen auch noch besondere „Futterhäuser", das sind „zeltartig ausgespannte, allseitig geschlossene Überdachungen einzelner Astteile" an solchen Stellen, wo Saft ausfließt. Sie dürften dazu dienen, den Saft vor Regen zu schützen, damit er etwas erhärten kann.

Literatur.

Adlerz, G., Myrmecologiska studier. I. Formicoxenus nitidulus 1884.

André, Ernst, Les Fourmis. Kap. V und X.

Belt, T., The Naturalist in Nicaragua. London 1874.

Brun, Edg. u. R., Beobachtungen im Kemptthaler Ameisengebiete. In: Biol. Zentralbl. **33** (1913).

Bugnion, E., La fourmi rouge de Ceylon (*Oecophylla smaragdina*). Arch. Scienc. phys. et natur. (4. Sér.) **28** (1909).

Dahl, Fr., Das Leben der Ameisen im Bismarck-Archipel. S. 27—37. Berlin 1901.

Doflein, Fr., Beobachtungen an den Weberameisen. In: Biol. Zentralbl. **25**, 497—507, 1905.

Forel, Aug., Les Fourmis de la Suisse, 1873. III. Partie, S. 150—209.

Forel, Aug., Eine myrmekologische Ferienreise nach Tunesien und Algier. In: „Humboldt" 1890, S. 296—306.

Forel, Aug., Die Nester der Ameisen. In: Verh. d. Zür. Naturf.-Ges. 1892. 1 Tafel.

Forel, Aug., Les Formicides de la province d'Oran. In: Bull. Soc. Vaud. Sc. Nat. **30** (3), 1—45, 1894.

Forel, Aug., Zur Fauna und Lebensweise der Ameisen im kolumbischen Urwald. In: Mitteil. d. Schweiz. Entom. Ges. 1896, S. 401—411.

Forel, Aug., Fourmis du Japon. Nid en Toile etc. In: Bull. Soc. Ent. Suisse **10**, 267—287, 1900.

Forel, Aug., Ebauche sur les moeurs des fourmis de l'Amérique du Nord. In: Rivista Soc. Biol. Como 1900.

Forel, Aug., Die Sitten und Nester einiger Ameisen der Sahara bei Tugurt und Biskra. In: Mitteil. d. Schweiz. Entom. Ges. **10**, Heft 10, 1902.

Forel, Aug., Faune myrmécologique des Noyers. In: Bull. Soc. Vaud. 1903.

Forel, Aug., Einige biologische Beobachtungen des Herrn Prof. Dr. E. Göldi an brasilianischen Ameisen. In: Biol. Zentralbl. **25** (1905).

Forel, Aug., Einige neue biologische Beobachtungen an Ameisen. In: Compt. rend. d. séances 6me Congrès intern. Zoologie, S. 449—456, Genf 1905.

Green, E. E., On the habits of Oecophylla smaragdina F. In: Proc. Ent. Soc., London 1896.

Huber, P., Fourmis indigènes, 1810. Kap. I.

Jacobson, Edw., Zu Wasmann, Zur Verfertigung der Gespinstnester von *Polyrhachis bicolor* Sm. auf Java. In: Notes from the Leyden Museum **30**, 63—67, 1908.

Jacobson, Edw., siehe unten bei Wasmann 1905.

Ihering, H. v., Die Ameisen von Rio Grande do Sul. In: Berl. Entom. Zeitschr. 1894.

Knauer, Fr., Neues über Ameisen und Termiten. In: Die Umschau **8** (1904).

Koch, Fr. Otto, Die Ameisen als Baukünstler. In: Stein der Weisen **21** (1908).

Krausse, A. H., Über Kartonnester von *Cremastogaster scutellaris* auf Sardinien. In: Intern. Entom. Zeitschr. Guben, Nr. 48, 25. Febr. 1911.

Lindner, Ch., Observations sur les Fourmilières-Boussoles. In: Bull. Soc. Vaud. Sc. Nat. **44** (5. Ser.), Nr. 164, 1908.

Lagerheim, G., Über *Lasius fuliginosus* (Latr.) und seine Pilzzucht. In: Entom. Tidskr. 1900.

Mayr, G., Myrmekologische Studien. In: Verhandl. d. Zool. Bot. Ges. Wien 1862, S. 649—776. Tafel 19.

Mayr, G., Südafrikanische Formiciden, gesammelt von Dr. Hans Brauns. In: Ann. d. k. k. Nat. Hofmus. Wien 1901, S. 1—30. 2 Tafeln.

McCook, H. C., The Honey Ants etc. 1882.

McCook, H. C., The Natural-History of the Agricultural Ant of Texas 1880.

Möller, Alfr., Die Pilzgärten einiger südamerikanischer Ameisen. Jena 1893.

Müller, W., Beobachtungen an Wanderameisen. In: Kosmos **1**, 81, 1886.

Müller, Fritz, Die Imbauba und ihre Beschützer. In: Ebenda 8.

Oudemans, J. Th., Zwei merkwürdige Hymenopterennester von *Lasius fuliginosus* Latr. und von *Osmia rufa* L. In: Allgem. Zeitschr. f. Entom. 1901, S. 179—181.

Ridley (Über *Oecophylla*). In: Journ. of the Straits Branch of the Roy. Asiat. Soc., Singapore 1890.

Schimper, A. F. W., Die Wechselbeziehungen zwischen Pflanzen und Ameisen im tropischen Amerika. Jena 1888.

Stopes, Marie C., und Hewitt, C. G., On the Tent-buildings Habits of the Ant *Lasius niger* in Japan.

Szabó, József, Oriási hangyaboly hazankban. In: „Termész. közlöny." 593. Füzetéböl. Budapest 1914. (Nest von *Formica rufa*.)

Ule, E., Ameisengärten im Amazonasgebiet. In: Englers bot. Jahrb. **30** (1902), Beibl. Nr. 68, S. 45—52.

Vosseler, J., Die Ostafrikanische Treiberameise (Siafu). In: Der Pflanzer 1905, Nr. 19.

Wasmann, E., Die zusammengesetzten Nester und gemischten Kolonien der Ameisen. Münster 1891.

Wasmann, E., Vergleichende Studien über das Seelenleben der Ameisen und der höheren Tiere. 2. Auflage. Feiburg i. Breisg. 1900.

Wasmann, E., Beobachtungen über *Polyrhachis dives* auf Java, die ihre Larven zum Spinnen der Nester benutzt. In: Notes from Leyden Museum **25**, 133—140, 1905. (Enthält briefliche Mitteilungen von Edw. Jacobson.)

Wasmann, E., *Lasius emarginatus* Ol., eine kartonnestbauende Ameise. In: Biol. Zentralbl. **33**, 264 ff., 1913.

Wheeler, W. M., The Habits of the Tent-building Ant (*Cremastogaster lineolata*). In: Bull. Amer. Mus. **22** (1906).

Wheeler, W. M., Ants. Kap. XII u. XIII.

Wheeler, W. M., The Compound and mixed Nests of American Ants. In: Amer. Naturalist **35** (1901).

Zimmer, C., Nest von *Lasius fuliginosus*. In: Zeitschr. f. wiss. Insektenbiologie 1908, S. 229.

Fünftes Kapitel.

Ernährung.

1. Allgemeines über die Aufnahme, Verteilung und Beschaffung der Nahrung.

Legt man ein befeuchtetes Stück Zucker in ein Beobachtungsnest, in welchem eine kleine Ameisenkolonie sich befindet, so dauert es nicht lange, daß einige Ameisen herankommen und an dem Zucker zu lecken beginnen. Mit der Lupe erkennt man deutlich rasche rhythmische Bewegungen der breiten Zunge und der Labialtaster, während die Maxillen und ihre Taster dabei ziemlich ruhig bleiben. Das Gros der Ameisen hält sich in der anderen Ecke des Nestes auf und kümmert sich nicht um den Leckerbissen.

Die ersteren Ameisen dagegen verharren lange bei dem Zucker, unentwegt an ihm leckend; manchmal setzen sie wohl eine Weile aus, um ihre mit dem Sirup verpappten Fühler usw. zu reinigen und wohl auch um ein wenig auszuruhen; dann geht es aber gleich wieder von neuem mit dem Lecken los. Dabei hat sich der Hinterleib ausgedehnt; die glänzenden Regionen der Segmentplatten, welche sonst zum größten Teil verdeckt sind, treten mehr und mehr hervor; der Umfang des Abdomens kann beinahe um das Doppelte sich vergrößern, während die betreffenden Ameisen immer noch nicht genug zu haben scheinen.

Wenn wir diesen hier geschilderten Vorgang als „Fressen" auffassen, so müssen uns die Ameisen als „Vielfraße" ersten Ranges erscheinen. Sie sind aber nichts weniger als das! Was wir eben beobachtet haben, ist kein „Fressen" im eigentlichen Sinne; denn es kommt fürs erste nichts in den „individuellen" Magen der betreffenden Ameisen, sondern die ganze Menge des aufgesogenen Zuckersaftes verbleibt zunächst in dem „sozialen" Magen und dient zum größten Teil zur Verteilung an die übrigen Mitglieder der Gesellschaft. Wir haben es also vielmehr mit einem Sammeln von Nahrungsvorräten zu tun. Forel hat auch Experimente darüber angestellt, indem er den Zucker mit Berlinerblau färbte: in den ersten Tagen war keine Spur der blauen Flüssigkeit, welche den Vormagen (sozialen Magen) füllte, in den („individuellen") Verdauungsmagen eingedrungen; erst später färbte sich auch letzterer langsam mehr und mehr blau.

Die Ameise „frißt“ erst dann wirklich, wenn sie den Verschluß des Vormagens öffnet und von dem darin aufgesammelten Nahrungsvorrat etwas in ihren eigentlichen Magen durchtreten läßt; denn nur diese Nahrung kommt ihrem eigenen Körper zugute.

Kehren wir wieder zu unserem Beobachtungsnest zurück und verfolgen die paar leckenden Ameisen weiter. Haben sie endlich genug des Sirups eingesogen, so entfernen sie sich von dem Zuckerstück und begeben sich in die Ecke, wo die übrigen Ameisen sich aufhalten. Hier sitzen sie nun ruhig da, ihren Vorderkörper aufgerichtet. Es

Fig. 54.

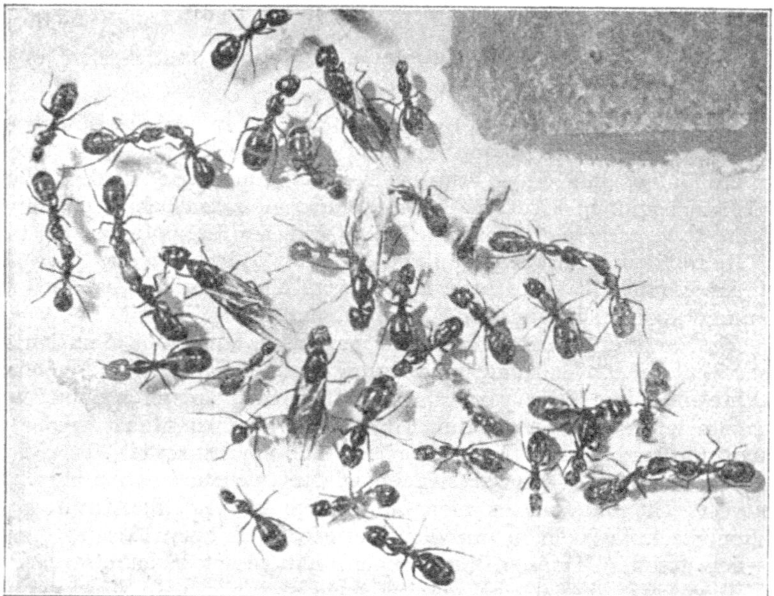

Weibchen (geflügelt) und Arbeiter von *Camponotus americanus*; fünf Paare der letzteren bei der gegenseitigen Fütterung. Aus Wheeler.

kommt eine hungrige Ameise (B) an einer (A) von diesen vorbei, betastet sie und erkennt sogleich, daß hier etwas zu holen ist. Sie schlägt nun die angefüllte Genossin (A) heftig mit den Fühlern und den Vorderbeinen auf die Oberfläche und die Seiten des Kopfes und beleckt die Mundgegend. Gleich darauf öffnet jene (A) ihre Mandibeln, um Platz zu machen, und beide Ameisen verbinden sich nun Zunge an Zunge (Fig. 54). Wir sehen wieder dieselben rhythmischen Bewegungen der Zunge, die wir oben beim Auflecken des Zuckers beobachtet haben. Die Lippentaster sowohl als die Fühler und die Vorderbeine der beiden sind in steter Bewegung; besonders die futtererhaltende Ameise (B) wird nicht müde, den Kopf der Fütternden (A) in der aufgeregtesten Weise zu bearbeiten. Die Bewegungen der letzteren (A) sind ruhiger und langsamer. — Nachdem die beiden Ameisen längere Zeit so vereinigt waren, trennen sie sich wieder. Bald sehen wir aber mit der Ameise A eine andere Ameise (C) in gleicher Weise verbunden, dann wieder eine andere (D) usw., bis der Vorrat der Ameise A erschöpft ist.

Nun aber spielen die so gefütterten Ameisen (B, C und D) ebenfalls die Rolle von Fütternden, denn auch sie haben die aus dem Munde der Ameise A erhaltene Nahrung nicht vollständig für sich gebraucht, sondern einen Teil in ihrem Vormagen aufbewahrt zu weiterer Verteilung. Die Ameise B füttert eine andere Ameise E, C füttert F usw. — Derselbe Vorgang kann sich noch mehrfach wiederholen; und so sehen wir denn in kurzer Zeit das ganze Nest erfüllt mit solchen sich fütternden Paaren.

Es gibt aber im Nest noch andere hungernde Mäuler als die ausgewachsenen Ameisen, nämlich die Larven. Diese erhalten ihre Nahrung gewöhnlich in der Weise, daß die Arbeiter einen Tropfen Flüssigkeit ausbrechen und auf deren Mund fallen lassen. Nur selten wird den Larven feste Nahrung in Form von Insektenteilen vorgesetzt (vgl. Kap. III, 4 b). Es sind in der Regel nicht die auf den Nahrungserwerb ausziehenden Furagiere selbst, welche die Larven füttern, sondern besondere Individuen, welche sich ausschließlich der Brutpflege widmen und von den Furagieren die Nahrung bezogen haben.

Was wir hier in dem kleinen Beobachtungsnest gesehen, ist typisch für die Ernährungsweise der Ameisen. Durch dieses System der gegenseitigen Fütterung erwachsen der Gesellschaft große Vorteile. Denn es braucht nur ein Teil der Ameisen zum Nahrungserwerb auszuziehen, während die übrigen sich ruhig den anderen Funktionen widmen können, wie dem Nestbau und vor allem der Brutpflege. Die Vorteile dieser Arbeitsteilung werden natürlich noch wesentlich gesteigert, wenn die einzelnen Funktionen immer von denselben Individuen ausgeübt werden, da diese dadurch eine größere Fertigkeit ihrer Spezialaufgabe erreichen werden. — Diese Bedingungen sind auch erfüllt; denn wie wir oben (Kap. II, 4) gehört haben, sind es in der Tat meistens die gleichen Individuen, die zum Furagieren ausziehen.

Übrigens bringen diese Furagiere die Nahrung nicht immer nur als Flüssigkeit in ihrem Vormagen mit, sondern sie schaffen auch größere feste Stücke (Insektenlarven, Körner usw.) ins Nest, um sie in dieser Form ihren Genossen vorzusetzen. — Doch auch in solchen Fällen frißt (d. h. leckt) nicht jedes Individuum für sich von der Beute, sondern auch nur wieder ein Teil, während die anderen sich von diesen füttern lassen.

Die meisten Ameisen sind imstande, selbständig Nahrung zu suchen und aufzunehmen; und wenn sie sich von anderen füttern lassen, so geschieht dies nicht etwa aus der Unfähigkeit selbständiger Nahrungsaufnahme.

Es gibt aber andererseits auch Ameisen, welche wirklich unfähig zur selbständigen Nahrungsaufnahme sind und welche verhungern, wenn sie nicht von anderen gefüttert werden. Hierher gehören einmal die Männchen, die wir ja schon in mehreren Beziehungen als unglaublich „dumm" kennen gelernt haben und sodann verschiedene in gemischten Kolonien lebende Ameisen, wie die obligatorischen Sklavenhalter (*Polyergus*), bei denen der Freßinstinkt, infolge der langgeübten Gewohnheit sich von „Sklaven" füttern zu lassen, vollkommen degeneriert ist (vgl. Kap. VII).

Was nun die Beschaffung der Nahrung betrifft, so ist diese in der freien Natur nicht so einfach, wie in unserem Beobachtungsnest. Die Nahrung muß vielfach von weiter Entfernung herbeigeholt werden, was mitunter mit viel Schwierigkeiten und Gefahren verbunden ist. Es kommt dabei natürlich sehr viel darauf an, welcher Art die herbeizuschaffende Nahrung ist. Handelt es sich um pflanzliche Nahrung oder um die Exkremente von Blattläusen, so besteht die Hauptschwierigkeit für die Furagiere im Wegfinden. In solchen Fällen sehen wir daher gewöhnlich die furagierenden Ameisen, eine hinter der anderen, im Gänsemarsch aus- und einziehen; und meistens ist das Wegfinden noch dadurch erleichtert, daß besondere offene oder gedeckte Wege zu den Blattläusen usw. gebaut werden (Kap. IV C).

Wo es sich aber um Jagd auf Tiere handelt, kommen außer der Schwierigkeit der Orientierung auch noch die Gefahren des Jägers hinzu. Diese sind um so größer, je kräftiger und mutiger die Jagdtiere sind; und sodann kommt es auch darauf an, ob solitäre oder soziale Tiere gejagt werden sollen. Von diesen Momenten hängt hauptsächlich die Art, wie die Ameisen der Jagd obliegen, ab, d. h. ob sie einzeln, jede Ameise für sich, ausziehen oder in kleineren Trupps oder in geschlossenen Heeren usw. Die *Myrmecocystus*-Arten z. B. jagen gewöhnlich einzeln; das schließt aber nicht aus, daß zur Überwindung größerer Gegner mehrere Ameisen sich unterstützen, ebenso beim Heimschleppen großer schwerer Beutestücke. Als Beispiel für die zweite Jagdweise möchte ich *Formica sanguinea* anführen. In großen geschlossenen Heeren endlich jagen die Dorylinen, die Wanderameisen; sie unternehmen von ihren Wandernestern aus „ungeheure Raubzüge, bei denen sie alles Lebendige: Schwabenkäfer, Ratten, Mäuse, Spinnen usw. angreifen, töten, zerstückeln und heimtragen. Wenn sie ein bewohntes Menschenhaus überfallen, müssen alle Bewohner es schleunigst verlassen und sie tun das gerne, denn in wenigen Stunden wird alles Ungeziefer zerhackt und weggetragen. Kleine Kinder müssen vor den Eindringlingen geschützt und fortgenommen werden. Dafür ist das Haus dann rein und bald sind alle Ameisen mit Beute wieder verschwunden" (Forel, 1898). Manche Ponerinen haben ebenfalls diese Gewohnheit in geschlossenen Heeren zu jagen, wie z. B. die indischen *Leptogenys*-Arten oder die afrikanische *Megaloponera foetens*, die nach Wroughton, Prell u. a. in dieser Weise auf Termiten Jagd machen. Auch *Lasius fuliginosus* zieht (nach Wasmann) bisweilen geschlossen gegen andere Ameisenkolonien, um diese auszuplündern.

Die meisten Ameisen obliegen dem Nahrungserwerb bei Tage, während sie des Nachts im Nest verbleiben. Es gibt aber auch umgekehrte Fälle, wo das Furagieren nur des Nachts geschieht (z. B. *Myrmecocystus melliger*). Manche Ameisen machen unterirdisch Jagd, indem sie entweder Gänge in die Erde minieren oder Gewölbe bauen (*Anomma, Dorylus*).

Wie helfen sich die Ameisen über die mageren Jahreszeiten, in denen es an Nahrung mangelt, hinweg? Bei uns in Nord- und Mitteleuropa einfach dadurch, daß sie während dieser Zeit nichts fressen. Sie halten eine Art Winterschlaf, indem sie sich in die tiefsten Regionen des Nestes zurückziehen und sich hier ganz ruhig verhalten, um den Stoffwechsel auf ein Minimum herabzusetzen. Der „Schlaf" ist kein sehr tiefer, denn gräbt man überwinternde Ameisen aus, so sind sie sofort imstande, Bewegungen auszuführen und herum zu laufen, wenn auch zunächst nur sehr langsam.

Im südlichen Europa und in der subtropischen Region dagegen gibt es keinen Winterschlaf; die Temperatur ist zu hoch, um die Ameisen zur Ruhe kommen zu lassen. Und so sehen wir denn hier mehrere Arten, welche sich während der fetten Zeiten für die mageren (d. h. trockenen und dürren) vorbereiten, indem sie Vorräte aufspeichern. Es sind dies vor allem die „körnersammelnden" Ameisen, welche riesige Mengen Pflanzensamen in großen unterirdischen Kornkammern aufhäufen, und sodann die sogenannten „Honigameisen", welche während der honigreichen Zeiten eine Anzahl ihrer Genossen bis zum Platzen mit Honig vollstopfen, welcher dann von diesen für die honigarme Zeit aufbewahrt wird. Auf beide Fälle werden wir unten noch näher zu sprechen kommen.

Was nun endlich die Nahrung selbst betrifft, so verhalten sich die verschiedenen Ameisen in der Auswahl derselben recht verschieden. Die einen leben vorzugsweise von Blattlausexkrementen, die anderen von Pflanzenkost, und wieder andere vorzugsweise von Fleischkost. Und unter den Vegetarianern sowohl als den Karnivoren gibt es wieder besondere Gourmands, die eine Vorliebe für ganz bestimmte Speisen besitzen; so nähren sich gewisse Ameisen von bestimmten Pflanzensamen oder Pilzen; andere haben es wieder auf ganz bestimmte Tierarten abgesehen, so z. B. *Leptogenys elongata* auf einige Krustazeen (*Armadillium* und *Oniscus*), andere Arten derselben Gattung auf Termiten usw. — Jedoch sind die Ameisen meistens nicht so streng an die eine Nahrung gebunden, sondern es können die Vegetarianer gelegentlich auch zur Fleischkost übergehen, wenn es sein muß, und die Karnivoren zur Pflanzenkost. So hat z. B. Wheeler gezeigt, daß *Pogonomyrmex imberbiculus*, eine körnersammelnde Ameise, auch Fliegen frißt, wenn man sie ihr vorsetzt[1]) und sogar ihre Larven

---

[1]) Moggridge beobachtete Ähnliches auch bei den mediterranen Körnersammlern (*Messor barbarus* usw.).

damit füttert; und Wasmann hat berichtet, daß der Blattlauszüchter *Lasius fuliginosus* zuweilen auch auf den Raub von Ameisenpuppen und Larven ausgeht usw. — Die große Plastizität, die uns beim Nestbau aufgefallen, zeigt sich also auch hier bei der Ernährungsweise.

Ob überhaupt Ameisen vorkommen, die unbedingt auf eine einzige ganz bestimmte Nahrung angewiesen sind, ohne die sie nicht weiterzuleben vermögen, die Frage möchte ich noch als eine offene betrachten. Die Pilzzüchter (*Atta*-Arten) scheinen ja allerdings auf die Pilzkost angewiesen zu sein, doch sind meines Wissens noch keine bestimmten Versuche darüber angestellt.

Mögen sich nun die verschiedenen Ameisen bezüglich ihrer Nahrung auch noch so verschieden verhalten, so stimmen sie doch in einem Punkt überein, nämlich in ihrer großen Vorliebe für Süßigkeiten. Zucker, Honig, Sirup, eingemachte Früchte, ferner süße Sekrete von Pflanzen und Tieren, süße Exkremente usw. sind weitaus den meisten Ameisen hochwillkommen. Diese Vorliebe ist es auch, welche die Ameisen in unsere Wohnungen lockt und sie uns oft recht lästig werden läßt.

2. Besonderheiten der Ernährungsweise.

Die folgenden Spezialfälle stimmen darin überein, daß sie gewissermaßen eine höhere Stufe der Ernährungsweise darstellen. Während die meisten Ameisen nur „von der Hand in den Mund" leben, handelt es sich in diesen Fällen um ein (natürlich unbewußtes) Rechnen mit der Zukunft: es werden gewisse Insekten, welche süße Exkremente ausscheiden, behütet und teilweise auch aufgezogen; es werden Vorräte (Honig oder Körner) aufgespeichert, um für die schlechten Zeiten versorgt zu sein, und es werden endlich Pilze gesät und so behandelt, daß sie nahrhafte Körperchen („Kohlrabi" oder „Ambrosia") produzieren.

Wir haben es hier also mit einer richtigen Viehzucht und einem richtigen Gartenbau zu tun. Die Ähnlichkeiten, die in dieser Beziehung zwischen dem Menschen- und Ameisenstaat bestehen, sind in der Tat sehr große. Es handelt sich aber doch immer nur um Analogien, und nur ganz oberflächliche Popularisatoren konnten mehr darin erblicken; die Ähnlichkeiten sind, wie schon oben erwähnt, rein äußerliche und beruhen lediglich auf Konvergenzerscheinungen, hervorgerufen durch das soziale Leben der Menschen und Ameisen. Dies dürfen wir im folgenden niemals vergessen.

a) Tierische Exkremente und Exkrete als Nahrung (Blattläuse, Lycaenenraupen usw.).

Bei der großen Vorliebe der Ameisen für alles Süße ist es kein Wunder, daß sich zwischen ihnen und solchen Insekten, welche süße Exkremente oder Exkrete produzieren, Beziehungen ausgebildet haben.

Ursprünglich werden diese Beziehungen sehr einfache gewesen sein, d. h. die Ameisen werden eben die betreffenden Tiere getötet und als Beute heimgeschleppt haben. Allmählich aber dürfte der große Vorteil, der durch das Lebenlassen der Tiere den Ameisen erwächst, eine Hemmung des Raub- und Tötungsinstinktes hervorgerufen haben; war diese einmal geschaffen, so konnten sich die übrigen Beziehungen (Aufzucht, Schutz usw.) leicht ausbilden.

In erster Linie kommen hier die Blattläuse in Betracht. Die Beziehungen zwischen ihnen und den Ameisen sind schon seit langer Zeit bekannt. Huber berichtet darüber bereits sehr eingehend. Eine ausführliche zusammenfassende Darstellung aller diesbezüglichen bekannten Tatsachen hat neuerdings Mordwilko (1907) gegeben, worauf besonders aufmerksam gemacht sei.

Fast überall, wo Blattläuse sind, finden sich auch Ameisen ein. Untersuchen wir mit einer Lupe, was die Ameisen treiben, so sehen wir sie gewöhnlich hinter den Blattläusen sitzen, deren Rücken mit den Fühlern bearbeitend. Die Blattlaus verhält sich dabei zunächst völlig ruhig; plötzlich kommt etwas Bewegung in sie, sie hebt ihren Hinterleib in die Höhe und läßt aus ihrem After einen klaren goldgelben Tropfen austreten. Auf diesen hat die dahinter sitzende Ameise gewartet; sie leckt ihn schnell und gierig auf. Der Vorgang kann sich bei der gleichen Blattlaus in kurzer Zeit öfter wiederholen; ich beobachtete wie bei einer *Lasius fuliginosus*-Blattlaus in etwa 5 Minuten vier Tropfen austraten. Ist eine Blattlaus ausgemolken, so geht die Ameise zu einer anderen usw., bis ihr Kropf genügend gefüllt ist. Mit deutlich aufgetriebenem Hinterleib kehrt sie in ihr Nest zurück, um den süßen Kropfinhalt dort zu verteilen.

Längere Zeit war man in dem Irrtum befangen, als ob es das Sekret der beiden am Ende des Blattlausabdomens stehenden Röhrchen sei, welches die Ameisen von den Blattläusen holten. Und selbst bis in die neueste Zeit findet man in manchen Büchern noch derartige Angaben, obwohl man sich jederzeit leicht durch einige Minuten Beobachtung davon überzeugen kann, daß jene „Dorsalröhrchen“ beim „Melken“ der Ameisen gar keine Rolle spielen. Ja, es ist sogar festgestellt, daß die Röhrchen um so weniger ausgebildet sind, je intimer die Beziehungen zwischen den Blattläusen und Ameisen sich gestalten und umgekehrt. Am stärksten finden wir sie bei denjenigen Blattläusen entwickelt, die überhaupt nicht von Ameisen besucht werden. So gehen wir wohl nicht fehl, in jenen Organen Verteidigungsmittel zu erblicken, die natürlich in gleichem Schritte, in dem der Schutz der Blattläuse von den Ameisen übernommen wird, an Bedeutung verlieren. Nach Mordwilko wird durch die Dorsalröhrchen eine wachsartige Substanz in Form von runden Kügelchen ausgeschieden, die an der Luft schnell erstarrt. „Es ist klar, daß, wenn die Blattlaus einem ihrer Feinde mit dieser Ausscheidung die Kiefer oder den vorderen Teil des Kopfes einschmiert, sie diesem damit eine große Unbequemlichkeit verursacht, indem jene Ausscheidung rasch auf den Kiefern oder dem Kopfe des Feindes trocknet; letzterer wird nun gezwungen sein, sich auf irgend eine Weise von der Substanz zu befreien, wozu wiederum eine gewisse Zeit erforderlich ist."

Es sind also nicht die Sekrete aus den Dorsalröhren, welche die Ameisen anziehen; es steht vielmehr heute fest, daß es lediglich die Exkremente sind, auf die es die Ameisen abgesehen haben. Dieselben enthalten reichlich Zucker, weit mehr als der aus der Pflanze aufgenommene Saft, so daß also der letztere eine nicht unwesentliche chemische Veränderung im Darm der Blattlaus erleiden muß (Büsgen).

Der im Darm fabrizierte Zucker ist zweifellos als ein direktes Anlockungsmittel für die Ameisen aufzufassen, wie denn die Blattläuse noch eine ganze Reihe anderer ethnologischer und morphologischer Anpassungserscheinungen an das Zusammenleben mit den Ameisen erkennen lassen. Es sei z. B. die verschiedene Art der Exkrementabgabe erwähnt: Diejenigen Blattlausarten, welche niemals von Ameisen besucht werden, spritzen die Exkremente stets weit von sich, wodurch auf den Blättern der bekannte glänzende Überzug, der sogenannte „Honigtau" entsteht: die myrmekophilen Arten tun dies jedoch meistens nur dann, wenn zufällig keine Ameisen bei ihnen sind. Sind dagegen solche anwesend, so lassen sie die Tröpfchen nur langsam austreten, wobei letztere noch durch speziell um die Afteröffnung stehende Härchen zusammengehalten werden. Ja die extrem myrmekophilen Arten haben die Fähigkeit des Fortspritzens völlig verlernt, und können ihre Exkremente überhaupt nur noch nach dem letzten Modus von sich geben. — Ferner erfolgen die Entleerungen viel häufiger, wenn die Blattläuse von den Ameisen „gemolken" werden, als wenn sie ohne Ameisen sind, was wohl darauf zurückzuführen ist, daß das Streichen mit den Fühlern von seiten der Ameisen die Blattlaus zu stärkerer Saugtätigkeit veranlaßt (vielleicht wird auch die Nahrung im Blattlausdarm weniger ausgenutzt).

Es versteht sich von selbst, daß die Ameisen solch angenehmen und nützlichen Tieren, wie die Blattläuse für sie sind, ihren Schutz und ihre Pflege zuteil werden lassen. Sie verteidigen dieselben auch nach Kräften gegen die vielen Blattlausfeinde (Coccinelliden-, Syrphiden-Larven usw.), schleppen sie, gleich ihrer Brut, bei ernsten Störungen in Sicherheit oder bauen sogar feste Wälle und Zelte um sie. Bei Wurzelläusen sorgen die Ameisen auch dafür, daß die Wurzeln freigelegt und von Erde gereinigt werden, so daß die Läuse bequem saugen können (Fig. 55). Sind die betreffenden Wurzeln nicht mehr recht geeignet, so transportieren sie die Läuse an neue, besser geeignete Stellen. — Auch die Eier der Blattläuse werden nicht selten in Gewahrsam und Pflege genommen, wie Huber, Lubbock, Forbes, Mordwilko u. a. beobachtet haben, und zwar nicht nur die der Wurzelläuse, sondern auch die der Blatt- und Rindenaphiden. Die Ameisen (es handelt sich dabei hauptsächlich um *Lasius flavus* und verwandte Formen) tragen die Wintereier derselben im Herbst in das Nest ein, bewahren sie hier bis zum Frühjahr, bis die jungen Läuse erscheinen, und schaffen sie dann wieder nach außen auf die Nährpflanze Bei den Eiern der Wurzelläuse drückt sich (nach Forbes) die Pflege unter anderem auch darin aus, daß die Ameisen die Eier bald in die Tiefe, bald in die Höhe an die Oberfläche bringen (je nach den klimatischen Verhältnissen), um sie den geeigneten Temperaturen auszusetzen.

Eine Reihe von Aphiden dürfen nach Wasmann (1894) als streng myrmekophil angesehen werden, da sie auf die Symbiose mit den Ameisen angewiesen zu sein scheinen (z. B. die *Forda-* und *Paracletus*-Arten). Oft findet man eine große Anzahl Aphiden in einem Neste vereinigt. Dieselben sind von Ameisen beim Minieren der Galerien oder auf besonderen unterirdischen Expeditionen gesammelt und in das Nest zusammengetragen worden. Wenn der Vorrat an Blattläusen

Fig. 55.

Ameisen (*Lasius umbratus*) und Wurzelläuse (*Trama radicis*). Nach Mordwilko.

a saugende Laus mit aufwärts gestreckten Hinterbeinen; *b* Ameise beim „Melken" (Streicheln mit den Fühlern); *c* Ameise einen Honigtropfen aus dem After der Laus erhaltend; *d* und *e* Ameisen, in ihren Kiefern Läuse herumtragend; *f* junge Laus mit einem durch die perianalen Haare festgehaltenen Exkrementtropfen.

groß genug ist, brauchen die Ameisen gar nicht zum Nahrungserwerb auszuziehen; sie haben nur in ihren Blattlausstall zu gehen und die dort eingesperrten ,,Kühe" zu melken. Daher sieht man z. B. den *Lasius flavus*, der ein besonders geschickter Blattlauszüchter ist, nur selten außerhalb des Nestes herumlaufen, worauf Huber bereits hingewiesen.

Diese Erscheinung lehrt uns zugleich, daß manche Ameisen lediglich von Blattlausexkrementen leben. Es sind dies außer dem genannten *Lasius flavus* noch andere *Lasius*-Arten, wie *umbratus, brunneus, niger* usw.; auch verschiedene *Camponotus*, *Cremastogaster* und *Myrmica* nähren sich ausschließlich oder wenigstens zum größten Teil vom Blattlaushonig. Die *Formica*-Arten halten sich ebenfalls gern Blattläuse, wenn sie auch in der Hauptsache von Fleischkost leben.

Die verschiedenen Ameisen verhalten sich bezüglich der Aphidenarten, welche sie züchten, verschieden; so kultivieren nach Forel

Lasius flavus und *umbratus* nur Wurzelaphiden, *Lasius niger* und *alienus* sowohl solche als auch Blattaphiden[1]), *Lasius fuliginosus* nur Rindenaphiden und *Lasius brunneus* scheint fast ausschließlich auf Kosten der allergrößten, der Gattung *Stomachis* angehörenden, an Rinden saugenden Läuse zu leben[2]). Doch ist es nicht selten, daß man z. B. verschiedene Arten von Wurzelaphiden bei einer *Lasius*-Art antrifft; Wasmann (1894) erwähnt nicht weniger als drei *Forda*-Arten und eine *Paracletus*-Art, welche bis jetzt bei *Lasius flavus* gefunden sind.

Eine ganz ähnliche Rolle für die Ernährung der Ameisen wie die Aphiden, spielen die Cocciden, die Schildläuse. Auch sie werden von Ameisen besucht (wenn auch lange nicht so allgemein wie die Aphiden), und auch sie werden von ihren Besuchern gemolken, d. h. durch Kitzeln mit den Fühlern zur Abgabe ihrer Exkremente gereizt. Wie unter den Aphiden, scheint es auch unter den Cocciden einige Arten zu geben, welche streng myrmekophil, d. h. auf die Gesellschaft

---

[1]) Schouteden erwähnt nicht weniger als 17 verschiedene Blattlausarten, die bei *Lasius niger* gefunden sind. (Vgl. H. Schouteden, Les Aphides radicicoles de Belgique et les Fourmis. In: Ann. Soc. ent. Belg. **47**, 136—142, 1902.)

[2]) Das Verhältnis zwischen *Lasius brunneus* und *Stomachis* schildert Mordwilko folgendermaßen: „Die ausschließlich auf Kosten von *Stomachis* lebende Ameise *Lasius brunneus* isoliert ihre Läuse stets, und zwar, wie es scheint, auf eine sehr vollkommene Weise von der Außenwelt. Aus faulem Holz oder Mull baut diese Ameise über den Blattläusen Gewölbe auf, welche sich, den Rissen der Rinde folgend, bisweilen ziemlich hoch über den Erdboden hinziehen, aber an denjenigen Stellen unterbrochen sind, wo die Blattläuse unter den erhalten gebliebenen Rindenteilen saugen (an den Stämmen von Pappeln, Weiden usw.). An den erwähnten Gewölben, welche die Risse der Rinde von außen bedecken, lassen sich mit Leichtigkeit sowohl die Blattläuse der Gattung *Stomachis* als auch die Ameisen von *Lasius brunneus* auffinden. In der Rinde dieser Bäume bauen die Ameisen, worauf bereits Forel hingewiesen, gewöhnlich auch ihr Nest. Werden die Galerien und Wohnplätze der Ameisen plötzlich bloßgelegt, so tragen die letzteren die Blattläuse sofort nach den noch nicht zerstörten Teilen des Baues, oder sie begleiten dieselben wenigstens dahin, falls sie nicht imstande sind, sie zu schleppen. Die *Stomachis*-Arten sind mit sehr langen, die Körperlänge um das 1½- bis 3fache übertreffenden Saugrüsselchen versehen; sie versenken den aus der Rüsselspitze hervorragenden Saugapparat meist sehr tief in die Gewebe der Pflanzen, und haben dann oft große Mühe, denselben wieder herauszuziehen. Doch werden sie bei dieser Arbeit gewöhnlich von den Ameisen unterstützt: et rien n'est drôle, sagt Forel, lorsqu' on les à mis à découvert comme de voir les *L. brunneus* tirer de toutes leurs forces ces pauvres bêtes, dont la trompe qui sort lentement de l'écorce est si tendue quelle risque de se rompre. Obgleich *Lasius brunneus* für gewöhnlich nur mit *Stomachis*-Arten zusammenlebt, so kann man sie doch auch an andere Blattlausarten gewöhnen, wenn man ihnen nur solche vorsetzt. So brachte ich Blattläuse von *Trama radicis* in ein Reagenzglas zu den genannten Ameisen, welche schon längere Zeit gehungert hatten: Sofort wandten sich die Ameisen den Blattläusen zu und begannen dieselben mit den Fühlern zu bestreichen, worauf die Läuse jene Exkrementtröpfchen austreten ließen."

der Ameisen angewiesen sind; so findet man nach Belt und Schimper in den Nestern von *Azteca instabilis* stets weiße Schildläuse, welche außerhalb der Nester niemals vorkommen sollen.

Auch noch andere Hemipteren liefern durch ihre Exkremente den Ameisen Nahrung So hat Enslin beobachtet, daß eine kleine auf Besenginster lebende Cicade, *Gargara* (*Centrotus*) *genistae* F. (Membracide) von *Formica cinerea* aufgesucht, und in der gleichen Weise wie die Aphiden gemolken wird. Dabei verhalten sich die *Gargara*-Larven etwas anders als die geflügelten Imagines: Die Larve biegt das Hinterleibsende in die Höhe, stülpt die eingezogenen letzten Segmente röhrenartig nach außen und läßt dann an der äußersten Spitze einen wasserhellen Exkrementtropfen austreten. Die Imago dagegen hebt den ganzen hinteren Körperabschnitt in die Höhe, biegt aber zugleich die Hinterleibsspitze etwas nach abwärts, so daß diese unter den Flügeldecken hervorragt. Übrigens gibt die Imago weit weniger Tropfen ab als die Larve, was wohl damit zusammenhängt, daß die Larve als das wachsende Stadium an und für sich weit mehr Nahrung zu sich nimmt als die Imago. — Ganz ähnliche Schilderungen gibt Green von den Beziehungen der Ameisen zu einer Ceylonischen *Centrotus*-Art, die ebenfalls bei der Abgabe der Exkrementtropfen an die Ameisen ihr Hinterleibsende weit hervorstülpt. — Außerdem werden von Lund, Wheeler u. a. noch weitere Cicaden (Membraciden und Cercopiden) aus Süd- und Nordamerika genannt, welche von den Ameisen der zuckerhaltigen Exkremente[1]) halber aufgesucht werden. Dasselbe gilt auch für gewisse Psylliden (Blattflöhe), wie Frogatt in Australien beobachtet hat.

* * *

Handelte es sich bisher um die Exkremente, so werden andere Tiere ihrer Sekrete wegen von den Ameisen geschätzt. Hierher gehören vor allem die Lycaeniden-(Lepidopteren)Raupen. Wie die Aphiden, so sind viele von diesen[2]) stets von einer Anzahl Ameisen umgeben, welche die Raupe unablässig mit ihren Fühlern bestreichen. Es tritt dann auch bald ein Tröpfchen klarer Flüssigkeit aus der Raupe aus, aber nicht aus dem After, sondern aus einer kurzen Querspalte[3]), die auf der Dorsalseite der Raupe, nahe dem

---

[1]) Bei den zu den Fulgoriden gehörenden *Tettigometra*-Arten, die ebenfalls von den Ameisen aufgesucht werden bzw. in den Ameisennestern sich aufhalten (z. B. *Tettigometra impressifrons* bei *Tapinoma erraticum*), sind es nach Silvestri nicht die Exkremente, welche den Ameisen als Nahrung dargeboten werden, sondern Sekrete, welche aus an verschiedenen Stellen gelegenen Drüsen ausgeschieden werden.

[2]) Viehmeyer führt 65 Arten von Lycaenen an, deren Raupen von Ameisen besucht werden.

[3]) Außer dieser Querspalte, die ein Drüsenorgan darstellt und zweifellos eine spezielle Anpassung an das Zusammenleben mit den Ameisen ist, haben die betreffenden Raupen auf dem 12. Segment noch zwei eigentümliche kleine ausstreckbare und einziehbare Röhrchen, die an ihrem Ende

hinteren Rande des drittletzten Segmentes sich befindet. Die Absonderung dieses Sekretes, das fadenziehend sein soll, geschieht nur bei der Anwesenheit von Ameisen (Thomann). Der Schutz, den die Ameisen den Raupen dafür zuteil werden lassen, besteht darin, daß sie dieselben gegen Feinde verteidigen und daß sie die vor der Verpuppung stehenden Raupen in ihr Nest schleppen, damit die völlig nackten Puppen vor Nachstellungen anderer Tiere möglichst gesichert sind.

Da das Sekret in einem sichtbaren Tropfen ausgeschieden wird, so kann es sehr wohl zur Ernährung der Ameisen dienen. Anders aber bei den sogenannten „echten Ameisengästen", welche ebenfalls ihrer Ausscheidungen wegen von den Ameisen geschätzt werden. Diese Ausscheidungen („Exsudate") treten nur in sehr geringen Mengen auf, so daß sie jedenfalls nicht zur Ernährung einer ganzen Ameisenkolonie hinreichen, besonders wenn man die geringe Anzahl solcher Gäste in einem Nest berücksichtigt. Nach den grundlegenden Untersuchungen Wasmanns dienen auch die Exsudate eher als Narkotikum zur Besänftigung der Ameisen, d. h. als Mittel für die Gäste, ungestört unter den Ameisen verweilen und ihr räuberisches Handwerk treiben zu können. Hier sind die „Gäste" der aktive Teil, der sich den Ameisen aufgedrängt und die Beziehungen eingeleitet hat, während in den übrigen Fällen (Aphiden, Lycaenen usw.) umgekehrt die Ameisen aktiv vorgingen. — Wir werden unten noch näher auf dieses Thema eingehen (Kap. VIII).

b) Die Honigameisen.

Im Süden des Staates Colorado leben einige *Myrmecocystus*-Arten (*M. melliger*, *mexicanus* und *hortus deorum* Mc Cook), deren Arbeiterkaste einen merkwürdigen Polymorphismus aufweist: Außer den normalen Arbeitern finden sich in den Nestern stets eine Anzahl Individuen, welche durch ihren mächtig bis zum Platzen angefüllten Hinterleib sofort auffallen (vgl. Fig. 30). Es sind dies die sogenannten „Honigträger", die wir oben bereits kennen gelernt haben (Kap. II, S. 56). Wie wir dort ausgeführt, sind diese Dickleiber aus normalen Arbeitern hervorgegangen, und zwar dadurch, daß ihr elastischer Kropf bis zur äußersten Grenze mit Honig vollgestopft wird. Nach Wheeler (1910), dem es gelungen ist, durch künstliche Fütterung Honigtöpfe aus normalen Arbeitern zu erzielen, eignen sich allerdings nur ganz junge, eben ausgeschlüpfte Exemplare dazu, deren Haut noch eine größere Dehnbarkeit besitzt. Der Kropf füllt den ganzen Hinterleib aus und drängt die übrigen Organe (Magen, Darm usw.) so in den

---

mit einem Borstenkranz besetzt sind. Über die Bedeutung dieser Organe ist man noch nicht klar; die einen sehen in ihnen Verteidigungsorgane (Analogie mit den Dorsalröhrchen der Blattläuse), die anderen Duft- und Anlockungsorgane für die Ameisen (Erhardt u. a.).

Hintergrund, daß man zuerst sogar glaubte, das Abdomen enthielte überhaupt gar keine Organe, sondern lediglich Honig. Forel und McCook haben diesen offenkundigen Irrtum durch anatomische Untersuchung berichtigt. Beistehende Fig. 56 läßt die anatomischen Verhältnisse ohne weiteres erkennen.

Fig. 56.

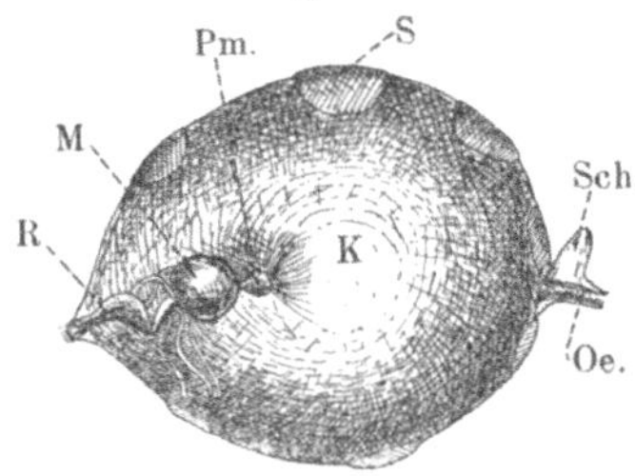

Hinterleib eines Honigträgers von *Myrmecocystus melliger*. Nach McCook.

K vollgefüllter Kropf, *M* Magen, *Pm* Pumpmagen, *Oe* Ösophagus, *R* Rectum, *S* Segmentplatten, *Sch* Schuppe des Petiolus.

Was bedeuten die Honigträger? Es sind lebende Magazine! Während die Bienen ihren Wintervorrat in besonderen Zellen aufspeichern, benutzen unsere *Myrmecocystus* einfach eine Anzahl ihrer Kameraden dazu. Es ist klar, daß solche unförmig aufgetriebenen Wesen wie die Honigträger sich nicht mehr an den Arbeiten beteiligen, ja überhaupt sich kaum mehr bewegen können. So hängen sie denn die meiste Zeit ihres Lebens unbeweglich in besonderen Kammern („Vorratskammern"), welche durch eine rauhe Decke sich von den gewöhnlichen Kammern unterscheiden (Fig. 57).

Fig. 57.

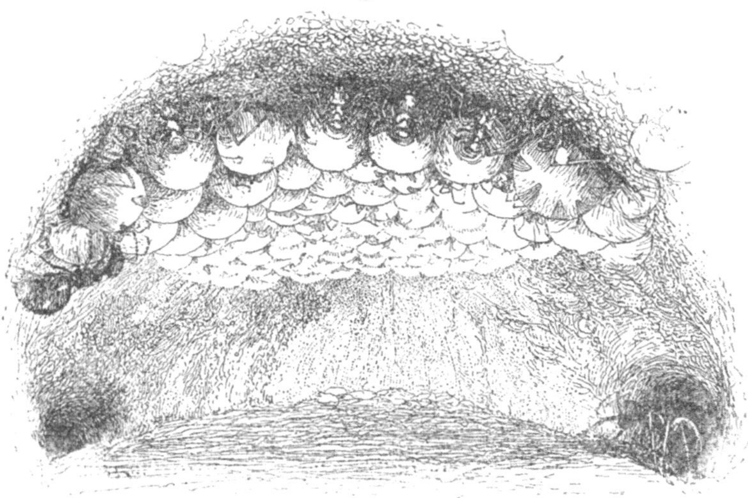

„Honigtöpfe" von *Myrmecocystus horti-deorum* an der Decke der Honigkammer hängend. Nach McCook.

Nächtlicherweise ziehen die Furagiere im Gänsemarsch zu den Honigquellen, d. h. Gallen, welche auf Zwergeichen von einer

Gallwespe (*Cynips quercus-melleriae* Engl.) erzeugt sind. Die Galläpfel schwitzen, solange die darin befindliche Larve sich entwickelt, einen klaren süßen Saft aus, der sich auf der Oberfläche in kleinen Tröpfchen sammelt. Und diese sind es, auf welche die Ameisen es abgesehen haben. Ist eine Galle vollständig abgeleckt, so gehen sie zu einer anderen usw., bis sie ihren Kropf ordentlich gefüllt haben. Dann kehren sie — gewöhnlich schon gegen Mitternacht — in ihr Nest zurück, geben dort zunächst den hungernden Arbeitern, die zum Schutz usw. zurückgeblieben, etwas ab und verfüttern den Rest an die Honigtöpfe, so weit diese noch aufnahmefähig sind.

Unsere *Myrmecocystus* scheinen sich fast ausschließlich von dem Saft der Galläpfel zu ernähren[1]). Im Hinblick darauf ist das Aufspeichern von Vorrat sehr angebracht, denn die Gallen schwitzen nur

Fig. 58.

Ein aus dem Honiggewölbe entnommener „Honigtopf" von *Myrmecocystus horti-deorum*, gewöhnliche Arbeiter mit herausgewürgtem Honig fütternd. Nach McCook.

während der Entwickelung der Gallwespenlarve, also nur relativ kurze Zeit, Nektar aus. Wollen daher die Ameisen nicht während der übrigen Zeit hungern, so müssen sie wohl oder übel Vorräte aufsammeln. Und da sie die Kunst, wasserdichte Gefäße herzustellen (wie die Bienen), nicht besitzen, so bleibt ihnen kaum ein anderer Weg übrig, als ihre stark ausdehnungsfähigen Kröpfe als Gefäße zu benutzen.

In der mageren Jahreszeit nährt sich die ganze Gesellschaft von den in den „Honigträgern" aufgespeicherten Vorräten. Die hungrigen Arbeiter steigen hinab in die Gewölbe, an deren Decke die Dick-

[1]) Wheeler allerdings spricht die Vermutung aus, daß sie ihren Honig auch noch von anderen Quellen beziehen, wie von Cocciden oder Aphiden, die auf den betreffenden Eichen oder anderen Pflanzen in der Nachbarschaft leben.

bäuche hängen, und betasten die letzteren, welche sich durch Abgabe eines Honigtropfens erleichtern (Fig. 57 u. 58).

Die Zahl der „Honigträger" richtet sich natürlich nach der Bevölkerungsziffer der betreffenden Kolonie; in einem Nest, das mehrere tausend Arbeiter enthielt, zählte Mc Cook gegen 600 „Honigschläuche". Das Gewicht derselben ist ebenfalls verschieden nach dem Füllungsgrade; Mc Cook berechnete, daß etwa 1000 Stück ½ kg Honig liefern[1]).

Außer den hier besprochenen *Myrmecocystus*-Arten gibt es noch einige andere Ameisen, welche ebenfalls lebende „Honigtöpfe" besitzen; Lubbock beschreibt als solche zwei australische Arten (*Melophorus bagoti* und *Camponotus inflatus*), Frogatt (1896) eine weitere australische Art (*Melophorus cowlei*) und Forel eine südafrikanische *Plagiolepis*-Art (*P. trimenii*) und endlich eine australische Dolichoderine, *Leptomyrmex rufipes*. Auch bei europäischen Arten hat Forel (1895) Individuen mit mächtiger Anfüllung des Kropfes und dementsprechender Auftreibung des Abdomens beobachtet, so bei *Camponotus rufoglaucus v. micans* Nyl. und *Formica nasuta* Nyl. Die betreffenden Exemplare befanden sich in der Tiefe des Nestes, waren jedoch nicht so total unbeholfen wie die *Myrmecocystus*-Honigträger, sondern konnten sich, wenn auch nur langsam. fortbewegen. Wir können die Reihe noch vervollständigen, wenn wir auf die aphiden- und coccidenbesuchenden Ameisen hinweisen, welche ihren Kropf häufig ebenfalls sehr stark mit Honig anfüllen, jedoch dabei sich immer noch sehr gut bewegen können, auch außerhalb des Nestes auf Blumen usw.

Nach dem Gesagten tritt also die Erscheinung des Honigaufspeicherns im Kropf (Honigtöpfe) in den verschiedensten Gattungen, auch geographisch weit voneinander getrennt, vor, so daß wir es also mit einer Konvergenzerscheinung zu tun haben. Es fragt sich nun, welche Faktoren derselben zugrunde liegen. Wenn wir die oben genannten Ameisenarten mit ausgesprochenen Honigtöpfen bzw. ihres Vorkommens miteinander vergleichen, so fällt als übereinstimmendes Moment auf, daß sie alle trockene Gegenden mit Wüstencharakter bewohnen. Und so gehen wir wohl nicht fehl, die Ausbildung der Honigtöpfe mit der Trockenheit in ursächlichen Zusammenhang zu bringen, worauf bereits Forel hingewiesen hat: in den trockenen Gegenden dürfte eben nur kurze Zeit ein Überfluß an flüssiger Nahrung (Gallensekretion, Honigtau usw.) vorhanden sein, während die übrige Zeit Nahrungsmangel herrscht. Wheeler hat ferner darauf hingewiesen, daß die Trockenheit des Bodens auch

[1]) Da der Honig auch für den Menschen genießbar ist, so werden die „Honigträger" von den Eingeborenen gesammelt. Der durch Auspressen des Hinterleibes gewonnene Honig wird entweder roh gegessen, oder auch zur Bereitung eines alkoholischen Getränkes verwandt. Auch als Heilmittel spielt er bei den Eingeborenen eine Rolle, indem sie ihn als Balsam auf gequetschte und geschwollene Glieder legen. Man machte daher den Vorschlag, die Honigameisen nach Art der Bienen zu züchten, doch erwies sich derselbe als praktisch unausführbar (vgl. Mc Cook und E. Wasmann, 1884).

eine Bedingung für die Anlage der Honiggewölbe sei, da in feuchten Kammern die Honigtöpfe zweifellos bald zugrunde gingen (an Pilzinfektionen usw.) Möglicherweise hängen die auffallend großen Nestöffnungen und die breiten Gänge, die die Nester jener Ameisen auszeichnen, mit der Trockenhaltung der Honigkammern zusammen, insofern, als dadurch für eine ausgiebige Durchlüftung gesorgt ist.

c) Die Körnersammler.

Die körnersammelnden Ameisen sind schon von alters her bekannt; erwähnt sie doch schon Salomo, und auch verschiedene griechische und römische Autoren erzählen von ihnen.

In den Küstenländern des Mittelmeeres sind sie eine überaus häufige und auffällige Erscheinung. Überall trifft man da lange Züge von Ameisen, die im Gänsemarsch oder in ganz schmalen Kolonnen die Wege kreuzen. Verfolgt man sie näher, so sieht man sie durch eine, meist mit einem Erdkrater umgebene Öffnung dem Boden entsteigen, von wo aus sie zunächst alle denselben Weg und dieselbe Richtung einschlagen. Erst nachdem sie eine längere Strecke in geschlossenen Reihen marschiert, zerstreut sich die Gesellschaft, und die einzelnen Mitglieder gehen nun in verschiedenen Richtungen auseinander zur Ernte: die einen suchen am Boden, die anderen erklettern Gräser, um oben die Samen zu holen und auch ganze Ährenstücke abzuschneiden. Nach etwa 10 Minuten, nachdem die ersten Ameisen die Wohnung verlassen, sieht man bereits einige wieder zurückkehren auf derselben Straße, auf der sie gekommen und auf der immer noch andere ausziehen. Jede der Heimkehrenden trägt eine Beute in den Kiefern, Samen der verschiedensten Art. Man staunt über die Mannigfaltigkeit der eingeheimsten Früchte[1]); die einen führen winzige, die anderen im Verhältnis zu ihrer Körpergröße ganz enorme Samen oder Zwiebeln mit sich. Auch Täuschungen oder „Fehlgriffe" kommen vor und manche Ameise trägt an Stelle von Samen ein Erdklümpchen oder Steinchen usw. ein[2]). In dem Eingang des Nestes stehen Türwächter, die jede eintretende Ameise untersuchen, bevor sie sie hereinlassen. Kurze Zeit, nachdem das Eintragen be-

[1]) Moggridge, der sich sehr eingehend mit den Körnersammlern beschäftigt und eine ausführliche Monographie darüber veröffentlicht hat, zählt nicht weniger als 28 Pflanzenarten auf, deren Samen er in den Nestern von *Aphaenogaster barbarus* und *structor* gefunden hat, und bemerkt dabei, daß die Zahl erheblich vermehrt würde, wenn er auch die Samen, welche er die Ameisen einschleppen sah (die er aber im Nest nicht auffinden konnte), mitrechnen würde. Und Neger, der *Aphaenogaster barbarus* auf der dalmatinischen Insel Arbe studierte, sagt über die Mannigfaltigkeit der geernteten Samen: „Wollte man eine Liste aller Pflanzen aufstellen, deren Samen von den *Aphaenogaster* in das Nest geschleppt werden, so wäre dies fast identisch mit einer Aufzählung aller auf der Insel vorkommenden Blütenpflanzen."

[2]) Neger beobachtete, daß verschiedentlich eine Ameise (*Aphaenogaster barbarus*) einen verwelkten Blütenschopf von *Centaurea spinoso-*

gonnen, sieht man auch schon wieder eine Anzahl Arbeiter aus dem Nest herauskommen mit leeren Hülsen, um dieselben in einiger Entfernung vom Eingang fallen zu lassen, und dann sofort wieder in eiligstem Laufe zurückzukehren.

Die Schilderung, die ich hier (nach eigener Beobachtung an einer *Aphaenogaster*-Art in Erytrea) über die Erntetätigkeit entworfen habe, trifft im großen und ganzen für die meisten körnersammelnden Ameisen zu (wie aus den Beschreibungen von Moggridge, Wheeler, Neger usw. hervorgeht), wenn auch die Gewohnheiten der verschiedenen Arten im einzelnen etwas voneinander abweichen mögen. Auch die klimatischen Verhältnisse erzeugen gewisse Änderungen in der Lebensführung. So ziehen die *Aphaenogaster* im Mittelmeergebiet nur unter Tags zur Ernte aus, und zwar erreicht ihr Eifer um die Mittagsstunde in vollster Sonnenglut den Höhepunkt, indem dann „die schwer bepackten Körnerträger, wie von Furien gepeitscht, die Straße auf und ab eilen" (Neger). Im tropischen Erytrea dagegen beginnt die Tätigkeit der gleichen Ameisenart erst nach Sonnenuntergang, während den ganzen Tag über vollkommene Ruhe an der Oberfläche in der Umgebung des Nestes herrscht. Neger meint in Bezugnahme auf diese Unterschiede, daß die Erntetätigkeit vielleicht an ein gewisses Temperaturoptimum gebunden ist.

Nicht immer holen sich die Ameisen ihre Samenvorräte direkt von den Pflanzen, sondern sie nutzen jede Gelegenheit aus, die ihnen eine bequemere Ernte ermöglicht; wo z. B. Getreidemagazine in der Nähe sind, besuchen sie einfach diese und füllen von hier aus rasch und leicht ihre Vorratskammern. Auch durch Raubzüge setzen sie sich mitunter in Besitz der nötigen Vorräte, indem sie in die Nester anderer Ernteameisen eindringen und deren Vorratskammern ausplündern, gleichwie ja auch die Bienen nicht selten den Honig fremder Völker stehlen.

Untersuchen wir das Nest einer körnersammelnden Ameise, so müssen wir oft lange graben, um zu den Körnern zu gelangen. Denn diese sind nicht etwa im ganzen Nest in den Gängen und Galerien zerstreut, sondern sind säuberlich in bestimmten besonders großen Kammern („Vorratskammern", „Korngewölbe") untergebracht. Es ist erstaunlich, welche Mengen von Körnern hier oft aufgestapelt sind; ich habe bei Biskra (alger. Sahara) manchmal zwei Hände voll Getreidekörner aus einem einzigen Nest geerntet. Da versteht man, daß im Talmud Regeln darüber festgelegt sind, wem die in den Ameisennestern aufgespeicherte Getreidemenge zuzusprechen ist.

Was nun die weitere Behandlung der Samen betrifft, so werden diese, nachdem sie eingetragen sind, gereinigt und von den

---

ciliata einschleppte, der aber bald wieder herausgeschafft und auf dem Schutthaufen, den jedes Nest umgibt, abgelagert wurde. Auch Schneckenschalen konnte Neger oft in beträchtlicher Menge auf den Schutthaufen finden. „Es scheint, daß die Auslese dessen, was brauchbar ist, erst im Inneren des Nestes stattfindet."

Hülsen befreit. Die leeren Hülsen werden, wie oben schon erwähnt, nach außen geschafft, wo sie die Umgebung des Nesteinganges bedecken, während die Körner in besonderen Kammern zusammengetragen werden. Auffallend dabei ist die Tatsache, daß die Samen während der ganzen Lagerzeit nicht zur Keimung kommen, obwohl sie vollkommen entwickelungsfähig bleiben. Moggridge glaubt, daß die Ameisen durch eine besondere unaufgeklärte Behandlungsweise der Samen die Keimung zu verhindern vermöchten, während André u. a. der Ansicht sind, daß sie dies einfach durch möglichste Trockenhaltung erreichten. Letzteres erscheint sehr plausibel; und, wenn wir auf dem Boden dieser Anschauung stehen, so verliert auch die Tatsache, daß die Ameisen die Samen nach Wunsch keimen lassen können, an Unverständlichkeit. Sie brauchen, um die Keimung zu bewirken, die Samen nur anzufeuchten[1]).

Dies tun sie jedesmal, bevor sie dieselben verzehren wollen. Moggridge beobachtete ferner, daß die Ameisen zunächst die hervorsprossenden Keimchen abnagten, dann die Samen an die Sonne zum Trocknen brachten und sie endlich wieder in das Nest schafften. Ähnliches beobachtete Neger: ,,Allem Anschein nach,“ erzählt dieser, ,,werden die Samen erst dann auf den Trockenplatz geschafft, wenn die Keimung schon begonnen hat. War doch in den weitaus meisten Fällen die Keimwurzel schon wohl entwickelt. So sah ich besonders ausgekeimte Leguminosensamen, z. B. *Ononis*, *Medicago sp.*, *Spartium junceum*, ferner Gramineensamen und anderen, welche in großer Menge zum Trocknen an die Luft gelegt wurden. Die Samen waren meist säuberlich und sorgfältig geschält, und die Schale wurde gleichzeitig von anderen Ameisen am ,,Schutthaufen“ niedergelegt. Die Keimlinge aber wurden erst dann wieder in das Nest zurückgebracht, wenn sie vollkommen trocken waren. Mehrmals legte ich Keimlinge, die sich noch feucht anfühlten, in die Nähe der Nestöffnung. Schon sehr bald machte sich eine zufällig passierende, gerade unbeschäftigte Ameise darüber her, betastete den Keimling mit den Fühlern und schleppte ihn dann wieder auf den Trockenplatz. Als Trockenplatz kommen hauptsächlich ebene Stellen des Bodens in der Nähe der Nestöffnung, aber auch besonders häufig der ,,Schutthaufen“ in Betracht. Ohne Zweifel eignet sich der letztere hierzu ganz ausgezeichnet. Die Unterlage ist gebildet von zahllosen Spelzen, Samenschalen und anderen pflanzlichen Abfällen, welche durchaus trocken sind und gewissermaßen ein poröses Substrat darstellen.“

,,Es kann wohl keinem Zweifel unterliegen, daß die der Samenschale beraubten Keimlinge durch das gründliche Austrocknen voll-

---

[1]) Neger bezweifelt, daß den Ameisen eine solche, die Keimung verhindernde Fähigkeit überhaupt zukommt. Daß die Samen längere Zeit, ohne zu keimen, in den Kammern liegen, brauche durchaus nicht in einer künstlichen Keimungsverhinderung begründet zu sein, da verspätetes Keimen (,,Keimverzug“) durch eine ganze Reihe äußerer und innerer Faktoren verursacht werden könne.

kommen getötet werden. Allerdings müssen darüber noch eingehende Untersuchungen angestellt werden."

„Es fragt sich nun, welchen Zweck verfolgen die Ameisen bei diesem Verfahren? Es ist mehrfach die Vermutung ausgesprochen worden, daß der Vorgang als Mälzprozeß aufzufassen sei. Bei der Keimung wird ja bekanntlich die Stärke durch diastatische Fermente in Malzzucker verwandelt. Das Trocknen der Samen würde dann dem bei der Malzbereitung üblichen Darrprozeß entsprechen."

„Wenn dies wirklich der Fall wäre, d. h. wenn die Ameisen auf Gewinnung von Malzzucker ausgingen, dann wäre zu erwarten, daß die Unterbrechung der Keimung erst dann erfolgt, wenn die Umwandlung der Stärke in Zucker vollendet ist. Die mikroskopische Untersuchung der vorgekeimten entspelzten und ihrer Samenschale beraubten Körner aber zeigen, daß die Zellen des Endosperms noch dicht erfüllt sind mit Stärkekörnern. Der Prozeß der Umwandlung von Stärke in Zucker kann also eben erst begonnen haben, d. h. die Keimung wird unterbrochen, wenn die Samen durch Quellung die Samenschalen gesprengt haben."

„Es scheint mir demnach auch, daß die Keimung für die Ameisen weniger den Zweck hat, Malz zu gewinnen, als vielmehr die Entfernung der Samenschalen zu erleichtern. Bei Leguminosensamen ist dies besonders einleuchtend; es dürfte den Ameisen kaum gelingen, die überaus harte und dicke Samenschale von *Spartium junceum* im trockenen Zustand zu entfernen, während es dagegen leicht gelingt, wenn die Samen angefangen haben zu keimen; dasselbe gilt von den Gramineensamen usw.[1])." (Neger.)

Was geschieht nun weiter mit den vorgekeimten und geschälten Samen, wenn sie an der Sonne getrocknet und schließlich wieder in das Nest zurückgebracht worden sind?

Natürlich werden sie nur als Nahrung verwandt; doch in welcher Weise, darüber weiß man noch nicht allzu viel. Wheeler hat im künstlichen Nest bei einer amerikanischen Körnersammlerin (*Ephebomyrmex imberbiculus* beobachtet, daß die Larven mit zerquetschten und mit Speichel durchtränkten Stücken von Samen gefüttert wurden.

Eine überraschende Beobachtung über die Weiterbehandlung der Samen hat Neger gemacht, indem er bei dem mediterranen *Aphaenogaster barbarus* feststellte, daß wenigstens ein Teil der gekeimten und geschälten Körner zu teigartigen Massen verarbeitet wird. Dieselben werden zu gewissen Tageszeiten in großen Mengen aus dem Nest herausgefördert und auf dem Trockenplatz abgelagert. Sie haben eine große Ähnlichkeit mit den Krümeln eines hellen Schwarzbrotes (weshalb sie Neger als „Ameisenbrotkrümel" bezeichnet) und schwanken zwischen Stecknadel- und Pfefferkorngröße; ihre Farbe ist hellrosa mit einem Stich ins Braune. Im frischen Zustand fühlen

---

[1]) Nach Emery (1912) liegt ein anderer Vorteil der Keimung darin, daß der Embryo als Nahrung bei den Ameisen besonders beliebt ist.

sich diese Krümeln feucht an und haben einen überaus bitteren Geschmack, der sich allerdings beim Liegen an der Luft mehr oder weniger, wenn auch nicht vollständig verliert[1]). Sie bleiben auf dem Trockenplatze so lange liegen, bis sie knusperig hart wie Zwieback sind. Neger konnte leider nie beobachten, ob die Krümeln in das Nest zurückgeschleppt wurden; doch sah er häufig, daß am Vormittag der Trockenplatz ganz bedeckt war mit den Krümeln, während am Nachmittag nichts mehr davon vorhanden war[2]).

Die verschiedenen Funktionen, welche das Geschäft des Erntens usw. erfordert, werden von verschiedenen Individuen nach dem Prinzip der Arbeitsteilung übernommen, worauf schon Lespès aufmerksam machte. Die einen schneiden die Samen ab, die anderen tragen dieselben zum Nest, wieder andere nehmen sie diesen ab und schleppen sie zu den Vorratskammern und auch hier sind wieder besondere Individuen, welche die Samen einordnen usw. Die letztere Kategorie zeichnet sich auch morphologisch vor den übrigen aus, und zwar durch besondere Kleinheit, wie Forel (1880) wenigstens bei *Messor structor* festgestellt hat. Sie scheinen das Nest niemals zu verlassen, sondern sich ausschließlich mit Hausarbeiten zu beschäftigen. Wir dürfen vermuten, daß den Zwergen die Behandlung der Samen obliegt, nach Analogie der Zwerge bei den gleich zu besprechenden Pilzzüchtern.

Die Zeit des Erntens ist natürlich verschieden und richtet sich ganz danach, wann in dem betreffenden Lande die magere Zeit ist. In der Wüste ist es der Sommer mit seiner großen Dürre, in Südfrankreich der Winter; daher findet man in Südtunis und Algier die *Aphaenogaster* im Frühjahr beim Erntegeschäft, in Südfrankreich dagegen im Herbst.

---

[1]) Die mikroskopische Untersuchung der Brotkrümel ergab, daß dieselben aus zerkleinerten Pflanzensamen bestehen. Mit Sicherheit konnte Neger folgende Bestandteile wiedererkennen: Stärkeführende Zellen von Gramineensamen, aleuronführende Zellen der Kleberschicht von Grassamen und Komplexe von kleinen zartwandigen Zellen, welche nur Eiweiß enthalten (wahrscheinlich Fragmente von Kotyledonen, Leguminosenkotyledonen).

[2]) Über die Bedeutung der Krümel und ihr weiteres Schicksal muß die zukünftige Forschung uns noch aufklären. Nach Neger erscheint es nicht ausgeschlossen, daß das Zerkauen der Samen und Befeuchten mit Speichel zusammen mit dem hierauf folgenden Dörren an der Sonne eine Art Sterilisationsprozeß darstellt. Da die getrockneten Krümel wegen ihrer Härte sich zur Nahrung wenig eignen und die Reservestoffe immer noch in Form von Stärke bzw. Aleuronkörnern darin enthalten sind, so hält es Neger für wahrscheinlich, daß es noch einer Enzymwirkung eines Pilzes bedarf, um jene Stoffe in eine den Ameisen mehr zusagende Form überzuführen. Möglicherweise erfüllt *Aspergillus niger*, den Neger häufig in den Brotkrümeln angetroffen hat, diese Aufgabe. Jedenfalls dürfte, meint Neger, kein Zweifel darüber bestehen, daß die Krümel als Reservenahrung oder als „Larvenbrot“ dienen. — Emery steht dieser Anschauung Negers durchaus skeptisch gegenüber; nach ihm ist ein so komplizierter Prozeß, wie ihn Neger für die Herstellung des Larvenbrotes annimmt, gar nicht nötig, da die Larven nach seinen Beobachtungen sich mit dem einfach mit Speichel eingeweichten Körnerinhalt (Mehl) zufrieden geben.

Die hauptsächlichsten Körnersammler der Mittelmeerländer gehören der Gattung *Aphaenogaster*, speziell dem Subgenus *Messor* an. Als die klassische salomonische Ernteameise ist der *Aph.* (*Messor*) *barbarus* L. mit seinen verschiedenen Rassen (*v. ägyptiacus* Em. und *v. striaticeps* André) anzusehen; ferner kommen noch *Aph.* (*Messor*) *structor* und *arenarius* Fl. als typische Körnersammler in Betracht.

Außer den bisher genannten *Messor*-Arten gibt es noch eine ganze Reihe anderer Ernteameisen (*Pheidole, Holcomyrmex, Oxypomyrmex, Tetramorium* usw.). Am häufigsten sind dieselben in der subtropischen Region zu Hause. Wir kennen Fälle, wo ein und dieselbe Art im Süden regelmäßig große Samenvorräte einträgt, im Norden dagegen dies unterläßt. So legt z. B. *Tetramorium caespitum* in Algier regelmäßig große Kornkammern an, bei uns dagegen tritt dieser Instinkt nur gelegentlich und in schwachem Maße auf. Im heißen Sommer 1904 traf ich in Straßburg mehrfach Samenvorräte in *Tetramorium*-Nestern an, während mir dies in früheren Jahren nicht aufgefallen ist; auch Emery und Janet beobachteten nicht selten diese Erscheinung. Nach letzteren Autoren trägt auch *Lasius niger* zuweilen Samen in sein Nest ein.

Diese Fälle des gelegentlichen Körnersammelns sind besonders wertvoll für das Verständnis der typischen Körnersammler, indem sie uns die Anfänge zeigen, aus denen der hohe Ernteinstinkt der *Messor* sich entwickelt hat.

Auch die Neue Welt hat ihre Ernteameisen, und zwar ebenfalls hauptsächlich in der subtropischen Region; die berühmtesten unter ihnen sind die verschiedenen *Pogonomyrmex*-Arten: *occidentalis, crudelis* und *barbatus v. molefaciens*[1]). Sie verhalten sich bezüglich der Erntegewohnheiten ganz ähnlich wie die *Messor*-Arten. Die hauptsächlichste Eigentümlichkeit, welche die amerikanischen Ernteameisen auszeichnet, besteht in der Gewohnheit, alle Pflanzen über ihren Nestern in einem ziemlichen Umkreis auszurotten, so daß die Nester vollkommen kahl und unbeschattet sind. Der Zweck dieser Gewohnheit dürfte der sein, die Nester einer möglichst intensiven Insolation auszusetzen[2]).

---

[1]) Wheeler (1910) nennt nicht weniger als 30 *Pogonomyrmex*-Arten, ferner 5 *Messor*- und 2 *Ischnomyrmex*-Arten, etwa 20 *Pheidole*-Arten, und *Solenopsis geminata* als amerikanische Körnersammler — Die Biologie ist ausführlich in den Schriften von McCook und Wheeler (s. Literatur) behandelt.

[2]) Neger beobachtete übrigens neuerdings einen ähnlichen Vorgang auch bei dem europäischen *Messor barbarus* auf der dalmatinischen Insel Arbe. Er fand in der Umgebung der Nestöffnung eine ganze Reihe Pflanzen, die von Ameisen zurechtgestutzt waren. Dabei wurden zuerst die Blätter und dann auch die Achsen abgebissen. Neger sah Pflanzen von Quecke, die nur noch wenig über den Erdboden emporragten. Die Blätter und Blattstücke usw. wurden zuerst eine Strecke weit vom Nesteingang abseits geschleppt und hier niedergelegt, und später, nachdem sie hier einige Zeit an der Sonne gelegen haben und verwelkt waren, in das Nest geschafft. Was dort damit geschah, konnte Neger nicht feststellen. Jedenfalls aber meint Neger, dürfte bei dem Entfernen der Pflanzen nicht der einzige Zweck in der Lichtung des Nestplatzes zu suchen sein.

Eine besondere Berühmtheit unter den obigen Arten erlangte *Pogon. barbatus v. molefaciens* Nach Lincecums Bericht, welcher zuerst durch Ch. Darwin veröffentlicht wurde, soll nämlich diese Ameise beim Abgrasen der Nestumgebung eine einzige Pflanze, *Aristida stricta*, verschonen, weil diese ihr besondes zusagende Samen liefert. Ja sie soll das genannte Gras („Ameisenreis") sogar direkt aussäen und großziehen, weshalb man sie auch als die „ackerbautreibende Ameise" bezeichnet hat.

Nach Wheelers neuesten Untersuchungen (1902) gehört aber diese Geschichte in das Reich der Fabel. Denn es finden sich viele Kolonien der genannten Ameise ohne *Aristida*-Kulturen, ja weit entfernt von jeder Vegetation, und sodann ist es nicht richtig, daß beim Straßenbau die *Aristida* verschont wird, während alle anderen Pflanzen ausgerottet werden, sondern das „Ameisengras" wird ebenso wie jede andere im Wege stehende Pflanze vernichtet. Die *Aristida*-Kulturen, die man zuweilen bei den Nestern antrifft, sind lediglich als ein zufälliges Nebenprodukt zu betrachten, welches dadurch entsteht, daß die Ameisen die zu früh keimenden Körner aus den Vorratskammern entfernen und vor das Nest schaffen.

d) Die Pilzzüchter.

Die höchststehende Ernährungsart der Ameisen finden wir bei den sogenannten „Pilzzüchtern". Denn hier handelt es sich um Produkte, welche in der freien Natur gar nicht vorkommen, sondern von den Ameisen direkt gezüchtet werden, gleichwie die Menschen besondere Kulturpflanzen (Gemüse usw.) ziehen. Die Analogie mit den menschlichen Handlungen ist hier wohl am frappantesten.

Schon lange weiß man aus den Reiseberichten verschiedener Naturforscher, daß in Südamerika gewisse Ameisen vorkommen, welche in langen Zügen auf Bäume und Sträucher ziehen und dort aus den Blättern halbkreisförmige bis kreisförmige Stücke ausschneiden, welche sie dann in ihr Nest schleppen (s. unten Fig. 85 A und B) Diese Ameisen, welche wegen der geschilderten Gewohnheit auch als „Schleppameisen" oder „Schlepper" bezeichnet werden, gehören samt und sonders in die Gruppe der *Attini*. Man konnte sich zunächst keine befriedigende Erklärung darüber geben, wozu denn eigentlich diese vielen Blätter eingetragen würden; man vermutete, daß die verarbeiteten Blätter lediglich als Baumaterial dienten, oder daß durch sie eine größere Wärme erzeugt werden sollte usw., bis Belt zum erstenmal die Ansicht aussprach, daß die Ameisen die Blätter zur Düngung eines Pilzes benutzten, und bis es Möller gelang, diese Anschauung klipp und klar zu beweisen. Möller stellte seine klassischen Untersuchungen in Blumenau in Brasilien an, und zwar in erster Linie an den dort vorkommenden *Acromyrmex*-(Untergattung von *Atta*) Arten. Die eingeschleppten Blätter werden von den großen Individuen zerkleinert und zermalmt zu einem Brei, womit dann ein badeschwammartiger Körper, der labyrinthartig von Gängen und Kammern durchzogen, aufgebaut wird. Dieser schwammartige Körper, der in große Hohlräume (in der Erde oder in alten Bäumen) eingebaut ist, stellt das eigentliche Nest dar, in welchem die Brut, die Geschlechtstiere usw. sich befinden.

Die Blattmasse, aus der das Labyrinth besteht, ist ganz durchsetzt von dem Mycel eines Pilzes aus welchem stellenweise kleine kugelige Anschwellungen hervorragen. Diese kleinen stark eiweißhaltigen Körperchen, die Möller als „Kohlrabi"[1]) bezeichnete, sind es, auf welche es die Ameisen abgesehen haben und welche ihre ausschließliche Nahrung darstellen. Sie sind ein Züchtungsprodukt der Ameisen; denn werden die Ameisen vom Pilzgarten herausgefangen, so entstehen an Stelle der Kohlrabi lange Luftmycelien, so daß das ganze Nest in kurzer Zeit angeschimmelt erscheint. Dieser Bildung von Luftmycelien arbeiten die Ameisen entgegen, indem eine Schar der kleinsten Arbeiter Tag und Nacht damit beschäftigt ist, die vorsprossenden Mycelien abzubeißen. Durch das ständige Entfernen der Luftmycelien wird eine Änderung der Pilzvegetation, die Bildung der Kohlrabi bewirkt. Die Gärtnerarbeit besteht aber nicht nur in dem beständigen Abbeißen jener Luftmycelien, sondern auch in der Ausrottung von Unkraut (Schimmelpilzen); denn außer dem Kohlrabi produzierenden Pilz, welchen Möller als *Rhozites gongylophora*[2]) beschrieben, kommt kein anderer Pilz in dem Neste vor, was um so auffallender ist, als doch mit jedem Blatt eine Unmenge verschiedener Sporen eingetragen werden.

Das Blattmus verliert natürlich mit der Zeit seine Nährkraft; es wird dann vom Pilzgarten abgerissen und in Form von braunen Kügelchen nach außen geschafft, worauf die Lücke durch eine neue Blättermasse ausgefüllt wird. In diese werden dann nach Göldi von den kleinsten Arbeitern sofort Büschel von Mycelfäden eingesteckt, so daß die neuen Partien bald ein schneeiges Aussehen wie die alten zeigen.

Der Pilz ist, wie es scheint, für die meisten *Atta*-Arten Lebensbedürfnis; und da derselbe nur in den Ameisennestern vorkommt, so muß er bei Neugründung von Kolonien von den alten Nestern in die neuen verpflanzt werden. Dies geschieht, wie zuerst v. Ihering gezeigt hat (s. Kap. III), dadurch, daß die Königin in ihrer Infrabukkaltasche etwas von dem Pilz auf ihren Hochzeitsflug mitnimmt (Fig. 60).

---

[1]) Nachdem später noch bei einer ganzen Anzahl von Pilzen, die mit Insekten in symbiotischer Beziehung stehen, derartige Körperchen festgestellt wurden, schlägt Neger vor, alle diese Bildungen mit der gemeinsamen Bezeichnung „Ambrosia" zu belegen.

[2]) Was die Stellung des *Atta*-Pilzes im System betrifft, so konnte diese nur dadurch bestimmt werden, daß zufällig im Freien auf den *Atta*-Nestern zu wiederholten Malen die höchste Fruchtform entdeckt worden ist. Es ist dies ein stattlicher Hutpilz, der im System in die Nähe der Amaniten zu stellen ist.

Neuerdings hat Jakob Huber in Para eingehende Untersuchungen darüber angestellt und die Angaben v. Iherings bestätigt. Die mit-

Fig. 59 A.

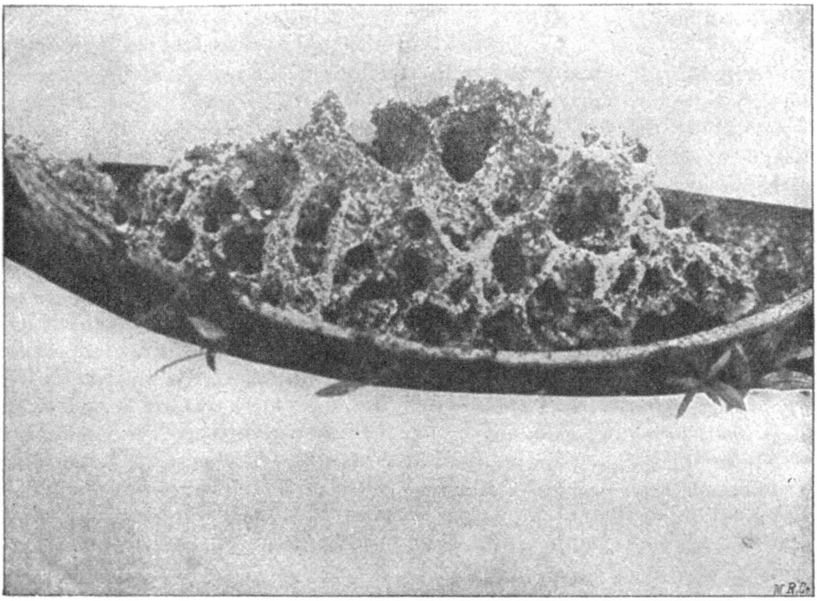

Fig. 59 B.

Fig. 59 C.

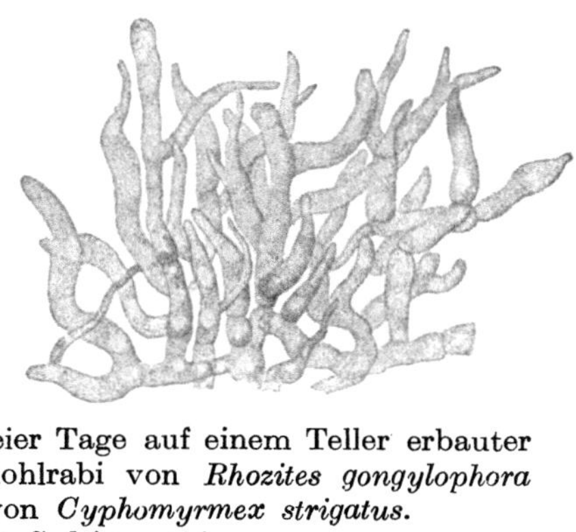

A In der Gefangenschaft innerhalb dreier Tage auf einem Teller erbauter Pilzgarten der Schlepperameise. B Kohlrabi von *Rhozites gongylophora* Möll. C Kohlrabi des Pilzes von *Cyphomyrmex strigatus*. (Nach Möller aus Schimper.)

gebrachte Pilzmasse wird, sobald das Weibchen sein neues Heim bezogen, ausgebrochen; und es dauert nicht lange, daß aus dem winzigen Flocken ein ansehnlicher Pilzgarten entsteht, wie aus den beigegebenen photographischen Aufnahmen Hubers zu ersehen ist (Fig. 61 A bis D). — v. Ihering und Göldi nahmen an, daß zerquetschte Eier als Nährsubstrat für den Pilz dienen, während dagegen Huber nachwies, daß zur Düngung die flüssigen Exkremente der Ameisen verwendet werden. Die Königin verfährt dabei aber nicht etwa so, daß sie einfach ihre Entleerungen auf die Pilzmasse fallen läßt, sondern geht dabei viel gründlicher, aber auch viel umständlicher zu Werke:

Fig. 60.

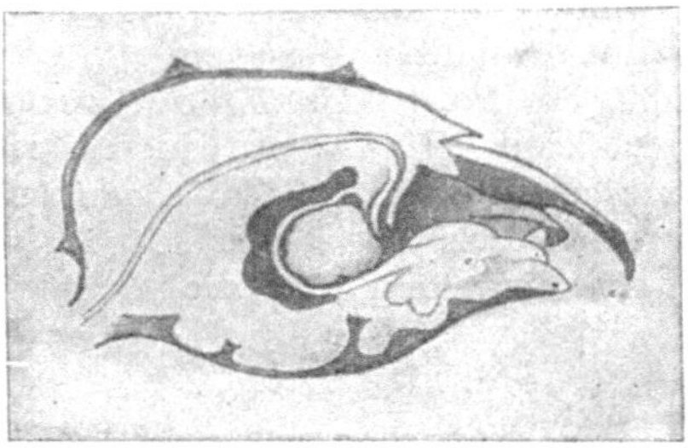

Fig. 61 A.

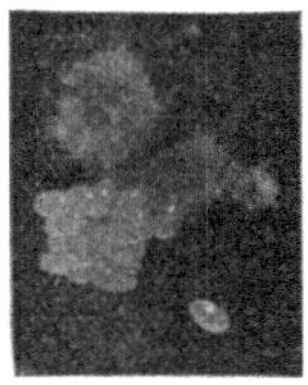

Fig. 61 B.

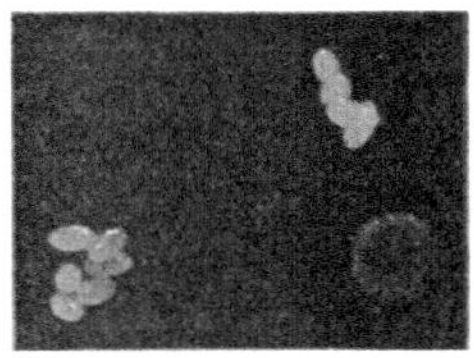

Fig. 61 C.

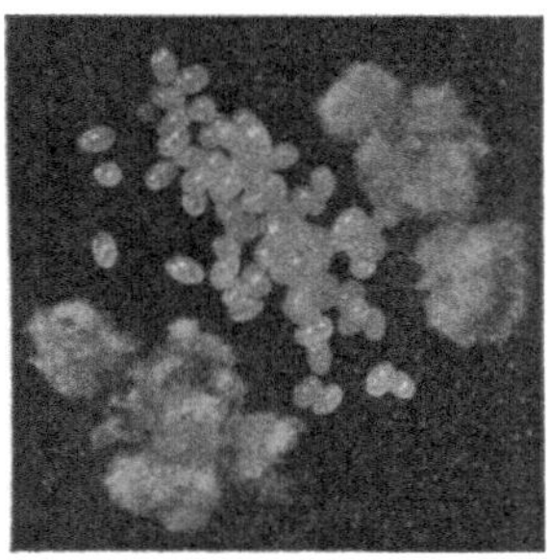

Fig. 61 D.

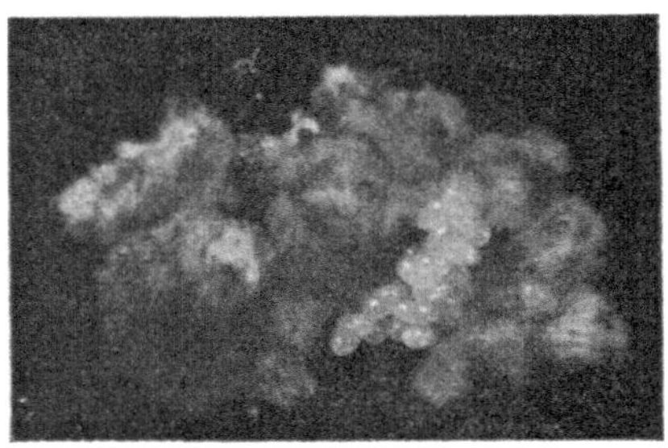

Fig. 60. Halbschematischer Sagittaldurchschnitt durch den Kopf eines *Atta*-Weibchens kurz nach dem Verlassen des elterlichen Nestes. Nach Jakob Huber.

Fig. 61. A Eier und Pilz 2 × 24 Stunden nach dem Hochzeitsflug. B Eier und Pilz 3 × 24 Stunden nach dem Hochzeitsflug. C Eier und Pilz 7 × 24 Stunden nach dem Hochzeitsflug. D 10 Tage alter Pilzgarten. Nach Jakob Huber.

sie reißt mit ihren Kiefern ein kleines Stück aus dem Pilzgarten heraus und führt dasselbe gegen die Spitze des Abdomens. Zur gleichen Zeit tritt aus dem After ein gelblicher oder bräunlicher klarer Tropfen, welcher mit dem Pilzflocken aufgefangen wird (Fig. 62 A). Darauf wird dieser unter fortwährendem Befühlen wieder in den Pilzgarten eingefügt (und zwar meist an einer anderen Stelle als wo er herausgenommen wurde) und mit den Vorderfüßen angedrückt (Fig. 62 B).

Diese Prozedur wird sehr häufig vorgenommen; J. Huber beobachtete sie gewöhnlich ein- bis zweimal in der Stunde.

Die häufigen Darmentleerungen, die zur Düngung des Pilzes nötig sind, setzen natürlich voraus, daß dem Darm stets Material zugeführt wird. Dieses nimmt die Königin, wie ebenfalls Jakob Huber berichtet, in Form von Eiern auf; denn die wenigsten der gelegten Eier kommen zur Entwickelung, nicht weniger als etwa 90 Proz. werden von der Mutter wieder aufgefressen!

Sobald nun einige Arbeiter erschienen, wird die Pflege des Pilzgartens zwischen der Mutterameise und den Arbeiterinnen geteilt. „Die erstere fährt fort, den Garten in gewohnter Weise zu düngen, indem sie einzelne Flocken abreißt und zum After führt. Aber auch die jungen Arbeiterinnen düngen den Pilzgarten, indem sie einfach ihre Exkremente in Form von kleinen gelblichen Tröpfchen auf ihn fallen lassen. Es ist drollig, zu sehen, wie sie darauf sorgfältig die betreffende Stelle befühlen und wie bisweilen auch die Mutter-

Fig. 62 A.

Fig. 62 B.

Düngung des Pilzgartens. A Die Mutterameise führt den Pilzflocken zum After. B Die Mutterameise fügt den gedüngten Pilzflocken dem Pilzgarten wieder ein. Momentphotographie nat. Größe. Nach Jakob Huber.

ameise herzukommt und befriedigt von der getanen Arbeit Notiz nimmt, indem sie die Stelle ebenfalls betastet und den Pilz ringsumher flüchtig beleckt. Außerdem fangen die jungen Arbeiterinnen jetzt an, kleine Mycelflöckchen auf die frisch gedüngten Stellen zu transportieren, so daß der sich erhöhende Rand des Pilzgartens stellenweise aus kleinsten Flöckchen aufgebaut erscheint. Durch die vereinte düngende Tätigkeit der Königin und der Arbeiter nimmt der Durchmesser des Pilzgartens bisweilen noch etwas zu, übersteigt aber wohl selten 2,5 cm.“

Erst nach 8 bis 10 Tagen, wenn von den kleinen Arbeitern ein Ausgang aus dem Kessel gebahnt ist, beginnt das Blattschneiden und die Änderung der Düngungsweise, und damit zugleich der Aufbau des definitiven Pilzgartens, welcher eine ganz enorme Ausdehnung erlangen kann. Forel entdeckte in Kolumbien einen solchen von 1 m Höhe und 5 bis 6 m im Umfang.

Der hochentwickelte Gärtnereiinstinkt, wie ihn die *Acromyrmex* und die großen *Atta*-Arten zeigen, tritt nicht unvermittelt auf. Forel

(1902) und Wheeler haben vielmehr gezeigt, daß eine ganze Reihe Übergänge und Abstufungen existieren, die uns für die Ausbildung jenes hohen Instinktes eine Erklärung geben. Fast alle *Attini* — wir kennen heute etwa 100 Arten, die sich auf fünf Gattungen und sechs Untergattungen verteilen, alle in den tropischen und subtropischen Regionen Amerikas beheimatet — bauen Pilzgärten, doch sind diese keineswegs immer so vollkommen wie die oben beschriebenen, sondern verhalten sich nach den Gattungen und Arten recht verschieden, sowohl bezüglich des Nährsubstrates als auch bezüglich des Pilzes und

Fig. 63.

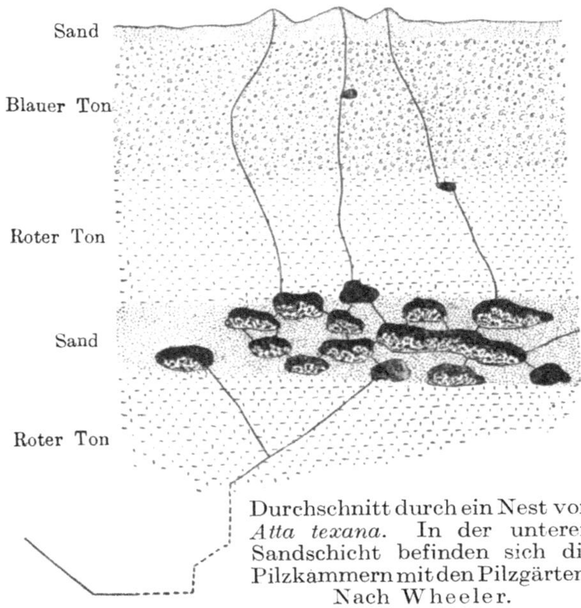

Durchschnitt durch ein Nest von *Atta texana*. In der unteren Sandschicht befinden sich die Pilzkammern mit den Pilzgärten. Nach Wheeler.

seiner Produkte als auch endlich bezüglich des Nestbaues. In letzter Beziehung herrscht allerdings insofern Übereinstimmung, als die meisten Nester aus einer größeren oder kleineren Anzahl unterirdischer Kammern zur Aufnahme des Pilzes bestehen, die durch Gänge miteinander verbunden sind (Fig. 63). Die Eingangsöffnungen sind meist von Erdkratern umgeben (s. Fig. 40, S. 111), in einigen Fällen auch von turm- und kaminähnlichen Aufbauten. — Mehr Verschiedenheit herrscht bezüglich der Pilzgärten: Größe, Lage und Art des Substrates und des Pilzes sind von Art zu Art verschieden. Die *Atta*- (s. str.) Arten haben große Pilzgärten, die auf dem Boden der Kammern liegen, während *Trachymyrmex*, *Cyphomyrmex* usw. nur kleine Gärten, die an Wurzeln befestigt von der Decke der Kammern herabhängen, anlegen. Von den einen (*Atta* usw.) werden als Substrat geschnittene Blätter benutzt, von den anderen (*Trachy-*

myrmex, Cyphomyrmex, Apterostigma usw.) Raupenkot und endlich noch von anderen (*Mycetocoritis*) die Antheren von Blüten. Auch die gezüchteten Kohlrabi sind keineswegs überall von der gleichen Qualität: Möller hat festgestellt, daß von zwei *Apterostigma*-Arten, welche den gleichen Pilz züchten, die eine (*Wasmanni*) schöner und vollkommener geformte Kohlrabi zu Stande bringt als die andere (*pilosum*). Ebenso sind die Pilze selbst verschieden: Besonders abweichend ist der von *Cyphomyrmex rimosus* und *Mycocepurus smithi* gezüchtete Pilz, den Wheeler *Tyridiomyces formicarum* getauft hat. Manche Arten der Gattung *Cyphomyrmex* bilden ferner nur ganz rudi mentäre Pilzgärten, andere nur temporäre und wieder andere überhaupt gar keine. „Bedenkt man ferner, daß die mit *Cyphomyrmex* zunächst verwandten *Dacetii* meistens unter morscher Baumrinde oder im Humus, im detritusreichen Waldboden leben und dort beständig mit Pilzen und Schimmel in Berührung kommen, die sie offenbar als Nahrung gebrauchen, so ist eine fast ununterbrochene Kette gegeben, welche die allmähliche Entwickelung des Pilzgärtnereiinstinktes erklärt.“

Literatur.

André, Ernest, Les Fourmis. Kap. X, XII u. XIV.

Belt, F., The Naturalist in Nicaragua. London 1874.

Büsgen, M., Der Honigtau. In: Jen. Zeitschr. f. Naturw. **25** (1891).

Enslin, E., *Gargara genistae* F. und *Formica cinerea*. In: Zeitschr. f. wiss. Ins.-Biol. **7** (1911).

Emery, C., Zur Biologie der Ameisen in Südeuropa. In: Biol. Zentralbl. **11**, 165—180, 1891.

Emery, C., Alcune esperienze sulle Formiche granivore. In: Rend. Accad. Sc. Istituto Bologna 1912.

Escherich, K., Ameisen und Pflanzen. In: Tharandt. forstl. Jahrb. **60** (1909).

Ehrhardt, R., Über die Biologie und Histologie der myrmocephilen Organe von *Lycaena orion*. In: Ber. Nat. Ges. Freiburg i. Br. **20** (1914).

Forel, Aug., Les Fourmis de la Suisse. Vme Partie, **25** et **34**.

Forel, Aug., Études Myrmécologiques en 1875. (Moeurs du Brachymyrmex Heeri Forel, complétements à sa déscriptions (♀ et ♄) et notices anatomo-physiologiques sur les Coccides.

Forel, Aug., Eine myrmekologische Ferienreise nach Tunesien und Ostalgerien. In: „Humboldt“ **9**, 296 ff., 1890. (Enthält Angaben über „Körnersammler“.)

Forel, Aug., Une nouvelle Fourmis melligère. In: An. Soc. Ent. Belg. **39**, 429, 1895.

Forel, Aug., Die Ameise. In: Die Zukunft. 2. April 1898.

Forel, Aug., Ebauche sur les moeurs des fourmis de l'Amérique du Nord. In: Riv. di Scienze Biol. **2**. Como 1900.

Forel, Aug., Beispiele phylogenetischer Wirkungen und Rückwirkungen bei den Instinkten und dem Körperbau der Ameisen usw. In: Journ. f. Physiol. u. Neurol. **1**, 99—110, 1902.

Forel, Aug., Einige biologische Beobachtungen des Herrn Prof. E. Göldi an brasilianischen Ameisen. In: Biol. Zentralbl. **25**, 170—181, 1905.

Frogatt, W. W., Honey Ants. In: Horn Sc. Exper. Centr. Ants Austr. **2** (1896).

Göldi, E., Beobachtungen über die erste Anlage einer neuen Kolonie von *Atta cephalotes*. In: Compt. rend 6me Congr. intern. Zoologie. Bern 1904.

Huber, Jakob, Über die Koloniegründung bei *Atta sexdens*. In: Biol. Zentralbl. **25**, 606—619 u. 625—635, 1905.

Huber, P., Les Fourmis Indigènes. Kap. VI.

Janet, Charles, Observations sur les Fourmis, p. 51. Limoges 1904. (Graines dans les nids de *Tetramorium* et de *Lasius*.)

Ihering, H. v., Die Ameisen von Rio Grande do Sul. In: Berl. ent. Zeitschr. 1895, S. 321—446.

Ihering, H. v., Die Anlage neuer Kolonien und Pilzgärten bei *Atta sexdens*. In: Zool. Anzeiger **21**, 238—245.

Lincecum, Gideon, On the Agricultural Ant of Texas. In: Proc. Acad. Nat. Scienc. Phil. **17**, 323 ff., 1866.

Lespès, Ch., Conférence sur les Fourmis. In: Rev. des cours scientifiques 1866.

Lubbock, Sir John, Ameisen, Bienen und Wespen. 2., 3. u. 4. Kap.

McCook, H. Chr., The Natural History of the Agricultural Ant of Texas. Philadelphia 1880.

McCook, H. Chr., The Honey Ants of the Garden of the Gods usw. Philadelphia 1882.

Moggridge, J. Tr., Harvesting Ants and Trap-Door Spiders. London 1873.

Möller, Alfred, Die Pilzgärten einiger südamerikanischer Ameisen. Jena 1893.

Mordwilko, A., Die Ameisen und Blattläuse in ihren gegenseitigen Beziehungen. In: Biol. Zentralbl. **27**, Nr. 7 u. 8, 1907.

Neger, F. W., Ambrosiapilze. In: Ber. Deutsch. Bot. Ges. 1909.

Neger, F. W., Neue Beobachtungen an körnersammelnden Ameisen. In: Biol. Zentralbl. **30**, 138—150, 1910.

Prell, H., Biologische Beobachtungen an Termiten und Ameisen. In: Zool. Anz. **38**, 244, 1911.

Silvestri, Fil., Contribuzioni alla conoscenza dei Mirmecofili. In: Annal. Mus. Zool. Univ. Napoli **1** (1903).

Sykes, W. H., Descriptions of new Species of Indian Ants. In: Trans. Ent. Soc., London 1834. (Enthält die ersten wissenschaftlichen Angaben über das „Körnersammeln".)

Thomann, Hans, Schmetterlinge u. Ameisen. Inaug.-Diss., Chur 1901.

Viehmeyer, H., Vorläufige Bemerkungen zur Myrmekophilie der Lycaenenraupen. In: Entom. Wochenblatt (Insektenbörse) **24** (1907).

Viehmeyer, H., On the Myrmecophily of Caterpillars of Catochrysops cnejus Fabr. In: Philippine Journal of Science **5**. Nr. 1, 1910.

Wasmann, E., Die Honigameise des Göttergartens. In: Stimmen aus Maria Laach 1884, S. 275—285.

Wasmann, E., Kritisches Verzeichnis der Myrmekophilen usw. Berlin 1894, S. 186 ff.

Wasmann, E., *Lasius fuliginosus* als Raubameise. In: Zool. Anzeiger **22**, 85—87, 1899.

Wheeler, W. M., A new agricultural Ant from Texas, with remarks on the known north-american species. In: Amer. Naturalist **35**, 87—100, 1902.

Wheeler, W. M., A Crustacean-eating Ant (*Leptogenys elongata* Buckl.). In: Biol. Bull. **6**, Nr. 6, 251—259, 1904.

Wheeler, W. M., Honey Ants, with a Revision of American Myrmocysti. In: Bull. Amer. Mus. Nat. Hist. **24** (1908), 28 Fig.

Wheeler, W. M., The Fungus-growing Ants of North America. In: ebenda **31** (1907), 5 Taf., 31 Fig.

Wheeler, W. M., Ants. Kap. XVI, XVIII u. XIX, 1910.

Sechstes Kapitel.

Verschiedene Lebensgewohnheiten.

1. Reinigung.

a) *Persönliche Reinigung.* Die Ameisen sind ungemein *reinliche* Tiere. Der Reinlichkeitssinn ist in dem sozialen Leben begründet. Denn das gegenseitige Erkennen, die gegenseitigen Mitteilungen usw., worauf doch das ganze Zusammenleben beruht und wovon das richtige Funktionieren des Staatsorganismus abhängt, wird durch Organe des Chitinskelettes (Tastborsten, Geruchsgruben usw.) vermittelt. Sind diese mit Staub bedeckt oder gar mit einer Schmutzkruste überzogen, so ist der Hauptkontakt des betreffenden Individuums

Fig. 64 A.

Fig. 64 B.

Fig. 64 C.

Verschiedene Stellungen bei der „Toilette“. Nach *Mc Cook*.

mit den übrigen Staatsmitgliedern unterbrochen oder wenigstens stark abgeschwächt. *Reinlichkeit ist somit geradezu Bedingung des Gesellschaftslebens der Ameisen.*

Das wichtigste Organ der Vermittlung zwischen den Mitgliedern der Gesellschaft sind die *Fühler*. Darum sind diese auch Gegenstand besonders peinlicher Pflege. Und es kann uns nicht wundernehmen, daß sogar ein besonderer *Apparat zur Reinigung der Fühler ausgebildet* ist, das ist der *tibiotarsale Putzapparat.* Derselbe ist oben (Kap. I, 2) des näheren beschrieben und abgebildet; er dient übrigens nicht ausschließlich für die Fühler, sondern wird auch zur Reinigung des Kopfes, der Palpen, Mandibeln usw. benutzt.

Von Zeit zu Zeit muß der Apparat selbst einer Reinigung unterworfen werden; dies geschieht dadurch, daß die Vorderbeine durch die Mundteile gezogen werden, wo ebenfalls Kämme zur Reinigung (an den Maxillen) vorhanden sind.

Das Reinigungsgeschäft ist damit nicht beendet: Der ganze übrige Körper, die Ober- und Unterseite der Brust und des Abdomens müssen ebenfalls geputzt werden, wenn anders das Zusammenleben nicht beeinträchtigt werden soll. Die Ameisen suchen sich daher auch, so gut es geht, überall zu reinigen, indem sie dabei die verschiedensten, mitunter recht komischen Stellungen einnehmen (Fig. 64). Wo sie mit ihren Mundteilen nur hinkommen können, da lecken sie sich sauber; besonders eingehend behandeln sie die Spitze des Abdomens, welches sie immer und immer wieder belecken, zumal wenn es eierlegende Individuen betrifft. Ist die Bauchseite beschmutzt, so suchen sie durch Rutschen auf dem Bauche den Schmutz abzustreifen.

Mögen sich aber die Ameisen noch so krümmen und wenden, so bleiben ihnen doch einige Stellen des Körpers, vor allem die Rückenpartien, unerreichbar. Sie sind daher auf gegenseitige Hilfe angewiesen, die sie sich auch in reichlichem Maße zuteil werden lassen. Beinahe überall und immer kann man sich gegenseitig putzende (d. h. beleckende) Ameisen sehen. Besonders gründlich werden die Weibchen gereinigt: stets sind diese von einer ganzen Anzahl Ameisen umgeben, die sich darin nicht genug tun können[1]).

Die Reinigungsprodukte werden in der Infrabukkaltasche abgeladen und dort zu kleinen rundlichen Körperchen zusammengeballt, als welche sie dann ausgeworfen werden (Janet).

b) Reinigung der Brut. Der Reinigungstrieb beschränkt sich nicht nur auf die ausgewachsenen Individuen, sondern äußert sich mindestens ebenso in betreff der heranwachsenden Nachkommenschaft; werden doch auch die Eier und Larven stets mit der größtmöglichen Sorgfalt reingehalten. Kein Stäubchen ist auf ihnen zu entdecken, obwohl sie doch viel herumgeschleppt werden und fortwährend mit Erde in Berührung kommen. Es ist keine kleine Arbeit, die Eier und Larven, welche infolge ihrer klebrigen oder haarigen Oberfläche die reinen Schmutzfänger sind, sauber zu halten, und wir verstehen daher auch, warum die Brut fast ununterbrochen beleckt wird.

c) Reinigung des Nestes. Nicht minder groß ist die Sorge der Ameise für die Reinhaltung des Nestes. Nichts, was nicht in das Nest gehört und für das Leben von Bedeutung ist, wird darin geduldet. Alle Speisereste und Abfälle, wie die chitinigen Teile der Beutetiere, die Schalen der gesammelten Körner, die Puppenhäute usw. werden entweder aus dem Nest geschafft oder in abseits gelegene

---

[1]) Übrigens dürfen wir das „Belecken“ nicht ausschließlich auf das Bestreben zu reinigen zurückführen, sondern zum Teil sind es Hautsekrete, welche zum Lecken reizen. Daß solche Sekrete ausgeschieden werden, geht einmal aus den Hautdrüsen der Ameisen (Janet) hervor, und sodann aus der Tatsache, daß einige Ameisengäste (*Oxysoma*, *Myrmecophila*) ausschließlich oder zum größten Teil durch Belecken der Ameisen ihren Lebensunterhalt sich verschaffen.

Teile des Nestes gebracht und dort angehäuft[1]). Wo ein Hinausschaffen des unliebsamen Gegenstandes nicht möglich ist, da helfen sich die Ameisen auf andere Weise, indem sie nämlich den Fremdkörper mit Erde bedecken und ihn dadurch unschädlich machen. So wurde z. B. ein Molch, welchen Wasmann in ein Nest von *Formica sanguinea* gesetzt hatte, in kurzer Zeit völlig eingemauert[2]).

Auf diesen Gewohnheiten beruhen auch die sogenannten „Begräbnisse" der Ameisen, über welche unglaublich viel phantasiert wurde. Diese „Begräbnisse" und die „Friedhöfe" resultieren einfach daraus, daß die Ameisen ihre Toten gleichwie die Abfälle aus dem Nest schaffen und sie auf bestimmte Plätze, auf welchen der Abfall abgeladen wird, zusammentragen und zuweilen auch mit Erde bedecken. Und wenn von einigen Beobachtern berichtet wird, daß die Leichen in schöner Ordnung reihenweise hingelegt werden, so handelte es sich hier um Phantasie oder um Zufall. Ich wenigstens habe noch niemals von einer solchen Ordnung auf den „Friedhöfen" der Ameisen etwas bemerken können.

Auch die berühmten „Brückenbauten", die so oft als unzweideutige Beweise für die hohe Intelligenz der Ameisen angeführt werden, gehören hierher. Nach den Angaben verschiedener Autoren sollen nämlich die Ameisen Leimringe usw., die zum Schutz gegen Raupenfraß an Bäumen angelegt werden oder feuchte Stellen, die auf ihren Wegen liegen, dadurch überwinden, daß sie Sand, kleine Blatt- oder Zweigstückchen darauf bringen und so eine gangbare Brücke darüber schlagen.

Wasmann hat nun gezeigt, daß der Sand nicht in der Absicht, eine Brücke zu bauen, auf die klebrigen oder feuchten Hindernisse gebracht wird, sondern daß dem Vorgang lediglich der große Reinlichkeitssinn der Ameisen zugrunde liegt, d. h. die Gewohnheit, übelriechende oder klebrige Stoffe, die nicht aus dem Nest geschafft werden können, einfach mit Erde zu bedecken. Das Experiment, das Wasmann machte, ist folgendes:

In einer mit Wasser gefüllten Uhrschale, die in ein *F. sanguinea*-Nest gesetzt wird, befindet sich eine Insel, auf welcher Puppen liegen; nach einiger Zeit haben die Ameisen zu der Insel eine „Brücke geschlagen", indem sie Sand in die Uhrschale warfen. Es schien damit ein Beweis für die Überlegungsfähigkeit der Ameisen gegeben —, wenn nicht bei einem Kontrollversuch dieselben Ameisen auch dann Brücken geschlagen hätten, als sich gar keine Insel mit Puppen in dem Uhrglase befanden, sondern die Schale einfach mit Wasser gefüllt

---

[1]) Dabei zeigen die Ameisen mitunter eine erstaunliche Hartnäckigkeit in der Verfolgung ihres Zieles, wie ein von R. Semon (Im austr. Busch, S. 161) berichteter Fall beweist. Genannter Forscher legte ein Stück Cyankali auf ein Ameisennest. Die Bewohner desselben machten sich sofort daran, das Gift zu entfernen, und obwohl eine Anzahl Arbeiter dabei zugrunde gingen, so ließen sie doch nicht eher davon ab, als bis das todbringende Stück vom Nest fortgeschafft war.

[2]) Die Bienen verfahren bekanntlich ganz ähnlich mit übelriechenden, faulenden Fremdkörpern! Nur benutzen sie nicht Erde zum Inkrustieren, sondern harzige Stoffe, das sogenannte Vorwachs (*Propolis*).

war. „Wir dürfen daraus schließen, daß die Ameisen auch das erstemal nicht die Absicht verfolgten, eine Brücke zu bauen, sondern bloß die unangenehme Feuchtigkeit zu beseitigen, die ihnen den Weg versperrte[1]).“

Das Bedenken, daß die „Brücken“ über die Leimringe außerhalb des Nestes gebaut werden, während das Wasmannsche Experiment im Nest sich abspielte, ist gänzlich gegenstandslos, da ja die Ameisen, wie wir oben bereits ausgeführt, ihre Straßen als zum Nestbereich gehörig ebenso sorgfältig rein zu halten pflegen als das eigentliche Nest. Es hindert uns also nichts, das „Brückenbauen“ ebenso wie die „Begräbnisse“ lediglich als Ausdruck des allgemeinen Reinlichkeitssinnes der Ameisen anzusehen.

2. Schutz- und Verteidigungsmaßregeln.

a) Soziale Verteidigung und sozialer Schutz. Nach dem, was wir bisher über die Verschiedenartigkeit der einzelnen Ameisen gehört haben, versteht es sich von selbst, daß sie auch bezüglich der Art und Weise, wie sie sich gegen tierische Feinde (vor allem ihresgleichen) und gegen elementare Einflüsse schützen und verteidigen, eine große Mannigfaltigkeit zeigen. Ich brauche nur auf die verschiedenen Arten der Nester hinzuweisen (s. Kap. IV), welche ja vor allem dem Schutz und der Verteidigung des Staates, insbesondere der Nachkommenschaft, angepaßt sind.

Schwache Kolonien und feige Ameisen suchen sich dem Auge der Feinde zu entziehen, indem sie möglichst versteckt ihre Wohnung anlegen. Starke, mutige Ameisen dagegen bauen offen und mitunter sogar mächtige, weithin sichtbare Nester, instinktiv ihre Überlegenheit empfindend.

Die Bauart der Nester kann natürlich niemals einen absoluten Schutz gegen Überfälle und das Eindringen feindlicher Ameisen bieten. Die Bewohner müssen daher stets gegen solche Eventualitäten ge-

[1]) Nach den Angaben verschiedener Autoren sollen die Wanderameisen (Dorylinen) lebende Brücken über kleine Bäche, Gräben usw. bauen, indem sie sich mit Hilfe ihrer Klauen und Mandibeln zu Ketten verbinden, über die hinweg das ganze nachfolgende Heer schreitet. Sollten sich die „lebenden Brücken“ wirklich als regelmäßiges Vorkommnis bei den Wanderzügen herausstellen, so dürfen wir daraus trotzdem nicht ohne weiteres auf eine hohe Überlegungsfähigkeit der Dorylinen schließen, sondern müssen zunächst suchen, ob sich dieser Brückenbau nicht auf einen allgemeinen Instinkt zurückführen läßt, wie der obige Brückenbau auf den Reinigungsinstinkt zurückzuführen war. — Nach Wasmann (1906) liegt denn auch eine sehr einfache Erklärung nahe: „Greift man aus einem Glase mit Spiritus, das einige tausend toter *Anomma* enthält, mit der Pinzette einige Ameisen heraus, so reiht sich an dieselben oft eine lange Kette von vielen Hundert Ameisen, die alle mit ihren Klauen aneinander hängen. *Eciton* und *Anomma* haben nämlich sehr lange Beine mit stark entwickelten Klauen. Hierdurch dürfte auch den lebenden Ameisen das Überschreiten eines Wasserlaufes bedeutend erleichtert werden; sobald das vordere Ende der im Wasser flottierenden Kette irgendwo festen Fuß gefaßt hat, können die übrigen über diese ‚lebende Brücke‘ hinüberziehen.“

rüstet sein. Und so sind auch die Ein- und Ausgänge der Nester gewöhnlich von einer Anzahl wachehaltender Arbeiter besetzt. Bei manchen Ameisen sind diese Schildwachen eine morphologisch differenzierte Kaste („Soldatenkaste"), wie z. B. bei *Colobopsis* und *Pheidole* (s. oben, Kap. II, 4); bei der Mehrzahl dagegen sind es gewöhnliche Arbeiter[1]). Doch sind es, wie Viehmeyer u. a. gezeigt haben, häufig die gleichen Individuen, welche die Wach- und Verteidigungsfunktionen des Staates ausüben. Die Wachposten bleiben nur so lange in Tätigkeit als gearbeitet wird. Ruht die Arbeit im Neste, so ziehen sich auch die Schildwachen zurück, nachdem sie aber zuvor die Eingänge sorgfältig verschlossen und so das Nest nach außen vollständig abgesperrt haben.

Findet ein Überfall fremder Ameisen auf ein gut bewachtes Nest statt, so kommt es zunächst zu heftigen Kämpfen zwischen den Eindringlingen und den Wachposten. Und wenn letztere allein auch für die Dauer nicht imstande sind, die immer von neuem nachrückenden Heere abzuschlagen, so haben doch die Einwohner des Nestes, die von dem Überfall sofort benachrichtigt werden, während dieser Kämpfe an den Toren Zeit gefunden, ihre Brut und ihre Weibchen in Sicherheit zu bringen, d. h. sie in die tiefsten Nestpartien zu schleppen. In der Rettung der Brut besteht ja die Hauptsorge jeder Ameisenkolonie.

Bei solchen Ameisen, die ein Nomadenleben führen (Dorylinen), haben sich besondere Schutzmaßregeln ausgebildet. Tritt bei den Umzügen dieser Ameisen, auf welchen bekanntlich alle Eier, Larven und Puppen mitgeschleppt werden, Gefahr ein, so bilden die größeren mit ihren Leibern ein lebendiges Gewölbe, unter welchem das schwächere Volk, die Brut mitschleppend, weiterziehen kann (Emery 1895 nach Savage).

Interessant ist ferner das Verhalten der Ameisen gegen Überschwemmungen. So suchen nach Savage die Treiberameisen ihre Brut bei Überschwemmungen dadurch zu retten, daß sich sämtliche Arbeiter zu einer lebendigen Kugel vereinigen, die von den Fluten schwimmend getragen wird, und in deren Inneren die Brut geborgen ist (Emery, 1895) Da nun viele Dorylinen, wie oben bereits gesagt, auch zum Ausruhen usw häufig solche lebenden Nester bilden, so ist ihr obiges Verhalten bei Überschwemmungen allerdings nicht allzu überraschend. Auffallender ist es schon, daß auch andere Arten, die für gewöhnlich in Dauernestern leben, auf dieselbe Weise ihre Brut vor Überschwemmungen zu retten suchen; so beobachtete

[1]) Sjöstedt beobachtete, wie die in den hohlen Dornen der afrikanischen Flötenakazien lebenden *Cremastogaster* das Eindringen feindlicher Ameisen, speziell der so überaus räuberischen Wanderameisen, dadurch zu verhindern suchten, daß eine Anzahl Arbeiter die Spitze ihrer Hinterleiber dicht aneinander gedrängt wie Pfropfen durch die Eingangsöffnung steckten, wobei am Ende jedes Hinterleibes ein milchweißes Tröpfchen ihrer übelriechenden Flüssigkeit leuchtete; es gelang ihnen auf diese Weise, selbst bei größeren Löchern, die rasenden Angreifer abzuweisen.

v. Ihering in Brasilien bei Hochwasser in der Flut eine große Anzahl kuchenartiger Massen von *Solenopsis geminata* daherschwimmend. Die Haufen maßen etwa 16 bis 25 cm im Durchmesser und bestanden lediglich aus den dicht gedrängten, aneinander gegenseitig sich festhaltenden Ameisen. Im Inneren des Haufens, wohin kein Tropfen Wasser gedrungen, „ruhten, von allen Seiten aufs beste geschützt, die geflügelten Geschlechtstiere und die gesamte Brut“. Auch die großen *Atta*-Arten sollen nach v. Ihering sich bzw. ihre Brut auf solche Weise vor dem Untergang retten. Daß die Ameisen lange Zeit unter Wasser ohne Schaden auszuhalten vermögen, wurde schon von mehreren Forschern experimentell festgestellt, in letzter Zeit erst wieder von Miss A. Fielde (1904), welche manche Ameisen sogar zwei bis drei Tage unter Wasser hielt, ohne sie dadurch zu töten.

Alarmsignale. Für gewöhnlich werden die Bewohner eines Nestes von heranrückenden Feinden dadurch in Kenntnis gesetzt, daß einige von den Türwächtern in das Nest stürzen und durch aufgeregte Fühlerschläge die Gefahr ihren Kameraden mitteilen. Indem nun letztere ebenfalls die Kunde auf dieselbe Weise sofort weiterverbreiten, so ist in der kürzesten Zeit die ganze Kolonie von der drohenden Gefahr unterrichtet.

Manche Ameisen besitzen aber außerdem noch besondere „Alarmsignale“, die in verschiedenen Lautäußerungen sich kundtun. Die Laute können auf zweierlei Weise hervorgebracht werden: entweder dadurch, daß die Ameisen mit ihrem Körper auf eine tönende Unterlage aufschlagen, oder aber vermittelst eines besonderen Tonapparates.

Der ersteren Methode scheinen sich besonders die *Camponotus*-Arten zu bedienen; so bringen nach Forel (Fourmis, S. 354) unsere europäischen *Camponotus* dadurch ein deutlich vernehmbares Geräusch hervor, daß sie mit ihrem Abdomen schnell hintereinander auf den Boden oder die Wand des Nestes klopfen. Ferner berichtet E. Gounelle von den südamerikanischen *Camp. mus*, daß diese bei Beunruhigungen mit ihren Köpfen heftig an die Wand ihres aus Blättern bestehenden Nestes schlagen, wodurch ein erstaunlich lautes, knarrendes, an das Klappern der Klapperschlange erinnerndes Geräusch entsteht.

Was nun die zweite Art der Tonerzeugung betrifft, so geschieht diese durch Reibung bestimmter Körperteile gegeneinander, wie ja überhaupt weitaus die meisten Töne der Insekten Reibegeräusche sind. Das Schrillorgan der Ameisen hat seinen Sitz am Abdomen: es besteht nach Janet (1902) aus einer fein gerieften Platte, welche dorsal an der Basis des dritten Abdominalsegmentes (1. Gastersegment Janets) gelegen ist, und aus einem Fortsatze des zweiten Abdominalsegmentes, welcher auf diese Platte stößt. Beim Auf- und Abbewegen des Abdomens reibt die rauhe geriefte Fläche gegen jenen Fortsatz und erzeugt so ein Geräusch (vgl. Kap. I, 3 und Fig. 6 *Str.*). Die Geräusche, die auf diese Weise hervorgebracht werden, sind oft nur sehr schwach, so daß sie mit unserem Ohr nicht immer wahrgenommen werden können; dennoch haben mehrere Beobachter deutlich einen

„zirpenden“ Ton gehört, so Wasmann (1893) bei *Myrmica ruginodis*, McCook bei *Myrmecocystus melliger*, A. Schulz (nach Emery, 1893) bei *Pachycondyla flavicornis*, Krausse bei verschiedenen *Aphaenogaster*-Arten und R. Whroughton (1892) bei einer *Cremastogaster*-Art, welche dabei lebhaft „mit ihrem Abdomen wackelte“. Prell berichtet sogar von einem außerordentlich starken, ununterbrochen ertönenden Zirpen, das von einem von der Termitenjagd heimkehrenden Ameisenzug von *Megaloponera foetiens* (Afrika) ausging. Das Zirpen war so laut, daß man es in 1 bis 2 m Entfernung noch deutlich wahrnehmen konnte. — Emery konnte auch an toten Ameisen (*Pachycondyla*) Geräusche hervorbringen, indem er das Abdomen derselben auf- und abbewegte.

b) „Persönliche“ Verteidigung. Bezüglich der „persönlichen“ Verteidigung verhalten sich die Ameisen ungemein verschieden, nicht nur nach den Arten, sondern auch nach den einzelnen Individuen einer Kolonie. Denn auch die Mitglieder ein und desselben Staates sind in ihrem Charakter, ihrem Mut usw. oft grundverschieden, wovon uns Wasmann (1900, S. 40) ein sehr anschauliches Bild entwirft: „Wenn wir den Stein, welcher ein mittelstarkes Nest von *Formica sanguinea* bedeckt, umwenden usw. ..., entsteht ein gewaltiger Tumult unter der Bewohnerschaft. Ein Teil der Ameisen stürzt wütend auf den Friedensstörer los und bedeckt ihn mit Bissen und Giftsalven; ein anderer Teil nimmt sich der gefährdeten Brut an usw.; andere Individuen derselben Kolonie scheinen trotz des heroischen Mutes ihrer Raubameisennatur gerade keine Lust zur Verteidigung des Vaterlandes zu haben und flüchten sich unter Grasbüschel und Schollen in der Nachbarschaft, um sich zu verstecken; ja manchmal duckt sich sogar eine *sanguinea* mitten unter den kämpfenden, rettenden und flüchtenden Gefährtinnen regungslos auf den Boden und nimmt, wenn auch meist nur für kurze Zeit, zur instinktiven List der Bewegungslosigkeit oder des ‚Scheintodes‘ ihre Zuflucht; andere *sanguinea* desselben Nestes endlich scheinen von einem sonderbaren Gemisch von Kampflust und Furcht, von einer Art ohnmächtiger Wut erfaßt zu sein, die es nicht wagt, den wirklichen Gegner anzugreifen, dafür aber an anderen Gegenständen ihren Zorn ausläßt: sie rutschen mit gespreizten Beinen und gesenktem Kopf auf dem Boden umher, beißen wütend in den Sand, dann wieder in einen Heidekrautstengel, aber nur nicht in den ‚Finger‘ (des Ruhestörers)“.

Größere Extreme von „Charakteren“ als uns hier Wasmann unter den Mitgliedern ein und derselben Ameisengesellschaft vorführt, können wir bei den abweichendsten Arten und Gattungen kaum antreffen; und wir sehen hier in einem Bilde fast alle die verschiedenen Verteidigungs- und Rettungsversuche beisammen, welche bei den Ameisen überhaupt in Anwendung sind: Aufnahme des Kampfes, Flucht, Sich-tot-stellen, Furchteinjagen durch wildes Gebaren usw. Natürlich überwiegt bei den verschiedenen Ameisenarten die eine oder andere dieser Manieren, je nach dem Grundcharakter der betreffenden Spezies; so werden von den kriegerischen die meisten kämpfen und nur wenige „sich drücken", während bei den von Haus aus zaghaften und friedfertigen die meisten sofort Reißaus nehmen und nur wenige sich dem Feinde entgegenstellen werden usw.

Das „Sich-tot-stellen", welches bei den nicht sozialen Insekten als Rettungsmittel bekanntlich sehr verbreitet ist, ist also auch bei den Ameisen zu beobachten, wenn auch seltener; nur einige unserer einheimischen Ameisen, welche in kleinen Kolonien unterirdisch leben, wie besonders *Myrmecina Latreillei* (Wasmann) und die niedersten Ameisen, die Ponerinen, scheinen (nach Wheeler) regelmäßig oder wenigstens häufiger zu diesem Mittel Zuflucht zu nehmen.

Springende Ameisen. Manche Ameisen haben die Fähigkeit, zu „springen" und sich auf diese Weise dem nachstellenden Feinde zu entziehen: es sind dies vor allem *Odontomachus* und verwandte Ponerinen. Das Springen geschieht nicht nach Art der Schnellkäfer (Elateriden) oder Heuschrecken, sondern mit Hilfe der Mandibeln. Letztere sind für gewöhnlich weit aufgesperrt, so daß sie senkrecht zur Längsachse des Körpers stehen (Fig. 65). Ihr Innenrand ist mit einigen sehr langen, nach vorn abstehenden Sinnesborsten besetzt; wenn nun diese mit einem fremden Tiere in Berührung kommen, schnappen die Mandibeln unter deutlich hörbarem Geräusche reflektorisch zusammen, und zwar mit solcher Heftigkeit, daß die Ameise dadurch mehr oder weniger weit zurückschnellt. Jeder, der *Odontomachus* (einer in den Tropen häufigen Ameise) begegnet, kann sich ohne weiteres solche Sprünge vormachen lassen Ein Beobachter (A. Schupp) sah sogar einen vom Rumpf getrennten Kopf auf diese Weise fortspringen (s. Wasmann, 1892). Daß das „Springen" eine Schutz- bzw. Vorsichtsmaßregel darstellt, ist zweifellos und wird auch von allen Beobachtern so gedeutet.

Fig. 65.

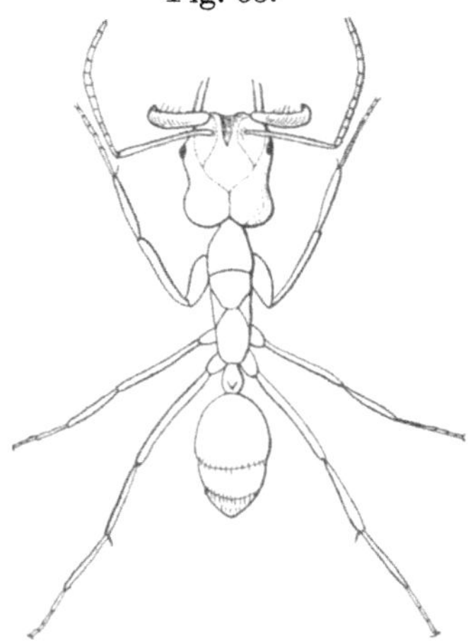

Odontomachus haematodes L. mit geöffneten Mandibeln. Nach Wheeler.

Außer den genannten *Odontomachus*-Arten wurden auch noch verschiedene *Anochetus*-Arten und der riesige *Harpegnathus cruentatus* beim Springen gesehen. Letzterer macht nach Wroughton „Sätze von einem Fuß oder 18 Zoll mit vollkommener Leichtigkeit, genau wie ein Grashüpfer" (vgl. Wasmann, 1892).

Übrigens ist das „Springen" nicht auf die Ponerinen allein beschränkt, denn Emery (1893) erhielt von Albert Schulz die Mitteilung, daß auch „die durch ihre enormen Augen ausgezeichnete brasilianische Ameise *Gigantiopsis destructor* (Camponotine) von Zweig zu Zweig springt".

3. Kämpfe.

Kämpfe spielen im Leben der Ameisen eine große Rolle. Verhalten sich doch die Angehörigen einer Kolonie gegen alles, was nicht zu ihrem eigenen Verbande gehört, von Haus aus feindlich: also nicht nur gegen verschiedene Arten oder Rassen, sondern auch gegen die Angehörigen anderer Kolonien der gleichen Art! Und da geeignete Plätze meistens reich mit Ameisenkolonien besetzt sind, so gibt es da natürlich alle Augenblicke Anlässe zu Kämpfen, was zu einem permanenten Kriegszustande führen kann. Um so mehr, als gewöhnlich jede Kolonie nicht nur das eigentliche Nest, sondern auch die von demselben ausgehenden Straßen und auch ein kleineres oder größeres Gebiet rings um ihr Nest herum als ihr Eigentum ansieht. „Dieses Gebiet umfaßt Bäume, Pflanzen, Grund und Boden; wer es betritt, wird angegriffen und womöglich niedergemacht" (Forel, 1898).

Es handelt sich aber bei den Kämpfen nicht immer nur um Grenzstreitigkeiten, sondern häufig finden richtige Angriffe einer Kolonie auf eine andere zu ganz bestimmten Zwecken statt: zum Raub von Blattläusen oder Körnervorräten, zum Raub von Larven und Puppen (sei es zur Nahrung oder um Sklaven zu erziehen), zur Besitzergreifung des Nestes usw. Ich will hier nicht auf alle die vielen Schlachten, die von den verschiedenen Beobachtern beschrieben, im einzelnen eingehen, zumal im nächsten Kapitel bei der Amazonenameise noch einiges darüber mitgeteilt wird. Nur das sei hier erwähnt, daß die Schlachten zwischen zwei Staaten mitunter wochen- oder monatelang (natürlich mit Unterbrechungen) währen können, und daß auch die Kampfesweise bei verschiedenen Ameisenarten eine recht verschiedene ist, worüber vor allem Forel eingehende Beobachtungen angestellt hat. Es kommt natürlich bezüglich der Kampfestaktik und des Ausganges der Schlachten auch darauf an, ob die beiden Heere numerisch gleich oder ungleich sind, ob die sich bekämpfenden Ameisen in der Körpergröße voneinander abweichen, ferner hängt viel von den Waffen ab (Stachel, Giftblase, Analdrüsensekrete usw.), von der Dicke des Chitinpanzers und endlich von gewissen Kampfeskniffen. *Polyergus* z. B. durchbohrt das Gehirn des Feindes, *Formica exsecta*, *Pogonomyrmex* u. a. sägen dem Gegner den Kopf ab, *Myrmica rubida*, die gefürchtetste unter den Europäern, tötet ihren Feind vornehmlich mit ihrem Giftstachel, *Tapinoma* bekämpft seine Angreifer mit einem Analdrüsensekret usw. Die einen Ameisen nehmen Einzelkämpfe auf, andere dagegen greifen nur zu mehreren an, wie z. B. die *Lasius*-Arten oder *Tetramorium*. Wir sehen dann auf dem Schlachtfelde nur größere oder kleinere Knäuel oder Ketten von vielen „ineinander verbissenen und mit dem Stachel sich gegenseitig bearbeitenden Individuen" (Wasmann über *Tetramorium*), von denen gewöhnlich nur wenige am Leben bleiben. Wo kleine Ameisen gegen große zu kämpfen haben, z. B. *Tetramorium* gegen *Formica rufa*, da vereinigen sich immer vier bis fünf der kleinen zur Überwindung einer großen. Die *Tetramorium* klammern sich zunächst an den Beinen und Fühlern der *rufa* fest und behindern so diese an ihrer Bewegungsfreiheit; dann können die übrigen Angreifer ohne Gefahr auf den Körper der großen klettern und sie durch Bisse und Stiche allmählich töten[1]). Große Ameisen haben natürlich ein leichteres Spiel kleinen gegenüber: sie zerdrücken dieselben einfach zwischen ihren kräftigen Mandibeln.

Von großer Bedeutung für die Heftigkeit der Kämpfe ist die Temperatur, d. h. je höher dieselbe ist, desto größer die Wut und Hitzigkeit der Kämpfenden. Auch die Zahl der Kriegführenden steht in einer direkten Proportion zum Grade der Heftigkeit. Denn wie bei allen sozialen Tieren, so wächst auch bei den Ameisen der Mut mit der Zahl der kämpfenden Individuen.

Manchmal kann sich die Kampfeswut zu einem richtigen Kampfesrausch steigern, in welchem die Ameisen ihren Weg nicht mehr erkennen und auch nicht mehr zwischen Feind und Freund zu unterscheiden vermögen. Sie stürzen sich dann auf ihre eigenen Kameraden, welch letztere die berauschten so lange festzuhalten suchen, bis sie sich wieder vollkommen beruhigt haben [Forel, *Fourmis*, S. 136[2])].

Wie enden die Kriege? Gewöhnlich kämpfen die feindlichen Kolonien so lange, bis die eine von ihnen verjagt oder vollkommen aufgerieben ist. Doch ist dies nicht immer der Fall — „nein, auch Frieden schließen können die Ameisen". „Das geschieht nicht nur dadurch, daß zwei erschöpfte Kolonien oft den Kampf aufgeben und ein gewisses Grenzgebiet meiden, sondern auch in seltenen Fällen durch Bündnis und Verschmelzung" (Forel, 1898). Wie Wasmann betont, besteht die Hauptbedingung für das Zustandekommen solcher Allianzen darin, daß „die beiden Gegner systematisch nahe verwandt, daß sie ungefähr gleich stark, und endlich, daß sie genötigt sind, unmittelbar beisammen zu wohnen, ohne einander ausweichen zu können". „Unter diesen Umständen wird aus den anfänglichen Scharmützeln bald eine indifferente Duldung, aus der Duldung ein freundschaftlicher Verkehr." Forel hat diesen Vorgang des öfteren experimentell hervorgerufen; so setzte er z. B. aus verschiedenen Kolonien der Waldameise größere Nestteile samt Bewohner nebeneinander, aber an einen ganz fremden Ort, wo sie gezwungen waren, ein neues Nest zu bauen. „Die Not und die Gelegenheit, das gemeinsame Bedürfnis nach Nahrung und Wohnung ließen die Kampfeslust zurücktreten. Nach meist unbedeutenden Drohungen, Sticheleien und schwachen

---

[1]) Damit soll aber keineswegs gesagt sein, daß die kleinen die große Ameise in der Absicht, sie festzuhalten und den anderen das Erklettern zu ermöglichen, zuerst an den Beinen erfassen! Die dünnen Beine und Fühler bieten vielmehr zuerst die einzigen Angriffspunkte für die kleinen Ameisen dar.

[2]) v. Buttel sah ähnliche Rauschzustände in einem künstlichen Neste von *Myrmica laevinodis* entstehen, als er eine lebende Schmeißfliege dazu setzte, welche durch ihr stürmisches Gebaren eine Aufregung sondergleichen in der kleinen Kolonie hervorbrachte.

Kampfversuchen fingen die Ameisen an gemeinsam zu arbeiten und bildeten im Verlaufe von einem bis zwei Tagen eine einzige einträchtige Kolonie" (Forel, 1898).

4. Umzüge.

Wir sprechen von „Umzügen" der Ameisen, wenn eine ganze Kolonie mit Kind und Kegel, d. h. mit den Geschlechtstieren und der gesamten Brut ihren alten Wohnsitz verläßt, um an einem anderen Orte sich niederzulassen.

a) Gelegentliche Umzüge. Die gelegentlichen „Umzüge" können verschiedene Ursachen haben: Niederlassungen starker feindlicher Kolonien in der Nähe, Mangel an Nahrung, zu starke Beschattung des Nestes, Überschwemmungen und andere Belästigungen mehr. Man kann solche „Umzüge" jederzeit künstlich hervorrufen, indem man eine Kolonie mehrmals hintereinander stört, z. B. das Nest aufdeckt usw. Die Vorgänge bei den Umzügen hat zuerst P. Huber genauer beobachtet; sodann haben auch Forel, McCook, Wasmann u. a. mehrfach darüber berichtet: Zunächst ziehen eine oder mehrere Ameisen aus, um einen geeigneten Platz für die neue Heimat zu suchen. Haben sie einen solchen gefunden, so kehren sie

Fig. 66.

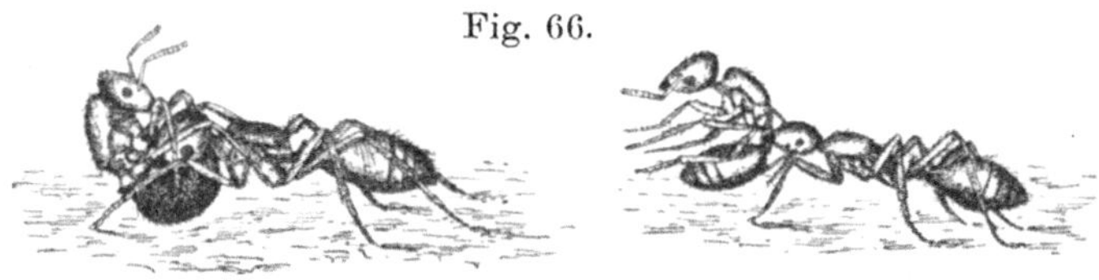

Transport von Nestgenossen bei Umzügen usw.; zwei verschiedene Haltungen. Nach McCook.

zurück in ihr altes Nest, um bald mit einem Kameraden beladen wieder zu erscheinen und damit dem neuen Neste zuzustreben. Dort angelangt, wird die Bürde abgesetzt; dann wird sofort zurückgelaufen, um einen neuen Kameraden zu holen usw. Das Beispiel der tragenden Ameisen („*recruteuses*") steckt an, denn ihre Zahl nimmt mit jedem Augenblicke zu, und bald ist die Umzugsstraße erfüllt mit solch schwer beladenen Trägern. Nachdem der größte Teil der Bewohner so in das neue Nest geschafft ist (was mehrere Tage beanspruchen kann) und dieses einigermaßen wohnlich hergerichtet ist, werden auch die Larven und Puppen, die Blattläuse, Ameisengäste, Nahrungsvorräte usw. herübergeholt[1]). Während des ganzen Umzuges

[1]) Nach Brun beteiligen sich bei den Umzügen von *Tapinoma erraticum*, die ziemlich häufig stattfinden, auch die geflügelten Männchen und Weibchen aktiv durch Tragen von Brut.

herrscht im alten Neste verhältnismäßig große Ruhe, d. h. die einzelnen Ameisen gehen hier so lange ihren Beschäftigungen (Brutpflege usw.) nach, bis sie von den Transporteuren geholt werden.

Die Art und Weise, wie letztere beim Aufpacken ihrer Kameraden verfahren, hat Huber mehrfach beobachtet: „sie liebkosen die betreffenden mit ihren Fühlern, ziehen sie an sich und scheinen ihnen in der Tat einen richtigen Vorschlag zur Reise zu machen". Was die Haltung, welche die tragende wie die getragene Ameise einnimmt, betrifft, so hat meistens die getragene Ameise ihre Extremitäten eng an den Körper angezogen; ihre Bauchseite nach oben, den Kopf nach hinten, wird sie von der Transporteurin an den Mandibeln oder in der Brustgegend gepackt, so daß ihr Abdomen unter den Kopf zwischen die Vorderbeine der Trägerin hineinragt. Die Haltung kann übrigens auch eine andere sein, wie aus den beiden Figuren (66 A und B) hervorgeht, die McCooks Werk über die Agrikulturameise entnommen sind.

Wenn das neue Nest sehr weit vom alten entfernt ist, so errichten die Ameisen nicht selten Zwischenstationen auf dem Wege, in welchen sie ihre „Rekruten", Larven, Weibchen und Männchen, die sie nicht in einer Tour bis zur neuen Wohnung tragen können, eine Zeitlang absetzen. Diese Zwischenstationen bestehen gewöhnlich aus einer Höhlung in der Erde, mitunter auch aus mehreren Kammern. Es kommt vor, daß ein Teil der Ameisen in denselben sich festsetzt und daselbst neue Kolonien („Zweigkolonien") bildet, die aber mit der Stammkolonie stets in Verbindung und freundschaftlichem Verkehr bleiben (Huber, Forel).

b) Periodische Umzüge. Über die „periodischen Umzüge" haben wir oben beim Nestbau (Kap. IV) schon berichtet. Sie sind dadurch charakterisiert, daß eine Kolonie alljährlich mehr oder weniger regelmäßig ihr Nest wechselt. Es tut dies mit Vorliebe *Formica sanguinea,* welche „Winter- und Sommernester" besitzt und je nach der Jahreszeit in den ersteren oder letzteren sich aufhält. Da der Winter die Zeit der Ruhe und der Sommer die Zeit der Arbeit ist, kann man auch von „Ruhe- und Arbeitsnestern" sprechen. Während wir für die gelegentlichen Umzüge eine ganze Reihe verschiedener Ursachen kennen lernten, werden die periodischen Umzüge also vor allem durch klimatische Einflüsse bestimmt. Im übrigen verweise ich auf die Ausführungen im Kap. IV.

5. Die Wanderungen der Dorylinen.

Die bisher besprochenen Wanderungen stellen nur mehr oder weniger vereinzelte kürzere Episoden im Leben der Ameisen dar; anders bei den Dorylinen, bei denen der größte Teil ihres Lebens auf der Wanderung sich abspielt. Gleich wie die Zigeuner unter Menschen, kennen diese „Wanderameisen" keine Heimat; sie ziehen von einem

Ort zum anderen, überall nur kurze Zeit bleibend. Sind die Nahrungsquellen einer Gegend erschöpft, so packen sie auf und ziehen mit „Sack und Pack“ in ein anderes Terrain, wo es noch etwas zu jagen gibt.

Wir müssen übrigens auch bei den Wanderameisen unterscheiden zwischen „Beutezügen“ und „Wanderzügen“. Erstere werden nur von einem Teil der Kolonie unternommen behufs Herbeischaffung von Beute; sie gehen vom Lagerplatz bzw. Nest aus und kehren auch wieder dahin zurück. Bei den Wanderzügen dagegen handelt es sich um Umzüge der gesamten Kolonie in neue Jagdgefilde; es wird dabei nur wenig gejagt, da ja die meisten Ameisen mit dem Transport der Brut vollauf beschäftigt sind.

Es gibt blinde und sehende Dorylinen, sogar in ein und derselben Gattung; die blinden wandern vielfach bei Nacht oder unter besonderen Erdgewölben, welche sie selbst mit unglaublicher Schnelligkeit während des Vorrückens errichten (*Anomma*, *Eciton coecum*), oder aber, wie die *Dorylus*-Arten, mehr oder weniger tief unter der Erde.

Savage, Vosseler, Sjöstedt, Bates und Belt geben ausführliche und anschauliche Beschreibungen über die Züge der verschiedenen Dorylinen, die ersteren über die äthiopischen Formen (*Anomma*), die beiden letzteren über die der neotropischen Ecitonen. Wenn auch die verschiedenen Arten in einigen Punkten abweichende Gewohnheiten zeigen, so stimmen sie doch betreffs der Art und Weise ihrer Züge im wesentlichen überein.

Um einen richtigen Begriff von den Wanderungen der Dorylinen zu geben, sei hier der überaus anschauliche Bericht Vosselers über die ostafrikanische Treiberameise (die sogenannte Siafu) in extenso angeführt:

„Das Volk der Wanderameisen ist von einem unruhigen Geiste beherrscht. Wo immer ihr Tun und Treiben sich dem menschlichen Auge offenbart, nichts als Hasten, Jagen, Kämpfen und Morden. Wo sie auftauchen, rücken erst einzelne Tiere aus, unruhig hin und her rennend, tastend und sondierend. Bevor diesen Vorläufern eine Erkennung der Umgebung des neuen Invasionsgebietes anzumerken ist, drängen schon ungeduldige Haufen aus kleiner sich nun schnell erweiternder Erdspalte nach. Aus Hunderten werden im Handumdrehen Tausende und Hunderttausende. Wie aus dem Boden gestampft erscheinen die kampflustigen Scharen, ergießen sich zunächst einem uferlosen Strome gleich über den Boden und die niederen Gewächse nach allen Seiten hin in dichtem Gewimmel den Boden bedeckend. Allenthalben wird's nun lebendig. Was an Grillen, Kakerlaken, Spinnen, Skolopendern, Raupen, Maden, kurz an kleinen und großen, wehrhaften und wehrlosen Lebewesen sich in der Erde, unter Steinen, in morschem Holz oder im Gras und Busch wohl geborgen glaubte, fühlt sich im Moment des Ausschwärmens der Siafu wie von der Kriegstrompete alarmiert, sucht in kopfloser Flucht dem unerbittlichen Heer zu entrinnen, sofern seine Natur Eile erlaubt. Ein blutiges, stilles

Drama beginnt, dem an packender Lebhaftigkeit kaum ein anderes gleicht. Eine große Bärenraupe verliert das Vertrauen auf die Schutzdecke ihrer langen Brennhaare und rennt mit gekrümmtem Rücken den Wegrand entlang, von den Ameisen wie von einer Meute blutdürstiger Wildhunde verfolgt. Nun geht die Jagd eine steile Wand hinauf, die Jäger auf den Fersen des Wildes. Die Raupe kollert herab, die Ameisen verlieren einen Augenblick die Spur. Ehe das Wild wieder auf den Beinen ist, sitzen 10, 20 und mehr Siafu an den Haaren festgebissen, im Nu ist es von Hunderten gestellt, bedeckt, in Stücke zerschnitten, die sofort von einer entsprechenden Anzahl der unermüdlichen Jäger trotz aller Terrainschwierigkeiten nestwärts geschleppt werden. Eine Grille versucht die ganze Kraft ihrer sehnigen Springbeine, um der schnell erkannten Gefahr zu entrinnen. Umsonst! Sie wird umzingelt, an Beinen, Fühlern und Flügeln festgehalten, von Dutzenden scharfer Kiefer sofort kunstgerecht zerlegt, die Stücke folgen denen der Raupe.

„Von den vorausschwärmenden Ameisen wird so das Feld rasch gesäubert. Die nachfolgenden Truppen schließen sich zu sechs bis zehn Gliedern, ein bis zwei Finger breiten Zügen zusammen, von denen die Tiere an der Front abgelöst bzw. ergänzt werden. Wo eben noch der Boden von suchendem mordenden Gewimmel bedeckt war, haben sich Straßen gebildet, die sich wie ein Netzwerk verzweigen und wieder vereinigen. Das Durcheinander der Bewegung hat sich nach vorn verschoben. Die Straßen, auf denen der Nachschub sich bewegt und die gleichzeitig zur Heimschaffung der Beute dienen, werden sofort geglättet, ihre Seiten von Wachen, den großen Soldaten besetzt. Dicht gedrängt stehen sie »Schulter an Schulter« senkrecht zur Wegrichtung, den nach außen gekehrten Kopf in ständig suchender Bewegung nach einem Eindringling. Die geringste Andeutung eines Gegners veranlaßt sie, Brust und Kopf senkrecht zum Boden aufzurichten und die Fühler für den Moment des Zupackens an die weit geöffneten Zangen anzulegen. Wird längere Zeit kein Feind bemerkt, so vermindern sich die Wachen, unregelmäßig verteilt bleiben fast nur noch die Riesen mit hoch erhobenem Kopf, griffbereiten Kiefern und vibrierenden Fühlern stehen. Unter diesem Schutz strömen die fleißigen Tiere stunden- und tagelang ihren Weg hin, oft nur in einer Richtung, oft schwer beladene gleichzeitig den vorwärts dringenden entgegen. Ab und zu flutet der ganze Strom zurück, die Wachen werden abgelöst.

„Wird eine Straße oder ein Wegenetz länger benutzt, so erhalten die Seitenränder einen Längswall. Kürzere Strecken werden auch vollständig überbaut, aber immer wieder von oben offenen Stücken unterbrochen. Auf der Innenseite der Wälle hängen die Wachen senkrecht mit nach rückwärts übergeneigtem Kopf so, daß die Häupter zweier Gegenüber sich mit dem Scheitel fast berühren, ihre Körper eine Art durchbrochenen Tunneldachs bilden. Stellen häufiger Störung, z. B. auf menschlichen Fußpfaden, werden besonders stark besetzt;

ausschwärmende Scharen sichern den Ameisenverkehr bei der geringsten Beunruhigung bis auf 2 m seitlich der Heerstraße.

,,Die Geschwindigkeit, mit der die Wege entstehen, erlaubt keine besonderen Trassierungskünste. Selbst auf glatten Ebenen werden unnötige Krümmungen und Umwege nicht vermieden, wohl aber kleine Hindernisse (Steine, Baumstrünke) umgangen oder unterminiert. Setzt ein tropischer Regenguß ein Stück des Weges unter Wasser, so scharen sich die überfluteten Tiere sofort zu Ballen von Hunderten von Individuen zusammen. In diesen Klumpen findet ein fortwährender Austausch der Plätze statt, auf der fettigen glatten Haut haftet das Wasser ohnedem wenig, und so ist die Möglichkeit des Ertrinkens auf ein Minimum beschränkt. Auch nach stundenlanger Überschwemmung bleiben die Klumpen lebend und setzen nach deren Abfluß ihre Straße fort, als wäre nichts geschehen. Gewöhnlich treiben sie aber früher schon an festes Land. Über Berg und Tal konnte ich eine Wanderstraße etwa 400 m ununterbrochen verfolgen, wobei sie dreimal Steigungen von 40 bis 50 m hinauf- bzw. hinabführte Wie so oft war das Ende dieser Straße nicht zu erkunden, sie kann deshalb noch viel länger gewesen sein. Nach meinen Beobachtungen hängt die Art des Wegebaues und die Anlage der Straßen eng mit der Lebensweise der Siafu zusammen und diese erklärt manchen Punkt der Eigenart dieser Tiere.

,,Im Gegensatz zu den meisten Ameisen sind die Siafu reine Fleischfresser, Raubtiere en miniature von ganz unverhältnismäßiger Gefräßigkeit und Wildheit. Ein Gegenstück zu ihnen bilden die einer ganz anderen Ameisenfamilie angehörigen *Eciton* in Brasilien. Die Art der Nahrung zwingt sie, auf die Jagd zu gehen. Haben sie nun irgendwo sich vorübergehend festgesetzt und ein Nest gebaut, so werden von diesem Zentralpunkt aus Streifzüge in die Umgebung unternommen, die sich oft über 100 bis 200 m ausdehnen. Liefert die betretene Richtung reiche Ausbeute, so wird sie länger beibehalten und die Pfade werden sorgfältig ausgearbeitet; ist der Bezirk erschöpft, so wird sofort nach einer anderen Gegend ausgeschwärmt und die Wegearbeit aufs neue durchgeführt. Von dem Erfolg der Jagd hängt also die Dauer der Benutzung eines Weges und der Grad seiner Vollendung ab. Ist der Umkreis des Nestes abgesucht, so werden ab und zu die ersten Gebiete noch einmal durchstöbert; reicht die Beute nicht mehr zur Ernährung des Volkes aus, so muß es sich zur Auswanderung entschließen.

,,Den Arbeitern und Soldaten, denen jederzeit die ganze Verpflegung und Beschützung des kleinen Staatswesens obliegt, fällt nun eine weitere Aufgabe zu. Sie haben den Platz für ein neues Nest auszukundschaften, alle Vorbereitungen für den Umzug zu treffen und diesen selbst durchzuführen Am meisten Sorgfalt erfordert die Überführung der Brut in das neue Heim. Die madenähnlichen weißen Larven sind sehr zart und weichhäutig, die Puppen nackt, d. h. nicht von einem Kokon umhüllt. Sonnenschein und Trockenheit wird beiden verderblich, sie müssen also vermieden werden. Die Auswanderung dauert sehr lange, wird ohne Unterbrechung vollzogen und kann nicht in einer Nacht, der dafür günstigen Zeit, durchgeführt werden. Regnerische Tage mit bedecktem Himmel in Muse abzuwarten, verbietet die Dringlichkeit der Magenfrage Als geborene Erdarbeiter wissen die Ameisen durch ein einfaches Mittel der Ungunst der äußeren Verhältnisse zu begegnen; sie verbinden das alte Nest mit dem neuen durch einen langen Tunnel. Schon ein bis zwei Tage vor der Veränderung des Wohnsitzes sieht man die Arbeiter weniger emsig und massenhaft mit Raubzügen beschäftigt, viele treiben sich wie suchend um das Nest herum. Noch ein- bis zweimal unternimmt vielleicht das ganze Heer Ausflüge in schon abgesuchte Bezirke, die Ausbeute scheint aber dem Nahrungsbedürfnis nicht zu entsprechen. Nun läßt die Tätigkeit im Nest nach, nur vereinzelte Tiere erscheinen an den Ausgängen. Bald jedoch zeigt sich unter einem früher begangenen Wege erhöhte Emsigkeit. Eine lange unterirdische Galerie wird angelegt, die entfernte Erde von Strecke zu Strecke durch Auswurfschachte nach außen befördert. Um die Öffnungen der Schachte herum sitzen als Wachen und Helfer gedrängte Knäuel kräftiger Soldaten. In Schatten dichten Graswuchses unterbleibt die Minierarbeit, nur der Boden wird von kleinen Hindernissen befreit und geglättet. In kurzem ist so ein Gang von etwa 400 m durch Dick und Dünn fertig gestellt, sehr wahrscheinlich auch schon das zukünftige Heim zur Aufnahme des Volkes bereit. Wohl geborgen kann nun auf sicherer Bahn die ganze zarte Nachkommenschaft samt der Stammmutter, der Königin, dorthin übersiedeln, d. h. geschleppt werden. Vor dem Umzug beobachtete ich eine kurze Ruhepause. Die wenigen oberflächlich erscheinenden Ameisen krabbelten mit ganz ungewohnter Gemächlichkeit und Ziellosigkeit herum und betasteten sich gegenseitig viel mit den Fühlern. Eines Morgens gegen 9 Uhr ergoß sich ein schwarzer Strom aus dem Nest durch die Erdgalerie in wilder Hast. Jeder Arbeiter trug einen weißen Gegenstand, so schwer oder schwerer wie der Träger selbst zwischen den Kiefern, eine Larve oder Puppe. Der Auszug hatte morgens 9 Uhr begonnen und dauerte so ziemlich ganze 24 Stunden ununterbrochen an. Nach 12 Stunden waren die Scharen noch ebenso dicht und eilig wie zu Anfang. Am folgenden Morgen, also nach 24 Stunden, verließen die letzten Arbeiter ohne Gepäck das Nest. Im Laufe der Nacht waren also vollends alle Entwickelungsstadien weggetragen worden. Zur Deckung des Umzuges waren an allen schwachen Stellen der Straße, besonders an den Schachtöffnungen und im Grase, wo keine Galerie angelegt wurde, Massen von Soldaten aufgelegt, die, sobald die letzten Auswanderer vorüber, sich dem Ende des Zuges anschlossen.

,,Das nunmehr leere Nest war ursprünglich von einer anderen Ameisenart, einer *Myrmicide*, angelegt und lange bewohnt gewesen. Auf ihren Streifzügen hatten es die Siafu entdeckt und mit Beschlag belegt. Die stachelbewaffneten Erbauer wurden angegriffen, wußten sich aber trotz geringerer Kraft ihres Lebens zu erwehren Mancher abgebissene, an Beinen und Fühlern der Exmittierten mit den Kiefern verankerte Siafukopf zeugte von den Kämpfen zwischen beiden so unähnlichen Arten. Obwohl nun die *Myrmiciden* späterhin unbehelligt blieben, wurden sie nicht nur ihres Heims, sondern auch der ganzen darin geborgenen Nachkommenschaft beraubt. Die Usurpatoren hatten schnell die vorgefundenen Räume ihren Bedürfnissen entsprechend verändert und erweitert, ihre Brut eingetragen und waren am elften Tage wieder abgezogen, nachdem sie ungefähr 10000 qm niedrig bewachsenen Landes von Kerftieren so ziemlich gesäubert hatten. Auch an anderen Stellen wurde die ungefähre Dauer der Benutzung eines Nestes auf 8 bis 14 Tage abgeschätzt. Ob die Siafu regelmäßiger sich in den noch besetzten Erdwohnungen anderer Ameisenarten einnisten, konnte ich noch nicht bestätigen. Zweifellos sind sie sehr wohl imstande, passenden Orts sich ein Heim in größter Geschwindigkeit zu schaffen, finden es aber im Hinblick auf die kurze Zeit der Benutzung ersprießlicher, Vorhandenes auszunutzen, wo es geht, Arbeit zu sparen.

„Der vorhin beschriebene Auswandererzug bot Gelegenheit, die Zahl der Individuen in einem Volk annähernd festzustellen. Durchschnittlich verließen in der Sekunde 5 bis 7 Ameisen nebeneinander je mit einem Entwickelungsstadium beladen das Nest, also in der Minute etwa 720 fertige und unfertige Exemplare. Hielt der Zug, durchschnittlich genommen, 24 Stunden in unverminderter Stärke an, so ergibt sich für das keineswegs starke Volk ein Bestand von 1036800 Lebewesen. Dazu kommen noch alle Soldaten, welche schon vorher zur Einnahme ihrer Wachposten ausgerückt waren und sich auf eine Strecke von 400 m, allerdings ganz unregelmäßig verteilt hatten, und endlich wahrscheinlich auch noch Massen von Arbeitern, die schon unterwegs oder im neuen Nest sich befanden, bevor der eigentliche Umzug begann. Zusammen genommen dürften 2 Millionen kaum zu niedrig geschätzt sein.

„Wie früher angegeben, sind die Ameisen Tag und Nacht bei jedem Wetter unterwegs, seltener allerdings in ausgesprochen trockenen Zeiten oder während anhaltender Regengüsse. Auf der Jagd halten sie sich an den Boden und niedere Vegetation, klettern selten höher als etwa 1,5 m. In Wohnungen machen sie aber Ausnahmen, überziehen oft die ganzen Zimmerwände und dringen sogar in etwa vorhandene Obergeschosse ein. Da und dort verschwinden die Scharen in der Erde, um erst in größerer Entfernung wieder aufzutauchen. Unterirdische Gänge, fern von jedem Nest, fand ich bis 1 m unter der Oberfläche. An geschützten Stellen im Grase, unter Steinen, Holzstämmen wird der für den Nestwechsel angelegte Gang erweitert, um dort die Brut vorübergehend abzulegen. Werden Stücke dieses Tunnels zerstört, so unterbleibt die Wiederherstellung; sie werden umgangen, selbst in glühendem Sonnenschein. Die gewöhnlichen Wanderstraßen verzweigen sich mehr oder weniger reichlich, treffen aber oft wieder zusammen. Der Weg für den Umzug verläuft wohl gewöhnlich ohne Abzweigungen.

„Die Beute der Siafu wird sofort an Ort und Stelle in leicht transportable Stücke zerlegt, wenn sie groß ist, kleinere Tiere der Beine und Flügel beraubt und so an der Flucht verhindert. Es ließ sich nie beobachten, daß die Ameisen auf der Jagd fraßen, auf keinem begangenen Wege lagen je Überreste einer Mahlzeit. Gewissenhaft wird jedes Stückchen im Nest abgeliefert und dort verzehrt. Die Körper der Opfer werden fein säuberlich bis auf die harten Hautteile ausgehöhlt, so daß die durch Gelenke verbundenen Teile auseinanderfallen. Die Überreste werden um die Nesteingänge herum mit der dort abgelagerten Erde vermischt aufgehäuft. Möglicherweise legen die Siafu auch Vorräte an für Zeiten, in denen sie nicht über der Erde jagen können. Ihre unterirdische Tätigkeit wird oft durch Regenwürmer angezeigt, die in ihren Erdröhren überfallen, zerfleischt sich über die Erde gerettet hatten, nicht immer von ihren Feinden verfolgt.

„Beim Aufteilen der Beute, sowie beim Marsch größerer Kolonnen vernimmt man ein knisterndes Geräusch. Man kann also die Ameisen beißen und gehen hören.

„Der Biß, selbst der der kleinen Formen, ist ganz unverhältnismäßig schmerzhaft und unangenehm, obgleich er nicht durch abgesonderte Säuren verschärft wird, demgemäß auch nicht nachwirkt, wie der anderer Ameisen. Von Siafu zu Tode gebissen zu werden, muß eine der grausamsten Todesarten sein. Ihr verfallen gar häufig die Haustiere des Ansiedlers, besonders die kleinen, wie z. B. Geflügel. Pferde, Esel, Maultiere werden bei einem Überfall der Siafu rasend und müssen freigelassen werden. Gar oft findet der Hühnerzüchter des Morgens von einer Henne mit Küchlein nur noch Federn und nackte Knochen vor. In Tanga soll vor wenigen Jahren ein erwachsener Leopard in einer Nacht getötet und ausgehöhlt worden sein. Mit Vorliebe beißen sich die Ameisen zuerst in die zarten Schleimhäute der Augen, Nase usw. ein und finden fast stets sofort die empfindlichsten Hautstellen. Die Schmerzhaftigkeit des Bisses wird durch die Gewohnheit, die scharfen Kiefern in der Wunde hin und her zu zerren, vermehrt. Einmal von Tausenden von Bissen verletzte kleinere Tiere gehen gewöhnlich ein, auch wenn sie sorgfältig von ihren Quälern befreit und gepflegt wurden. Es will mir scheinen, daß entweder das Maß des Blutverlustes oder der Umfang der von Wunden durchsetzten Hautfläche für den günstigen oder tödlichen Ausgang des Überfalles maßgebend ist, daß demnach die Siafu wenigstens Blut abzapfen, wenn sie die Haut ihrer Opfer nicht zerstückeln können. Ist der Blutverlust zu groß, das zerbissene Hautstück zu umfangreich, so ist keine Rettung mehr möglich. Im anderen Falle kann Genesung erfolgen.

„Mit allem Animalischen stehen sie auf ständigem Kriegsfuß. Ihr tollkühner Wagemut kennt keine Furcht noch Flucht. Was ein Herz im Leibe schlagen hat, wird angegriffen, ob groß oder klein, mit wilder Hast und blinder Gier. Dies ist wörtlich zu nehmen, denn die Siafu sind in der Tat blind, besser gesagt augenlos. Dieser Sinnesmangel läßt uns das ganze Gebahren des Volkes und des Individuums um vieles wunderbarer erscheinen, als es ohnedies schon ist. Trotz der Augenlosigkeit scheinen die Tiere doch ein feines Unterscheidungsvermögen für hell und dunkel, also eine Art Lichtempfindung, zu besitzen. Ein ungestört in hellem Tageslicht seines Weges ziehender Schwarm wird sofort unruhig und entsendet Kundschafter, wenn ein Schatten über ihn hinhuscht. Schaut man die Sicherheit und Leichtigkeit, mit der das Volk sich auf relativ große Entfernungen orientiert, die Regelmäßigkeit und Ordnung, mit der es auf den Wegen rennt, sich ausweicht, Beute erjagt, zerlegt und fortschafft, Störenfriede und Feinde verfolgt und bekämpft, so wird einem die Vorstellung wahrhaftig schwer, daß alles das von augenlosen Wesen ausgeführt wird. Wie so häufig, scheint der Mangel des Sehvermögens durch hervorragende Ausbildung der übrigen Sinne ausgeglichen zu sein, nicht zum wenigsten durch ein hochentwickeltes Tast- und Witterungsvermögen. Dieses, vielleicht im Verein mit einem feinen Orientierungssinne, setzt die Tiere in den Stand, Wege anzulegen, die im ungünstigsten Gelände 10 bis 15 m auseinander gehen und sich nach 50 bis 100 m wieder vereinigen, oder läßt einzelne vom Schwarm versprengte Individuen auf 2 bis 4 m selbst mit dem Wind, unfehlbar den Weg zu den Kameraden zurückfinden.

„Die feine Nase, bildlich ausgedrückt, leistet ihnen beim Aufspüren der Beute die wesentlichsten Dienste. Ein in ihrem Bezirk ausgelegtes Stück Fleisch wittern sie auf ansehnliche Entfernung. Eine Art Meldedienst benachrichtigt in kürzester Zeit die Einzelnen von den das Volk berührenden Ereignissen. Irgendwelche Störungen der Züge werden nach vorwärts und rückwärts berichtet, so daß in entsprechendem Umkreis der gefährdeten Stelle alle Mann augenblicklich sich zur Abwehr und Verteidigung bereit stellen können. Sogenannte gemütliche Seiten wird man im Wesen eines ausgeprägten wilden Räuber- und Jägervolkes kaum voraussetzen. Dennoch erfüllt uns der unverdrossene Mut, mit dem einer für alle, alle für einen einstehen, bedingungslos ihr Leben in die Schanze schlagen, mit Verwunderung, und erstaunen wir über die Schnelligkeit und Bereitwilligkeit der gegenseitigen Hilfeleistung und Unterstützung bei allen Arbeiten und über den hochentwickelten nur aufs Wohl des Ganzen konzentrierten Gemeinsinn."

6. Krankenpflege, Spiele usw.

a) Krankenpflege. Wir haben oben gehört, daß die Ameisen bei Umzügen sich gegenseitig tragen. Es ist dies aber nicht etwa als ein Akt des „Mitleides" aufzufassen; denn die Getragenen sind keineswegs lauter schwache oder kranke Individuen, sondern stehen den Trägern vollkommen gleich; ja, mitunter sind es gerade die größten Individuen, welche sich von den kleineren transportieren lassen. Diejenigen, die gerade die Initiative zum Umzug ergriffen und eine neue geeignete Stelle zur Niederlassung entdeckt haben, übernehmen auch oder beginnen wenigstens den Transport, da sie durch diese Methode ihr Ziel am einfachsten, sichersten und schnellsten erreichen.

Etwas mehr schon gleicht es einem Wohltätigkeitsakt oder einer wirklichen Hilfe, wenn die Ameisen eine von ihren Kameradinnen, die sich verirrt hat und sich nicht mehr zu orientieren vermag, aufpacken und in das Nest zurückbringen.

Die höchste Analogie mit den Handlungen menschlicher Mitleidsaffekte aber liegt in den Handlungen, welche die Ameisen mitunter ihren kranken Gefährtinnen gegenüber ausüben („Krankenpflege"). Latreille, Forel, Lubbock, Wasmann u. a. haben eine Menge Tatsachen mitgeteilt, aus denen unzweifelhaft hervorgeht, daß kranke oder schwach beschädigte Ameisen zuweilen von ihren Kameradinnen gepflegt werden. Die Pflege besteht hauptsächlich im Belecken: eine durch Ameisensäure fast völlig gelähmte *Formica sanguinea*, welche Wasmann in ihr heimatliches Nest setzte, wurde von ihren Gefährtinnen, Herren wie Sklaven (*fusca*), „sorgfältig beleckt und dann umgewendet und wieder beleckt, dann mit Fühlern untersucht und wieder beleckt". „Der Erfolg dieser Kur war ein vollständiger. Das kranke Individuum war am nächsten Tage wieder völlig hergestellt, während es ohne jede Pflege wahrscheinlich gestorben wäre, wie es mit einer durch Gift gelähmten Ameise gewöhnlich der Fall ist" (Wasmann, 1900, S. 20).

Die Krankenpflege ist bei den Ameisen aber keineswegs Regel ohne Ausnahme; im Gegenteil, es sind auch viele Fälle bekannt, in denen sich die Ameisen um Kranke und Verwundete nicht im geringsten kümmerten und sie einfach verkommen ließen oder sogar aus ihrem Nest schafften und zum Abfallplatz brachten. Diese Fälle sind vielleicht noch häufiger als die ersteren, besonders wenn es sich um schwer verletzte Individuen handelt.

Lubbock berichtet eine ganze Reihe solcher Tatsachen, wo die Ameisen an ihren kranken Gefährtinnen dutzend Male ruhig vorbeiliefen, ohne sie zu beachten oder gar zu pflegen[1]). Auch Mc Cook erzählt ähnliches von der Honigameise, welche sogar ihre kostbaren „Honigträger", die verschüttet oder sonstwie verletzt waren, einfach ihrem Schicksal überließen. Ferner steht auch die Tatsache, daß die Ameisen, die von schädlichen Milben oder anderen lästigen Parasiten (*Thorictus* usw.) besetzt sind, gewöhnlich von ihren Gefährtinnen nicht davon befreit werden, zu den obigen Fällen von „Krankenpflege" in

---

[1]) Man kann sich jederzeit von dieser „Gefühllosigkeit" der Ameisen überzeugen: man braucht nur eine oder mehrere Individuen auf einer vielbegangenen Ameisenstraße zu quetschen, so wird man sehen, daß die des Weges daherkommenden Kameraden dem Verwundeten nicht immer sofort zu Hilfe eilen, sondern im Gegenteil häufig in einem großen Bogen der Unglücksstätte ausweichen. Bei *Lasius fuliginosus* wenigstens erzielte ich stets prompt diese Reaktion!

direktem Gegensatz. Aus diesen Widersprüchen geht aber am besten hervor, wie verkehrt es ist, die zuweilen vorkommende „Krankenpflege“ bei den Ameisen mit den entsprechenden menschlichen Handlungen auf eine Stufe zu stellen und beiden dieselben Motive unterzulegen.

b) Spiele. Manchmal sehen wir die Ameisen Handlungen ausführen, die keinem ernsten Zweck zu dienen scheinen, und die wir deshalb als „Spiele“ bezeichnen. Wir können sie als Ausfluß überschüssiger Muskelenergie betrachten. Es ist allerdings sehr schwierig, bestimmt zu sagen, ob eine Handlung lediglich „Spiel“ ist oder ob ihr doch vielleicht irgend ein Zweck zugrunde liegt, zumal bei Ameisen, die doch bezüglich ihrer Organisation so unendlich weit vom Menschen entfernt sind. So kann z. B. das so häufig zu beobachtende scheinbar zwecklose Herumtragen von Puppen oder Ameisengästen im künstlichen Nest ebensogut zum Zeitvertreib geschehen bzw. dem Bedürfnis, von dem Überschuß an Muskelenergie sich zu befreien, entspringen, als auch dem Bestreben nach besserem Schutz und Sicherheit für die betreffenden Tiere oder ähnlichem dienen.

In manchen Fällen scheint aber in der Tat kaum eine andere Erklärung als die des „Spieles“ zulässig. Vor allem trifft dies für die Scheinkämpfe zu, welche die Ameisen einer Kolonie mitunter, besonders an sonnigen Tagen, auf der Oberfläche ihrer Nester miteinander aufführen. Schon Gould spricht von diesen „sportartigen Exerzitien“; sodann haben auch Huber, Forel und Wasmann solche Kampfspiele (bei *Formica rufa*, *pratensis* und *sanguinea*) beobachtet und beschrieben. Besonders anschaulich schildert Huber diese Vorgänge: Nachdem sich die einzelnen Ameisen (*Formica rufa*) gegenseitig mit Fühlerschlägen usw. geliebkost, „erheben sie sich auf ihre Hinterbeine und ringen richtig miteinander, packen sich an den Mandibeln, Beinen oder Fühlern, lassen dann wieder eine Zeitlang los, um bald wieder weiterzuringen; oder eine steigt der anderen auf den Rücken und beide umfassen sich, überschlagen sich mehrmals, erheben sich wieder und nehmen Revanche usw.“ Mögen die Kämpfe noch so heftig erscheinen, so tun sich die Ringenden doch niemals etwas zu Leide und machen niemals von ihrem Gifte Gebrauch. Manchmal balgen sich zwei Ameisen um irgend einen Gegenstand, z. B. einen kleinen Strohhalm ganz ähnlich wie junge Katzen um einen Ball.

c) Versammlungen. Es kommt zuweilen vor, daß in einem künstlichen Nest plötzlich die meisten Ameisen (wenn nicht überhaupt alle) am hellen Tage sich eng vereinigen und längere Zeit beieinander bleiben. Gewöhnlich haben sie dabei die Köpfe einander zugewandt und verhalten sich vollkommen ruhig; nur die Fühler und Abdomen werden langsam und gemächlich hin und her bewegt. In dieser merkwürdigen Situation können die Ameisen stunden-, ja tagelang verweilen, wie Miß A. Fielde (1901) einigemal bei *Stenamma fulvum* beobachtet hat. Wodurch diese „Versammlungen“ veranlaßt werden und was sie bezwecken, darüber wissen wir noch nichts.

Literatur.

André, Ernest, Les Fourmis. Kap. VI u. VII.

Bates, W. H., The Naturalist on the River Amazon.

Belt, F., The Naturalist in Nicaragua. London 1874.

Biro, L., Springende Ameisen (Neu-Guinea). In: Rovart. Lapok **4**, 73, 1897.

Brun, Edgar u. R., Beobachtungen im Kemptthaler Ameisengebiet. In: Biol. Zentralbl. **33**, 28, 1913.

Buttel-Reepen, H. v., Soziologisches und Biologisches vom Ameisen- und Bienenstaat. In: Arch. f. Rassen- u. Gesellschaftsbiol. **2**, 1—16, 1905.

Emery, C., Zirpende und springende Ameisen. In: Biol. Zentralbl. **13**, 189, 1893.

Emery, C., Die Gattung *Dorylus* Fb. In: Zool. Jahrb. (System) **8**, 743 ff., 1895.

Fielde, Adele, A Study of an Ant (*Stenamma fulvum piceum*). In: Proc. Acad. Nat. Sc. Phil. 1901, S. 425—449.

Fielde, Adele, Observations on Ants in their relation to temperature and to submergence. In: Biol. Bull. **7**, 170—174, 1904.

Forel, Aug., Les Fourmis de la Suisse. Vme Partie.

Forel, Aug., Die Ameise. In: Die Zukunft, 2. April 1898.

Gould, W., An Account of English Ants, 1747.

Gounelle, E., Sur des bruits produits par deux espèces americaines de Fourmis et de Termites. In: Bull. Soc. Ent. France 1900, S. 168.

Huber, Pierre, Fourmis indigènes. Kap. IV u. V.

Janet, Ch., Sur l'Organe de nettoyage tibiotarsien de *Myrmica rubra* L. In: Bull. Soc. Ent. France 1895, S. 691—704.

Janet, Ch., Anatomie du Gaster de la *Myrmica rubra* L. Paris 1902.

Ihering, H. v., Die Ameisen von Rio Grande do Sul. In: Berl. Ent. Zeitschr. 1894, S. 321—446.

Krausse, A. H., Stridulierende Ameisen. In: Zeitschr. f. wiss. Ins.-Biol. 1910.

Krausse, A. H., Zirpende Ameisen. In: Entom. Rundschau 1910, S. 154.

Prell, H., Biologische Beobachtungen an Termiten und Ameisen. In: Zool. Anz. **38** (1911).

Savage, The Driver Ants of Western Africa. In: Proc. Acad. Philadelphia **5**, 4, 195—199, 1850.

Sjöstedt, Yngve, Akaziengallen und Ameisen auf den ostafrikanischen Steppen. In: Wiss. Ergeb. Kilimandjaro-Expedition. Uppsala 1908.

Vosseler, J., Die ostafrikanischen Treiberameisen (Siafu). In: Der Pflanzer 1905, Nr. 19.

Wasmann, E., Einiges über springende Ameisen. In: Wien. Ent. Zeitschr. 1892, S. 316.

Wasmann, E., Lautäußerungen der Ameisen. In: Biol. Zentralbl. **13**, 39, 1893.

Wasmann, E., Vergleichende Studien über das Seelenleben der Ameisen und der höheren Tiere. 2. Aufl. Freiburg 1900.

Wasmann, E., Sur les nids des fourmis migrantes (*Eciton* und *Anomma*). In: Atti Pontif. Accad. Romana dei Nuovi Lincei **30** (1907) (16. Juni).

Wheeler, W. M., Ants. Kap. XV, 1910.

Wrougthon, R., Our Ants. In: Journ. Bombay Nat. Hist. Soc., 1892.

Siebentes Kapitel.

Beziehungen der Ameisengesellschaften zueinander und zu anderen sozialen Insekten (Termiten).

(Soziale Symbiose.)

A. Die zusammengesetzten Nester und gemischten Kolonien der Ameisen.

Für gewöhnlich stehen die Kolonien der Ameisen, mögen sie der gleichen oder verschiedenen Arten angehören, in einem durchaus feindlichen Verhältnis zueinander. Wir haben ja oben (Kap. VI) von den erbitterten, lange dauernden Kämpfen und Kriegen gehört, welche die einzelnen Ameisenvölker so oft gegeneinander führen und welche meistens mit der völligen Aufreibung und Vernichtung eines derselben enden.

Die häufigste Veranlassung dazu waren Grenzstreitigkeiten, indem z. B. eine Gesellschaft sich zu nahe bei einer anderen, in deren Nestbereich, niederzulassen versuchte. Es gibt jedoch auch Ausnahmen, in welchen zwei oder mehrere Kolonien verschiedener Arten ihre Nester dicht nebeneinander oder ineinander errichten, oder in welchen die verschiedenen Kolonien ohne jegliche räumliche Trennung in einem einzigen Nest beisammen wohnen und sogar zu einer einzigen Kolonie verschmelzen können. Wir sprechen in solchen Fällen von „zusammengesetzten Nestern“ oder „gemischten Kolonien“, je nachdem es sich bloß um ein räumliches Nebeneinander oder aber um eine soziale Verschmelzung handelt, d. h. je nachdem die Kolonien unabhängig voneinander, jede für sich, ihren Haushalt führen oder aber zu einer einzigen Kolonie, zu einem gemeinschaftlichen Haushalt sich vereinigt haben.

Das Gebiet gehört zu den interessantesten der Ameisenbiologie; bedurfte es doch auch alles menschlichen Scharfsinnes, um die mannigfaltigen Erscheinungen richtig zu deuten und deren Ursachen zu ergründen. Eine Reihe von Forschern haben sich mit dem Problem beschäftigt; neben P. Huber, Forel und Adlerz haben sich vor allem Wasmann, sodann Wheeler, Viehmeyer, Emery und Brun darum verdient gemacht. Ich kann hier nur einen kurzen

Auszug geben, und muß diejenigen, welche sich eingehender mit der Frage beschäftigen wollen, auf die im Literaturverzeichnis angeführten Originalarbeiten der genannten Forscher, vor allem auf das eben im Erscheinen begriffene zweibändige Werk Wasmanns über die soziale Symbiose (1. Band 1915) verweisen.

1. Zusammengesetzte Nester.

Wasmann unterscheidet „zufällige" und „gesetzmäßige Formen" von zusammengesetzten Nestern, die ersten sind eine ausnahmsweise Erscheinung und beruhen größtenteils auf der Häufigkeit der betreffenden Ameisen und auf deren übereinstimmenden Lebensbedingungen, die letzteren dagegen stellen ein, wenn auch nicht immer unbedingtes einseitiges Abhängigkeitsverhältnis dar, indem die eine (die kleinere) der Symbionten einen großen Vorteil daraus zieht oder sogar darauf angewiesen ist, daß sie ihre Wohnung neben oder in dem Nest einer anderen (größeren) Ameise einrichtet.

a) Zufällige Formen. Es ist gar keine seltene Erscheinung, daß man unter einem Stein zwei oder drei verschiedene Ameisenarten antrifft, die ihr Nest direkt nebeneinander angelegt haben. *Lasius niger* und *flavus*, *Myrmica*-Arten, *Tetramorium caespitum*, *Formica fusca* und viele andere sind verschiedentlich auf diese Weise benachbart. Alte Baumstrünke haben ebenfalls häufig mehr als eine Ameisenkolonie zu Bewohnern: unter der Rinde z. B. *Lasius alienus*, direkt daran angebaut das Kuppelnest von *Lasius flavus*. Auch auf lebenden Bäumen haben sich oft mehrere Arten dicht beieinander angesiedelt; so finden sich auf Nußbäumen nicht selten drei Arten (*Colobopsis truncata*, *Dolichoderus quadripunctatus* und *Leptothorax affinis*) beisammen (Forel, 1901), und auf einer alten Weide bei der berühmten Orangerie Straßburgs fand ich sogar vier Arten vereinigt: in der Höhlung des Stammes eine mächtige Kolonie von *Lasius fuliginosus*, unter der Rinde mehrere *Leptothorax*-Kolonien, am Fuße des Stammes ein Nest von *Lasius umbratus* und endlich auch in den Ästen *Dolichoderus quadripunctatus*.

Was hat die verschiedenen Ameisen so nahe zusammengeführt? Rein äußere Momente, d. h. die verschiedenen Arten suchen nicht ihre gegenseitige Nähe auf, sondern lediglich den Baum, den Stein usw., ebenso wie die Aasinsekten lediglich durch das Aas und die Mauerbienen lediglich durch die Lößwand zusammengeführt werden (exogene Assoziation). Irgendwelche Beziehungen zwischen den Nachbarn bestehen nicht; jede Kolonie lebt vollständig für sich und ist gegen die anderen abgesperrt. Wird die trennende Scheidewand entfernt, so ist's auch um den Frieden geschehen und sofort entspinnen sich die heftigsten Kämpfe. So wie ich auf der alten Weide die Rinde über einem der *Leptothorax*-Nester entfernte, stürzten sich sofort die *Lasius fuliginosus* über die Brut her und plünderten das Nest aus. Eins ist allerdings auffällig, daß nämlich die Nachbarn bei Begegnungen auf ihren Wegen außerhalb des Nestes sich nichts tun, sondern sich vollkommen ignorieren. Dieses dürfte auf einem durch die Not diktierten Friedensschluß, dem wohl längere Plänkeleien vorausgegangen, beruhen (vgl. Kap. VI, 3).

Diesen „rein zufälligen" Formen reiht Wasmann „minder zufällige" Formen an, bei denen „einem der beiden Teile ein besonderer wohnlicher Vorteil aus dem Zusammenleben mit der anderen Art erwächst". Hierher gehört die von McCook und Wheeler berichtete Erscheinung, daß in den Bauten der *Pogonomyrmex*-Arten, vorzüglich auf dem den Nestkegel umgebenden scheibenförmigen Hofraum, sich häufig fremde Ameisenkolonien finden (*Dorymyrmex pyramicus*, *Form. sanguinea*, *Forelius foetidus* usw.). Auch die Haufen unserer Waldameisen sind verschiedentlich von fremden Arten (*Lasius*, *Myrmica*, *Tetramorium*) bewohnt. Wir dürfen in diesen Fällen wohl annehmen, daß die Fremdlinge nicht rein zufällig in die *Pogonomyrmex*- oder *Formica*-Nester geraten sind, sondern daß sie durch die wohnlichen Vorteile, deren gerade diese Nester ja nicht wenig besitzen (gleichmäßige hohe Temperatur, Schutz gegen Regen usw.) angezogen wurden. Bei diesen Formen von zusammengesetzten Nestern läßt sich bereits ein „zweckursächlicher Zusammenhang" erkennen; sie stehen auf einer höheren Stufe als die rein zufälligen und leiten zu den gesetzmäßigen Formen über. Sie kommen letzteren um so näher, je regelmäßiger sie auftreten.

Eine ganz besondere Form von zusammengesetzten Nestern entdeckte Forel in Kolumbien. Ein kleiner *Dolichoderus* und ein noch kleinerer *Cremastogaster*, beide tief schwarz und glänzend, bewohnten meistens — nicht immer — ein und dasselbe Nest einer Baumtermite, und zwar ohne irgendwelche räumliche Trennung. Jede der beiden Arten hat ihren getrennten Haushalt und bewohnt ihre bestimmten Kammern und Gänge, obwohl dieselben alle offene Zugänge hatten. Ein friedliches Nebeneinander ohne Mischung! Forel bezeichnete dieses Verhältnis als „Parabiose". Da die beiden Arten nicht stets in dieser Vereinigung, sondern mitunter auch isoliert angetroffen wurden, so ist die Parabiose den zufälligen Formen einzureihen, deren Entstehung wohl durch die übereinstimmende Vorliebe für gewisse Termitennester verursacht wird.

Wheeler (1901) fand einen weiteren Fall von Parabiose in Mexiko in Tillandsiabüscheln. In den Zwischenräumen zwischen den zusammengefalteten Blättern leben nicht selten zwei oder drei verschiedene Arten (*Cremastogaster*, *Camponotus*, *Cryptocerus*) friedlich beisammen, ohne sich aber zu einer Kolonie zu mischen. Auch hier handelt es sich um zufällige Formen, da keine der fraglichen Arten auf das Nisten in Tillandsia angewiesen ist.

b) Gesetzmäßige Formen. Die gesetzmäßig im Nestbezirk anderer Ameisen lebenden Formiciden scheiden sich in „Diebsameisen" und „Gastameisen".

α) Diebsameisen. — Als typisches Beispiel der Diebsameisen kann die winzige, gelbe *Solenopsis fugax* Ltr. gelten. Sie lebt normalerweise in zusammengesetzten Nestern mit verschiedenen größeren Arten wie *Formica sanguinea, rufibarbis, fusca, pratensis, Polyergus, Lasius alienus, Myrmica, Tetramorium* usw. Ihr Nest liegt neben oder teilweise in jenem der Nachbarn und besteht aus Kammern und größeren Gängen für die Brut und die großen Geschlechtstiere und aus überaus feinen Gängen („Diebspfaden") für die Arbeiter. Da nun diese Diebspfade so eng sind, daß die großen Wirtsameisen sich nicht darin bewegen können, so ist letzteren der Eintritt in die *Solenopsis*-Nester versagt.

Fig. 67.

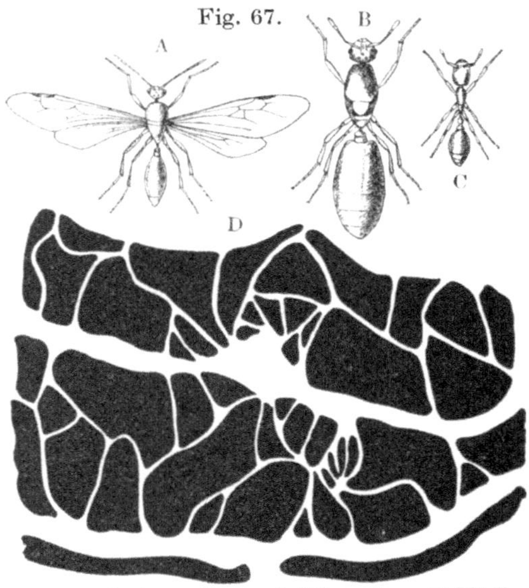

Solenopsis fugax Ltr. A Männchen, B Weibchen, C Arbeiter (stark vergrößert), D Nest mit den „Diebspfaden" (schmalen Gängen), welche mit den breiten Gängen der Wirtsameise kommunizieren.
Nach Wasmann, aus Wheeler.

Der zweite Grund, warum die großen Ameisen das kleine Diebesvolk bei sich dulden, besteht darin, daß sie demselben nichts anzuhaben vermögen Denn die *Solenopsis* leben meistens in ungeheuren volkreichen Kolonien, sind ferner sehr mutig und besitzen einen gefährlichen Giftstachel; dazu kommt, daß sie so winzig sind, daß sie von den großen Wirtsameisen gar nicht oder nur schwer gesehen werden. „Die große Ameise, z. B. die durch Mut und Kraft hervorragende *Formica sanguinea*, wälzt sich, von den Diebsameisen angegriffen, alsbald wütend auf dem Boden, sucht nach dem Gegner zu beißen und ihn aus ihrem eingekrümmten Hinterleibe mit Gift zu übergießen. Aber es ist, als ob sie ihn nicht fände, meist beißt und spritzt sie neben ihm vorbei" (Wasmann).

Die *Solenopsis* stellen also trotz oder vielmehr infolge ihrer Kleinheit einen furchtbaren, unüberwindlichen Gegner der größeren Wirtsameisen dar, so daß letzteren nichts anderes übrig bleibt, als die Diebe nolens volens bei sich zu behalten.

Was suchen nun die *Solenopsis* bei den großen Ameisen? Vor allem die Brut ihrer Wirte, die ihnen reichliche und willkommene Nahrung darbietet. Durch die schmalen Diebspfade schleichen sie sich in die Bruträume der Wirte und tun sich an deren Larven und

Puppen gütlich. Wenn auch hier und da *Solenopsis* mit Aphiden angetroffen werden, so ist doch „das ehrliche Handwerk" (der Blattlauszucht) sicherlich nicht als Hauptgeschäft anzusehen, „die Wahl ihres Nestplatzes, die häufigen tatsächlichen Diebereien und die sehr feindseligen Beziehungen zu ihren Nachbarn lassen ihren Charakter als Diebsameise als den vorherrschenden erscheinen"[1]) (Wasmann).

Bei uns ist *Solenopsis fugax* die einzige Diebsameise; in Nordafrika dagegen gibt es drei (*Solen. orbula* Em., *latro* Forel und *oraniensis* Forel). In Nordamerika ist die *S. fugax* durch eine nahe Verwandte, *Sol. debilis*, vertreten, welche aber nicht ausschließlich in den Nestern anderer Ameisen als Dieb lebt, sondern auch in menschlichen Wohnungen vorkommt und dadurch sogar zur Hausplage werden kann[2]).

Außer *Solenopsis* scheinen auch noch andere Gattungen Diebsameisen zu enthalten; so leben nach Wheeler (1901) manche *Strumigenys*-Arten, ferner eine *Monomorium*- und eine *Pheidole*-Art (*lamia* Wheel.) als Diebe bei anderen Ameisen.

β) Gastameisen. — Während zwischen den Diebsameisen und ihren Nachbarn stets eine feindliche Spannung herrscht, so sind die Beziehungen zwischen den Gastameisen und ihren Wirten stets friedliche (indifferente) oder sogar ausgesprochen freundschaftliche. Die Gastameisen sind daher auch lange nicht so international wie die Diebsameisen, sondern vielmehr auf eine oder höchstens zwei bestimmte Wirtsarten angewiesen.

Bei uns ist bis jetzt nur eine Gastameise bekannt, nämlich *Formicoxenus nitidulus* Nyl. Dieselbe ist ein niedliches, schlankes, gelblichrotes bis braunes Ameischen von glänzender Körperglätte. Die ☿ ist 2,3 bis 3 mm lang, das ♀ nur wenig größer, das ♂ ergatoid (vgl. Kap. II). Sie ist über Nord- und Mitteleuropa verbreitet und wurde verschiedentlich in der Schweiz (Forel), in Frankreich (Janet), im Rheinland, in Holland (Wasmann) und in Schweden (Adlerz) gefunden.

Formicoxenus lebt ausschließlich bei *Formica rufa* und *pratensis*. Adlerz, der die Gastameise am eingehendsten studierte, fand die Nester derselben meist im Inneren der *Rufa*-Haufen, aus feinem Material der letzteren gebaut, selten in der äußeren Decke des Haufens, und einmal in den Spalten eines morschen Eichenstammes, über welchem die *rufa* ihr Nest errichtet hatten. Wasmann fand eine *Formicoxenus*-Kolonie unter anderem im Puppengehäuse einer *Cetonia floricola* (Käfer), welche als Larve in den *Rufa*-Haufen lebt. Nach demselben Autor erinnert das Nest der Gastameise nicht wenig an ein Vogelnest, sowohl durch die napfförmige Gestalt, als auch durch das zu demselben verwendete Baumaterial. Der Umfang des Nestes erreicht höchstens denjenigen einer kleinen Nußschale. Die Kolonien sind klein und

[1]) Wheeler bezeichnet daher auch das Verhältnis der *Solenopsis* zu ihren Nachbarn als „Kleptobiosis", Forel als „Lestobiose".

[2]) Wir dürfen daher diese Art nicht als „gesetzmäßige" Diebsameise bezeichnen!

zählen gewöhnlich nur einige hundert Mitglieder, während die *Solenopsis*-Kolonien Hunderttausende von Arbeitern umfassen können.

Wenn *Formicoxenus* auch seine eigenen Nestkammern anlegt, um in denselben seine Brut zu bergen, so ist die Trennung doch bei weitem nicht so streng durchgeführt wie bei der Diebsameise, indem zu den Kammern breite, auch dem Wirt zugängliche Wege führen.

Die Beziehungen der Gastameise zu den Wirten sind auch völlig friedliche, oder vielmehr gleichgültige. Beide nehmen voneinander nicht die geringste Notiz; dabei läuft die Kleine nicht selten unter oder über der Großen hinweg, ohne daß diese es zu bemerken scheint. Wenn es auch hier und da zu kleinen Auftritten zwischen den beiden kommt, so führen diese doch niemals zu ernsten Konflikten.

Wasmann sucht das friedliche Verhalten der Waldameisen gegen *Formicoxenus* dadurch zu erklären, daß „die Berührung mit letzteren auf den Tast- und Geruchsinn der ersteren einen indifferenten Eindruck macht. Ihre Neugierde scheint nur dann zu erwachen, wenn sie zufällig einmal das vorübereilende Tierchen sehen — gewöhnlich begegnen sie demselben ja nur im dunkeln Nestinnern —; dann prüfen sie es mit ihren Fühlern und nehmen es sogar zwischen ihre Zangen. Die kleine Gastameise hält sich unbeweglich still und spielt die Scheintote. Weil das kleine Ding sich nicht mehr bewegt, ist die Angriffslust der Waldameise abgekühlt, sie öffnet ihre Kiefer und *Formicoxenus* läuft weiter“ (Wasmann).

Der Vorteil, den die Gastameise im *Rufa*-Nest genießt, liegt wohl in erster Linie in der Sicherheit und dem Schutz gegen die Angriffe feindlicher Ameisen, und sodann wohl auch in der höheren gleichmäßigen Temperatur, welche in dem großen *Rufa*-Haufen herrscht und welche der Entwickelung der Brut sehr förderlich ist. Vielleicht findet sie auch noch eine besondere Nahrung; doch ist darüber noch nichts bekannt.

Ist das Verhältnis zwischen der europäischen Gastameise und ihren Wirten als ein indifferentes zu bezeichnen, so sind die Beziehungen der von Wheeler entdeckten nordamerikanischen Gastameise, *Leptothorax emersoni*, zu ihren Wirten ausgesprochen freundschaftliche zu nennen[1]). Gleichwie *Formicoxenus*, erbaut auch diese Ameise im Neste der Wirte, *Myrmica brevinodis*, ein eigenes kleines Nest, das aber nur durch schmale Zugänge mit den Galerien des Wirtsnestes in Verbindung steht. Während die Königin und die Brut stets in diesem Sondernest verbleiben, unternehmen die Arbeiter Ausflüge in die Galerien der Wirte, um dort Nahrung zu holen. Sie verschaffen sich dieselbe nicht in diebischer Weise wie die *Solenopsis*, sondern holen sie sich größtenteils aus dem Munde ihrer Wirte, indem sie auf den Rücken der letzteren klettern und von hier aus deren Kopf so lange belecken und betrillern, bis jene einen Flüssigkeitstropfen ausbrechen. — Außerdem beziehen sie auch noch dadurch

[1]) Ersteres Verhältnis entspricht in jeder Weise der „Synoekie“, letzteres der „Symphilie“ der individuellen Symbiose oder Myrmekophylie (vgl. Kap. IX).

Nahrung von ihren Wirten, daß sie das auf der Oberfläche derselben ausgeschiedene Sekret ablecken.

Es bestehen also hier bereits positive Freundschaftsbeziehungen zwischen den Nachbarn. Nutzen zieht allerdings wohl nur die Gastameise aus dieser Freundschaft, während die Wirtsameisen eher geschädigt werden. Es findet sich daher unser *Leptothorax* niemals ohne *Myrmica,* diese dagegen nicht selten ohne *Leptothorax.*

Fig. 68.

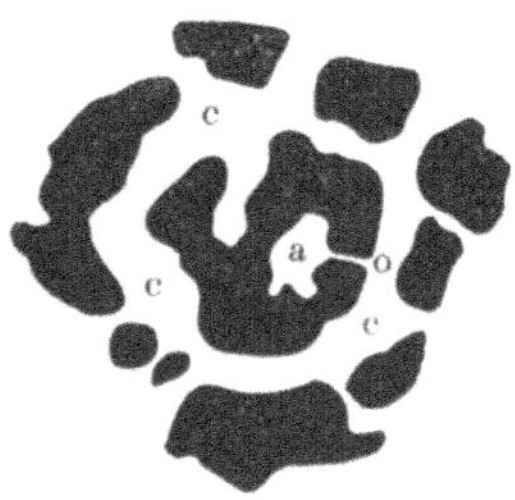

Nest von *Leptothorax emersoni* (*a*) in dem Neste von *Myrmica brevinodis* (*c*); *o* Verbindungsgang. Nach Wheeler.

Die Nestvereinigung *Leptothorax emersoni* + *Myrmica brevinodis* stellt die höchste Stufe der „zusammengesetzten Nester" dar. Geht die Freundschaft der zusammenwohnenden Arten noch weiter als hier, so kann man schon nicht mehr gut von „zusammengesetzten Nestern" reden. Es scheint aber, daß die Entwickelung, die mit den rein zufälligen Formen begonnen, mit den *Leptothorax-Myrmica*-Nestern ihren natürlichen Abschluß gefunden hat. Denn die „gemischten Kolonien", die im folgenden zu besprechen sind, haben sich zum weitaus größten Teil sicherlich nicht aus zusammengesetzten Nestern, sondern auf ganz anderer Grundlage entwickelt. Nur bei einer Form von gemischten Kolonien (*Harpacoxenus* + *Leptothorax*) ist die Entstehung auf der Basis zusammengesetzter Nester nicht ausgeschlossen.

2. Gemischte Kolonien.

(Sozialparasitismus und Sklaverei.)

Das Hauptkriterium der gemischten Kolonien besteht darin, daß die beisammenwohnenden fremden Ameisenarten zu einer gemeinsamen Haushaltung, zu einer gemeinsamen Kolonie verschmelzen. Alle anderen Merkmale sind unzuverlässig, so z. B. ist das Fehlen jeder räumlichen Scheidung nicht ausschließlich für die gemischten Kolonien gültig, sondern trifft auch für gewisse Formen von zusammengesetzten Nestern (Parabiose) zu.

Zwischen den verschiedenen Arbeiterameisen einer gemischten Kolonie herrscht vollkommene Gleichheit, gerade so wie zwischen den Arbeiterameisen einer einfachen Kolonie. Genau dieselben Staatsgesetze gelten für die „Sklaven" wie die „Herren". Die ersteren leben in der fremden Kolonie ganz frei, d. h. nach denselben angeborenen Instinkten, die zu Hause ihre Lebensregel gebildet hätten; sie arbeiten für ihre „Herren", verproviantieren sie und erziehen ihre Brut als ob es ihre eigene Stammeskolonie wäre. Es sind also keine „Sklaven" im menschlichen Sinne, die nur gezwungen unter Peitschenhieben arbeiten. „Sklaven" heißen sie nur deshalb, weil sie aus geraubten Puppen stammen, im Neste einer fremden Art leben und für dasselbe arbeiten. Andererseits sprechen wir von „Herren" nur deshalb, weil sie die Puppen der fremden Ameisen geraubt haben, aus denen ihre Hilfsameisen stammen (Wasmann).

Die gemischten Kolonien, die uns bis jetzt bekannt sind, zeigen eine große Mannigfaltigkeit bezüglich ihrer Entstehung, Zusammensetzung, Zeitdauer usw.; so bestehen die einen nur zeitweise, die anderen dauernd; die einen entstehen durch Adoption, die anderen durch Allianz und wieder andere durch Raub; die einen setzen sich aus zwei vollkommenen Kolonien, deren jede ihre Geschlechtstiere besitzt, zusammen, bei den anderen kommen nur einem der Komponenten Königinnen zu, während der andere nur Arbeiter besitzt usw.

Die Veranlassung zur Bildung gemischter Kolonien ist darin zu suchen, daß die Weibchen gewisser Ameisen die Fähigkeit, selbständig neue Kolonien zu gründen, verloren haben. Infolgedessen sind sie gezwungen, sich entweder von Arbeitern derselben Art, oder aber von Arbeitern (bzw. einer Kolonie) einer anderen Art aufnehmen zu lassen, oder drittens sich mit Gewalt durch Puppenraub in den Besitz von fremden Arbeitern zu setzen, oder endlich sich einem befruchteten fremden Weibchen anzuschließen, welches neben ihrer eigenen Brut auch die der Genossin aufzieht (vgl. Kap. III). In den ersteren Fällen sprechen wir von „Adoptionskolonien", im dritten Fall von „Raubkolonien" und im vierten von „Allianzkolonien".

Zur Zeit der Bearbeitung der ersten Auflage dieses Buches erschienen die Verhältnisse der gemischten Kolonien (ihre Entstehung und Weiterbildung usw.) so klar, daß ich dort die Besprechung nach der von Wasmann aufgestellten phylogenetischen Stufenfolge disponierte. Inzwischen wurden auf diesem Gebiete viele neue und teils überraschende Entdeckungen (von Santschi, Wheeler, Wasmann, Viehmeyer, Emery, Brun u. a.) gemacht, die manche der damaligen Voraussetzungen als nicht ganz zutreffend erkennen ließen, und die zeigten, daß das Problem der gemischten Kolonien doch weit komplizierter ist als man seinerzeit angenommen hat. Die neueren Entdeckungen lehren ferner, daß noch viele Punkte aufzuklären sind, so daß es besser ist, sich vorläufig noch nicht zu sehr in Hypothesen über die phylogenetische Entwickelung der verschiedenen Formen von gemischten Kolonien zu verlieren. Ich werde mich daher bei der folgenden Besprechung mehr an die Schilderung der Tatsachen halten und die verschiedenen Erscheinungen der Entstehung und Zusammensetzung der gemischten Kolonien nach ihren Ähnlichkeiten und Übereinstimmungen (dem Vorgehen Wheelers folgend) in einzelnen Gruppen zusammenfassen. Bei der Reihenfolge der Gruppen ist darauf Rücksicht genommen, daß wir vom Einfachen bzw. Unausgesprochenen zum Komplizierteren bzw. Ausgesprochenen weiterschreiten, doch soll damit nicht gesagt sein, daß die phylogenetische Entwickelung in dieser geraden Reihe sich abgespielt hat. Ich werde am Schluß dieses Kapitels nach Darlegung der Tatsachen die phylogenetischen Erklärungsversuche kurz streifen.

I. Temporär gemischte Kolonien.

1. Fakultativer temporärer Sozialparasitismus.

Formica rufa L.

Den Ausgangspunkt unserer Betrachtungen bildet die rote Waldameise. Ihre Weibchen haben die Fähigkeit der selbständigen unabhängigen Koloniegründung eingebüßt, höchstwahrscheinlich auf dem Wege über die Zweigkolonienbildung [Wasmann[1])]. Isolierte befruchtete Weibchen von *rufa* schreiten, selbst wenn man sie unter den günstigsten Bedingungen hält, nicht zur Eierablage. Sie tun dies erst, wenn sie in Arbeitergesellschaft sind. An die Stelle des den unabhängigen Weibchen eigenen instinktiven Dranges, sich irgendwo eine verborgene Kammer zu graben, um dort einsam und unbehelligt von Feinden ihre Eier auf Kosten des eigenen Leibes aufzuziehen, ist beim *Rufa*-Weibchen der Trieb getreten, Arbeitergesellschaft um jeden Preis aufzusuchen (Brun). Dabei gibt es nach Brun folgende drei Möglichkeiten:

---

[1]) Wasmann und Brun sind der Meinung, daß die Zweigkolonienbildung (die stets mit einer Pleometrose, d. h. Polygynie verbunden ist) eine Anpassung an spezielle Lebensbedingungen oder, wie Wasmann sich ausdrückt, an die besonderen Bedürfnisse des arktischen Waldes darstellen. Nach Brun geht dies schon aus der lokalgeographischen Verbreitung von *rufa* und ihrer Rasse *pratensis* hervor. „Beide Rassen sind nämlich keineswegs überall, sondern nur stellenweise häufig; relativ große Landparzellen beherbergen keine einzige Kolonie, während in anderen wieder ein Nest an dem anderen zu finden ist — im Gegensatz zu den ubiquistischen Arten, wie *Lasius niger*, *Tetramorium*, *Myrmica rubra* u. a., deren Kolonien man so ziemlich in jedem Terrain findet Wenn sich nun *rufa* oder *pratensis* dergestalt an ganz bestimmte Vegetationsverhältnisse angepaßt haben, so müssen sie solche auch möglichst ausnützen. Daher ist es für sie von größerem Vorteil, die Verbreitung ihrer Rasse jeweilen durch größtmögliche Ausbreitung der einzelnen Kolonie, welche gerade in einem solch günstigen Gebiet gelegen ist, zu suchen, als durch Gründung möglichst zahlreicher neuer Kolonien (mittels ausgeschwärmter Weibchen) in vielleicht ganz ungeeignetem Terrain. Das können sie aber nur auf dem Wege der Nachzucht von Ersatzköniginnen, welche einerseits in einer größeren Zahl in einem Nest vereinigt, den zur Ausrüstung von Zweignestern nötigen Arbeiterüberschuß produzieren, andererseits selbst diesen Zweigniederlassungen als notwendige ‚Mitgift‘ beigegeben werden können. Indem so in jeder Saison eine größere Menge junger Geschlechtstiere, vielleicht der größte Teil der jungen Weibchen- und Männergeneration am Hochzeitsflug gehindert und zur Inzucht, d. h. zur Nestbefruchtung, zurückgehalten wird, indem ferner auch von den ausgeschwärmten Weibchen jeweilen wieder ein großer Prozentsatz in den *Rufa*-Kolonien Aufnahme findet, erfährt der normale erblich fixierte Koloniegründungsinstinkt der Weibchen im Wandel der Generationen eine immer größere Schwächung und Abblassung — die erbliche Mneme büßt an Frische ein, da sie sich oft viele Generationen lang nicht mehr betätigen konnte, d. h. nicht mehr zur Ekphorie gelangte“ (Brun).

1. Da nicht wenige Riesenstaaten von *rufa* mit ihren zahlreichen Zweigkolonien ein weites Gebiet beherrschen, werden viele Weibchen noch innerhalb des Gebietes des eigenen Staates zur Erde zurückgelangen und in peripheren Nestern desselben Aufnahme finden.

Weitaus die meisten Weibchen werden aber den Weg zur eigenen Kolonie nicht mehr zurückfinden, und somit auf Adoption bei fremden Kolonien angewiesen sein.

2. Von diesen wird es vielen gelingen, Nester der eigenen Art — gleicher oder fremder Rassen — aufzufinden.

3. Ein kleiner Rest von Weibchen, denen auch dies nicht möglich war und die außerhalb des *Rufa*-Vorkommens auf die Erde gelangt sind, ist gezwungen bei anderen Ameisen Aufnahme zu suchen. Dazu eignet sich am besten die Verwandte *F. fusca*, die einmal weit verbreitet und häufig ist, und sodann auch, wie experimentell bewiesen ist, einen verhältnismäßig sanften Charakter besitzt. Es braucht nicht immer eine weisellose *Fusca*-Kolonie zu sein, in der *rufa* Aufnahme sucht und findet, sondern die *Rufa*-Adoption kann auch in einer wenig volkreichen, aber mit einer Königin versehenen *Fusca*-Kolonie erfolgen, wie Wasmann gezeigt hat. In diesem Falle wird aber die *Fusca*-Königin von dem adoptierten *Rufa*-Weibchen nach einiger Zeit getötet, so daß also dann nur noch Arbeiter von *fusca* neben dem *Rufa*-Weibchen vorhanden sind, welche zur Aufzucht der ersten *Rufa*-Brut dienen. Mit der Zeit sterben natürlich auch diese *Fusca*-☿☿ ab, so daß aus der anfänglich gemischten Kolonie wieder eine reine *Rufa*-Kolonie wird. Wir haben also zuerst: *fusca*-♀ + *fusca*-☿☿ + *rufa*-♀, sodann (nach Entfernung des *fusca*-♀): *fusca*-☿☿ + *rufa*-♀ + Arbeiterbrut von *rufa*, und endlich (nach Aussterben der *fusca*-☿☿): nur noch das *rufa*-♀ + einige kleine *rufa*-☿☿. Nachdem der Königin so in ihren Kindern Gehilfen erwachsen sind, geht die Weiterentwickelung des kleinen Volkes aus eigener Kraft vor sich. Es ist also nur zeitweise eine gemischte auf Adoption beruhende Kolonie, weshalb wir in solchen Fällen von „temporär gemischten Kolonien" oder auch von einem „temporären Sozialparasitismus" (das *rufa*-♀ = Parasit der *Fusca*-Kolonie!) sprechen. Da nun *F. rufa* durchaus nicht auf diesen einen Modus der Völkervermehrung angewiesen ist, sondern auch noch auf anderen Wegen zum gleichen Ziel gelangen kann, so liegt also lediglich ein „fakultativer temporärer Sozialparasitismus" vor.

2. Obligatorischer temporärer Sozialparasitismus.

Formica truncicola und *exsecta* und deren nordamerikanische Verwandten.

Was das ihrem Nest entflogene *rufa*-♀ nur gelegentlich bzw. gewissermaßen als letzten Ausweg zur Koloniévermehrung ergreift, d. h. sich in einer artfremden Kolonie adoptieren zu lassen, ist bei den eben genannten Formen (*truncicola, exsecta* usw.) zur Regel geworden. Sie sind in gesetzmäßige Abhängigkeit von der Adoption bei fremden Hilfsameisen geraten. Die ♀♀ von *truncicola* sowohl wie von *exsecta* suchen nach ihrem Paarungsflug in einem *Fusca*-Nest Aufnahme. Eine ganze Reihe von Funden von natürlichen gemischten Kolonien *truncicola* + *fusca* bzw. *exsecta* + *fusca* (durch Wasmann, Wheeler, Viehmeyer, Zur Strassen, Brun u. a.), sowie eine noch größere Reihe von künstlichen Adoptionsexperimenten beweisen dies. Ob die Aufnahme nur in weisellosen *Fusca*-Kolonien stattfindet oder auch in solchen mit Königinnen, darüber fehlen uns noch zwingende Anhaltspunkte. Wenn die bis jetzt gefundenen gemischten Kolonien immer nur die parasitische Königin, nicht aber die Königin der Hilfsameise enthielten, so ist dies noch kein strikter Beweis dafür, daß nicht zu Anfang doch eine *Fusca*-Königin vorhanden war, die dann von der adoptierten Königin beseitigt wurde, wie das z. B. bei *rufa* geschieht.

Das weitere Schicksal der gemischten Kolonien *truncicola* + *fusca* oder *exsecta* + *fusca* ist das gleiche wie das der oben besprochenen *Rufa* + *fusca*-Kolonien, d. h. sie werden nach dem Aussterben der Hilfsarbeiter (was bis drei Jahre dauern kann) zu reinen *Truncicola*- bzw. *Exsecta*-Kolonien.

Wir haben also auch hier temporär gemischte Kolonien oder einen temporären Sozialparasitismus, nur ist derselbe hier zur Regel geworden, also obligatorisch. Schon äußere Kennzeichen deuten auf den gesetzmäßigen Parasitismus hin; nämlich die Kleinheit der Weibchen. Bei *truncicola* ist dieses sozialparasitische Merkmal noch weniger ausgesprochen, indem die *Truncicola*-Weibchen in ihrer Größe nur wenig dem fakultativ parasitischen *Rufa*-Weibchen nachsteht, um so auffallender aber ist die Kleinheit der *Exsecta*-Weibchen.

Auch in Nordamerika gibt es eine ganze Reihe obligatorischer Sozialparasiten aus der Verwandtschaft der *truncicola* bzw. *rufa*, deren Weibchen sich vielfach ebenfalls durch ihre auffallende Kleinheit auszeichnen, wie z. B. *F. difficilis var. consocians*, die bei *F. pallidefulva var. incerta* parasitiert, ebenso bei *microgyna, impexa, dakotensis* u. a.

Lasius fuliginosus und *umbratus*.

Mehrere Funde aus der neueren Zeit deuten darauf hin, daß auch in der Gattung *Lasius* Koloniegründungen mit Hilfe von temporär gemischten Kolonien vorkommen. Wenn es sich auch in den meisten Fällen, in denen eine *Lasius*-Art mit anderen Ameisen zusammengefunden wurde, um zufällige Formen zusammengesetzter Nester handeln dürfte, so liegen doch einige Beobachtungen vor, die kaum eine andere Deutung als parasitäre Koloniegründung zulassen. Dabei sind die beiden Komponenten stets *Lasius*-Arten, wie *L. fuliginosus* + *mixtus*, oder *Lasius umbratus* + *niger*.

Auf das Vorkommen der Mischkolonien *fuliginosus* + *mixtus* wurde zuerst von de Lannoy aufmerksam gemacht. Er fand wiederholt in starken *Fuliginosus*-Kolonien einige wenige Arbeiterinnen des gelben *mixtus*, welche mit den schwarzen *fuliginosus* in voller Eintracht zu leben schienen. Er suchte die Funde so zu erklären, daß die Schwarzen bei ihrem Nestbau zufällig auf ein Nest der Gelben gestoßen seien, die letzteren vertrieben und die Larven und Puppen derselben geraubt hätten. Weitaus die meisten der geraubten Puppen seien von ihnen gefressen worden, aber einige seien doch aufgezogen und nach ihrer Entwickelung in die *Fuliginosus*-Kolonie aufgenommen worden. Nach de Lannoy würde es sich also um Raubkolonien handeln.

Dieser Deutung de Lannoys wurde von Emery, Forel und Wasmann widersprochen, die alle in der Meinung übereinstimmen, daß es sich um Adoptionskolonien handelte, die durch Aufnahme von *Fuliginosus*-Weibchen in *Mixtus*-Kolonien entstanden seien. *L. fuliginosus* ist zwar eine Raubameise, die gerne fremde Ameisennester überfällt und deren Larven und Puppen als Beute nach Hause schleppt, doch dieser Charakter allein genügt nicht, die Mischkolonien als durch Puppenraub oder Dulosis entstanden zu erklären; denn „das Charakteristische der ‚sklavenjagenden' Ameisen ist ja nicht, daß sie fremde Puppen rauben (das tun auch viele nicht-dulotische Ameisen), sondern daß sie wenigstens einen Teil derselben als Hilfsameisen aufziehen". „Wie sollen aber die *Lasius fuliginosus* dazu kommen, die Puppen von *L. mixtus* auf letztere Weise zu behandeln, wenn sie dieselben nur zufällig als Beute geraubt haben?" (Wasmann.)

Zugunsten eines temporären Sozialparasitismus spricht die im Vergleich zur Größe der Arbeiterinnen auffallende Kleinheit der *Fuliginosus*-Weibchen (die den Verhältnissen der oben besprochenen *Formica exsecta, consocians* usw. entspricht). Ob die Koloniegründung von *fuliginosus* allerdings regelmäßig auf dem Wege der temporär gemischten Kolonien vor sich geht, ist noch eine Frage. Wasmann meint, daß diese Ameise ihre Niederlassungen für gewöhnlich durch Zweigkolonienbildung vermehrt, und nur gelegentlich zur Gründung neuer Kolonien durch einzelne Weibchen auf sozialparasitärem Wege gelangt (ähnlich wie *Formica rufa*). Ist diese Anschauung richtig, so würde es sich also nur um einen fakultativen Sozialparasitismus handeln. Dem scheint jedoch die Kleinheit der *Fuliginosus*-Weibchen zu widersprechen, die doch mehr auf eine gesetzmäßige Abhängigkeit, also auf einen obligatorischen Sozialparasitismus schließen läßt, der seine Wurzel recht wohl in der Neigung zur Zweigkolonienbildung haben mag.

Was die gemischten Kolonien *Lasius umbratus* + *niger* betrifft, so liegt darüber eine Beobachtung von Wasmann (1909) vor, nach welcher sich die Genesis genau feststellen ließ: Es befanden sich in dem betreffenden Nest über 1000 Arbeiterinnen von *niger*, nur etwa 100 von den gelben (*umbratus*), ferner weit über 1000 Arbeiterkokons. Letztere gehörten sämtlich nur *umbratus* an; also war keine *Niger*-Königin im

Nest (sonst hätten doch wenigstens ein Teil derselben der letzteren Art angehören müssen). Sämtliche *Umbratus*-Arbeiter waren sehr kleine Formen der ersten Generation, während die *niger* von normaler Größe waren: also stammten die *umbratus* aus den Eiern einer sehr jungen, neu aufgenommenen Königin. Berücksichtigen wir ferner, daß die Weibchen von *umbratus* kleiner und schwächer sind als jene von *niger*, so dürfen wir wohl annehmen, daß die *Niger*-Königin sich bei der Adoption nicht mehr im Neste befand. Es liegt also zweifellos eine temporär gemischte Adoptionskolonie von *Lasius umbratus* + *niger* vor, entstanden durch Aufnahme einer jungen *Umbratus*-Königin in eine weisellose *Niger*-Kolonie.

Das Thema der gemischten Kolonien in der Gattung *Lasius* ist mit den hier mitgeteilten wenigen Funden nur angeschnitten, und es wäre jedenfalls sehr wünschenswert, daß die künftige Forschung sich dieser Frage mehr als bisher zuwenden würde.

Bothriomyrmex.

Die mediterrane Gattung *Bothriomyrmex* (mit nur einer Art) gehört zu den Dolichoderinen. Ihre Weibchen sind, gleichwie die der vorher besprochenen *Formica*-Arten, unfähig, selbständig Kolonien zu gründen und suchen daher die Hilfe anderer nahestehender Ameisen, und zwar des Dolichoderinen *Tapinoma erraticum* auf. Santschi hat den Vorgang der Aufnahme in den *Tapinoma*-Kolonien in Tunis genau beobachtet: Das Weibchen von *Bothriomyrmex* irrt nach dem Hochzeitsflug eine Zeitlang auf dem Boden umher, bis es in die Nähe einer *Tapinoma*-Kolonie kommt. Dort läßt es sich von *Tapinoma*-Arbeitern ergreifen und in deren Nest hineinziehen. Hier angelangt, wird es anfänglich von Zeit zu Zeit von den Nestinsassen angegriffen. Diesen Belästigungen sucht es sich dadurch zu entziehen, daß es sich zunächst auf die Brut und später sogar auf den Rücken der rechtmäßigen Königin setzt. Dadurch erlangt es eine Art Immunität; denn solange es sich dort befindet, hören die Angriffe von seiten der Arbeiter auf[1]). Das eingedrungene Weibchen bleibt aber nicht untätig auf dem Rücken der *Tapinoma*-Königin, sondern macht sich in aller Gemütsruhe daran, ihrer Trägerin den Kopf abzusäbeln. Inzwischen ist das *Bothriomyrmex*-Weibchen den *Tapinoma*-Arbeitern vertrauter geworden, es hat auch wohl den Nestgeruch von *Tapinoma* angenommen, und so wird es nun als Nachfolgerin an Stelle der geköpften Königin von der verwaisten *Tapinoma*-

---

[1]) Ganz ähnliche Beobachtungen hat übrigens Wheeler bei der nordamerikanischen *Formica consocians* (siehe oben) gemacht: auch das *consocians*-♀ zieht sich, nachdem es in das *Incerta*-Nest eingedrungen, auf die aufgestapelte Brut der *incerta* zurück, wo es von den Arbeitern nicht weiter belästigt wird.

Kolonie aufgenommen. Das weitere Schicksal ist das gleiche wie bei den obigen *Formica*-Arten: Die *Tapinoma*-Arbeiter ziehen die erste *Bothriomyrmex*-Brut auf, während sie selbst allmählich aussterben, so daß mit der Zeit aus der gemischten eine reine *Bothriomyrmex*-Kolonie wird.

Wir haben es also auch hier mit einem temporären Sozialparasitismus zu tun, und zwar augenscheinlich mit einem obligatorischen: darauf deuten sowohl die bisherigen Funde Santschis hin und noch mehr die Kleinheit der *Bothriomyrmex*-Weibchen, die nur wenig größer sind als die *Tapinoma*-Arbeiter — was zweifellos eine sozialparasitische Rückbildung darstellt. Auch der *Tapinoma* ähnliche Geruch des *Bothriomyrmex*-Weibchens, ferner die Nachahmung der *Tapinoma*-Gestalt lassen darauf schließen, daß eine gesetzmäßige Abhängigkeit des *Bothriomyrmex*-Weibchens von *Tapinoma* bzw. ein obligatorischer temporärer Sozialparasitismus vorliegt.

Verschiedene Myrmicinen.

Auch unter den Myrmicinen gibt es einige Formen, die ihre Kolonien auf dem Wege eines temporären Sozialparasitismus gründen. Direkt beobachtet ist dies von der nordamerikanischen *Aphaenogaster tennesseensis*, deren Weibchen sich in (wahrscheinlich weisellosen) Kolonien von der überall häufigen *Aphaenogaster fulva* adoptieren läßt, um sich ihre erste Brut von den Arbeitern aufziehen zu lassen. Daß es sich dabei um einen obligatorischen Sozialparasitismus handelt, läßt sich wiederum aus der Kleinheit der *Tennesseensis*-Weibchen schließen, die in auffallendem Gegensatz zu den großen Weibchen fast aller übrigen *Aphaenogaster* stehen. — Nur noch eine *Aphaenogaster*-Art besitzt ähnlich kleine Weibchen, nämlich *A. mariae* (ebenfalls aus Nordamerika); es ist sehr wahrscheinlich, daß auch bei dieser die sozialparasitische Koloniegründungen die Regel ist.

Wheeler nennt außer den beiden *Aphaenogaster* auch noch einige *Cremastogaster* als vermutliche Sozialparasiten. Es sind dies die von Forel unter dem Subgenus *Oxygyne* zusammengefaßten Formen, welche in Madagaskar, Indien und der Malaiischen Region vorkommen, und die sich im weiblichen Geschlecht durch mehrere Merkmale vor den übrigen *Cremastogaster*-Arten auszeichnen: vor allem durch die ungewöhnliche Kleinheit, dann durch die scharfen sichelförmigen Mandibeln usw., während die Arbeiterform dem normalen *Cremastogaster*-Typus entspricht. Diese Merkmale des Weibchens deuten nach Wheeler mit großer Wahrscheinlichkeit auf einen obligatorischen temporären Sozialparasitismus hin: die Kleinheit als degenerativer Charakter, die Sichelmandibeln als Werkzeug zur Tötung der Königin der Hilfsameise. Inwieweit diese Schlußfolgerungen Wheelers zu Recht bestehen, müssen direkte Beobachtungen noch bestätigen.

II. Dauernd gemischte Kolonien.

Bestanden die temporär gemischten Kolonien nur relativ kurze Zeit, während des Anfangsstadiums einer neuen Kolonie, so bleiben in den dauernd gemischten Kolonien die Komponenten während des ganzen Lebens oder doch wenigstens die größte Zeit des Lebens in gemeinsamem Haushalt vereinigt. Der lange Bestand der gemischten Kolonien wird auf verschiedenem Wege erreicht: entweder dadurch, daß die Hilfsameisen fortwährend durch Raub und Aufzucht neuer Puppen (Sklavenraub oder Dulosis) ergänzt werden, oder dadurch, daß sich zwei Weibchen verschiedener Arten miteinander alliieren und in dauerndem Frieden nebeneinander leben, so daß stets Nachkommen der beiden Arten erzeugt werden (Allianzkolonien), oder endlich durch Ausschaltung der Arbeiterkaste der einen Art, so daß die gemischten Kolonien überhaupt stets nur aus den Geschlechtstieren der einen und den Arbeitern der anderen Art besteht, wobei natürlich mit dem Aussterben der letzteren die Kolonie aufhört (dauernder Sozialparasitismus).

1. Sklaverei (Dulosis).

Die blutrote Raubameise (*Formica sanguinea* L.).

Die Gewohnheit, Puppen aus fremden Kolonien zu rauben, bedeutet noch nicht Sklavenraub oder Dulosis. Das charakteristische Merkmal der Dulosis besteht vielmehr darin, daß von den eingeschleppten Puppen ein Teil aufgezogen wird, gleichwie die eigene Brut.

Unsere blutrote Raubameise, *F. sanguinea,* besitzt dieses Merkmal in ausgesprochener Weise. Es sind meist nur ganz bestimmte Ameisen, in erster Linie *F. fusca* mit ihren Rassen, an welchen der dulotische Instinkt sich betätigt. Andere Puppen werden unter natürlichen Verhältnissen normalerweise nicht aufgezogen, sondern einfach aufgefressen. Auch die weiblichen und männlichen Puppen von *fusca* ereilt dasselbe Schicksal, ebenso frisch ausgeschlüpfte *Fusca*-Arbeiter, nur die eingeschleppten Puppen der *Fusca*-Arbeiter werden (zum Teil) aufgezogen.

In offenen Trupps ziehen die *Sanguinea*-Arbeiter zu den Sklavenjagden aus, gewöhnlich in den Morgenstunden, um gegen Abend wieder zurückzukehren. Sie wählen dabei den direktesten Weg zu dem zur Plünderung ausersehenen *Fusca*-Nest, was auf eine vorherige Auskundschaftung schließen läßt. Es ist wohl anzunehmen, daß längere Zeit vor dem Sklavenzug eine Reihe von Arbeitern mit der Ausfindigmachung geeigneter Sklavennester sich beschäftigt haben, und daß diese Kundigen die Führung übernehmen; anders ist das Gerade-auf-das-Ziel-los-Eilen der ausziehenden Heere nicht zu erklären (Wheeler). Wenn die ersten *Sanguinea*-Arbeiter beim *Fusca*-Nest angekommen sind, dringen sie nicht ohne weiteres in das Nest ein, sondern umstellen dasselbe zunächst rundum und warten, bis weitere Trupps angelangt sind und eine genügende Heermasse versammelt ist. Inzwischen sind die *fusca* die Gefahr gewahr geworden, und haben sich zur Verteidigung angeschickt, oder versuchen mit ihrer Brut, den Larven und Puppen in den Kiefern, aus der Umklammerung zu entfliehen und den *Sanguinea*-Gürtel zu durchbrechen. Den wenigsten jedoch gelingt dies, so entstehen Kämpfe vor den Toren des Nestes, wobei den meisten *fusca* ihre Puppen abgenommen werden. Nun dringen die *sanguinea* auch in das Nest selbst ein und es dauert nicht lange, daß die ersten mit Beute beladen wieder herauskommen. Bald sieht man zahlreiche *Sanguinea*-Arbeiter, jeden mit einer Puppe in den Kiefern, ihrem heimatlichen Nest zueilen auf demselben Wege, auf dem sie angerückt waren, während die ausgeplünderten *fusca* um die Reste ihrer Brut sich sammeln und die Arbeit von neuem beginnen.

Diese Sklavenjagden sind nicht allzuhäufig: nach Forel macht eine *Sanguinea*-Kolonie nicht viel mehr als zwei bis drei Züge im Jahr. Die Zahl der Sklaven in einer *Sanguinea*-Kolonie ist sehr verschieden: Nach einer Statistik Wasmanns, die sich auf 400 Kolonien mit weit über 1000 Nestern bezieht, sind in den meisten Kolonien die Herren drei- bis sechsmal zahlreicher als die Sklaven. In den stärksten Kolonien finden sich oft kaum 50 bis 100 Sklaven, manchmal noch weniger oder überhaupt gar keine, in den mittelstarken bis schwachen beträgt die absolute Sklavenzahl meist mehrere Hundert. Das durchschnittliche relative Zahlenverhältnis der Herren zu den Sklaven ist in den stärksten Kolonien 100 : 1 bis 10 :1, in den mittelstarken und schwachen 3 : 1 bis 1 : 1. Natürlich bleibt sich auch die Zahl der Hilfsameisen in den einzelnen Kolonien von Jahr zu Jahr nicht völlig gleich; und endlich ist auch die Menge der Hilfsameisen von den örtlichen Verhältnissen abhängig: wo, wie im Birken- und Eichengebüsch, die Sklavennester (*fusca*) sehr zahlreich sind, dort finden sich auch in den *Sanguinea*-Nestern mehr Sklaven als auf der Heide, wo es wenig *Fusca*-Nester gibt. Ceteris paribus stellt sich aber als konstantes Gesetz heraus, daß die Sklavenzahl zur Stärke der betreffenden *Sanguinea*-Kolonie in umgekehrtem Verhältnis steht (Wasmann). Je älter und stärker also eine *Sanguinea*-Kolonie wird, desto geringer wird die Zahl der Sklaven. Wie schon erwähnt, kommen auch völlig sklavenlose Kolonien vor: Forel und Wheeler erwähnen eine Anzahl solcher aus dem Engadin, auch Wasmann und Brun haben verschiedentlich sklavenlose Kolonien getroffen. Nach Wasmann ist das Verhältnis der sklavenhaltigen zu den sklavenlosen Kolonien wie 40 : 1[1]).

[1]) Die amerikanische *sanguinea* mit ihren verschiedenen Rassen verhält sich in mehreren Punkten etwas abweichend von unserer Form: Ihre Sklavenjagden sind viel häufiger; so beobachtete Wheeler eine *Sanguinea*-Kolonie, die eine Woche lang Tag für Tag auf Plünderung auszog. Daraus erklärt sich vielleicht auch, daß die Zahl der Sklaven in amerikanischen *Sanguinea*-Nestern gewöhnlich weit größer ist als bei uns. Nach Wheeler

Wie gründet *Formica sanguinea* neue Kolonien bzw. wie ist die Entstehungsgeschichte der gemischten Kolonien *sanguinea* + *fusca*? Als man seinerzeit die Entstehung der temporär gemischten Kolonie von *truncicola* + *fusca* entdeckt hatte, nahm man ohne weiteres an, daß auch die *Sanguinea* + *fusca*-Kolonien auf demselben Wege, d. h. durch Adoption eines *Sanguinea*-Weibchens in einer weisellosen *Fusca*-Kolonie zustande käme. Während nun aber die *Truncicola* + *fusca*-Kolonie durch Aussterben der *Fusca*-Arbeiter allmählich zu einer reinen *Truncicola*-Kolonie wird, verstehe es die *sanguinea*, durch Puppenraub aus fremden *Fusca*-Kolonien sich stets neue Sklaven zu beschaffen, so daß die Kolonien dauernd gemischt bleiben. Die ursprüngliche Adoptionskolonie gehe also, so schloß man, in eine sekundäre Raubkolonie über.

Die neueren Forschungen Wheelers, Wasmanns, Viehmeyers, Bruns u. a. haben aber ergeben, daß der obige Gründungsmodus durch Adoption keineswegs der einzige oder normale ist, sondern daß die blutrote Raubameise viele Wege kennt, ihre Kolonien zu vermehren. Wasmann nennt nicht weniger als sechs verschiedene Gründungsmöglichkeiten:

1. Bildung von Zweigkolonien unter Zurückhaltung befruchteter Weibchen (hierbei ist besonders auf den von Forel bei Lausanne beobachteten Riesenstaat von *sanguinea*, der aus 40 Einzelnestern bestand, hinzuweisen, s. Forel, 1910).
2. Durch Adoption befruchteter Weibchen von Arbeitern der gleichen Art, aber von fremden Kolonien.
3. Adoption befruchteter Weibchen in selbständigen Kolonien der Hilfsameisenart *F. fusca* (Adoptionskolonie).
4. Gewaltsamer Raub von Arbeiterpuppen der Hilfsameisenart und Aufzucht derselben (Dulosis, primäre Raubkolonie).
5. Aufzucht von gefundenen Puppen der Hilfsameisenart (die bei Plünderung eines Sklavennestes von den *Sanguinea*-Arbeiterinnen zurückgelassen worden sind).
6. Allianz des *Sanguinea*-Weibchens mit einem *Fusca*-Weibchen nach dem Paarungsflug (Allianzkolonie). In diesem Falle wird nach Aufzucht der ersten *Sanguinea*-Arbeiter das *Fusca*-Weibchen getötet oder vertrieben (Viehmeyer).

Das *Sanguinea*-Weibchen zeigt also eine bewundernswerte Plastizität; je nach den Verhältnissen gründet sie ihre neuen Kolonien bald auf diesem, bald auf jenem Wege. Die ersten drei Gründungsarten hat sie mit *F. rufa* gemeinsam, der sie ja auch in morphologischer Beziehung nahe steht. Zu diesen in der Gattung schon vorhandenen Instinkten tritt als Novum der dulotische Instinkt (wenn auch Was-

---

ist das durchschnittliche Verhältnis von Herren zu Sklaven wie 1 : 4,5. Auch konnte Wheeler keine Abnahme der Sklaven in alten und starken Kolonien feststellen; im Gegenteil, er fand häufig in kleinen *Sanguinea*-Kolonien nur wenig Sklaven, während in großen starken Kolonien zahlreiche Sklaven vorhanden waren.

mann beim *truncicola* schon schwache Anklänge daran, nämlich Raub und Erziehung von vorgelegten *Fusca*-Puppen im künstlichen Nest, festgestellt hat). Da die Dulosis einer der hervorragendsten Züge im Leben der *sanguinea* ist, so dürfen wir die Koloniegründung durch Puppenraub wohl als die normale ansehen. Die Dulosis der *Sanguinea*-Arbeiter, die zur sekundären Raubkolonie führt, verstehen wir dann auch besser als früher: sie ist einfach ein Erbstück der von der Mutter, die sich ja bereits auf dulotischem Wege die Hilfsarbeiter zur Aufzucht ihrer ersten Brut verschafft (primäre Raubkolonie). Die übrigen Gründungsmodi mögen bei Gelegenheit an Stelle der Dulosis treten, wenn die äußeren Verhältnisse eine solche nicht erlauben, oder vielleicht auch, wenn bequemere oder einfachere Wege sich darbieten.

Die normalen Hilfsameisen unserer *sanguinea* sind, wie schon gesagt, *Formica fusca* bzw. ihre Rassen *rufibarbis* oder (im südlichen Mitteleuropa) *cinerea*. Nicht selten kommen zwei dieser Formen zugleich mit *sanguinea* vor, so daß eine dreifach gemischte Kolonie entsteht. Ausnahmsweise können auch andere *Formica*-Arten (*rufa, pratensis*) der *sanguinea* als Hilfsameisen (Sklaven) dienen, und zwar entweder allein oder neben den normalen Sklaven. Es gibt da die verschiedensten Kombinationen, z. B. *sang.* + *pratensis*, oder *sang.* + *pratensis* + *fusca*, oder *sang.* + *rufa* + *fusca*, oder *sang.* + *rufa-pratensis* + *rufa* + *fusca* usw., also sogar vierfach gemischte Kolonien!

Die Entstehung dieser anormal gemischten Kolonien kann nicht nach einer einzigen Schablone erklärt werden, sondern bedarf von Fall zu Fall einer erneuten Analyse. Am häufigsten dürfte das Moment in Betracht kommen, daß die anormale Sklavenart (*rufa* oder *pratensis*) bei der normalen (*fusca*) erzogen worden ist, so daß also der *Fusca*-Geruch noch an ihr haftet. Auf alle die verschiedenen anormalen *Sanguinea*-Kolonien im einzelnen einzugehen, ist mir natürlich in dieser kurzen Übersicht versagt. Nur ein Fall sei hier erwähnt, der zeigen soll, wie verschlungen die Wege sein können und wie schwierig die Analyse mitunter ist. Es handelt sich um die von Wasmann beobachtete dreifach gemischte Kolonie *sanguinea* + *fusca* + *pratensis*. Zuerst war sie eine normale Adoptionskolonie oder primäre Raubkolonie *sanguinea* + *fusca*, daraus wurde, wie gewöhnlich, eine normale sekundäre Raubkolonie *sanguinea* + *fusca*. In diesem Stadium schienen die *sanguinea* ihre Königin verloren zu haben. Die *sanguinea* gingen weiter auf Sklavenjagd und raubten nun *Pratensis*-Puppen aus einer benachbarten sehr jungen *Pratensis*-Kolonie, welche ihrerseits noch eine Adoptionskolonie *pratensis* + *fusca* war. Es entstand so eine dreifach gemischte Kolonie *sanguinea* + *fusca* + *pratensis*, welche aber ohne Königin, also weisellos war. Nun holten die *Pratensis*-Sklaven ihre eigene *Pratensis*-Königin aus ihrem Heimatnest, das sie bei ihren Streifzügen wiedergefunden hatten. Damit war die Raubkolonie zu einer sekundären Adoptionskolonie geworden und die *pratensis* haben, da sie allein im Besitz einer Königin waren, ihre Sklavenrolle mit der Herrenrolle vertauscht. — Die Geschichte geht noch weiter, die Kolonie macht noch manche Metamorphose durch, bis schließlich die *Pratensis*-Kolonie zu einer einfachen selbständigen Kolonie geworden (s. Wasmann, 1905, S. 260—261).

Daß gerade *sanguinea* häufiger anormale Hilfsameisen raubt und erzieht, ist einmal in der hohen psychischen Plastizität dieser Ameise (s. S. 206) begründet und sodann darin, daß die *sanguinea* größtenteils selbst die Brutpflege besorgen. Wenn letztere vornehmlich in den Händen der Sklaven liegen würde (wie bei der Amazone), so würden die anormalen Mischungen sicherlich viel seltener auftreten.

Die Amazone (*Polyergus*).

Der Instinkt, Arbeitergruppen fremder Ameisen zu rauben und zu erziehen, der Sklavereiinstinkt, findet seine höchste Entwickelung bei der Amazonenameise (*Polyergus*): er bleibt hier nicht nur dauernd bestehen, sondern nimmt auch die erste Rolle im Leben ein; alle anderen Instinkte treten gegen ihn so stark in den Hintergrund, daß sich ihre Tätigkeit fast ganz auf Raubzüge bzw. Sklavenjagden beschränkt.

Kein Wunder, daß diese Einseitigkeit auch morphologisch ihren Ausdruck findet, und daß sich besonders geeignete Organe (Waffen) für die Sklavenjagden ausgebildet haben. Es sind dies die Mandibeln, die sichelförmig gekrümmt und mit äußerst scharfer Spitze versehen, und deren Innenränder glatt bzw. nur mit mikroskopisch kleinen Zähnchen besetzt sind (vgl. Fig. 8 B). Diese Sicheln stellen furchtbare Waffen dar und sind speziell zur Durchbohrung der feindlichen Ameisenschädel vorzüglich geeignet; andererseits aber erweisen sie sich zu jeder weiteren Tätigkeit (Bauen, Brutpflege usw.) als völlig unbrauchbar. „In den Säbeln des Mundes liegt eigentlich die ganze Lebensgeschichte einer Amazone beschlossen; sie ist nur Kriegerin, nicht Arbeiterin."

Unter der hochgradigen Ausbildung des Kriegstalentes mußten die übrigen Instinkte mehr oder weniger leiden. Daher traten auf anderen Gebieten Degenerationserscheinungen ein. Eine der auffallendsten Rückbildungen ist entschieden der Verlust der Fähigkeit selbständiger Nahrungsaufnahme. Schon Huber, dann Lespès, Forel, Adlerz und Wasmann haben verschiedentlich Versuche darüber angestellt, und zwar stets mit dem gleichen Erfolg. Isoliert man eine Anzahl *Polyergus*-Arbeiterinnen, so gehen sie bald zugrunde, auch wenn man ihnen reichliche Nahrung vorsetzt. Das Hungergefühl löst eben bei ihnen nicht mehr den Trieb aus, zu fressen, sondern lediglich den, ihre Sklaven zur Fütterung aufzufordern. Sind aber keine solche da, so müssen sie trotz reichlicher Nahrung Hungers sterben. Ein drastischeres Beispiel, die Anthropomorphisten und Ameisenintelligenzler ad absurdum zu führen, dürfte es wohl schwerlich geben!

Würden die Amazonen intelligente Wesen sein und Überlegung besitzen, so wäre diese Erscheinung einfach undenkbar. Denn organisch sind sie keineswegs etwa unfähig zum selbständigen Fressen. Es sind zwar die Kiefer- und Lippentaster, die Organe der Nahrungssuchung und Nahrungsprüfung merklich rückgebildet, doch nicht in solchem Grade, daß dadurch die selbständige Nahrungsaufnahme unmöglich gemacht wäre. Es handelt sich also vornehmlich um eine Entartung des Instinktes. Wenn die Amazonen zufällig mit ihren Mundteilen an Honig kommen, so lecken sie wohl ein wenig daran, ebenso erhalten sie beim Töten einer Ameise mitunter etwas Nahrung, indem durch eine auf der Innenseite der sichelförmigen Oberkiefer verlaufende Rinne Saft von dem getöteten Tier zum Munde fließen kann; doch ist diese zufällige Nahrungsaufnahme nicht genügend, die Amazonen am Leben zu erhalten.

Daß *Polyergus* auch die Fähigkeit des Bauens nicht mehr besitzt, ist leicht verständlich, da ja das Universalbauinstrument, die Mandibeln, zu Kriegswaffen für die Sklavenjagden umgewandelt sind. Aus demselben Grunde erklärt sich auch der Amazonen Unfähigkeit, ihre Brut zu erziehen.

Die für die Erhaltung des Individuums wie der Art so wichtigen Instinkte (Freß-, Brutpflege-, Bauinstinkt) sind also stark rückgebildet oder fehlen ganz. Dadurch geraten die Amazonen in ein unbedingtes Abhängigkeitsverhältnis zu ihren Sklaven. Die „Herren" sind nicht mehr frei wie die *sanguinea*, sondern auf ihre Sklaven direkt angewiesen, sowohl betreffs der Vermehrung (Brutpflege) als auch des Weiterbestandes ihrer Kolonien. Wir finden daher *Polyergus* ausnahmslos in gemischten Kolonien, niemals werden sie sklavenfrei, wie das bei *sanguinea*, wenn auch selten, der Fall sein kann.

In Europa kommt nur eine einzige Amazonenart vor: *Polyergus rufescens*[1]). Dieselbe zählt zu den schönsten Ameisen, ihr Kolorit ist ein helleres oder dunkleres Rotbraun, wie von gebrannter Terra di Siena; dazu eine gelenkige schlanke Gestalt. Die normalen Sklaven unserer Amazone sind *Formica fusca* oder *rufibarbis*, selten beide zugleich. Anormale Formen von gemischten Kolonien (mit anormalen Sklaven), wie sie bei *F. sanguinea* so häufig vorkommen, gehören bei *Polyergus* zu den größten Seltenheiten; Wasmann erzielte einmal eine dreifache Kolonie *Pol.* + *rufibarbis* + *pratensis* im künstlichen Nest, und Forel fand in der freien Natur (im Wallis) eine *Pol.* + *fusca* + *pratensis*-Kolonie, in welcher aber kein *Polyergus*-Weibchen, dagegen mehrere *Fusca*-Königinnen vorhanden waren — ein ganz analoger Fall zu der obigen *Sanguinea* + *fusca* + *pratensis*-Kolonie, welcher wohl auch

[1]) In Nordamerika ist dieselbe durch verschiedene Unterarten vertreten: 1. *P. rufescens subsp. lucidus* Mayr. Sklaven: *F. nitidiventris* Em. und *pallidefulva* Ltr.; 2. *P. rufescens subsp. breviceps* Em. Sklaven: *F. usca var. subsericea* Say. und *F. pallidefulva var. schaufussi* Mc Cook; 3. *P. rufescens subsp. bicolor* Wasm. Sklaven: *F. fusca var. subaenescens* Em.; 4. *P. ru escens subsp. bicolor var. foreli* Wheel. Sklaven: dieselben.

ähnlich zu erklären ist. Die Zahl der *Polyergus*-Sklaven ist stets bedeutend (etwa viermal) größer als die der Herren, im Gegensatz zu den *Sanguinea*-Kolonien, in denen die Zahl der Sklaven durchschnittlich nur $^1/_6$ bis $^1/_3$ der Gesamtheit der Nestbevölkerung beträgt.

Die Kriegstaktik, welche die Amazonen bei ihren Sklavenjagden anwenden, ist erstaunlich hoch ausgebildet. Aus den vielen Berichten über die Kriegszüge (von Huber, Forel, Wasmann, Reichenbach u. a.) möge eine Schilderung Forels[1]) von einem Raubzug gegen eine *Rufibarbis*-Kolonie zur Illustration dienen: „Eines Nachmittags um 3½ Uhr ziehen die Amazonen einer starken Kolonie *Polyergus* + *rufibarbis*, die in einer Wiese zehn Schritte von einer Straße lag, in einer zur Straße senkrechten Richtung aus. Nachdem sie ein wenig in die Quere gegangen, nehmen sie die gerade Richtung wieder auf. Endlich entdeckte ich zwei Schritte von der Armee entfernt ein Nest (fünfzig Schritte vom Nest der Amazonen gelegen), das mit *rufibarbis* bedeckt ist. Die Spitze der Armee erkennt, noch einen Dezimeter von den *rufibarbis* entfernt, daß sie angekommen sei; denn sie macht plötzlich Halt und sendet eine Menge Emissäre, die sich mit unglaublicher Hast in die Hauptmasse und den Nachtrab der Armee stürzen. In weniger als 30 Sekunden ist die ganze Armee in einer Masse vor dem Nest der *rufibarbis* versammelt, auf dessen Oberfläche sie mit einer zweiten Bewegung von unvergleichlicher Raschheit sich stürzt. Dies war nicht unnütz; denn die *rufibarbis* hatten die Ankunft des Feindes in demselben Augenblick bemerkt, in dem die Spitze der Armee angelangt war; einige Sekunden hatten auch ihnen genügt, um den Oberbau ihres Nestes mit Verteidigern zu bedecken. Ein unbeschreibliches Handgemenge folgt nun, aber die Hauptmasse der Armee dringt trotzdem sogleich durch alle Öffnungen ein. In demselben Augenblick kommt ein Strom *rufibarbis* aus denselben Löchern hervor, schleppen Hunderte von Kokons, Larven und Puppen fort, fliehen nach allen Seiten und klettern auf die Grashalme . . . Die Amazonen bleiben kaum eine Minute im Nest und kommen in Scharen aus allen Löchern zugleich wieder hervor, jede mit einem Kokon oder einer Larve beladen. Aber kaum ist die Spitze der Armee wieder im Rückmarsch, so ändert sich die Szene abermals. Wie die *rufibarbis* sehen, daß der Feind flieht, nehmen sie mit Wut dessen Verfolgung auf. Sie fassen die Amazonen an den Beinen und suchen ihnen die Puppen zu entreißen. Wenn eine *rufibarbis* sich an einen Kokon angeklammert hat, den eine Amazone trägt, läßt diese ihre Kiefer allmählich über den Kokon hinabgleiten bis zum Kopf der *rufibarbis*. Diese läßt dann meistens los; gibt sie nicht nach, so nimmt die Amazone deren Kopf zwischen die Zangen, und wenn auch dieser Wink noch nicht genügt, ist der Kopf durchbohrt! . . . Die *rufibarbis* verfolgen zu Hunderten die Amazonenarmeen bis zur Hälfte der Entfernung beider Nester; wenn sie nicht weiter gehen, geschieht

[1]) Übersetzung nach Wasmann (1891).

dies deshalb, weil ihre Feinde schneller laufen und daher allmählich einen Vorsprung gewinnen. Zuhause angekommen, trugen die Amazonen ihre Beute hinein und kamen an jenem Tage nicht wieder hervor. Auch die *rufibarbis* kehrten mit den aus der Plünderung geretteten Kokons wieder in ihr Nest zurück; ziemlich viele *rufibarbis* waren getötet. Am nächsten Tage um dieselbe Stunde plünderten dieselben Amazonen neuerdings jenes *Rufibarbis*-Nest[1])".

Die Zahl der Sklavenjagden, die eine starke Kolonie von *Polyergus* alljährlich ausführt, kann (im Gegensatz zu *sanguinea*) sehr groß sein. Forel beobachtete in 33 Tagen 44 Raubzüge einer und derselben Kolonie und berechnete danach, daß diese etwa 40000 Larven und Puppen von Sklaven in einem Sommer zusammengeraubt haben. Die Sklavenjagden finden nur in den heißesten Monaten statt, und zwar gewöhnlich zwischen 2 und 5 Uhr nachmittags, doch wurde solche ausnahmsweise auch noch später (bis 7 Uhr) beobachtet.

Was die Gründung neuer *Polyergus*-Kolonien betrifft, so sind wir darüber noch nicht hinreichend unterrichtet. Nach den bisherigen Beobachtungen scheint es jedoch wahrscheinlich, daß das *Polyergus*-Weibchen nicht mehr die Fähigkeit besitzt, durch Dulosis sich die ersten Hilfsameisen zu beschaffen[2]) (wie bei *Formica sanguinea* die Regel ist), sondern daß es darauf angewiesen ist, sich in einer *Fusca*-Kolonie adoptieren zu lassen. Ist in letzterer eine Königin vorhanden, so wird diese, wie Emery beobachtet hat, von dem *Polyergus*-♀ getötet. Die Amazone verhält sich also wie *Formica rufa* (oder *truncicola*) oder *Bothriomyrmex*, indem die Neugründung auf dem Wege einer Adoptionskolonie unter Tötung des Hilfsameisenweibchens durch das adoptierte Weibchen vor sich geht[3]). Diese primäre Adoptionskolonie geht dann

---

[1]) So hoch auch die Kriegskunst der Amazonen ausgebildet und so viel Überlegung dabei mitzusprechen scheint, so beruht dieselbe doch lediglich auf dem blinden Instinkt, der „zwar in bestimmten engbegrenzten Verhältnissen eine glänzende Tätigkeit entfaltet, außerhalb dieses Zauberkreises um so ratloser und hilfloser sich erweist". Um dies zu beweisen, braucht man nur einen Haufen Puppen der Sklavenart vor das *Polyergus*-Nest zu schütten. „Dann springen die Amazonen wütend auf demselben herum, suchen ringsum einen Eingang wie in einem zu erobernden Nest, beißen in die Erde und in die Puppen selbst hinein, aber die vor ihrer Nase bereitliegende Beute scheinen sie nicht zu bemerken. Die *Formica sanguinea* macht es unter den gleichen Umständen ganz anders: sie stürzt sich ohne weiteres auf die Puppen und läuft mit der billig errungenen Beute nach Hause" (Wasmann).

[2]) Forel und Emery haben zwar beobachtet, daß die Weibchen manchmal die Kriegszüge der Amazonen begleiten, aber am Puppenraub nehmen sie nicht teil; sie scheinen bei dieser Gelegenheit vielmehr nur über die Lage der Sklavennester orientiert zu werden, bei denen sie sich dann verstecken und Aufnahme suchen (Wasmann).

[3]) Auffallend ist das häufige Auftreten von ergatoiden Weibchen, die aus Arbeiterlarven erzogen sind (s. oben S. 52). Wasmann sieht die Ursachen für die Entstehung dieser Formen in der Schwierigkeit, welche den Amazonenameisen bei der Gründung neuer Kolonien durch weit von ihrer Heimat verschlagene Weibchen entstehen.

sekundär in eine dauernde Raubkolonie über, indem die *Polyergus* in der geschilderten Weise durch Raub sich stets einen bestimmten Bestand von Sklaven halten.

Der Sklaveninstinkt der „Amazonen" stellt einerseits den Höhepunkt der phylogenetischen Entwickelung dieses Instinktes dar, während er andererseits bereits deutliche morphologische und physiologische Merkmale einer einseitigen Überentwickelung aufweist, die den Ausgangspunkt für die Degeneration desselben Instinktes bildet (Wasmann). — Die nächste Stufe ist zwar noch annähernd auf der gleichen Höhe, doch geht es von da ab rapid abwärts, indem dann die Entwickelung des Sklavereiinstinktes wieder rückschreitet, und zwar unter den Nullpunkt, da die „Herren" zu traurigen Parasiten herabsinken. Diese retrograde Entwickelung sehen wir in einer anderen Subfamilie, bei den Myrmicinen, vor sich gehen.

Strongylognathus christophi Em. und *huberi*. (Säbelameisen.)

Str. christophi ist eine östliche Art, aus Sarepta und dem Kaukasus (hier als *var. rehbinderi* Forel) bekannt, *St. huberi* ist eine südliche Art, von Forel bei Martigny im Rhonetal entdeckt. Beide leben stets in gemischten Kolonien mit *Tetramorium caespitum*. Beide stimmen ferner bezüglich ihrer Mandibeln mit *Polyergus* überein, indem dieselben auch bei ihnen sichelförmig und ohne Kaurand und daher lediglich als Waffen zu gebrauchen sind. Morphologisch erweisen sich also die beiden *Strongylognathus* ebenso wie *Polyergus* als Krieger, nicht als Arbeiter. Und die spärlichen biologischen Beobachtungen, die wir bis heute über die seltenen Arten besitzen, weisen mit Bestimmtheit darauf hin, daß wir es hier in der Tat noch mit Sklavenjägern zu tun haben. *Str. christophi var. rehbinderi* wurde direkt bei einem Raubzug, mit *Tetramorium*-Puppen beladen, beobachtet, und bezüglich des *huberi* wurde wenigens experimentell festgestellt, daß er imstande ist, vorgesetzte fremde *Tetramorium* zu überrumpeln, zu verjagen und ihnen ihre Puppen zu rauben. Auch kämpft *Str. huberi* genau nach *Polyergus*-Art, indem er den Kopf des Feindes mit seinen scharfen Sichelkiefern durchbohrt. Da ferner weder von Forel noch auch von mir[1]) eine *Tetramorium*-Königin in der gemischten Kolonie gefunden wurde und da ferner die Zahl der *Huberi*-Arbeiter die der *Tetramorium*-Arbeiter stets weit übertrifft, so dürfte der Schluß wohl gerechtfertigt sein, daß auch die *Str. huberi* + *Tetramorium*-Kolonien Raubkolonien darstellen

---

[1]) Prof. Forel war so liebenswürdig, mir den Fundort des *huberi* genau zu beschreiben, so daß mir das Auffinden desselben sehr erleichtert wurde. Ich sandte einen kleinen Teil der Kolonie an Pater Wasmann, welcher mir mitteilte, daß zwei verschiedene Rassen der Sklavenart darin enthalten waren, wodurch der sichere Nachweis erbracht ist, daß *Str. huberi* durch Raub sich in den Besitz seiner Sklaven setzt.

— ob nur sekundäre, wie die der Amazone, oder aber auch primäre, wie die der *Formica sanguinea*, muß die Zukunft erst lehren.

Str. christophi und *huberi* stehen also wahrscheinlich noch annähernd auf der Höhe von *Polyergus*; allerdings bedürfen noch manche Punkte der tatsächlichen Bestätigung.

Harpagoxenus (*Tomognathus*) *sublaevis* Nyl.

Harpagoxenus [*Tomognathus*[1])] wird stets in gemischten Kolonien mit den ihm nah verwandten *Leptothorax acervorum, muscorum* oder *tuberum* (mit letzterem allerdings nur sehr selten) gefunden. Er ist von seinen Hilfsameisen vollkommen abhängig (wie *Polyergus*). Darauf deuten schon seine zahnlosen, säbelförmigen Kiefern hin, die nur noch als Waffe, nicht aber zum Verrichten häuslicher Arbeiten geeignet sind. Nach Versuchen von Adlerz können isolierte *Harpagoxenus*-Arbeiter zwar längere Zeit (bis 135 Tage) sich selbständig erhalten, aber trotzdem ist „nach dem Bau der Kiefer nicht zu bezweifeln, daß sie in bezug auf Nestbau, Nahrungserwerb und Pflege der Larven ganz, und bezüglich der eigenen Ernährung zum größten Teil auf ihre Hilfsameisen angewiesen sind" (Viehmeyer). Sie können nur dann selbständig Nahrung zu sich nehmen, wenn sich dieselbe in ihrer unmittelbaren Nähe befindet. Viehmeyer sah in seinen Beobachtungsnestern die *Harpagoxenus* nur zweimal selber fressen, sonst wurden sie stets von ihren Hilfsameisen gefüttert.

[1]) „*H. sublaevis* hat sein Hauptverbreitungsgebiet im nördlichen Europa. 1848 wurde diese seltene Ameise von Nylander in Finnland entdeckt, 1860 beobachtete Meinert die Art auf Jütland, 1869 Stolpe einen einzelnen Arbeiter derselben in Schweden, und von 1885 an fand Adlerz in den schwedischen Provinzen Östergötland, Medelpart und Jemtland eine ganze Reihe von *Harpagoxenus*-Kolonien. Lange Zeit blieben die Lebensverhältnisse dieser hochinteressanten Ameise in völliges Dunkel gehüllt. 48 Jahre lang kannte man nur die Arbeiter, so daß man schon die Hypothese von der parthenogenetischen Fortpflanzung der Art aufstellte. 1860 hatte zwar Meinert schon darauf aufmerksam gemacht, daß fünf der von ihm gefangenen sechs Stücke sich durch den Besitz von Ocellen auszeichneten und gleichzeitig einen Thorakalbau aufwiesen, der sich von dem der Arbeiter unterscheide und zu dem eines Weibchens hinneige. 1892 sprach er sogar direkt die Vermutung aus, daß diese Tiere wohl echte Königinnen sein würden, aber erst zwei Jahre später gelang es dem schwedischen Myrmekologen Adlerz, die Männchen zu entdecken und betreffs der Weibchen die Vermutung Meinerts sowohl durch die Beobachtung der Kopula als auch durch anatomische Untersuchung zu bestätigen. Die Männchen hatten sich durch ihre große Ähnlichkeit mit den Männchen ihrer Hilfsameisen (*Leptothorax acervorum*), die Weibchen durch das Arbeitergewand, in dem sie auftraten, der Beobachtung entzogen" (Viehmeyer, 1906). Neuerdings hat Viehmeyer die interessante Ameise auch in Deutschland (bei Dresden) festgestellt und durch einige sehr wichtige Entdeckungen (geflügelte Weibchenform usw.) unsere Kenntnisse noch wesentlich erweitert. Nach Viehmeyers Funden scheint die Verbreitung von *Harpagoxenus* eine viel größere zu sein, als man bisher angenommen hat. Den Myrmekologen sei daher diese Ameise besonderer Beachtung empfohlen.

Gleichwie die Amazone überfällt auch *Harpagoxenus* die Nester seiner Hilfsameisen und schleppt die geraubten Puppen nach Hause, um sie da aufzuziehen und so die nötigen Arbeitskräfte zu erhalten bzw. das Arbeitsvolk zu vermehren. In Anbetracht der relativen Kleinheit der *Harpagoxenus*-Kolonien sind die Sklavenjagden aber nicht so zahlreich als bei den Amazonen. Was das Verhältnis der Zahl der Sklaven zu den Herren betrifft, so liegt hier dieselbe Erscheinung vor wie bei der Amazone, d. h. daß die Zahl der Hilfsameisen im gleichen Verhältnis mit der Zahl der Herren wächst (also umgekehrt wie bei der blutroten Raubameise). Auch dieser Umstand läßt auf eine große Abhängigkeit des *Harpagoxenus* von seinen Hilfsameisen schließen.

Die Gründung neuer Kolonien geschieht nach den Beobachtungen von Adlerz und Viehmeyer in der Weise, daß mehrere ergatoide Weibchen[1]) (bisweilen vielleicht auch nur ein ♀) in eine *Leptothorax*-Kolonie eindringen, die rechtmäßigen Besitzer daraus vertreiben, um von deren Nest samt den zurückgelassenen Puppen Besitz zu ergreifen und die letzteren aufziehen. Da sie keinen Unterschied in der Behandlung der Arbeiter- und Geschlechtspuppen machen, so kommt es, daß auch Männchen und Weibchen der Hilfsameisenart in den gemischten Kolonien vorkommen[2]), im Gegensatz zu allen bisher besprochenen Formen von gemischten Kolonien. Die Entstehung der gemischten Kolonien vollzieht sich also nicht auf dem Wege der Adoptionskolonie (wie bei der Amazone), sondern auf dem

---

[1]) Die Rückbildung geflügelter und Ausbildung ergatoider ♀♀ ist bei *Harpagoxenus* noch bedeutend weiter vorgeschritten als bei der Amazone (s. oben). Ist doch die geflügelte Form erst vor wenigen Jahren durch Viehmeyer bei Dresden entdeckt worden. In den nordischen Kolonien wurde überhaupt noch niemals ein geflügeltes ♀ gefunden. Für die Seltenheit der geflügelten Form gibt es nach Viehmeyer zwei Erklärungen: Entweder müssen wir das geflügelte ♀ als einen Rückschlag auffassen oder es repräsentiert sich in ihm der letzte Rest der noch nicht völlig eliminierten Form. Für die letztere Ansicht spricht vielleicht die außerordentlich große Entfernung von dem eigentlichen Verbreitungsgebiet. Bei zwei so weit entfernten und auch klimatisch verschiedenen Gebieten läßt es sich denken, daß die Entwickelung ungleichmäßig fortgeschritten ist.

[2]) Zur Erklärung dieser Erscheinung teilte mir Viehmeyer brieflich folgende Ansicht mit: „In den Myrmicinen-Kolonien spielen die Weibchen im allgemeinen nicht die exklusive Rolle als Eierlegerinnen, wie bei den Formicinen, sondern nehmen mehr oder weniger an den häuslichen Arbeiten teil, insbesondere beim Transport der Brut bei Störung des Nestes usw. Das mag der Grund sein, weswegen die jungen *Leptothorax*-Weibchen, die sich aus der von dem *Harpagoxenus*-Weibchen beschlagnahmten Brut entwickeln, nicht gleich getötet werden. Sie werden vielmehr gewaltsam entflügelt und nehmen dann die Stelle einer Arbeiterin ein (ob einer vollwertigen, ist freilich noch nicht festgestellt). Ob auch die *Leptothorax*-Männchen dauernd in der *Harpagoxenus*-Kolonie geduldet werden, ist zu bezweifeln." Übereinstimmend mit Beobachtungen an *Polyergus* und *Strongylognathus testaceus* hat Viehmeyer auch bei *Harpagoxenus* gesehen, daß solche Männchen sehr bald entflügelt werden und dann relativ rasch absterben.

Wege der Raubkolonie, wie bei *Formica sanguinea.* Wir werden aber später noch sehen, daß diese Übereinstimmung auf verschiedenem Wege zustande gekommen ist, und daß der dulotische Instinkt der Weibchen bei *Harpagoxenus* höchtwahrscheinlich eine ganz andere Wurzel hat als bei *sanguinea.*

In Nordamerika ist *Harpagoxenus sublaevis* durch eine andere Art, *H. americanus* Em., vertreten, welche mit *Leptothorax curvispinosus* ähnliche gemischte Kolonien bildet.

2. Allianzkolonien.

Strongylognathus testaceus Schenk. (Gelbrote Säbelameise.)

Die „gelbrote Säbelameise" hat eine viel größere Verbreitung (über Süd- und Mitteleuropa) als die obengenannten Säbelameisen und dringt vor allem bedeutend weiter nach Norden (bis Holland) vor. Auch sie lebt stets in gemischten Kolonien mit *Tetramorium caespitum,* und auch sie besitzt die glattrandigen scharfen Sichelmandibeln (vgl. Fig. 69) und ist daher vollkommen abhängig von den Hilfsameisen. Trotzdem aber verhält sie sich biologisch ganz anders als die obigen *Strongylognathus.* Schon das Zahlenverhältnis zwischen „Herren" und „Sklaven" weist darauf hin, indem hier die ersteren bei weitem in der Minderzahl sind. Sodann haben auch die Beobachtungen Forels und Wasmanns direkt dargetan, daß es mit der Kriegstüchtigkeit derselben schlecht bestellt ist. „Sie ist trotz ihrer säbelförmigen Kiefer nur noch eine Karrikatur der wehrhaften Amazone, und die Amazonenrolle, die sie im Kampf mit feindlichen *Tetramorium* zu spielen versucht, sieht fast aus wie eine harmlose Komödie." Die genannten Forscher haben zwar auch noch mutige Züge in ihnen entdeckt, und haben des öfteren gesehen, wie sie den Kopf der Gegner zwischen ihre Zangen zu nehmen versuchten, aber es fehlte ihnen an Kraft, um diese Drohungen zu verwirklichen. Meistens bezahlten sie dieselben mit ihrem eigenen Leben.

Fig. 69.

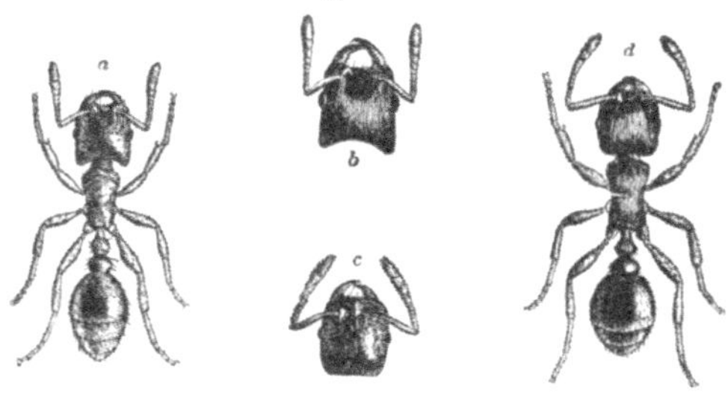

a Strongylognathus testaceus Schenk, Arbeiter; *b* Kopf desselben; *c Str. huberi,* Kopf; *d Tetramorium caespitum,* Gast des *Strongylognathus.* Nach Wheeler.

Daß also der *Str. testaceus* durch Raub in den Besitz der *Tetramorium* kommt, ist daher ausgeschlossen. Wie aber sind dann diese gemischten Kolonien zu erklären? Eine Adoptionskolonie im obigen Sinne würde nur kurzen Bestand haben, da nach Aussterben der Hilfsameisen die auf fremde Hilfe angewiesenen Säbelameisen ebenfalls zugrunde gehen müßten.

Der einzige Weg, welcher unseren *Strongylognathus* übrig bleibt, und den sie nach Wasmann auch betreten haben, ist die Allianz: ein befruchtetes *Strongylognathus*-Weibchen schließt sich einem befruchteten *Tetramorium*-Weibchen an, um seine Brut zuerst von letzterem und später von dessen Nachkommen besorgen zu lassen. So brauchen die *Strongylognathus* keine Hilfsameisen mehr zu rauben, da das in der Kolonie vorhandene *Tetramorium*-Weibchen stets für Ersatz derselben sorgt. Wir haben es hier also weder mit Adoptions- noch mit Raubkolonien zu tun, sondern vielmehr mit einer „Allianzkolonie", welche dadurch gekennzeichnet ist, daß jede der vereinigten Arten ihre Königinnen besitzt.

Da die Geschlechtstiere von *Strongylognathus* ungleich kleiner sind als die von *Tetramorium*, so ziehen die Arbeiterinnen des letzteren viel lieber jene als ihre eigenen auf; daraus resultiert die Zusammensetzung der Kolonien: einerseits eine große Anzahl Geschlechtstiere, dagegen sehr wenig Arbeiter von *Strongylognathus*, andererseits viele *Tetramorium*-Arbeiter und wenig *Tetramorium*-Geschlechtstiere.

3. Dauernder Sozialparasitismus.

(Ameisen ohne Arbeiterkaste.)

Bei den dauernden Sozialparasiten ist das Abhängigkeitsverhältnis auf die Spitze getrieben, indem bei allen hierher gehörigen Formen die Arbeiterkaste völlig eliminiert ist. So sind natürlich die allein vorhandenen Geschlechtstiere in ihrer ganzen Existenz auf fremde Hilfe angewiesen. Die dauernd gemischten Kolonien bestehen demnach nur aus den Geschlechtstieren der Parasiten und den Arbeitern der Wirtsart. Die Geschlechtstiere der letzteren fehlen bzw. werden entfernt. Wir kennen heute eine ganze Reihe dauernder Sozialparasiten unter den Ameisen, deren jede einem besonderen Genus angehört. Allerdings ist von den wenigsten die Lebensweise erforscht; nur von zweien sind wir einigermaßen unterrichtet, von *Wheeleria* und *Anergates*.

Wheeleriella Santschii Forel.

Vor noch nicht langer Zeit entdeckte Santschi diese kleine arbeiterlose Ameise in der Nähe von Kairouan (Tunis). Sie lebt stets in gemischten Kolonien mit dem so häufigen *Monomorium Salomonis.* Nach den sehr genauen Beobachtungen des Entdeckers kommen diese Kolonien dadurch zustande, daß die (gewöhnlich im Nest) befruchteten *Wheeleriella*-Weibchen in die Nester von *Monomorium* eindringen. Die Arbeiter des letzteren suchen zwar anfänglich die eindringenden Fremdlinge. aufzuhalten (Santschi fand häufig die *Wheeleriella*-Weibchen vor den Toren eines *Monomorium*-Nestes von einer Anzahl Arbeiter „arretiert"), doch schon nach kurzer Zeit erlahmt ihr Widerstand und lassen sie das fremde Weibchen ruhig gewähren. Ja, sie beginnen jetzt sogar die Fremde freundschaftlich, wie ihre eigene Königin zu behandeln. Letztere befindet sich anfänglich auch noch im Nest; die fremde Königin schenkt ihr nur sehr wenig Interesse und zeigt sich jedenfalls durchaus nicht feindlich gegen ihre Rivalin. Dagegen tritt bei den Arbeitern eine merkwürdige Instinktperversion ein. In dem Maße, als sie sich der fremden Königin zuwenden, wächst die Animosität gegen die eigene Königin, die schließlich einen solchen Grad annimmt, daß sie dieselbe überfallen und töten. Wir haben hier also einen regelrechten Muttermord, eine Erscheinung, die, wenigstens unter den Tieren, in dieser Form ganz vereinzelt dastehen dürfte. Die Tötung der Königin der Wirtsameise ist in diesem Falle natürlich ein Nachteil für die gemischte Kolonie, da ja keine Arbeiter mehr nachgezogen werden können und auch keine andere Möglichkeit besteht, die durch den Tod allmählich verschwindenden Hilfskräfte zu ersetzen.

Anergates atratulus Schenk.

Anergates ist eine Degenerationsform κατ' ἐξοχήν. Nicht nur, daß die ganze Arbeiterkaste verschwunden ist, weisen auch die beiden Geschlechtsformen mehrfache Degenerationserscheinungen auf.

Fig. 70 A. Fig. 70 B.

Anergates atratulus. A Die beiden Geschlechtstiere (links ♂, rechts trächtiges ♀). B Mundteile.
(A nach Adlerz und Forel; B nach Wasmann.)
gl Zunge, *M* Mentum, *n* Nebenzungen, *Plp m* Kiefertaster, *Plp l* Lippentaster. *St* Stamm (Stipes) der Maxillen.

Vor allem die Männchen, die ungeflügelt und ganz sonderbar geformt und eher einer Larve als einer Imago ähnlich sind (Fig. 70 A). Die befruchteten Weibchen zeichnen sich durch einen relativ riesigen Hinterleibsumfang (Physogastrie) aus (Fig. 70 A). — Beide, Männchen wie Weibchen, besitzen stark rudimentäre Mundgliedmaßen, sowohl

Mandibeln als Taster, welch' letztere nur noch als eingliedrige Stummel vorhanden sind (Fig. 70 B).

Diese Organisation schließt ein unabhängiges selbständiges Leben aus und bedingt vielmehr eine absolute Abhängigkeit von anderen Ameisen. Wir finden daher *Anergates* stets in Gesellschaft fremder Ameisen, nämlich von *Tetramorium caespitum*, niemals allein. Die gemischten Kolonien *Anergates* + *Tetramorium* weisen folgende Eigentümlichkeiten auf:

1. Sie bestehen nur aus einer befruchteten Königin von *Anergates*, aus den jungen Weibchen und Männchen von *Anergates* und deren Entwickelungsstadien, und aus einer Anzahl Arbeiter von *Tetramorium*.
2. Niemals ist in denselben eine *Tetramorium*-Königin gefunden worden.
3. Niemals sind in ihnen auch nur die Larven und Puppen von *Tetramorium*-Arbeitern gefunden worden.
4. Die *Tetramorium*-Arbeiter der *Anergates*-Kolonien sind niemals sehr zahlreich, dagegen aber meist von bedeutender Körpergröße (also aus alten Kolonien).

Daraus können wir mit großer Wahrscheinlichkeit schließen, daß die *Anergates* + *Tetramorium*-Kolonien Adoptionskolonien darstellen, also dadurch zustande kommen, daß sich ein befruchtetes *Anergates*-Weibchen von einer weisellosen *Tetramorium*-Kolonie[1]) adoptieren läßt. Diese Annahme wird dadurch noch befestigt, daß, wie experimentell erprobt ist, die Männchen und geflügelten jungen Weibchen von *Anergates* in fremden *Tetramorium*-Kolonien mit Leichtigkeit aufgenommen werden, daß aber eine dauernde Aufnahme, welche zur Erziehung einer physogastren Königin führt, nur in einer weisellosen *Tetramorium*-Kolonie stattfindet.

Da die *Anergates* keine Arbeiter besitzen, welche durch Raub die durch Tod abgehenden Hilfsameisen wieder ergänzen könnten, so ist mit dem Absterben der letzten *Tetramorium* auch das Todesurteil über die *Anergates* gesprochen, wenigstens über die Männchen und die flügellosen physogastren Weibchen. Von den Geflügelten dagegen wird es wohl manchen gelingen, bei fremden *Tetramorium* Aufnahme zu finden und dadurch die Art zu erhalten, zumal dieselben ja in großer Anzahl bestehen.

Die Heimat des *Anergates* ist Mittel- und Nordeuropa; er wurde in der Südschweiz, im Rheinland, in Holland, in Schweden usw. gefunden.

---

[1]) Ob die Adoption nur in weisellosen Kolonien erfolgt, oder auch in vollwertigen königinhaltigen, ist noch eine offene Frage. Nach den Entdeckungen Santschis bei *Wheeleriella* ist es nicht ausgeschlossen, daß auch in den von *Anergates* heimgesuchten *Tetramorium*-Kolonien ursprünglich noch die Königin vorhanden war und erst später entfernt bzw. getötet wurde.

* * *

Zu den dauernden arbeiterlosen Sozialparasiten sind wohl noch folgende Arten zu zählen: *Myrmica myrmecoxena* Forel bei *Myrmica labicornis* (Schweiz), *Myrmica myrmecophila* Wasm. bei *M. sulcinodis* (Tirol), *Pheidole symbiotica* Wasm. bei *Pheidole pallidula* (Portugal), *Epixenus Andrei* und *creticus* bei *Monomorium venustum* (Syrien, Kreta), *Sympheidole elecebra* Wheel. bei *Pheidole ceres* (Nordamerika).

Stammesgeschichte des Sozialparasitismus und der Sklaverei.

Wir haben hier eine Reihe verschiedener Formen von gemischten Kolonien kennen gelernt, verschieden sowohl in der Entstehung und Zusammensetzung, wie auch in der Dauer und der Innigkeit der Verbindung. Wir begannen mit gelegentlichen Verbindungen von nur kurzem Bestand und endeten mit dauernden festen auf absoluter Abhängigkeit beruhenden Vereinigungen.

Es fragt sich nun: Können wir alle diese Formen in einen phylogenetischen Zusammenhang bringen, bzw. stellen diese verschiedenen Formen Etappen einer in bestimmter Richtung erfolgten Entwickelung dar? Diese Fragen liegen so nahe, daß sie sich jedem, der sich mit den gemischten Kolonien beschäftigt, unwillkürlich aufdrängen. Es ist daher nicht zu verwundern, daß eine große Literatur darüber vorliegt, in der verschiedene Ansichten vertreten werden und auch viel Polemik vorhanden ist. Wohl etwas zu viel Polemik im Hinblick auf die im allgemeinen nicht allzu großen Meinungsdifferenzen.

In der ersten Auflage dieses Buches nahm ich die von Wasmann aufgestellte phylogenetische Reihe an. Dieselbe entsprach so sehr dem damaligen Stand unseres Wissens, daß kaum Zweifel über das Zutreffende jener Reihe aufkommen mochten: Die temporär gemischte Adoptionskolonie galt als Ausgangspunkt; aus ihr, so nahm Wasmann an, haben sich die dauernd gemischten Kolonien entwickelt, die zu einer immer stärker werdenden Abhängigkeit geführt haben, bis aus den ursprünglich freien selbständigen Herren hilflose, durchaus abhängige Wesen geworden sind. Die Gewohnheit der Sklaverei, d. h. die Neigung, Arbeiterpuppen eben jener fremden Ameisenart zu rauben und zu erziehen, mit deren Hilfe die betreffende Kolonie ursprünglich gegründet worden war, hat diese Wandlung vollbracht. Bei *Formica truncicola* fand Wasmann (im Experiment) diese Neigung schwach angedeutet, bei *Formica sanguinea* ist sie bereits stark ausgebildet, um bei *Polyergus* den Höhepunkt zu erreichen: die Arbeiterinnen sind hier nur noch Sklavenjäger, auch ihrer Organisation nach. Es tritt eine Entartung des Sklavereiinstinktes ein, wodurch die lediglich für Sklavenjagden organisierten Arbeiter überflüssig werden. So beginnt die Reduktion der Arbeiterkaste, welche bei *Wheeleriella*, *Anergates* u. a. in der vollkommenen Ausschaltung ihr Ende findet. Für *Anergates* bleibt kein anderer Ausweg mehr übrig als auszusterben.

Seit jener Zeit, in der diese Hypothese aufgestellt wurde, sind eine Reihe neuer Tatsachen gefunden worden, von denen manche sich nicht gut in die Wasmannsche Entwickelungsreihe einfügen ließen. Die meiste Veranlassung zu Einwänden hat die Entdeckung Viehmeyers und Wheelers gegeben, daß *Formica sanguinea* für gewöhnlich ihre Kolonien nicht auf dem Wege der temporären Adoptionskolonie gründet, sondern daß die *Sanguinea* + *fusca*-Kolonien von Anfang an Raubkolonien darstellen, indem das *Sanguinea*-Weibchen nach dem Hochzeitsflug sogleich auf Puppenraub ausgeht. Damit ging die hypothetische Verbindung mit der *Rufa*-Stufe (temporärer Sozialparasitismus) verloren: vordem nahm man an, daß *sanguinea* und *rufa* bezüglich der Gründung ihrer Kolonien den gleichen Weg einschlagen, um sich erst später nach verschiedenen Richtungen weiter zu entwickeln (*rufa* zur reinen, *sanguinea* zur dauernd gemischten Kolonie); die neuen Funde zeigen aber, daß *rufa* und *sanguinea* bereits von Anfang an verschiedene Wege gehen: die erstere zum Parasitismus, die letztere zum Raub. Man verwarf deshalb die Wasmannsche Ableitung der Sklaverei vom Parasitismus und betonte dabei als allgemein gültiges Prinzip, daß aus einem Parasiten niemals ein Räuber werden könne, sondern eher aus einem Räuber ein Parasit (Emery, Viehmeyer).

Der Einwand gegen die Ableitung der *Sanguinea*-Stufe von der *Rufa*-Stufe besteht nach obigen Funden zweifellos zu Recht. Wir müssen daher im Stammbaum noch etwas weiter zurückgehen, und *rufa* und *sanguinea* als zwei von einem gemeinsamen Ausgangspunkt ausgehende divergierende Linien betrachten[1]). Den gemeinsamen Ausgangspunkt mag ein *Prorufa*-Stadium oder subparasitisches Stadium (Emery) gebildet haben, in welchen das Weibchen der Fähigkeit selbständiger Koloniegründung verlustig gegangen und so abhängig geworden ist. Nicht unwahrscheinlich ist es, daß dieser Verlust der Selbständigkeit durch die Neigung zur Zweigkolonienbildung eingeleitet wurde. Bei *rufa* ist die Zweigkolonienbildung (mit nachträglicher Spaltung) wohl der gewöhnliche Modus der Völkervermehrung und auch bei *sanguinea* kommt derselbe nicht gar selten vor.

Die Abhängigkeit führte zur Notwendigkeit, sich Hilfsameisen zur Aufzucht zu verschaffen: je nach dem Charakter der Weibchen versuchten es die einen durch Einschleichen in eine fremde Kolonie, die anderen durch gewaltsames Eindringen und Raub. So entwickelte sich nach der einen Richtung hin der temporäre Parasitismus, nach der anderen Seite die Dulosis (Sklavenraub). Der temporäre Parasitismus schreitet vom fakultativen der *rufa* zum obligatorischen der *truncicola, exsecta* usw. weiter, ebenso die Dulosis von der fakultativen

[1]) Dann fällt auch der von Viehmeyer (1911) gegen Wasmann geltend gemachte Einwand, daß nach dem Bau der männlichen Mandibeln, die normalerweise vollgezähnt sind (im Gegensatz zu den *Rufa*-Mandibeln), *sanguinea* phylogenetisch älter sein müsse als *rufa*, weg.

der *sanguinea* zur obligatorischen des *Polyergus*. Die Entwickelung des temporären Parasitismus schreitet in der Richtung zum dauernden Sozialparasitismus weiter, ebenso wie die Entwickelung der Dulosis, die von der Höhe der *Polyergus*-Stufe in der oben bereits angedeuteten Weise wieder herabsinkt auf die tiefste Stufe der Degeneration, die in *Anergates* verwirklicht ist (siehe beistehenden Stammbaum). Wir sehen einige Etappen dieser absteigenden Entwickelungslinie in der Myrmicinengattung *Strongylognathus*, in der die südlichen Arten *huberi*, *rehbinderi* und *christofi* noch die Dulosis ausüben, während die am weitesten nach Norden vordringende Art *testaceus* zwar noch rudimentäre dulotische Instinkte erkennen läßt, ohne dieselben jedoch noch in wirksamer Weise betätigen zu können. Möglicherweise waren klimatische Einflüsse (nördliche Verbreitung) für diese Umwandlung mitbestimmend. Die ehemaligen Sklavenräuber kamen dadurch in die Notwendigkeit, sich auf andere Weise die Hilfskräfte zu verschaffen, entweder durch friedliche Allianz mit einem anderen Weibchen oder durch Adoption in einer anderen Kolonie. Da die Arbeiter der ehemaligen Sklavenjäger ganz einseitig für ihr Räuberhandwerk organisiert und zu jeder häuslichen Arbeit völlig unbrauchbar geworden sind, so sind sie natürlich nach Aufgabe der Sklaverei zu vollkommen unnützen Geschöpfen geworden. Die Folge davon ist, daß die Arbeiterkaste

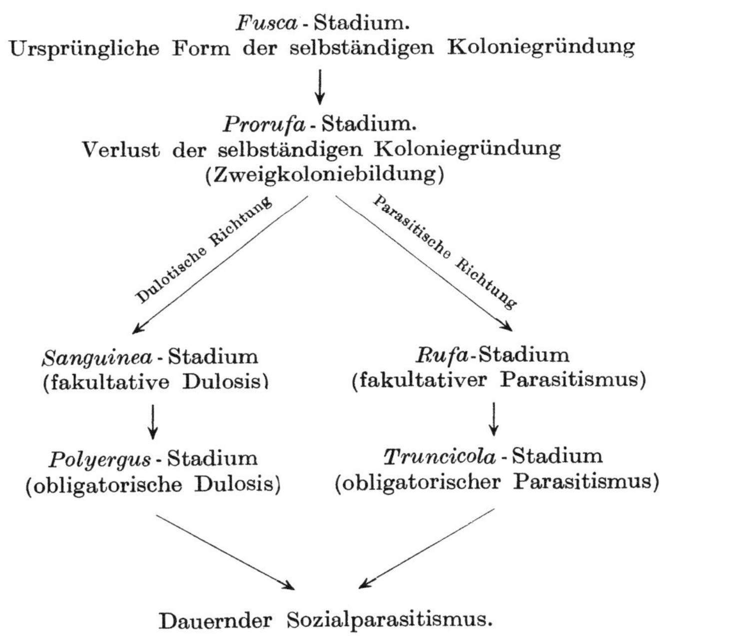

Phylogenie des Sozialparasitismus und der Sklaverei (unter Anlehnung an Wasmann).

rudimentär wird wie bei *Strongylognathus testaceus*, bei dem nur noch ganz wenig Arbeiter vorhanden sind, und schließlich auch ganz ausstirbt, wie bei den verschiedenen arbeiterlosen Ameisen.

Die Sklaverei kann sich noch auf einem anderen Wege als auf dem hier angedeuteten entwickelt haben: So hat die Dulosis von *Harpagoxenus* höchstwahrscheinlich eine ganz andere Geschichte hinter sich als die Dulosis von *Formica, Polyergus* usw. Die Gattung *Leptothorax*, mit der *Harpagoxenus* nahe verwandt ist, ist biologisch gänzlich verschieden von der Gattung *Formica*. Die *Leptothorax*-Arten sind im allgemeinen friedliche Ameisen, die sehr zu friedlich-indifferenten Beziehungen zu anderen Ameisen neigen und nicht selten in „zusammengesetzten Nestern" leben. So werden wir als Ausgangspunkt für die *Harpagoxenus*-Sklaverei die ursprünglich friedliche Einmietung eines *Leptothorax*-Weibchens in der Nachbarschaft des Nestes einer anderen *Leptothorax*-Art zu nehmen haben. Aus jener Einmietung kann zunächst eine zufällige Form von zusammengesetzten Nestern hervorgegangen sein, die sich allmählich in eine gesetzmäßige verwandelte, indem die eine Art aus der Nachbarschaft der anderen einen erheblichen Vorteil zog. Vielleicht in der Weise, daß sie als Diebe Puppen aus dem Nachbarnest stehlen und in ihrem Nest aufziehen und so ihre Kolonie auf Kosten der Nachbarkolonie verstärken konnten. Mit der dadurch bedingten Zunahme der Körpergröße und Kraft konnte sich allmählich aus der Sitte zu stehlen ein Raubinstinkt entwickeln, welcher den dulotischen Gewohnheiten von *Harpagoxenus* auch in bezug auf die Koloniegründung entsprach und allmählich so sehr überhand nahm, daß die Arbeiterinstinkte mehr oder weniger verkümmerten und in gleichem Schritt damit der Kaurand der Kiefer sich zurückbildete (Wasmann). Wenn diese zuerst von Wasmann aufgestellte Hypothese, der sich auch Viehmeyer anschließt, zutreffend ist, so haben wir als Vorstufe der *Harpagoxenus*-Sklaverei nicht fakultative Dulosis usw., sondern „zusammengesetzte Nester" anzusehen.

Auch für den dauernden Sozialparasitismus kommen noch mehr Entstehungsmöglichkeiten als die beiden obengenannten in Frage. Außer durch Rückbildung einer ehemaligen Dulosis in parasitischer Richtung oder durch Weiterbildung des temporären Parasitismus können extrem parasitische arbeiterlose Ameisen noch entstanden sein auf dem Wege einer parasitischen Degeneration eines ehemaligen Gastverhältnisses oder endlich auch durch eine sprungweise Entstehung einer neuen heteromorphen Weibchenform (Mutation). Letzterer Modus würde vor allem bei solchen Arten in Betracht zu ziehen sein, welche ihren heutigen Hilfsameisen äußerst nahe stehen, wie *Sympheidole* und *Epipheidole, Epixenus, Myrmica myrmecoxena* usw. Hierbei würden die arbeiterlosen parasitischen Arten also auf direktem Wege entstehen, ohne jemals eine eigene Arbeiterkaste besessen zu haben, seitdem sie sich von ihrer Stammart abgetrennt haben. Welche der vier (von Wasmann genannten) Möglichkeiten für die verschiedenen arbeiterlosen Schmarotzerameisen tatsächlich zutrifft, ist zurzeit nicht mit Sicherheit zu entscheiden. Für *Anergatus* ist die Entwickelung aus einer ehemaligen Dulosis ziemlich wahrscheinlich. Für *Epoecus, Wheeleriella, Sympheidole, Epipheidole* usw. werden wir wohl zwischen einer der drei übrigen Möglichkeiten zu wählen haben (Wasmann). Wir dürfen also jedenfalls bei der Beurteilung der verschiedenen parasitischen Verhältnisse das Vorhandensein von Konvergenzerscheinungen nicht außer acht lassen, um nicht zu falschen Schlüssen zu kommen.

So verschieden die Erscheinungen des Sozialparasitismus und der Sklaverei sind, so liegt ihnen doch allen wenigstens ein übereinstimmendes Moment zugrunde, auf das zum erstenmal von Emery aufmerksam gemacht wurde: Die parasitischen und dulotischen Ameisen stammen von nahe verwandten Formen ab, die ihnen als Sklaven dienen. Wasmann fügte diesem Emeryschen Satz noch folgende präzisierende Ergänzungen bei: Die parasitischen oder dulotischen Arten stammen von der Gattung ihrer heutigen Hilfsameisen ab und nahmen ihren Ursprung wahrscheinlich meist in jener Artgruppe, welcher auch ihre heutigen Hilfsameisen angehören. Doch sind sie mit letzteren vielfach nur indirekt oder sogar nur seitlich stammverwandt durch Vermittelung anderer Artengruppen derselben Gattung.

Viel ist in den letzten Jahren in der schwierigen Frage der Sklaverei und des Sozialparasitismus erhellt worden, doch wird es noch weiterer mühsamer und langwieriger Forschung bedürfen, bis wir allenthalben klar sehen und zu einer allgemein befriedigenden Lösung des ebenso verwickelten wie interessanten Problems gelangen werden.

Anhang[1]).

Künstliche gemischte Kolonien.

Es gibt verschiedene Wege, gemischte Kolonien künstlich herzustellen:

1. Wenn man junge, soeben aus der Puppenhülle entschlüpfte Ameisen verschiedener Arten, ja selbst verschiedener Unterfamilien (Fielde), in einem Neste zusammensetzt, so schließen sie sich ohne Feindseligkeit einander an. Sie besitzen eben in diesem Stadium noch keinen ausgesprochenen Koloniegeruch und haben somit auch keinen Anlaß zu feindlicher Reaktion.

2. Aus dem gleichen Grunde werden junge fremde Ameisen nicht selten auch von erwachsenen in ihre Gemeinschaft aufgenommen; sie machen auf letztere offenbar einen indifferenten Eindruck.

3. Man kann auch zwei oder mehrere erwachsene Ameisenarten zur Verbindung bringen, wenn man nur ganz wenig Individuen

[1]) Durchgesehen und ergänzt von Dr. R. Brun.

miteinander in einem Raume vereinigt (Forel, Fielde, Ernst). Es siegt dann nicht selten das Geselligkeitsbedürfnis über die gegenseitige Abneigung.

4. Man kann aber auch eine größere Anzahl erwachsener Arbeiterinnen verschiedener Arten (speziell *Formica*) zu einer gemischten Kolonie vereinigen, wenn man sie zusammen in einen Sack steckt und heftig durcheinanderschüttelt (sog. „Schüttelnester" nach Forel). Unter gewissen Umständen lassen sich solche Allianzen sogar ohne vorgängige Mischung der Parteien erzielen. Über die Psychologie der künstlichen und der (seltenen) natürlichen (d. h. spontanen) Allianzen s. Kap. X, Abschn. 3: „Wie erkennen sich die Ameisen?"

5. Man kann die Feindschaft zwischen den verschiedenen Ameisenarten auch auf rein physiologischem Wege aufheben, indem man das Erkennungsorgan, die Fühler, oder wenigstens die letzten sieben Glieder derselben, entfernt.

6. Geschah in den bisherigen Fällen die Vereinigung auf dem Wege des „Bündnisses", so kann man andererseits auch künstliche Raubkolonien herstellen, indem man Puppen fremder Arten auf oder vor dem Neste einer Raubameise[1]) ausschüttet. Forel erzielte auf diese Weise eine Kolonie *Formica sanguinea* + *fusca* + *rufibarbis* + *cinerea* + *rufa* + *pratensis* + *exsecta* + *pressilabris* + *Polyergus rufescens*[2]). Die Puppen von *Lasius niger, flavus* und *Tetramorium*, welche Forel zugleich mit den anderen den *sanguinea* vorgesetzt hatte, wurden dagegen nicht angenommen, sondern sofort getötet. —

Aus diesem letzteren Versuche geht hervor, daß sich nicht alle Ameisen unterschiedslos miteinander vereinigen lassen. Am besten gelingt das Experiment mit systematisch nahestehenden Arten oder mit solchen, die ohnehin zu Allianz und Sklavenraub neigen. Nur im ersten und im fünften der angegebenen Fälle lassen sich auch systematisch weit entfernte und sogar verschiedenen Subfamilien angehörende Arten zusammenbringen; im letzteren Falle (Entfernung der Fühler) ist dies ja eigentlich selbstverständlich.

Näheres über die künstlichen gemischten Kolonien siehe bei Forel, Wasmann, Adele M. Fielde und Brun.

---

[1]) Nach Wasmann zeigen auch manche in der Natur nicht dulotische Arten, wie *Formica truncicola, exsecta, pressilabris*, in der Gefangenschaft eine auffallende Neigung, *Fusca*-Puppen zu adoptieren. Die Weibchen der genannten Arten gründen aber ihre Kolonien alle auf dem Wege des obligatorischen „Sozialparasitismus", indem sie sich in *Fusca*-Kolonien adoptieren lassen. Es liegt daher nahe, die Neigung der Arbeiterinnen jener Arten zur Adoption von *Fusca*-Puppen aufzufassen als erbliche (und zum Teil wohl auch individuell erworbene) Gewöhnung an den Geruch der Hilfsameisen, von welchen sie seinerzeit erzogen wurden.

[2]) Abnorm gemischte *Sanguinea*-Kolonien (namentlich mit *rufa*) wurden übrigens gelegentlich auch in freier Natur gefunden, (s. S. 207) und Brun (1910) konnte einen Sklavenraubzug gegen eine *Rufa*-Kolonie direkt beobachten. Der Sklavereiinstinkt der *Sanguinea* ist eben, wie oben schon betont, bezüglich seines Objektes keineswegs starr fixiert.

B. Ameisen und Termiten.

Es läßt sich von vornherein erwarten, daß die Ameisen mit den Termiten niemals zu gemischten Kolonien verschmelzen, denn dazu ist die Organisation der beiden zu verschieden. Dagegen steht der Bildung von zusammengesetzten Nestern (Termiten und Ameisen) durchaus nichts im Wege. Es wäre sogar auffallend, wenn die Ameisen von den Termitenbauten gar keinen Gebrauch machen würden, da sie doch sonst jede einigermaßen wohnliche Höhlung auszunutzen verstehen.

Den Beziehungen zwischen Ameisen und Termiten wurde erst in den letzten Jahren einige Aufmerksamkeit geschenkt; trotzdem sind schon eine Reihe interessanter Tatsachen ans Licht gebracht worden.

Wie bei den „zusammengesetzten Nestern" der Ameisen, so können wir auch hier zwischen „zufälligen" und „gesetzmäßigen" Formen unterscheiden. Bei den ersteren dürfte es sich wohl meistens um „minder zufällige" (im Sinne Wasmanns) handeln, da die Ameisen doch sicherlich wohnlicher Vorteile halber die Termitennester aufsuchen. Irgendwelche Beziehungen zwischen den Nachbarn bestehen hier nicht.

Was die gesetzmäßigen Formen betrifft, so handelt es sich meistens um Diebsameisen, die in die Räume ihrer Nachbarn einschleichen, um von deren Nahrungsvorräten, Brut usw. zu stehlen. Es kommen dabei natürlich nur solche Ameisen in Betracht, deren Arbeiter sehr klein sind. Die meisten dieser Diebe gehören, wie auch oben, der Gattung *Solenopsis* an; so wurden *Sol. debilis, texana, carolinensis* in Nordamerika und *Sol. schmalzi, brevicornis* usw. in Südamerika gewöhnlich oder regelmäßig in Termitennestern angetroffen. Auch die Gattung *Brachymyrmex* enthält mehrere Arten, welche als Diebe in Termitennestern leben (*Br. termitophilus, patagonicus* in Südamerika). Dasselbe gilt für die Gattung *Monomorium*, von welcher sowohl in Südamerika als auch in Südafrika, Madagaskar und Ceylon verschiedene Arten mit Termiten zusammenlebend gefunden wurden: *M. heyeri* For. bei *Eutermes fulviceps* Silv. (Südamerika), *M. termitobium* Forel bei *Termes sikorae* Wasm. (Madagaskar), *M. decamerum* bei *Termes redemanni* Wasm. (Ceylon).

Auch *Carebara vidua* Fr., die durch den riesigen Größenunterschied zwischen ♀ und ☿ bekannt ist[1]), lebt regelmäßig in Termitennestern (*Termes natalensis* Hav.) und dürfte zu den Diebsameisen gehören. Wahrscheinlich hängt der Größenunterschied mit der diebischen Lebensweise ursächlich zusammen, da auch bei den anderen Diebsameisen (*Solenopsis*) die Weibchen den Arbeitern gegenüber auffallend groß sind.

---

[1]) Einen ähnlichen enormen Größenunterschied zeigt der neuerdings von mir auf Ceylon in den Hügeln von *Termes obscuripes* entdeckte *Paedalgus Escherichi* Forel.

„Nicht alle termitophilen Ameisen sind aber heimtückische Zwerge; es gibt unter ihnen auch friedlichere Gestalten von größerer Statur.“ So lebt die brasilianische *Cremastogaster victima subsp. alegrensis* For. ausschließlich in den Bauten von *Eutermes fulviceps* Silv., und zwar, wie es scheint, in vollkommener Eintracht mit letzteren. „Vielleicht handelt es sich hier um einen gesetzmäßigen Fall der Parabiose Forels.“

Ebenso friedlich und ebenso gesetzmäßig lebt in Südamerika *Camponotus punctulatus subsp. termitarius* Em. bei Termiten, und zwar gewöhnlich bei *Eutermes*- und *Anoplotermes*-Arten. Man nennt die Ameise daher auch „formiga de cupim“, d. h. Termitenameise. Es scheint aber, daß es sich hier nicht nur um eine Parabiose, sondern um ein auf Gegenseitigkeit beruhendes Verhältnis handelt. Die Ameisen erhalten auf bequeme Weise eine passende Wohnung, und die Termiten genießen dafür den Schutz der kräftigen und mutigen *Camponotus* gegen andere karnivore Ameisenarten, welche gern auf die weichhäutigen Termiten Jagd machen. Wir dürfen dies daraus schließen, daß in den von unserem *Camponotus* bewohnten Termitennestern keine anderen Ameisenarten als Mitbewohner vorhanden sind, während sonst oft vier bis fünf verschiedene Arten ein Termitennest heimsuchen. „Diese Termitenameisen wären somit als eine Art Schutztruppe der Termitenkolonien anzusehen, und ihr Verhältnis zu den letzteren würde demnach den Charakter einer protektiven Symbiose tragen, ähnlich jener, die zwischen den myrmekophilen Pflanzen und ihren Schutzameisen besteht.“ Wasmann führt für dieses Verhältnis, das unter den zusammengesetzten Nestern der Ameisen kein Analogon besitzt, den Terminus „Phylakobiose“ ein[1]).

Wahrscheinlich ist dieses Verhältnis nicht nur auf die einzige Ameisenart beschränkt, sondern wird die Zukunft uns noch mehrere Schutzameisen kennen lehren. Überhaupt dürfen wir auf dem Gebiete „Ameisen und Termiten“, das noch kaum angeschnitten, noch manche Überraschung erwarten (s. darüber Wasmann, 1901/02).

Literatur.

Adlerz, Gottfried, Myrmecologiska Studier. I. *Formigoxenus nitidulus* Nyl. Stockholm 1884.

Adlerz, Gottfried, Myrmecologiska Studier. II. (S. 234—248). Stockholm 1886.

---

[1]) In Ceylon konnte ich das Vorkommen einer derartigen protektiven Symbiose nirgends konstatieren, obgleich ich fast in jedem Termitenhügel eine oder mehrere Ameisenarten eingenistet fand, gewöhnlich in der Mantelregion des Hügels, jedoch zuweilen auch in mehr zentral gelegenen Partien oder in einem Winkel des Schachtsystems. Meistens handelte es sich um verschiedene *Camponotus*-Arten, sodann um *Plagiolepis longipes, Odontomachus* u. a. — Die Beziehungen aller dieser Hügelgäste waren stets durchaus feindliche.

Adlerz, Gottfried, Myrmecologiska Studier. III. *Tomognathus sublaevis* Mayr, Stockholm 1896.

André, Ed., Spécies des Hymenoptères etc. **2** (Suppl. **1**), 841—851, 856—859. Beaune 1886.

Brun, Edgar u. R., Beobachtungen im Kemptthaler Ameisengebiet. In: Biol. Zentralbl. **33** (1913).

Brun, R., Zur Biologie und Psychologie von *Formica rufa* und anderen Ameisen. In: ebenda **30** (1910).

Brun, R., Weitere Beiträge zur Frage der Koloniegründung bei den Ameisen. In: ebenda **32** (1912).

Brun, R., Zur Psychologie der künstlichen Allianzkolonie bei den Ameisen. In: ebenda **32**, 308—322, 1912.

Brun, R., Über die Ursachen der künstlichen Allianzen bei den Ameisen. In: Journ. f. Psychol. u. Neurol. **20**, 171—181, 1913.

Crawley, W. C., Queens of *Lasius flavus* accepted by colonies of *L. niger*. In: Ent. Month. Mag. 1909.

Donisthorpe, H. St. J, K., On some remarkable association between Ants of different Species. London 1912.

Emery, C., Remarques sur les observations de M. de Lannoy. In: Ann. Sc. Ent. Belg. **52** (1908).

Emery, C., Intorno all' origine delle Formiche dulotiche, parassitiche e myrmecofile. In: Acc. Sc. Ist. Bologna 17. Januar 1908.

Emery, C., Über den Ursprung der dulotischen, parasitischen und myrmekophilen Ameisen. In: Biol. Zentralbl. **29** (1909).

Emery, C., Ulteriori osservazioni ed esperienze sulla Formica Amazzone. In: R. Accad. Scienc. Ist. Bologna 26. März 1911.

Emery, C., Beobachtungen und Versuche am *Polyergus rufescens*. In: Biol. Zentralbl. **31** (1911).

Ernst, Chr., Neue Beobachtungen bei Ameisen. In: Biol. Zentralbl. **32**, 147—153, 1912.

Escherich, K., Termitenleben auf Ceylon. Jena 1911.

Fielde, Adele M., Artificial mixed Nests of Ants. In: Biol. Bull. **5**, 320—325, 1903.

Fabre, J. H., Nouveaux souvenirs Entomologiques. Paris 1882. „Les fourmis rousses."

Forel, Aug., Observations sur les Moeurs du *Solenopsis fugax*. In: Mitteil. d. schweiz. ent. Ges. **3** (1869).

Forel, Aug., Fourmis de la Suisse, 1874. V. Partie.

Forel, Aug., Études myrmecologiques en 1886. In: Ann. Soc. ent. Belg. **30** (über Formicoxenus usw).

Forel, Aug., La Parabiose chez les Fourmis. In: Bull. Soc. Vaud. Sc. Nat. **34**, 380—384, 1901.

Forel, Aug., Fourmis termitophages, Lestobiose etc. In: Ann. Soc. ent. Belg. **45**, 389—398, 1901.

Forel, Aug., *Strongylognathus Huberi* et voisins. Fourmilière triple etc. In: Bull. Soc. ent. Suisse **10**, 273—282, 1900.

Forel, Aug., Ebauche sur les moeurs des fourmis de l'Amérique du Nord. In: Riv. Scienze Biol. **2**, 1—13, 1900.

Forel, Aug., Faune myrmécolog. des Noyers. In: Bull. Soc. Vaud. Sc. Nat. **39**, 83—94, 1903.

Forel, Aug., Sklaverei, Symbiose und Schmarotzertum bei Ameisen. In: Mitteil. d. schweiz. ent. Ges. **11**, 85—89, 1905.

Forel, Aug., Miscellanea myrmecologiques II (1905). In: Ann. Soc. ent. Belg. **49**, 171—172, 1905. (Über Wheeleria.)

Forel, Aug., Une colonie polycalique de *Formica sanguinea* sans exclaves dans le Canton de Vaud. In: Proc. Ter. Congr. internat. Ent. 1910, S. 101.

Forel-Santschi, Moeurs des Fourmis parasitiques des genres *Wheeleriella* et *Bothriomyrmex*. In: Revue Suisse de Zool. 1906.

Huber, Pierre, Fourmis indigènes etc., 1810 (Cap. VII—XII).

Janet, Chr., Conférence sur les Fourmis, S. 27—28. Paris 1896.

Janet, Chr., Rapports des Animaux myrmecophiles avec les Fourmis. Limoges 1897.

Kutter, Heinrich, Zur Biologie von *Formica rufa* und *fusca* i. sp. In: Biol. Zentralbl. **33**, 703—707, 1913.

Kutter, Heinrich, Ein weiterer Beitrag zur Frage der socialparasitischen Koloniegründung von *F. rufa* L. In: Zeitschr. f. wiss. Ins.-Biol. 1913.

Lannoy, de, Notes sur le *Lasius niger* et le *Lasius fuliginosus*. In: Ann. Soc. Ent. Belg. 1908.

McCook, H. Cr., The shining slavemaker. In: Proc. Acad. Nat. Sc. Philadelphia 1880.

McCook, H. Cr., Agricultural Ant of Texas, 1880.

Reichenbach, H., Eine Sklavenjagd am Grafenbruch. In: Ber. Senkenb. Ges. 99—104. Frankfurt 1894.

Reichensperger, A., Beobachtungen an Ameisen. In: Biol. Zentralbl. **31** (1911).

Silvestri, Fil., Contribuzione alla conoscenza dei Termiti e Termitofili dell' America meridionale. Portici 1903.

Tanguary, M. C., Experiments on the adoption of *Lasius, Formica* and *Polyergus* Queens by Colonies of alian species. In: Biol. Bull. **20** (1911).

Viehmeyer, H., Beiträge zur Ameisenfauna des Königreichs Sachsen. In: Abhandl. Nat. Ges. Isis Dresden 1906, 2. Heft.

Viehmeyer, H., Zur Koloniegründung der parasitischen Ameisen. In: Biol. Zentralbl. **28** (1908).

Viehmeyer, H., Beobachtungen und Experimente zur Koloniegründung von *Formica sanguinea*. In: Zeitschr. f. wiss. Ins.-Biol. 1909.

Viehmeyer, H., Ontogenetische und phylogenetische Betrachtungen über die parasitische Koloniegründung von *Formica sanguinea*. In: Zool. Anz. **36** (1910).

Viehmeyer, H., Morphologie und Phylogenie von *Formica sanguinea*. In: Zool. Anz. **37** (1911).

Wasmann, E., Die zusammengesetzten Nester und gemischten Kolonien der Ameisen. Münster 1891.

Wasmann, E., Vergleichende Studien über das Seelenleben der Ameisen usw. 2. Aufl. Freiburg i. Br. 1900.

Wasmann, E., Neues über die zusammengesetzten Nester und gemischten Kolonien der Ameisen. In: Allgem. Zeitschr. f. Entom. **6** (1901) u. **7** (1902). Sep. 78 S. 1 Tafel.

Wasmann, E., Ursprung und Entwickelung der Sklaverei bei den Ameisen. In: Biol. Zentralbl. **25** (1905).

Wasmann, E., Nochmals zur Frage über die temporär gemischten Kolonien und den Ursprung der Sklaverei bei den Ameisen. In: Ebenda **25** (1905).

Wasmann, E., Gemischte Kolonien von *Lasius*-Arten. In: Zool. Anz. **35** (1909).

Wasmann, E., Ein neuer Fall zur Geschichte der Sklaverei bei den Ameisen. In: Deutsch. Ges. Nat. u. Ärzte 1912.

Wasmann, E., Weitere Beiträge zum sozialen Parasitismus und der Sklaverei bei den Ameisen. In: Biol. Zentralbl. **28**, Nr. 8—13, 1908.

Wasmann, E., Über den Ursprung des sozialen Parasitismus, der Sklaverei und der Myrmekophilie bei den Ameisen. In: Biol. Zentralbl. **29**, Nr. 19—22, 1909. (Besonders: S. 600.)

Wasmann, E., Zur Kenntnis der Ameisen und Ameisengäste von Luxemburg. III. Teil. In: Arch. trimest. Inst. Royal Grand-Ducal IV, 1909.

Wasmann, E., Nachträge zum sozialen Parasitismus und der Sklaverei bei den Ameisen. In: Biol. Zentralbl. **30**, Nr. 13—15, S 490, 1910.

Wasmann, E., Das Gesellschaftsleben der Ameisen. Aschendorfscher Verlag, Münster i. W., 1915.

Wheeler, W. M., The compound and mixed Nests of American Ants. In: Amer. Nat. **35** (1901).

Wheeler, W. M., Ethological observations on an American Ant (*Leptothorax Emersoni* Wheel.). In: Journ. f. Psychol. u. Neurol. **2**, 1—31, 1903.

Wheeler, W. M., Three new Genera of Inquiline Ants from Utah and Colorado. In: Bull. Amer. Mus. Nat. Hist. **20**, 1—17, 1904.

Wheeler, W. M., A New Type of Social Parasitism among Ants. In: Ebenda **20**, 374—375, 1904.

Wheeler, W. M., An Interpretation of the Slave-Making Instincts in Ants. In: Ebenda **21**, 1—16, 1905.

Wheeler, W. M., Some Remarks on Temporary Social Parasitism and the Phylogenie of Sklavery among Ants. In: Biol. Zentralbl. **25**, 637—644, 1905.

Wheeler, W. M., Ants. Kap. XIII—XVII.

Achtes Kapitel.

Die Beziehungen der Ameisen zu nichtsozialen Tieren.

(Individuelle Symbiose, Myrmekophilie.)

Wie gegen fremde Gesellschaften, so verhalten sich die Ameisen auch gegen die meisten fremden einzellebenden Tiere direkt feindlich. Jedoch kommen auch hier, wie im ersten Falle, Ausnahmen vor, d. h. Beziehungen, die sich in einem gesetzmäßigen Zusammenleben äußern. Das Gebiet dieser „gesetzmäßigen Beziehungen“ (Myrmekophilie) ist ein ungeheuer weites, und wollte ich dasselbe nur einigermaßen erschöpfend behandeln, so müßte ich einen Band von ansehnlicher Dicke schreiben. Ich muß mich daher hier auf die Darstellung der allgemeinsten Punkte beschränken.

Fast alles, was wir über die gesetzmäßigen Beziehungen zwischen Ameisen und fremden Tieren wissen, verdanken wir E. Wasmann, der über 200 teils recht umfangreiche Arbeiten über dieses Thema veröffentlicht hat. Wasmann ist der Begründer der wissenschaftlichen Myrmekophilenkunde, und wenn auch manches schon vor ihm über Myrmekophilen bekannt geworden, so hat doch erst er uns in den weitaus meisten Fällen die wahre Natur dieser Gäste und deren Beziehungen zu den Ameisen kennen gelehrt, und hat außerdem zu den wenigen von früher her bekannten Fällen ein schier unabsehbares Heer neuer Tatsachen hinzugefügt.

* * *

Wir wollen alle gesetzmäßig in Gesellschaft der Ameisen vorkommenden, einzellebenden fremden Tiere als Myrmekophilen (im weiteren Sinne) bezeichnen. Das „gesetzmäßig“ ist aber nicht etwa in dem Sinne aufzufassen, daß ein Myrmekophile niemals auch außerhalb der Ameisengesellschaft sich befinden bzw. frei leben kann, sondern es soll durch dieses Prädikat nur das rein zufällige Beisammensein fremder Tiere mit Ameisen, wie es ja durch Überschwemmungen oder Winde oder durch Verirren nicht selten bewirkt wird, ausgeschlossen werden. Die Vergesellschaftung braucht ferner auch nicht auf das eigentliche Nest der Ameisen beschränkt zu sein, sondern die Gesellschafter können auch außerhalb des Nestes (im weiteren Nestbezirk) sich aufhalten (Aphiden).

Bezüglich der Zeitdauer der Beziehungen ist ebenfalls der Spielraum ein ziemlich weiter: in manchen Fällen sind es nur längere oder kürzere Besuche, welche die Ameisen den Fremdlingen abstatten, in anderen Fällen halten sich die Myrmekophilen während eines bestimmten Entwickelungsstadiums (d. h. entweder nur als Ei oder nur als Larve oder nur als Imago) bei den Ameisen auf, während sie sonst ein freies Leben führen, oder endlich die Gäste sind während ihres ganzen Lebens an die Gesellschaft der Ameisen gebunden, machen ihre Entwickelung im Ameisennest durch usw.

Die Art der Beziehungen der Ameisen zu den fremden Tieren kann zweierlei sein: Entweder geht die Initiative zu dem Verhältnis von den Ameisen aus oder von den Fremdlingen, d. h. entweder suchen die Ameisen die Fremdlinge auf oder die Fremdlinge die Ameisen. Dieses Moment ist sehr wesentlich auch bezüglich der Folgen des Verhältnisses; im ersten Falle sehen wir der Ameisengesellschaft einen merklichen Nutzen erwachsen, im letzteren dagegen sehr häufig einen bedenklichen Nachteil. Der Unterschied ist so tief einschneidend, daß wir auf ihn die Einteilung der Myrmekophilen in zwei Hauptkategorien begründen. Das Verhältnis der ersten Art, in welchem die Ameisen der aktive Teil sind, nähert sich der Symbiose (im Sinne Hertwigs usw.), indem durch dasselbe beide Teile eine Förderung ihrer Lebensbedingungen erfahren. Der zweite Fall dagegen stellt schon mehr einen Parasitismus vor, oder wenigstens einen Kommensalismus, da hier fast stets nur der eine (der aktive) Teil, der „Gast", einen merklichen Vorteil genießt, während der passive Teil (die Ameisengesellschaft) entweder nichts profitiert oder sogar mehr oder weniger stark geschädigt wird.

Innerhalb der zweiten Hauptgruppe lassen sich eine ganze Anzahl Unterkategorien unterscheiden, je nachdem die Ameisen den Eindringlingen (Gästen) gegenüber sich freundlich, indifferent oder feindlich verhalten usw.

A. Aktive Beziehungen

(in denen die Ameisen die aktive Rolle spielen).

Die einzige hierher gehörige Symbiosenform ist die sogenannte Trophobiose; dieselbe besteht in den Beziehungen der Ameisen zu den Aphiden, Cocciden, Lycaeniden-Raupen usw., welche wir oben bei der Ernährung bereits besprochen haben (s. Kap. V). Der Kitt dieser freundschaftlichen Beziehungen wird durch zuckerhaltige Exkremente oder Exkrete gebildet, welche die genannten Tiere produzieren und welche den Ameisen zur Nahrung dienen. Es gibt Ameisen, die ausschließlich von den Ausscheidungen der Aphiden usw. leben (z. B. *Lasius flavus*); andererseits aber auch solche, die nur nebenbei zu dieser Nahrung greifen. Ebenso gibt es auch Aphiden, Cocciden usw., welche ausschließlich bei Ameisen vorkommen und also streng myrmekophil sind, während andere nicht unbedingt an die Gesellschaft der Ameisen gebunden sind. Die Ameisen suchen ihr „Nutzvieh" entweder draußen auf, um es dort zu „melken", oder sie schleppen die süßen Tiere in ihr Nest, um die Nahrung gleich bei der Hand zu haben. Gewöhnlich trifft letzteres für solche Aphiden usw. zu, welche ohnehin eine unterirdische Lebensweise führen (Wurzelaphiden). Die Art und Weise, wie die Ameisen ihr „Nutzvieh" „melken", bitte ich an dem oben zitierten Ort nachzulesen.

Die Trophobiose ist, wie schon gesagt, ein gegenseitiges Verhältnis, aus welchem beide Teile Nutzen ziehen. Die Ameisen erhalten von den Aphiden usw. reichliche und wohlschmeckende Nahrung, und die letzteren genießen dafür den kräftigen Schutz der Ameisengesellschaft. Die Ameisen verteidigen ihr Nutzvieh mit demselben Eifer wie ihre eigenen Angehörigen bzw. ihre Brut; ja sie bauen sogar besondere Gehäuse um die oberirdisch lebenden Blattläuse, um sie so vor Feinden und Witterungseinflüssen zu schützen. Auch werden oft die Eier der Aphiden und die Puppen der Lycaeniden von den Ameisen in ihre Nester eingetragen und dort zur Entwickelung gebracht.

Die trophobiotischen Beziehungen sind, wie wir gesehen, nicht überall von der gleichen Intimität; sondern wir können zwischen ganz gelegentlicher Ausübung derselben und vollständiger Abhängigkeit eine ganze Reihe vermittelnder Übergänge aufstellen, welche uns die phylogenetische Entwickelung andeuten. Im übrigen verweise ich auf die im Kap. V gegebenen Einzelheiten.

B. Passive Beziehungen

(in denen die Ameisen die passive Rolle spielen oder wenigstens primär gespielt haben).

Diese Art von Beziehungen bezeichnen wir als Myrmekophilie im eigentlichen (engeren) Sinne. Ihre Erscheinungen sind ungleich mannigfaltiger als die der Trophobiose, sowohl bezüglich der Grundlagen als auch bezüglich der Effekte; so drängen sich manche Myrmekophilen den Ameisen offen auf und verstehen es, trotz deren Verfolgung im Ameisennest zu verbleiben; andere schleichen sich heimlich und unbemerkt in die Ameisengesellschaft ein, und wieder andere erlangen gegen Darreichung angenehmer narkotischer Exsudate Einlaß in die sonst so exklusive Gesellschaft Daß es keine „altruistischen" Motive sind, welche die „Gäste" in die Ameisengesellschaft führen, sondern rein „egoistische", versteht sich von selbst. Die einen haben es auf den Raub der Brut abgesehen, die anderen suchen nur Obdach und Schutz, wieder andere nähren sich von den Exkreten der Ameisen usw.

Auch die Ameisen verhalten sich den verschiedenen Gästen gegenüber recht verschieden, indem sie dieselben entweder feindlich verfolgen oder vollkommen ignorieren oder aber freundschaftlich behandeln.

Nach diesem Verhalten teilen wir das große Heer der Myrmekophilen in folgende vier Kategorien[1]):

1. Feindlich verfolgte Einmieter oder Synechthren, welche in den Ameisennestern als Raubtiere von den Ameisen oder deren Brut leben. Das Verhältnis selbst bezeichnet man als Synechthrie.

2. Indifferent geduldete Einmieter oder Synoeken, die von den Ameisen (aus sehr verschiedenen Gründen und in sehr verschiedenem Grade) in ihrem Neste geduldet werden. Das Verhältnis = Synoekie.

3. Echte Gäste oder Symphilen, die von seiten der Ameisen eine wirklich gastliche Pflege genießen, von ihnen gefüttert, gepflegt und in manchen Fällen auch aufgezogen werden. Das Verhältnis = Symphilie.

4. Ekto- und Entoparasiten der einzelnen Ameisenindividuen oder der Ameisenbrut.

Natürlich sind diese Gruppen nicht immer scharf voneinander zu trennen, sondern zeigen gar nicht selten Übergänge, und es kommt häufig vor, daß man bei der oder jener Form in Verlegenheit gerät, welcher von den vier Gruppen sie zuzuschreiben ist. Wir müssen eben immer im Auge behalten, daß die verschiedenen Symbiosenformen nicht unabhängig voneinander entstanden sind, sondern sich allmählich auseinander entwickelt haben, wie z. B. die Symphilie stets entweder aus der Synechthrie oder der Synoekie hervorgegangen ist. Es kommt auch vor, daß zwei Symbiosenformen gemischt auftreten, so z. B. Symphilie oder Synoekie mit Ektoparasitismus usw.

Die Momente dürfen uns aber nicht abhalten, Gruppen überhaupt aufzustellen, schon im praktischen Interesse, der besseren Übersichtlichkeit halber. Wir wollen nun die einzelnen Erscheinungen der Myrmekophilie etwas näher betrachten.

1. Synechthrie.

Die Beziehungen der Ameisen zu den Synechthren sind durchaus feindliche. Wo und wann nur immer eine Ameise mit einem solchen Gast zusammentrifft und ihn als Fremdling erkennt, da gibt es Balgereien. Mit sichtlicher Wut stürzt sie sich auf ihn, beißt ihn in die Beine, sucht ihn am Hinterleib zu fassen oder ihn mit ihrem Gift zu bespritzen. Gewöhnlich aber vermag der Gast seine Angreifer abzuwehren oder ihnen wenigstens zu entwischen. Übrigens kommen solche Begegnungen gar nicht so häufig vor, als es auf den ersten Blick den Anschein hat. Denn die Synechthren suchen ein offenes Zusammen-

[1]) Ich folge hier der von Wasmann gegebenen Einteilung, da dieselbe mir am natürlichsten erscheint und auch vollkommen ausreichend ist. Außer Wasmann hat auch noch Janet eine Gruppierung der Myrmekophilen versucht, doch sind seine sechs Gruppen durchaus ungleichwertig, wie Wasmann (1901) dargelegt.

treffen mit den Ameisen möglichst zu vermeiden; sie halten sich die meiste Zeit verborgen, entweder vor dem Nesteingang oder in versteckten Winkeln im Nest, oder sie verschanzen sich sogar durch einen kleinen Erdwall vor den vorübergehenden Ameisen und wagen nur bei kühler Temperatur, vorzüglich nächtlicherweise, den Ameisenknäueln sich zu nähern. Dazu kommt, daß zwischen den Synechthren und den Wirtsameisen häufig eine gewisse Ähnlichkeit bezüglich der Körpergröße und Färbung besteht (Mimikry), so daß die Aufmerksamkeit der Ameisen durch einen solchen Gast möglichst wenig erregt wird (z. B. *Myrmedonia funesta* und *Lasius fuliginosus* oder *M. humeralis* und *Formica rufa* usw.).

Fig. 71.

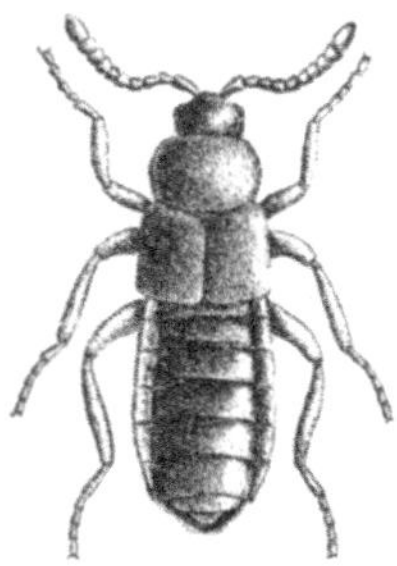

Myrmedonia funesta (synechthrer Staphyline). Aus Wheeler.

Zu den gesetzmäßigen Synechthren sind eine ganze Anzahl Staphylinen (Käfer) zu zählen, vor allem aus der Gattung *Myrmedonia* (Fig. 71), sodann auch *Myrmoecia*, *Lamprinus*, *Quedius brevis*, *Xantholinus atratus* u. a. Sie leben, wie gesagt, meist als Raubtiere von den Ameisen und deren Brut und können dadurch der Kolonie empfindlichen Schaden zufügen[1]).

2. Synoekie.

Ungleich mannigfaltiger sind die Erscheinungen der Synoekie, welche in der indifferenten Duldung der Gäste seitens der Ameisen besteht. Diese Duldung kann in den verschiedensten Momenten begründet sein: einmal darin, daß die Ameisen die Gäste völlig übersehen (sei es wegen deren Kleinheit oder langsamen Bewegungen, oder sei es, weil sie leblosen Gegenständen, wie Holzstückchen oder Erdklümpchen usw., gleichen), oder darin, daß die Gäste Form und Färbung der Wirtsameisen angenommen haben und so von den letzteren in ihrer wahren Natur verkannt werden („mimetische Synoeken"), oder aber in der „Unangreifbarkeit" der Gäste (die auf dem glatten, alle Extremitäten überwölbenden Hautpanzer beruht) oder in der „Unerwischbarkeit" (infolge der überaus schnellen und womöglich den Ameisenbewegungen entgegengesetzten Bewegungen der Gäste) oder endlich auch in einer Kombination mehrerer dieser Faktoren.

---

[1]) Wasmann (1910) macht neuerdings darauf aufmerksam, daß auch manche Arten der Gattung *Staphylinus* räuberisch bei Ameisen leben. Doch handelt es sich dabei vielfach um ein lokal begrenztes Vorkommen. So fand z. B. Wasmann am Ösling (Luxemburg) den *Staphylinus stercorarius* fast ausschließlich in den Nestern von *Tetramorium* (wo er nicht nur Ameisenpuppen, sondern auch die erwachsenen Arbeiterinnen in Menge verzehrt), während er ihn in anderen Gegenden niemals bei *Tetramorium*, sondern meist außerhalb von Ameisennestern antraf. Es scheint bei dieser Art (wie auch noch bei anderen *Staphylinus*- wie *fossor*- usw. Arten) eine beginnende Synechthrie vorzuliegen.

Für die meisten Synoeken trifft der erste „Duldungs"-Grund zu; so werden die fast bei allen Ameisen vorkommenden winzigen Springschwänze (zur Gattung *Beckia* gehörig), ferner die vielen kleinen Staphylinen (*Thiasophila, Notonecta, Homalota* usw.) und andere einfach wegen ihrer Kleinheit von den Ameisen übersehen. Die bei den Waldameisen lebenden *Monotoma*-Arten (Cucujiden) dürften wohl wegen ihrer Holzähnlichkeit nicht erkannt werden; die verschiedenen glatten, runden Lathridier (*Coluocera, Merophysia* usw.), die meistens bei den körnersammelnden *Aphaenogaster, Pheidole* usw. vorkommen, täuschen vielleicht Samenkörner vor; die mit einem Tönnchen aus Erde umgebenen *Clytra*-Larven oder die in verschieden geformten Sandgehäusen lebenden Kleinschmetterlingsraupen (Reichensperger) erscheinen den Ameisen einfach als ein Erd- oder Sandklümpchen[1]). Auch die eigentümlichen Larven der Schwebefliegen aus der Gattung *Microdon*, die ihrer schneckenartigen Gestalt (Fig. 72) wegen schon mehrfach als Schnecken beschrieben wurden, werden zweifellos von den Ameisen übersehen, d. h. nicht als tierische Wesen erkannt. Die Larve sitzt mit flacher Sohle auf der Unterlage auf, so daß nur der gewölbte Rücken in den Tastbereich der Ameisen kommt, dieser ist aber derart skulpiert, daß er den Ameisen wohl als ein Häufchen Erde oder ein Stückchen Rinde erscheinen mag, oder jedenfalls nicht ihre Aufmerksamkeit erregt, zumal die Bewegungen der *Microdon*-Larve äußerst langsam (für die Ameisen kaum wahrnehmbar) sind[2]). — Desgleichen wird die Raupe des Kleinschmetterlings *Pachypodistes Göldii*, die Hagmann in Brasilien in den Kartonnestern von *Dolichoderus gibboso-analis* entdeckt hat, von den Ameisen wahrscheinlich völlig übersehen, da sie in einem aus demselben Stoff wie das Nest gefertigten Gehäuse lebt. Dadurch wird sie natürlich gänzlich unauffällig. Um so größer wird aber dann die Überraschung, wenn auf einmal aus dem Gehäuse der Schmetterling erscheint. Er wird sogleich Gegenstand feindlicher Aufmerksamkeit, doch ist auch die Imago gegen eine allzu große Zudringlichkeit

Fig. 72.

Microdon-Larve. Aus Wheeler.

[1]) Noch vollständig unklar ist der Grund der indifferenten Duldung der fast bei allen Ameisen (oft massenhaft) vorkommenden weißen Assel (*Platyarthrus hoffmannseggi*); dieselbe ist so groß und auffällig, daß sie von den Ameisen jedenfalls nicht übersehen werden kann.

[2]) Die Imagines von *Microdon* werden, sobald sie erhärtet sind, von den Ameisen feindlich behandelt und, falls sie nicht schnell entweichen können, in kurzer Zeit durch Bespritzung mit Ameisensäure getötet. Dies ist wohl auch der Grund, warum die Larven sich vor der Verpuppung in den oberflächlichsten, dem Ausgang möglichst nahe gelegenen Nestpartien ansammeln. Als Wirtsameisen von *Microdon* kommen bei uns ausschließlich Arten der Gattung *Formica* in Betracht, nur einige tropische *Microdon* sind auch bei anderen Gattungen (*Camponotus, Pseudomyrma, Monomorium* usw.) gefunden worden (vgl. Wheeler, 1908).

von seiten der Ameisen geschützt: Der junge frisch ausgekrochene Schmetterling ist nämlich mit etwa 3 mm langen goldgelben, senkrecht abstehenden Haaren dicht besetzt, und zwar auf der ganzen Körperoberfläche, sowohl auf den Extremitäten wie auf den noch nicht völlig entfalteten Flügeln. Dieser Pelz sitzt aber nur sehr locker und fällt bei der leisesten Berührung ab. Wenn also die Ameisen den auskriechenden Falter angreifen, so erwischen sie statt diesen nur ein Büschel Haare, wodurch der Schmetterling Zeit gewinnt, sich den Kiefern seiner Verfolger zu entziehen und unversehrt aus dem Ameisennest herauszukommen.

Die Fälle der auf Übersehen beruhenden indifferenten Duldung ließen sich noch um ein Vielfaches vermehren. Ihnen allen ist das gemeinsam, daß eigentliche Beziehungen zwischen den Gästen und Ameisen gar nicht bestehen; es sind Beziehungen rein negativer Natur.

Anders dagegen bei den übrigen Kategorien von Synoeken, welche infolge angenommener Ameisengestalt oder Ameisengewohnheiten oder wegen ihrer Trutzgestalt oder ihrer Unerwischbarkeit von den Ameisen geduldet werden. Hier handelt es sich um positive Beziehungen, bei denen die Gäste mit den Ameisen in mehr oder weniger ausgiebige, gewollte Berührung kommen, ohne daß es aber zu einem intimen freundschaftlichen Gegenseitigkeitsverhältnis käme[1]).

Besonderes Interesse, nicht nur vom myrmekologischen, sondern auch vom allgemein biologischen Standpunkt aus besitzen die mimetischen Synoeken. Es ist geradezu staunenswert, wie weit die Nachahmung bei manchen dieser Gäste geht und mit welchen Mitteln es die Natur z. B. fertig gebracht hat, aus einem Käfer die Form einer Ameise mit schlanker Taille zu bilden. Weitaus die meisten mimetischen Synoeken finden wir bei den Wanderameisen, sowohl den afrikanischen (*Dorylus*, *Anomma*) als auch den amerikanischen (*Eciton*). Wasmann hat ein ganzes Heer solcher mimetischen Dorylinengäste beschrieben[2]), einer interessanter als der andere, die ihren

---

[1]) Bei manchen Synoeken sind wir über den Grund der Duldung noch nicht genügend unterrichtet, wie z. B. bei der Larve von *Cetonia floricola* Herbst., die so häufig in den Haufennestern von *Formica rufa* zu finden ist. Die Imagines dieser *Cetonia*, die feindlich verfolgt werden, verlassen sobald als möglich das Nest. Ähnlich scheinen sich die südafrikanischen Cetoniden *Plagiochilus* und *Myrmecochilus* zu verhalten, während die nordamerikanischen *Cremastocheilus*-Arten auch als Imagines unter den Ameisen verbleiben, und zwar, wie es scheint, ebenfalls als indifferent geduldete Gäste: Der überaus feste Hautpanzer macht Angriffe von seiten der Ameisen unschädlich.

[2]) Bei *Dorylus* und *Aenictus* die Gattungen *Dorylomimus*, *Dorylosthetus*, *Doryloleius*, *Dorylopora*, *Mimanomma* usw.; bei *Eciton*: *Ecitophya*, *Ecitophila*, *Ecitomorpha*, *Ecitonilla*, *Ecitopora*, *Mimeciton* usw. Manche dieser Gattungen mögen vielleicht besser zu den *Symphilen* als zu den *Synoeken* zu stellen sein; doch liegen noch sehr wenig direkte Beobachtungen über die Lebensweise vor, so daß wir vorläufig noch keine Trennung vornehmen wollen. Nach Wasmann bildet die Mimikry auf den höchsten

Wirten entweder in Farbe und Form oder aber nur in der Form, je nachdem diese sehend oder blind sind, mehr oder weniger gleichen. Die Ameisenähnlichkeit kann so weit gehen, daß es schwer fällt, die wahre Natur des Gastes zu erkennen. Wer würde z. B. beim ersten Anblick eines *Mimeciton* oder eines *Mimanomma* (Fig. 73) auf den Gedanken

Fig. 73 A.

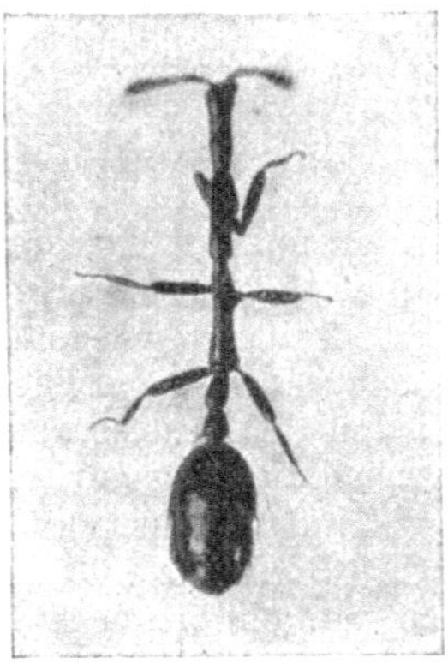

Fig. 73 B.

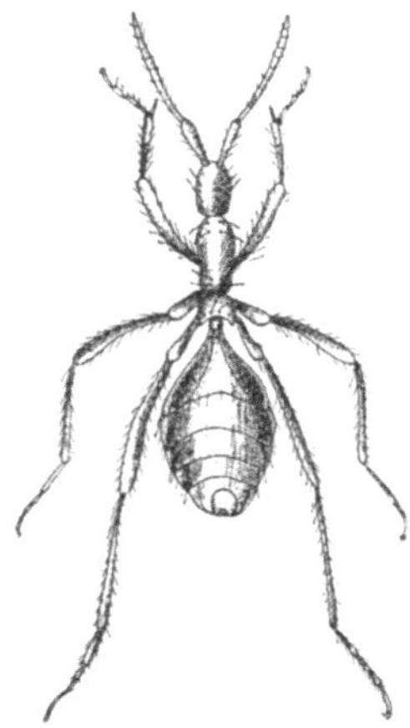

Beispiele hochgradiger Mimikry. A *Mimanomma spectrum* Wasm. B *Mimeciton pulex* Wasm. (Käfer). Nach Wasmann.

kommen, daß es sich um Käfer handelt. Erinnern sie in ihrer äußeren Form doch weit mehr an Hymenopteren als an Koleopteren. Eine derartig exzessive Mimikry, wie sie bei *Mimanomma* vorliegt, dürfte nicht viele Analogien im Tierreich haben. Der Zweck der Nachahmung ist zweifellos darin zu suchen, daß durch sie es den Gästen ermöglicht wird, unbehelligt in den Heeren jener räuberischen Ameisen mitlaufen zu können, um von deren Beute zu profitieren[1]).

Stufen (wie bei *Mimeciton*, *Dorylomimus* usw.) die Grundlage für eine Symphilie; für *Dorylomimus Kohli* ist dies durch direkte Beobachtung (P. Kohl) festgestellt. Daß bei manchen dieser Gäste eine Fütterung aus dem Munde der Ameisen stattfindet, läßt sich auch aus der Zungenbildung schließen.

[1]) Daß die Mimikry der Dorylinengäste den Zweck haben soll, die Aufmerksamkeit äußerer Feinde, wie vor allem der insektenfressenden Vögel von jenen Käfern abzulenken, halte ich für sehr unwahrscheinlich. Es wäre jedenfalls ein sehr gewagtes Unternehmen für Vögel, mitten aus dem geschlossenen Heere der räuberischen Ameisen einzelne kleine Käferchen herauszuholen. Würden die Gäste auch ohne Mimikry in den Heeren Aufnahme finden, so wäre dies Schutz genug gegen äußere Feinde. Wir können daher der Mimikry nur den obengenannten Zweck zuschreiben, d. i. den Käfer usw. Eintritt in die Gemeinschaft der Wanderameisen zu verschaffen.

Zweifellos gibt es aber Fälle von Ameisennachahmung zum Schutz gegen äußere Feinde (Metoekie, Myrmecoidie sensu Jakobi). Hierher

Bei den Unangreifbaren und Unerwischbaren ist die Duldung von seiten der Ameisen wohl darin begründet, daß die Ameisen allmählich kennen gelernt haben, wie aussichtslos eine Verfolgung der geschützten oder flinken Gäste ist. Was würde es den Ameisen nützen, die hartschaligen glatten Histeriden oder den mit einem stacheligen Schutzdach überwölbten *Trilobitideus* (Fig. 74) anzugreifen oder den überaus schnellen *Oxypoda* oder den blitzartig dahinhuschenden aalglatten Lepismen, den flinken, springenden Grillen (*Myrmecophila*) nachzustellen. Nur selten würden sie vielleicht einmal Erfolg haben nach endlosen Mißerfolgen. Und so ergeben sie sich denn in ihr Geschick, zumal die Gesellschafter ihnen keinen besonderen Schaden zufügen. Außerdem sind diese Art von Synoeken darauf bedacht, die Aufmerksamkeit der Ameisen möglichst wenig zu erregen, indem sie sich entweder die meiste Zeit in entlegenen Winkeln der Nester aufhalten, oder durch geschickte Drehbewegungen sich den Blicken der Ameisen zu entziehen (*Myrmecophila*) oder durch Nachahmung gewisser Ameiseninstinkte, wie Belecken (Reinigungsinstinkt), Aufforderung zur Fütterung durch Betrillern mit den Fühlern oder Schlagen mit den aufgehobenen Vorderbeinen die Wirtsameisen zu beruhigen und zu täuschen suchen. Wie weit es manche Gäste in dieser Kunst bringen, zeigen die Ameisengrillen, die es fertig bringen, ihre Wirte zur Abgabe von Futtersaftstropfen zu reizen (Schimmer). Das gleiche vermag nach den Beobachtungen Jacobsons eine javanische Culicide, *Harpagomyia splendeus*, die sich auf den Straßen einer kleinen Baumameise (*Cremastogaster difformis* Sm.) aufstellt, um die ihr entgegenkommenden Ameisen durch schnelles Betasten mit den Vorderbeinen und Fühlern anzuhalten und um einen Futtersaftstropfen anzubetteln, der ihr dann auch dargeboten wird.

Fig. 74.

Trilobitideus spec. (Käfer, Staphyline) als Beispiel des „Trutztypus". Nach einer Photographie von E. Wasmann.

Die Indifferenz der Ameisen gegen die Synoeken ist übrigens keineswegs überall absolut feststehend, sondern mitunter lassen die

gehören vor allem die zahlreichen ameisenähnlichen Spinnen, Wanzen und Geradeflügler. Eines der interessantesten Beispiele stellt die von Vosseler in neuerer Zeit genau studierte *Myrmecophana* dar: Die Gattung *Myrmecophana* wurde vor langen Jahren von Brunner von Wattenwyl für einen aus dem Sudan stammenden Geradeflügler aufgestellt, der eine verblüffende Ähnlichkeit mit einer Ameise hatte. Nun hat neuerdings Vosseler die Entdeckung gemacht, daß *Myrmecophana* gar kein reifes Tier ist, sondern die Larve einer Laubheuschrecke, die als *Eurycorypha* beschrieben war. Die Imago gleicht allerdings nicht im geringsten mehr einer Ameise, sondern weit mehr einem Blatt. So ist also die Myrmekoidie nur auf die Jugendstadien beschränkt, um später, wenn das Tier über die Ameisengröße hinauswächst, einer Blattnachahmung zu weichen. Die Ähnlichkeit der jungen Myrmekophana ist so frappierend, daß sie kaum von Ameisen zu unterscheiden ist, zumal sie auch in ihren Bewegungen den Ameisen gleicht.

Ameisen letzteren auch recht deutlich ihr Mißtrauen fühlen. So kann die Duldung der Ameisengrille (*Myrmecophila*) leicht ins Gegenteil umschlagen, wenn die Grille die Aufmerksamkeit ihrer Wirte zu sehr erregt bzw. die auf die Ameisen einwirkenden Bewegungs- und Geruchsreize der Grille irgendwie von der Norm abweichen (Schimmer). Auch jene Moskito, denen die Ameisen auf ihr bettelndes Gebahren hin Futter darreichen, werden von eben diesen Wohltätern angefallen und zerrissen, sobald das Zusammentreffen der beiden ein anderes ist als das oben geschilderte (Jacobson). Besonders häufig trifft der Stimmungswechsel für die durch Wasmanns deszendenztheoretische Betrachtungen berühmt gewordenen *Dinarda*-Arten (Fig. 75) zu. Diese Staphylinen, die infolge ihres geschützten Körperbaues (Trutztypus) und infolge der Geschmeidigkeit ihrer Bewegungen, „der Gewandtheit im Schwenken und Schwänzeln", von den Ameisen zwar für gewöhnlich geduldet werden, werden dennoch oft mißtrauisch behandelt und hier und da verfolgt und auch angegriffen. Wasmann beobachtete des öfteren, wie eine *Formica sanguinea* längere Zeit sich anstrengte, eine *Dinarda* zu ergreifen, welch letztere aber stets heiler Haut entkam. Es ist klar, daß es bei einem solchen doch noch etwas unsicheren Verhältnis für die Gäste von größtem Vorteil ist, wenn sie die mißtrauische Aufmerksamkeit der Ameisen möglichst wenig erregen. Diese Bedingung ist bei den Dinarden dadurch erfüllt, daß sie eine gewisse Übereinstimmung in der Färbung und relativen Körpergröße mit ihren Wirten zeigen (Mimikry), wodurch die letzteren über die wahre Natur der Gäste getäuscht werden. Deshalb sind auch die verschiedenen *Dinarda*-Arten an ganz bestimmte Wirtsameisen gebunden.

Fig. 75.

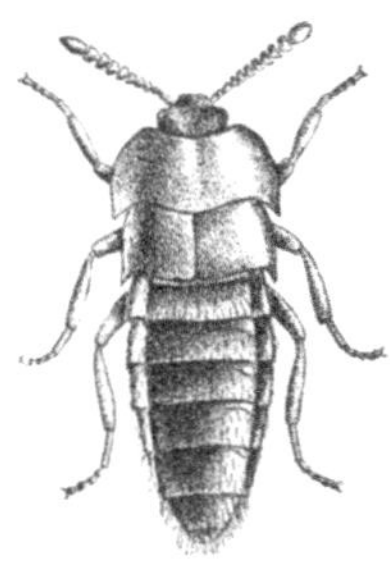

Dinarda dentata, als Synoeke bei Ameisen lebend. Nach Wheeler.

Was die Zwecke betrifft, welche die Synoeken in den Ameisennestern verfolgen, so sind diese sehr mannigfaltig. Entweder leben sie nur von den Nahrungsabfällen ihrer Wirte oder sie wollen von den eingetragenen Nahrungsvorräten (Körnern) profitieren (*Coluocera*, *Merophysia*, *Lepisma*?), oder aber sie haben es auf die Leichen abgesehen, die sie in Stücke zerreißen und verzehren (*Dinarda*); manche nehmen ferner in diebischer Weise an der Fütterung zweier Ameisen teil (Fig. 76), indem sie sich zwischen denselben aufstellen und an dem austretenden Futtersaftstropfen mitlecken

Fig. 76.

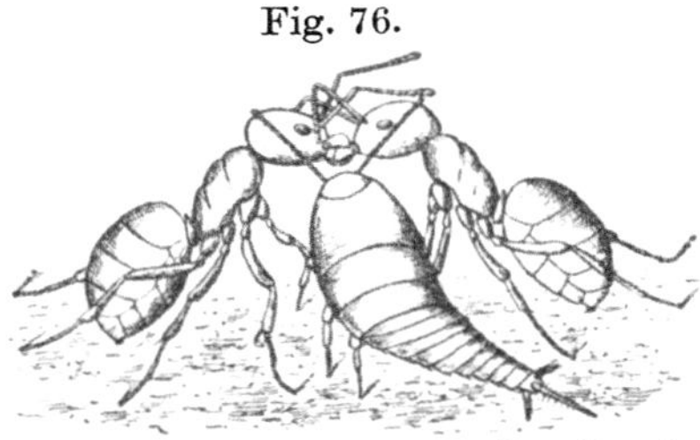

Atelura formicaria Heyd. (Lepismatide) bei zwei sich fütternden Ameisen. Nach Janet.

(*Atelura, Myrmecophila,* ausnahmsweise *Dinarda*) oder sie lassen sich direkt aus dem Munde der Ameisen füttern (*Myrmecophila, Harpagomyia*) oder sie belecken auch die Oberfläche der Ameisen, um der dort ausgetretenen Sekrete willen (*Myrmecophila*) (Fig. 77) oder endlich sie leben als Räuber von der Brut ihrer Wirte[1]).

Letzteres ist aber bei den Synoeken relativ selten: Wasmann beobachtete die Ausübung des Räuberhandwerks einige Male bei *Dinarda,* welche an kokonlosen Puppen und Eiern ihrer Wirte fraßen, ferner Silvestri bei einer Ameisengrille (*Myrmecophila*), und ich selbst konnte mich von der Räubernatur eines anderen Synoeken, der *Clytra*-Larve, überzeugen. Sehr originell ist die Art und Weise, wie letztere ihr Handwerk betreibt. Wie schon gesagt, sind diese Larven mit einem Tönnchen aus Erde umgeben, welches etwa birnförmige Gestalt hat und auf der vorderen Seite geöffnet ist. Beim Laufen kommt die Larve nur so weit aus dem Gehäuse hervor, daß die Brustfüße frei werden, während das Abdomen mit dem Tönnchen senkrecht nach aufwärts gerichtet ist. Sobald nun eine Ameise einer solchen Larve begegnet und sie nur aufs leiseste berührt, so zieht sich letztere momentan zurück, und zwar so weit, daß die vordere Hälfte des Tönnchens leer steht. In dieser Haltung liegen die Larven längere Zeit regungslos da. Die Ameisen finden an dem Kokon nichts auffälliges; es erscheint ihnen im Gegenteil der vordere leere Abschnitt des Larvengehäuses als ein besonders passender Platz zur Unterbringung ihrer Eier, die sie denn auch dahin tragen; kaum aber haben sie einige deponiert, so kommt die im Hintergrunde lauernde Larve hervor und läßt sich die vorgesetzte Speise wohlschmecken.

Fig. 77.

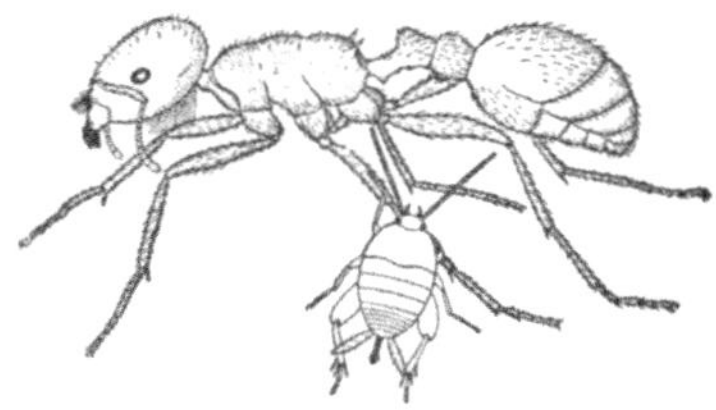

Eine Ameisengrille (*Myrmecophila*), an dem Bein einer Ameise leckend. Aus Wheeler.

[1]) Eine javanische Fliege, *Bengalia latro* de Meijere, entreißt den heimkehrenden Arbeitern von *Pheidologeton diversus* die Beute (kleine Insekten, Würmer usw.), um sich davon zu nähren. Nach Jacobson verfährt sie dabei folgendermaßen: „Sie postiert sich möglichst dicht an den Ameisenstraßen, da, wo dieselben durch offenes Terrain führen und kein Pflanzenwuchs sie in ihrer Bewegung stört; und zwar wählt sie einen erhöhten Standort (Steinchen usw.), von dem aus sie einen guten Blick auf die zu ihren Füßen vorbeimarschierenden Ameisenkolonnen hat. Kommt nun eine mit Beute beladene Ameise des Weges, so fliegt sie behende in die von Ameisen wimmelnde Straße und entreißt mit großer Schnelligkeit der Trägerin die Beute." „Es ist fast unbegreiflich, daß sie dabei nicht von Ameisen erfaßt wird." . . . „Wahrscheinlich geht alles so schnell, daß die Ameisen keine Zeit zum Angriff finden, oder auch die Fliege wird überhaupt nicht ohne weiteres angegriffen, wie viele andere Synoeken. Zudem weicht die Fliege den Ameisen sorgfältig und mit großer Behendigkeit aus" (Jacobson, 1910).

Im allgemeinen ist aber der Schaden, welcher den Ameisen durch die Anwesenheit der Synoeken erwächst — abgesehen von den letztgenannten, relativ seltenen Fällen von Brutraub — nur ein sehr geringer. Denn das bischen Nahrung, welches die wenigen winzigen Gäste den Ameisen wegstehlen oder abbetteln, kommt nicht allzu sehr in Betracht. Ja, viele Synoeken bringen den Ameisen sogar einen, wenn auch geringen, Nutzen[1]) durch Verzehren der modernden Abfälle, Leichen usw.; *Myrmecophila* reinigt durch das Belecken die Ameisen und *Dinarda* kann eine sehr gefährliche Krankheit der Ameisen, die Milbenräude, unterdrücken. Nach Wasmann gehören nämlich zur Speisekarte der Dinarden außer den oben genannten Gerichten auch die Larven und Nymphen der in den Nestern ihrer Wirte wohnenden Acarinen (Fig. 78). Indem sie nun diese wegfressen, verhindern sie die massenhafte Vermehrung der für die Ameisen oft so verhängnisvollen Parasiten (*Tyroglyphus wasmanni* u. a.).

Fig. 78.

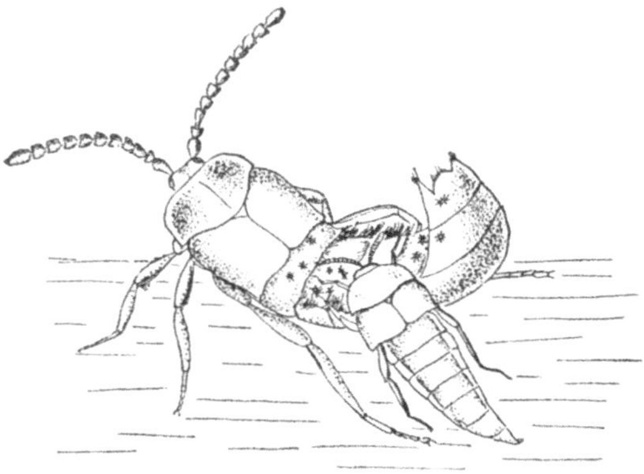

Dinarda dentata, die Milben von einem anderen Ameisengast (*Lomechusa*) wegfressend. Nach Wasmann (aus Wheeler).

Die Zahl der Synoeken ist Legion und es gehören ihnen jedenfalls weitaus der größte Teil aller Myrmekophilen an. Bis jetzt sind etwa 800 Arten indifferent geduldeter Ameisengäste bekannt, doch stellt diese Zahl sicher nur einen Bruchteil aller existierenden dar (Wasmann berechnet die Zahl derselben auf mindestens 3000). Denn da die Synoeken im allgemeinen wenig morphologische myrmekophile Anpassungscharaktere besitzen, ist man bezüglich ihrer Beziehungen zu den Ameisen meistens auf die direkte Beobachtung angewiesen; die wenigsten tropischen Ameisennester sind aber bis jetzt daraufhin untersucht.

3. Symphilie.

Das Benehmen der Ameisen gegen die Symphilen ist ein durchaus freundschaftliches. Wir können aber verschiedene Grade von

[1]) Der Nutzen, der den Ameisen aus der Synoekie erwachsen kann, ist aber nicht zu vergleichen mit dem Nutzen, der ihnen aus der Trophobiose erwächst. Denn ersterer ist nur ganz geringfügiger und gelegentlicher Natur, während doch die Trophobiose für viele Ameisen die Hauptlebensbedingung darstellt.

Freundschaft beobachten: in dem einen Falle besteht die ganze Freundschaft darin, daß die Ameisen ihre Gäste nur ganz gelegentlich und flüchtig belecken (Histeriden); in dem anderen Falle dagegen ist die Beleckung eine regelmäßige und intensive, und werden die Gäste von den Ameisen außerdem herumgetragen oder auf andere Weise herumtransportiert (Paussiden); auf der nächst höheren Stufe der Symphilie werden die Gäste auch noch aus dem Munde der Ameisen gefüttert; und auf der höchsten Stufe endlich werden überdies sogar die Larven der Gäste gefüttert und aufgezogen (*Lomechusa*). Wir haben hier eine Reihenfolge von Beziehungen vor uns, deren Anfangsstufe noch sehr an die Synoekie erinnert, und deren Endstufe den Beziehungen der Ameisen zu ihrer eigenen Brut oder zu ihren eigenen Königinnen beinahe gleichkommt.

Wodurch vermögen die Symphilen die freundschaftlichen Gefühle der Ameisen wachzurufen? In erster Linie sind es Exsudate, welche die Gäste ausschwitzen und welche auf die Ameisen einen angenehmen narkotischen Reiz ausüben. Diese Exsudate bilden die Grundlage, auf der die Symphilie, welcher Stufe sie auch angehören mag, basiert ist. Wir dürfen bei jedem Gast, bei welchem die Symphilie durch Beobachtung festgestellt ist, mit Sicherheit auf das Vorhandensein von Exsudatorganen schließen.

Fig. 79.

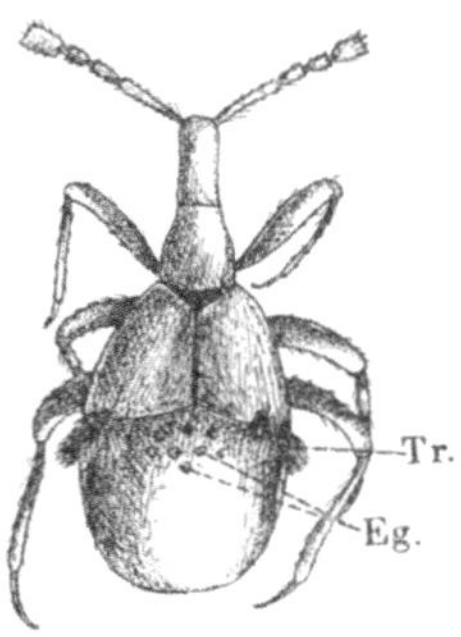

Claviger spec. Nach Wasmann. *Tr* Trichome, *Eg* Exsudatgruben.

Diese sind äußerlich meistens leicht zu erkennen an besonders auffallenden Poren oder Porengruben (Fig. 79, *Eg*) und vor allem an den sogenannten „Trichomen“, das sind goldgelbe steife Härchen oder Borsten, welche an der in der Cuticula eingelenkten Basis mit einem Nervenfaden in Verbindung stehen. Sie dienen zweifellos als Reizborsten, indem sie bei der Beleckung durch die Ameisen gezerrt werden und dadurch einen sekretionsvermehrenden Reiz auf die inneren Exsudatsorgane ausüben. Letztere bestehen entweder aus Bündeln einzelliger Drüsen, aus sogenannten „Drüsenbündeln“, deren lange chitinöse Ausführgänge sich eng aneinanderlegen und in einem Cribellum in den Trichombüscheln nach außen münden („Myrmekophilendrüse I“, sensu Krüger), oder in isolierten kölbchenförmigen einzelligen Drüsen, die dicht unter der Cuticula sitzen und in je einem gesonderten feinen Ausführgang zwischen den Haaren nach außen münden („Myrmekophilendrüse II“, sensu Krüger, die „eigentlichen myrmekophilen Drüsenzellen“, sensu Jordan). Die Trichome stehen entweder vereinzelt über die ganze Oberfläche zerstreut (z. B. *Hetaerius*) oder in größeren oder kleineren Reihen und Büscheln vereinigt an den verschiedensten Stellen des Körpers, wie an den Seiten der ersten Abdominalsegmente (*Lomechusa*), an den Hinterecken der Flügeldecken (*Claviger*, Fig. 79, *Tr*), an den Fühlern (*Paussus*) usw. Je zahlreicher und besser ausgebildet die Trichome sind, desto freundlicher wird natürlich das Benehmen der Ameisen gegen die Gäste und desto intimer wird das Verhältnis.

Die Exsudatorgane (Poren, Trichome) sind aber nicht die einzigen Anpassungscharaktere der Symphilen, sondern es haben sich im Gefolge derselben noch eine ganze Reihe anderer Umbildungen an den Gästen vollzogen. Ich nenne hier nur die wichtigsten. Zunächst die eigenartigen Fühlerbildungen! Die ursprüngliche Funktion der Fühler als Geruchsorgan ist bei denjenigen Gästen, die von den Ameisen vollständig unterhalten und gepflegt werden, mehr oder weniger überflüssig geworden und so konnten sich diese Organe in den Dienst der Symphilie stellen. Dies geschah in zweifacher Weise: entweder wurden sie zu Verständigungs- oder aber zu Transportorganen. Die Ameisen bedienen sich zur gegenseitigen Verständigung der Fühler, indem sie sich betasten oder „betrillern". Um nun ordentlich „mittrillern" zu können, sind die Fühler bei manchen Symphilen „taktstockförmig" oder „keulenförmig" umgebildet (z. B. *Claviger*, Fig. 79). Wo die Fühler dagegen als Transportorgane dienen — wie bei *Paussus* (Fig. 80), der seiner Größe wegen nicht getragen werden kann und infolgedessen an den Fühlern fortgezogen wird (bei Störungen des Nestes usw.) — da sehen wir dieselben möglichst massiv, mächtig verbreitert und mit Zacken usw. versehen, die den Ameisenkiefern gute Angriffspunkte darbieten.

Fig. 80.

Transport eines *Paussus* durch eine *Pheidole*-☿.
Tr Trichome.

Als eine weitere Gruppe von symphilen Anpassungsmerkmalen sei die Reduktion der Mundteile genannt, welche bei solchen Gästen, die von den Ameisen gefüttert werden, stets zu beobachten ist. Sie betrifft einmal die Lippen- und Kiefertaster, welche in den extremen Fällen (*Claviger*) nur noch als winzige Rudimente vorhanden sind, und sodann auch die Zunge, welche gewöhnlich verkürzt und verbreitert ist, um als Löffel zur Auffangung des von der Ameise dargereichten Futtersafttropfens dienen zu können (Fig. 81).

Endlich ist noch die Mimikry als eine bei Symphilen häufig vorkommende Erscheinung zu erwähnen. Schon oben bei den Synechthren wiesen wir auf die Übereinstimmung von Gast und Wirt bezüglich der Färbung und Größe hin; sie diente dort dazu, die Erregung der feindlichen Aufmerksamkeit der Ameisen möglichst zu verhindern. Hier bei der Symphilie, wo die Ameisen infolge des Exsudats der Gäste ohnehin freundschaftlich reagieren, muß die Mimikry einen anderen Zweck haben. Wasmann sieht denselben darin, das Verhältnis noch intimer zu gestalten und den Gast „gleichsam als Familienmitglied einzuführen". Nicht bei allen Symphilen treffen wir Mimikry; ferner ist sie auch bei den einzelnen Gästen überaus verschieden und richtet sich hauptsächlich nach dem Sehvermögen der Wirte. Bei den Gästen blinder oder fast blinder Ameisen (*Eciton* usw.) beschränkt sich die Nachahmung auf die Skulptur der Oberfläche, die Behaarung und die Form, da ja diese Eigenschaften allein von den blinden Wirten wahrgenommen werden können (vermöge des Fühlertastsinnes). Das Höchste in dieser Beziehung ist bei den oben (unter den Synoeken) bereits genannten Gattungen *Mimeciton* und *Mimanomma*, die es sogar fertig brachten, die Ameisentaille nachzuahmen (Fig. 73). Bei den Gästen gutsehender Ameisen dagegen bezieht sich die Mimikry auch auf das Kolorit. Doch zeigt in solchen Fällen oft die Form des Gastes mit der der Wirtsameise an und für sich auffallend geringe Ähnlichkeit, und dennoch ist es schwer, den betreffenden Gast, der sich mitten unter den Ameisen aufhält, herauszufinden, da durch seine Haltung (aufgerolltes Abdomen usw.) Lichtreflexe erzeugt werden, durch die eine Ameisenähnlichkeit vorgespiegelt wird (*Lomechusa*).

Fig. 81.

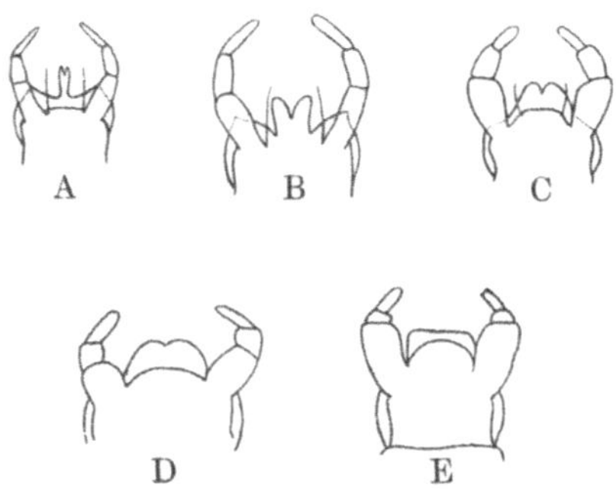

Zungenbildung verschiedener myrmekophiler Staphylinen.
A von *Dinarda hagensi* Wasm.; B von *Myrmedonia funesta* Grv.; C von *Atemeles paradoxus* Grv.; D von *Xenodusa cava* Lec.; E von *Lomechusa strumosa* F. Nach Wasmann.

Ich kann hier nicht weiter auf dieses schier unerschöpfliche Thema eingehen, ebensowenig auf die zahlreichen sonstigen speziellen Anpassungserscheinungen der Myrmekophilen (Rückbildung der Flügel und Tarsen, Ausbildung von Hafthaaren usw.), da dies viel zu viel Raum beanspruchen würde, und ich ja nicht eine Naturgeschichte der Ameisengäste, sondern eine solche der Ameisen geben will.

Die Anpassungscharaktere, die wir eben kennen gelernt, sind so charakteristisch, daß wir bei dem Vorhandensein derselben mit großer Sicherheit auf die symphile Lebensweise des betreffenden Tieres schließen können, selbst wenn wir keine direkte Beobachtung darüber besitzen[1]) (im Gegensatz zu den Synoeken,

[1]) Die symphilen Anpassungscharaktere können so überhandnehmen, daß die natürliche systematische Stellung der betreffenden Gäste dadurch vollkommen verschleiert wird, und daß es der eingehendsten Untersuchung auch der inneren Organisation bedarf, um unter der symphilen Maske die wahre Natur zu erkennen (*Paussus*, *Claviger*, *Lomechusa* usw.).

deren Ameisenbeziehungen meistens nur durch direkte Beobachtungen festgestellt werden können).

Was das Benehmen der Symphilen gegen die Ameisen betrifft, so ist dieses ein höchst ungeniertes und furchtloses. Sie meiden nicht nur nicht ein Zusammentreffen mit den Ameisen, wie die Synechthren und Synoeken, sondern suchen dieselben sogar mit Vorliebe auf und mischen sich mitten unter den dichtesten Ameisenknäuel. Man sieht sie nur selten allein, meistens sind sie von Ameisen umgeben. Sie unterhalten auch einen regen Fühlerverkehr mit ihren Wirten, der entweder zur Schmeichelei und Täuschung (aktive Mimikry) dient oder aber als Aufforderung zur Fütterung. Manche Symphilen (*Atemeles*) ,,äffen den geselligen Verkehr der Ameisen in so erstaunlich hohem Grade nach, daß sie, wenn sie eine Ameise zur Fütterung auffordern wollen, hierzu nicht nur ihre Fühler nach Ameisenart verwenden, sondern überdies sogar die Vorderfüße nach Ameisenart erheben und die Kopfseiten der fütternden Ameise streicheln". Andere klettern auf ihren Wirten herum, um sie abzulecken (Fig. 83) oder klammern sich an ihren Fühlern oder sonst wo oder auch auf der

Fig. 82.

Fütterung eines *Atemeles* durch seine Wirtsameise (*Myrmica*). Nach Wasmann.
Tr Trichome.

Fig. 83.

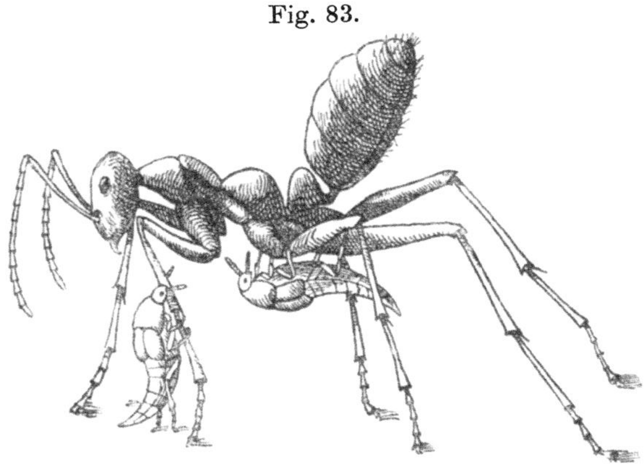

Oxysoma oberthüri an seinem Wirt (*Myrmecocystus viaticus*) leckend.

Ameisenbrut fest, um sich so direkt oder indirekt transportieren zu lassen (passiver Transport) usw.

Was suchen nun die Symphilen bei den Ameisen? So übereinstimmend die Grundlage der Symphilie ist (Exsudate), so mannigfaltig und verschieden sind die Zwecke, welche die ,,echten Gäste" in der Ameisengesellschaft verfolgen. Die einen haben es auf die Brut ihrer Wirte abgesehen (*Paussus, Lomechusa*), die anderen benutzen den Aufenthalt im Ameisennest dazu, ihre Eier in die Larven der sie bewirtenden Ameisen abzulegen (die Proctotrupiden *Tetramopria* und *Solenopsia*), und wieder andere lassen sich aus dem Munde der Ameisen füttern (Fig. 82) und auch ihre Larven aufziehen (*Atemeles, Lomechusa*) (Fig. 84). Sodann gibt es auch Symphilen, welche ihre gastfreundlichen Wirte anstechen, um ihnen Blut abzuzapfen (*Thorictus*); andererseits kennen wir aber auch harmlosere „echte Gäste", welche sich damit begnügen, das auf der Oberfläche der Ameisen ausgeschiedene Sekret abzulecken. Solch harmlose Geschöpfe gehören aber zu den Seltenheiten (bis jetzt nur einige *Oxysoma*-Arten), und wir dürfen wohl behaupten, daß die Symphilie der Ameisengesellschaft im allgemeinen Schaden bringt. Da die Symphilen (mit Ausnahme vielleicht des letztgenannten *Oxysoma*) der Gesellschaft der Ameisen keinen wirklichen Nutzen verschaffen — das Exsudat ist ja kein Nahrungsmittel, sondern lediglich Genußmittel (Luxus) —, so bedeutet schon jede Pflegehandlung, welche die Ameisen diesen Gästen zuteil werden lassen, an und für sich eine Vergeudung, einen Verlust von Arbeit für den Staat. Abgesehen davon aber schädigen die meisten Symphilen die Ameisen auch noch direkt, indem sie, wie wir gesehen, die Brut der letzteren verzehren oder deren Larven mit Eier belegen usw. Der Schaden kann mitunter ganz gewaltig werden, wie z. B. durch *Lomechusa*, durch deren Anwesenheit die Erziehung krüppelhafter Zwischenformen (Pseudogynen), welche weder zur Arbeit, noch zur Fortpflanzung tauglich sind, veranlaßt wird und so die Existenz des ganzen Staates in Frage gestellt werden kann (s. Kap. II, S. 68).

Fig. 84.

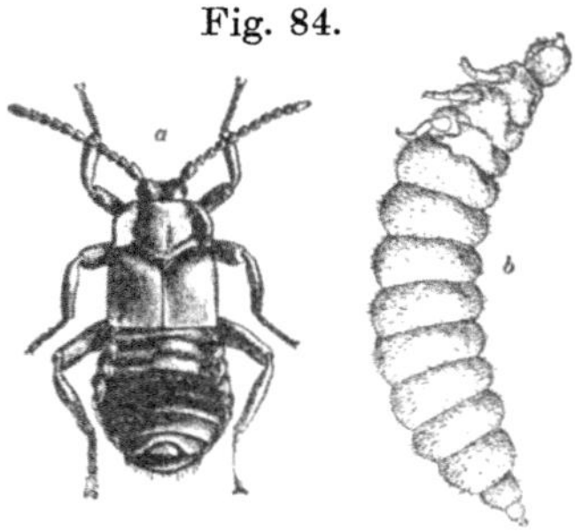

Lomechusa strumosa.
a ausgebildeter Käfer, wird von den Ameisen gefüttert und an den Trichomen beleckt; *b* Larve wird von den Ameisen aufgezogen. Nach Wheeler.

Die Symphilie bedeutet (wenigstens in weitaus den meisten Fällen) für die Ameisen eine soziale Krankheit, wie etwa die Opiumsucht für die Menschenstaaten. Derartige schädliche Liebhabereien können nur in Gesellschaften auftreten, da in denselben den einzelnen Individuen der Kampf ums Dasein wesentlich erleichtert ist gegenüber den solitären Tieren. Es wird an der Naturzüchtung liegen, diese schädlichen Momente, die erst nachträglich, nachdem die Staatenbildung (die sozialen Instinkte) perfekt geworden, im Gefolge eben dieser aufgetreten sind, zu entfernen. Und zwar dadurch, daß die Instinkte oder Triebe, auf Grund deren die schädliche Liebhaberei sich entwickelt hat, entweder ausgemerzt oder wenigstens eingeengt werden. Bei unserem Falle würde es sich darum handeln, den Brutpflege- und Fütterungsinstinkt der Ameisen derartig einzuengen, daß er nicht mehr durch irgendwelche fremde Reizmittel (Exsudate) ausgelöst werden kann, sondern nur noch auf die eigenen Nachkommen und die eigenen Kameraden reagiert. Ist dies möglich, ohne dadurch die Grundlagen des Gesellschaftslebens zu lockern, so wird die Naturzüchtung dies auch fertig bringen; im anderen Falle dagegen werden eben diejenigen Staaten, welche an einem solch verderblichen Luxus kranken, allmählich dem Untergange entgegengehen.

Wasmann glaubt in der Symphilie einen Beweis gegen die Selektionslehre gefunden zu haben, da ein so schädlicher Instinkt wie „der Symphilieinstinkt", unmöglich durch die Naturzüchtung, die doch nur nützliche Eigenschaften aufkommen läßt, entstanden sein könne. Das Irrige dieser Anschauung ergibt sich aus dem eben Gesagten ohne weiteres. Wasmann müßte dann ebensogut in der Opiumsucht einen Beweis gegen das Selektionsprinzip erblicken, da es doch kaum etwas Schädlicheres für den Menschenstaat geben kann als der „Opiuminstinkt". Im übrigen muß ich bezüglich dieser Frage auf die Polemik zwischen Wasmann, Schimmer und mir verweisen (Wasmann 1899, 1903, 1910, Schimmer 1909, 1910, Escherich 1899, 1902).

Die Zahl der Symphilen ist eine ziemlich große und dürfte mehrere Hundert erreichen. Meistens sind es Käfer, die hierher gehören: die Lomechusinen (Staphylinen), die Clavigeriden, Gnostiden, Paussiden, Thorictiden, Hetaeriinen (Histeriden), ferner die Gattungen *Amphotis, Lomechon, Amorphocephalus,* sodann einige Proctotrupiden (*Tetramopria, Solenopsia*) usw. Bei der Intimität zwischen Symphilen und Ameisen ist es von vornherein klar, daß die Symphilen im allgemeinen weniger international sind als die Synoeken, d. h. daß sie auf bestimmte Wirtsameisen angewiesen sind, so leben z. B. die meisten *Paussus*-Arten ausschließlich bei *Pheidole, Claviger* bei *Lasius* usw. Einige Symphilen, wie die *Atemeles*-Arten, sind doppelwirtig, d. h. sie haben zwei normale Wirtsameisen (*Myrmica* und *Formica*), bei denen sie sich abwechselnd aufhalten, und zwar bringen sie die Wintersaison im *Myrmica*-Nest zu, die Sommersaison im *Formica*-Nest, wo auch ihre Larven aufgezogen werden. Über die „internationalen" Beziehungen der Symphilen siehe Wasmann (1891).

4. Ekto- und Entoparasiten.

Die meisten der bisher besprochenen Gäste haben sich als mehr oder weniger ausgesprochene Schmarotzer der Gesellschaft erwiesen und wir können sie daher als „Sozialparasiten" bezeichnen. Wir treffen aber in den Ameisennestern nicht selten auch „Individualparasiten", welche in oder auf dem Körper der Ameisen oder deren Brut leben, um sich von deren Säften zu ernähren.

Wie allgemein üblich, teilen wir diese Schmarotzer in Ento- und Ektoparasiten ein.

Von den ersteren haben wir oben bei der Besprechung der Polymorphismusformen (Kap. II, S. 57) schon ein Beispiel kennen gelernt: nämlich Würmer aus der Gattung *Mermis*, welche mitunter im Abdomen einzelner Ameisen vorkommen und dadurch sogar formverändernd wirken können, indem das Abdomen mächtig ausgedehnt und in Relation damit Brust und Kopf verkleinert wird („mermitophore Exemplare").

Andere Entoparasiten leben in den Pharyngealdrüsen (siehe Kap. I, S. 32) der Ameisen: es sind dies winzige Nematoden (*Pelodera janeti* Lac.-Duth.), welche durch den Mund in die schlauchförmigen Drüsen eindringen und sich auf Kosten des Drüsensekretes entwickeln. Sie bleiben hier aber nur kurze Zeit, d. h. so lange, bis sie den zum freien Leben nötigen Zustand erreicht haben. Die befallenen Ameisen scheinen durch die Anwesenheit der Würmer wenig belästigt zu werden, obwohl die Zahl der letzteren mitunter mehrere Hundert betragen kann.

Zu den Entoparasiten sind weiter die verschiedenen kleinen Zehrwespchen, insbesondere Braconiden, Chalcididen und Proctotrupiden (*Elasmosoma*, *Pachylomma*, *Eucharis*, *Tetramopria*, *Solenopsia* usw.) zu rechnen, welche ihre Eier in den Körper der Ameisen oder deren Larven ablegen, wo sie sich auf Kosten ihrer Wirte bis zur Imago entwickeln. Manche dieser Zehrwespchen, wie z. B. die beiden letztgenannten flügellosen Gattungen, haben sich, um ihr unsauberes Handwerk möglichst bequem und sicher betreiben zu können, mit dem Deckmantel eines guten Freundes umhüllt, d. h. die Eigenschaften eines „echten Gastes" (Symphilen) angenommen. Sie haben sich dadurch so weit in das Vertrauen ihrer Wirte zu stehlen gewußt, daß sie sich ungeniert und ohne Gefahr unter ihnen bewegen können, ja sogar von ihnen noch beleckt und gepflegt werden, während sie an ihre Wohltäter die todbringenden Geschenke verteilen.

Eine ganz ähnliche Verbindung von Entoparasitismus und Symphilie finden wir bei den flügellosen winzigen, bei *Solenopsis* bzw. *Eciton* lebenden Fliegen, *Commoptera solenopsidis* und *Ecitomyia wheeleri*, indem diese ebenfalls symphile Eigenschaften (Exsudatdrüsen) besitzen und letztere wohl — wie die Zehrwespchen — dazu benutzen, ungestört ihre Eier an ihren Wirten ablegen zu können.

Apocephalus pergandei, eine andere zu den Phoriden gehörige Fliege, geht viel offener vor; sie versucht ihre Eier nicht, wie ihre beiden Vettern, auf hinterlistige Weise ihrem Opfer einzuführen, sondern sie tut dies im offenen Kampfe, der oft mehrere Stunden dauern kann. Die betroffene Ameise ist dem Tode verfallen; denn die Entwickelung der Fliege findet in dem Kopfe derselben statt, welcher von der Larve allmählich radikal ausgefressen wird, so daß er eines Tages vom Rumpfe fällt. Man hat die Fliege deshalb auch als „Ameisenscharfrichter" gekennzeichnet.

Weit größer ist das Heer der Ektoparasiten. Das Hauptkontingent dazu stellen die Milben; hat doch Berlese kürzlich in einem starken Bande nicht weniger als 61 myrmekophile Arten aus nur einer Familie (Gamasiden) beschrieben. Ich gehe hier nur auf einige Fälle ein, aus denen aber zur Genüge hervorgeht, wie mannigfaltig und interessant die Beziehungen zwischen Ameisen und Milben sich gestalten können.

Beginnen wir mit dem winzigen *Loelaps oophilus* Wasm. Derselbe sitzt mit Vorliebe auf den Eiern der Ameisen, ohne aber, wie man a priori annehmen möchte, daran zu saugen: er wird vielmehr bei der Beleckung der Eiklumpen durch die Wirte mit ernährt — eine Ernährungsweise, die Wasmann als „Syntrophie" bezeichnet hat.

In den Nestern von *Formica sanguinea* findet man häufig den Sarcoptiden *Tyroglyphus wasmanni* Mon. Er lebt als entwickeltes Geschlechtstier, sowie als normale Larve und Nymphe von Ameisenleichen usw. Dagegen sitzen die im Hypopusstadium befindlichen heteromorphen Nymphen dieser Milbe am Körper der Ameisen, und zwar stets mit dem Kopf gegen die Spitze des betreffenden Körpergliedes der letzteren gerichtet. Nicht selten verursachen diese Hypopen durch ihr massenhaftes Überhandnehmen eine wahre Milbenräude, zu vielen Hunderten jede Ameise wie mit einer grauen Kruste bedeckend, bis die ganze Kolonie an dieser Seuche schließlich eingeht (Wasmann, 1898).

Eine andere Milbe, *Discopoma comata* Berl., hält sich mit Vorliebe auf dem Abdomen der Ameisen auf, und zwar zu dem Zweck, eine der dünnen Intersegmentalhäute mit ihrem Rüssel zu durchbohren und so die Nahrung aus den Säften ihres Wirtes zu beziehen.

Ganz eigenartig sind die Beziehungen zwischen den verschiedenen *Antennophorus*-Arten und ihren Wirten (*Lasius niger, flavus, mixtus*). Wie Ch. Janet zuerst feststellte, und Wasmann und Karawaiew mehrfach bestätigten, sitzt diese Milbe meistens auf der Unterseite des Ameisenkopfes (s. Fig. 85 A), und zwar in der Weise, daß sie sich mit den drei hinteren Beinpaaren festhält, während sie die langen vorderen Beine fühlerartig ausstreckt. Mit diesen Pseudofühlern nun streichelt und kitzelt sie ihre Wirtin an der Kehle und an den Seiten des Kopfes so lange, bis diese einen Futtersaftstropfen heraufwürgt, den der Parasit dann aufleckt. *Antennophorus* wird also aus dem Munde seiner Wirte gefüttert. Wir dürfen jedoch diesen Vorgang nicht in einem Atem mit der Fütterung, die den „echten Gästen" (*Lomechusa, Atemeles* usw.) von seiten ihrer Wirte zuteil wird, nennen; denn hier handelt es sich um einen „freiwilligen", d. h. auf instinktiver Zuneigung beruhenden Akt, während die *Antennophorus*-Fütterung lediglich Reflex ist. Nichts liegt den Ameisen weniger im Sinn, als ihre „lebenden Maulkörbe" zu füttern; im Gegenteil, sie machen oft „verzweifelte Anstrengungen, den unverschämten Kerl abzustreifen", ohne aber Erfolg damit zu haben. Wasmann bezeichnet daher sehr treffend das Verhältnis des *Antennophorus* zu den

Ameisen als eine Karikatur des „echten Gastverhältnisses“ (Symphilie).

Ein Seitenstück zu *Antennophorus* bildet das sogenannte „lebende Halsband“: d. i. eine Fliegen-(Phoriden-)Larve (*Metopina pachycondylae*), welche normalerweise in der Halsregion der Ameisenlarven (*Pachycondyla*) sich festsetzt, dieselbe wie ein Halsband umgebend (Fig. 85 C). Wenn nun die Ameisenlarve gefüttert wird, was bei *Pachycondyla* durch Vorsetzen von Insektenstücken usw. geschieht, so nimmt auch das „Halsband“ an der Mahlzeit teil. Ist die dargereichte Nahrung vollkommen aufgezehrt, so kommt es vor, daß der Schmarotzer seinen Kopf nach den benachbarten Ameisenlarven ausstreckt, ob bei ihnen vielleicht noch etwas zu haben sei. Oder sie zwicken ihre Wirte tüchtig in die Haut, damit diese unruhig werden und dadurch die fütternden Arbeiter veranlassen, neue Nahrung vorzusetzen! Warum die Arbeiter ihre Larven nicht von den lästigen und diebischen Halsbändern befreien, darüber wissen wir nichts. Der Schaden, der durch diesen Fliegenparasiten den Ameisenlarven zugefügt

Fig. 85 A.

Fig. 85 B.

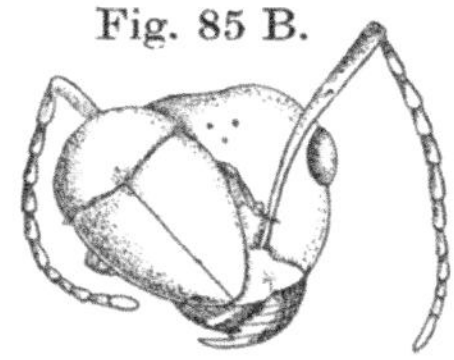

Fig. 85 C.

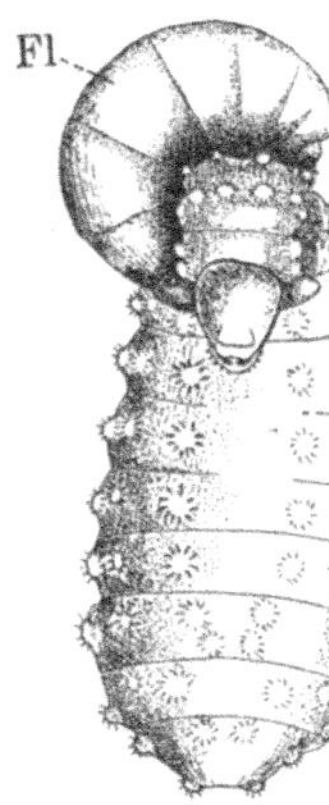

Verschiedene Ektoparasiten der Ameisen.

A *Antennophorus* an der Unterseite des Kopfes eines *Lasius*-☿ sitzend (nach Janet); B *Thorictus foreli* an dem Fühlerschaft eines *Myrmecocystus*-☿ (nach Wasmann); C Phoriden-Larve (*Fl*) am Halse einer *Pachycondyla*-Larve sitzend (nach Wheeler).

wird, ist nicht allzu groß; jedenfalls wird die Entwickelung der Ameisenlarve nicht wesentlich beeinflußt.

Weniger harmlos ist die ebenfalls in der Halsregion der Ameisenlarven sich festsetzende Larve einer kleinen Schlupfwespe (*Orasema viridis*, Chalcidide). Sie durchbohrt mit ihren Mundteilen die Haut des Wirtes und nährt sich von dessen Säften, wodurch die Entwickelung der Ameisenlarve derart beeinflußt wird, daß sie sich nur bis zur Puppe entwickelt, die außerdem eine stark veränderte Form aufweisen (s. oben Kap. II, „Phthisergaten“). Noch auffälliger erscheint die Duldung eines anderen Ektoparasiten, nämlich des Käfers *Thorictus foreli* Wasm., der seinen normalen Sitz an dem Fühlerschaft seiner Wirte (*Myrmecocystus viaticus* F.) hat (Fig. 85 B). Er ist den Ameisen ungeheuer lästig, weshalb die befallenen Individuen sich auch die größte Mühe geben, ihn loszuwerden. Es ist sehr drollig, sie dabei zu beobachten, wie sie mit den Beinen den ungebetenen Gast fortzuschieben oder wie sie den Fühler durch Spalten zu ziehen suchen, um so die Last abzustreifen, oder wie sie mit dem Gast fest an die Wand oder den Boden trommeln usw. Aber alle Anstrengungen bleiben erfolglos, zumal niemals einer der Kameraden an dem Befreiungswerke mithilft. Im Gegenteil, die thorictusfreien Arbeiter scheinen sogar noch Gefallen an den Fühlerreitern zu besitzen, denn man sieht sie zuweilen deren Oberfläche belecken nach Art der „echten Gäste“.

Was treiben nun diese Gäste die ganze Zeit an den Fühlern der Ameisen? Höchstwahrscheinlich stechen sie mit ihren Kiefern die Fühler an, um das aus den so gesetzten Löchern ausfließende Blut aufzulecken. Trifft diese Annahme, die nach den von Wasmann vorgebrachten Gründen wahrscheinlich ist, wirklich zu, so haben wir hier die Verbindung des „echten Gastverhältnisses“ mit Ektoparasitismus. Zweifellos ist hier letzterer sekundär zur Symphilie hinzugekommen; denn die meisten anderen *Thorictus*-Arten sind nicht antennophil und leben als Symphilen oder Synoeken von den Abfällen und Leichen ihrer Wirte. Anders bei den obigen entoparasitisch lebenden Symphilen (*Tetramopria* usw.): bei ihnen war der Parasitismus das primäre Element, da alle Proctotrupiden Parasiten sind, und hat sich die Symphilie erst sekundär im Anschluß an diesen herausgebildet.

* * *

Wie eingangs schon erwähnt, mußte ich mich hier darauf beschränken, das äußerst interessante und schier unerschöpfliche Thema der Myrmekophilenkunde nur ganz skizzenhaft zu behandeln. Vielleicht ist es mir trotzdem gelungen, auch dem Fernstehenden einen Begriff von der Wunderwelt, die uns durch den Jesuitenpater E. Wasmann eröffnet wurde, zu geben. Das eine wird jeder daraus gelesen haben, daß nämlich die Großmachtstellung, die die Ameisen im Tierreiche einnehmen, nach allen Richtungen hin von dem verschiedensten Insektenvolk gründlichst ausgebeutet und ausgenutzt wird.

Literatur.

Ich bringe hier nur die Literatur über die passiven Beziehungen (Myrmekophilie *s. str.*), da die Arbeiten über die aktiven Beziehungen (Trophobiose) schon im IV. Kapitel aufgeführt sind.

Berlese, A., Illustrazione iconografica degli Acari mirmecofili. In: „Redia“ 2 (1904).

Brues, Ch. Thomas, Two new myrmecophilous Genera of aberrant *Phoridae* from Texas. In: The Amer. Nat. **35**, 337–356, 1901.

Böving, Adam G., Om Paussiderne og Larven til *Paussus Kannegieteri* Wsm. In: Vidensk. Medd. fra naturh. Foren 1907.

Cobelli, R., Il *Pachylomma Cremieri* ed il *Lasius fuliginosus*. In: Verh. Zool. Bot. Ges. Wien **56** (1906).

Donisthorpe, H. St. J. K., Myrmecophilous notes for 1912. In: The Entom. Rec. **25** (1912).

Donisthorpe, H. St. J. K., Notes on the capture of *Claviger longicornis*, and a Description of its supposed Larva. In: Ebenda **25**, Nr. 12, 1913.

Donisthorpe, H. St. J. K., Myrmecophilous notes for 1913. In: Ebenda **26** (1914).

Escherich, K., Zur Kenntnis der Myrmekophilen Kleinasiens. In: Wien. ent. Zeitschr. 1897, S. 229—239.

Escherich, K., Zur Anatomie und Biologie von *Paussus turcicus* Friv. In: Zool. Jahrb. (Syst.) **12**, 27—70, 1898. Tafel II.

Escherich, K., Zur Biologie von *Thorictus foreli* Wasm. In: Zool. Anz. **21**, 483—492, 1898.

Escherich, K., Zur Naturgeschichte von *Paussus favieri* Fairm. In: Verh. d. Zool. bot. Ges. Wien, 1899.

Escherich, K., Über myrmekophile Arthropoden, mit besonderer Berücksichtigung der Biologie. In: Zool. Zentralbl. **6**, 1—18, 1899.

Escherich, K., Biologische Studien über algerische Myrmekophilen. In: Biol. Zentralbl. **22** (1902).

Escherich, K., Über die Gäste der Ameisen. In: Mitteil. d. Philom. Ges. Elsaß-Lothr. 1902, S. 461—474. 2 Tafeln.

Escherich, K., Neue Beobachtungen über *Paussus* in Erythrea. In: Zeitschr. f. wiss. Ins.-Biol. **3** (1907).

Fiebrig, Karl, Eine ameisenähnliche Gryllide aus Paraguay, *Phyllostistus macilentus*. In: Zeitschr. f. wiss. Ins.-Biol. **3** (1907).

Forel, Aug., Fourmis de la Suisse, S. 422—428.

Hagmann, G., Beobachtungen über einen myrmekophilen Schmetterling am Amazonenstrom. In: Biol. Zentralbl. 1907.

Jacobi, A., Mimikry. Braunschweig 1913.

Jacobson, Edw., Ein Moskito als Gast der *Cremastogaster difformis*. In: Tijdschr. Ent. **52** (1909).

Jacobson, Edw., Nähere Mitteilung über die myrmekophile Culicide *Harpagomyia splendeus*. In: Ebenda **54** (1911).

Jacobson, Edw., *Pheidologeton diversus* und eine myrmekophile Fliegenart. In: Ebenda **53** (1910).

Janet, Chr., Sur le *Lasius mixtus*, *l'Antennophorus Uhlmanni* etc. Limoges 1897.

Janet, Chr., Rapports des Animaux myrmecophiles avec les Fourmis. Limoges 1897.

Jordan, K. H. Chr., Zur Morphologie und Biologie der myrmekophilen Gattungen *Lomechusa* und *Atemeles* usw. In: Zeitschr. f. wiss. Zool. 1913.

Karawaiew, W., *Antennophorus Uhlmanni* und seine Beziehungen zu *Lasius fuliginosus* und anderen Ameisen. Kiew 1904.

Kneissl, L., *Uroobovella Wasmanni*, eine neue myrmekophile Milbe. In: Zeitschr. f. wiss. Ins.-Biol. 1907.

Kolbe, H., Neue myrmekophile Coleopteren Afrikas aus der Gruppe der Cremastochilinen. In: Ann. Soc. Ent. Belg. **51** (1907).

Pergande, Theo, The Ant-decapitating Fly. In: Proc. Ent. Soc. Wash. 1901.

Reichensperger, A., Zur Kenntnis von Mymekophilen aus Abessinien. I. In: Zool. Jahrb. Syst. **35** (1913).

Schimmer, Fritz, Beitrag zu einer Monographie der Gryllodeen-Gattung *Myrmecophila* Latr. In: Zeitschr. f. wiss. Zool. **98** (1908). 3 Taf.

Wasmann[1]), E., Vergleichende Studien über Ameisen- und Termitengäste. In: Tijdschr. v. Entom. **33** (1890).

Wasmann, E., Vorbemerkungen zu den internationalen Beziehungen der Ameisengäste. In: Biol. Zentralbl. **11** (1891).

Wasmann, E., Kritisches Verzeichnis der myrmekophilen und termitophilen Arthropoden. XVI u. 231 S. Berlin 1894. (In diesem grundlegenden Werke ist alle Literatur bis 1894 verzeichnet.)

Wasmann, E., Die Myrmekophilen und Termitophilen. Leyden 1896. Compt. rend. III. Congrès Internat. Zool.

Wasmann, E., Zur Entwickelung der Instinkte (Entwickelung der Symphilie). In: Verhandl. d. Zool. Ges. Wien 1897.

Wasmann, E., Die Gäste der Ameisen und Termiten. In: Illustr. Zeitschr. f. Ent. 1898.

Wasmann, E., Neue Dorylinengäste aus dem neotropischen und äthiopischen Faunengebiet. In: Zool. Jahrb. (Syst.) **14** (1900).

Wasmann, E., Die psychischen Fähigkeiten der Ameisen. 2. Aufl. Stuttgart 1909.

Wasmann, E., Neues über die zusammengesetzten Nester und gemischten Kolonien der Ameisen. In: Allgem. Zeitschr. f. Ent. **6** u. **7** (1901 u. 1902).

Wasmann, E., Zur näheren Kenntnis des echten Gastverhältnisses bei den Ameisengästen. In: Biol. Zentralbl. 1903.

Wasmann, E., Zur Kenntnis der Gäste der Treiberameisen und ihrer Wirte am oberen Kongo. In: Zool. Jahrb., Suppl. **7** (1904).

Wasmann, E., Über das Wesen und den Ursprung der Symphilie. In: Biol. Zentralbl. **30** (1910).

Wasmann, E., Gibt es erbliche Instinktmodifikationen im Verhalten der Ameisen gegenüber ihren Gästen? In: Zool. Anz. **37** (1911).

Wasmann, E., *Mimanomma spectrum*, ein neuer Dorylinengast des extremsten Mimikrytypus. In: Zool. Anz. **39** (1912).

Wasmann, E., Neue Beiträge zur Kenntnis der Termitophylen und Myrmekophilen. In: Zeitschr. f. wiss. Zool. **101** (1912). 3 Taf.

Wheeler, W. M., An extraordinary Ant-Guest. In: The Amer. Natural. **35** (1901).

Wheeler, W. M., Ants. Kap. XXI u. XXII.

---

[1]) Ich kann hier unmöglich sämtliche Arbeiten Wasmanns, deren Zahl etwa 200 beträgt, anführen, und nenne daher nur die hauptsächlichsten zusammenfassenden Schriften, in denen ja auch die übrige Literatur zu finden ist (vgl. besonders „Krit. Verzeichn." und die „Psych. Fähigk.", in welch letzterem Werk ein vollständiges Verzeichnis der Wasmannschen Arbeiten über Ameisengäste bis zum Jahre 1909 (163 Nummern) enthalten ist.

Neuntes Kapitel.

Beziehungen der Ameisen zu den Pflanzen.

1. Die Ameisen als Pflanzenschädlinge[1]).

Pflanzenbeschädigung durch Nahrungserwerb.

Die Schädigungen, die den Pflanzen aus der Tätigkeit der Ameisen erwachsen, sind, im Verhältnis zu dem zahlreichen Vorkommen der letzteren, nicht allzu umfangreich. Zum großen Teil sind sie durch den Nahrungserwerb der Ameisen verursacht. Es sind hauptsächlich die Pflanzensäfte, denen die Ameisen auf den Pflanzen nachgehen. Sehen wir unsere Tiere doch mit Vorliebe um die extrafloralen Nektarien versammelt, um von den dort ausgeschiedenen süßen Säften zu schlürfen. Sie dringen aber mitunter auch in die Blüten ein, um den am Grunde derselben fließenden Honig zu erlangen. Und wenn auch besondere Schutzvorrichtungen gegen Ameisen und andere ungebetene Gäste vorhanden sind, so verstehen sie es doch zuweilen, gewaltsam den Weg zu den verbotenen Quellen am Blütengrunde sich zu bahnen, wobei natürlich die Blüten mehr oder weniger verletzt werden. Einen drastischen Fall dieser Art beobachtete Vosseler in Ostafrika an *Cobaea scandens*, deren Blüten durch das gewaltsame Eindringen der Ameisen derart zerstört wurden, daß der Fruchtansatz völlig unterblieb.

Die Ameisen begnügen sich aber keineswegs immer mit den von den Pflanzen ausgeschiedenen Sekreten, sondern sie erschließen sich auch noch andere Saftquellen, und zwar am einfachsten dadurch, daß sie die Pflanzen verwunden. Sie suchen sich dazu besonders saftreiche Stellen aus, wie die Knospen oder Früchte. Die Beschädigungen, die auf diese Weise entstehen, sind oft recht empfindlich, wie jeder Obstbaumzüchter weiß. Auch an den Bäumen des Waldes machen sich solche bisweilen geltend, wie z. B. an den Knospen junger

---

[1]) Eine eingehende Darstellung des Schadens und Nutzens der Ameisen findet sich in: Stitz, H., Die Beziehungen der Ameisen zum Menschen und ihre wirtschaftliche Bedeutung. In: Zeitschr. f. ang. Entomol. Bd. IV.

Eichen, Buchen, Ahornheister usw., worauf schon Altum aufmerksam gemacht hat[1]).

Die weitaus beliebteste und häufigste Art, sich Pflanzensäfte zu verschaffen, besteht darin, daß die Ameisen sich anderer Tiere, die zum Saugen eingerichtet sind, bedienen, wie der Blatt- und Schildläuse, der Cikaden u. a. Die Vorteile dieser indirekten Saftgewinnung sind sehr große: Die Verwundungen, welche der Pflanze durch den feinen Rüssel jener Sauger zugefügt werden, sind ungleich geringer und für die Pflanze weniger nachteilig als die durch die großen Ameisenkiefer verursachten, dabei der Saftzufluß viel reichlicher und länger anhaltend, so daß also die Ameisen die Pflanzen auf diese indirekte Weise viel ökonomischer ausnutzen als durch die obige grobe und primitive Methode. Der Schaden, der durch die Blatt- und Schildlauszucht der Ameisen den Pflanzen zugefügt wird, ist nicht zu unterschätzen, und häufig genug gehen die so angegriffenen Pflanzen zugrunde, besonders wenn die Saftentziehung an den Wurzeln stattfindet.

Fig. 86 A. Fig. 86 B.

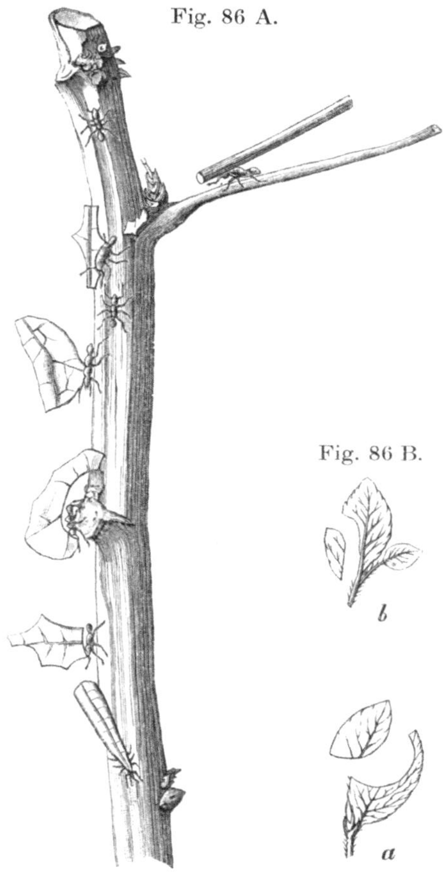

A *Atta discigera*, an einer geplünderten Pflanze mit Schnittstücken herabsteigend. B Schnitte aus Cuphea-Blättern, in 4 bis 5 Minuten von *Atta discigera* ausgeführt.
Nach Möller, aus Schimper.

Ungleich auffälliger sind die Beschädigungen, welche im tropischen Amerika der Pflanzenwelt von seiten der sogenannten Blattschneiderameisen erwachsen. Die Züge dieser Ameisen, die der

[1]) Die Ameisen verstehen es auch, die bei der Verwundung des Pflanzengewebes durch andere Tiere austretenden Säfte sich nutzbar zu machen. So beobachtete Thomann (1908), daß die auf *Lithospermum* (Steinsamen) lebenden Raupen von *Psecadia* stets von Ameisen umgeben waren, die keinen anderen Zweck verfolgten, als die Säfte aufzulecken, die aus den durch die Raupen verursachten Wunden der Pflanze ausflossen.

Gattung *Atta* angehören und die auch als „Schlepper" oder als „Sauba" (von den Eingeborenen) bezeichnet werden, fallen jedem Reisenden auf. „Ein grüner Strom zieht quer durch den Waldpfad — wandernde Blattstücke von Groschengröße, jedes auf dem Kopf einer Ameise senkrecht stehend." „Der Zug kommt von einer Pflanze, auf welcher die keineswegs furchtsamen Tierchen bei ihrer Arbeit leicht beobachtet werden können. Ein Stück aus dem Blattrand wird mit den scherenartigen Kinnbacken in wenigen Minuten herausgeschnitten und mit ruckartiger Bewegung auf den Kopf gestellt. So beladen schließt sich die Ameise der heimkehrende Schar an" (Fig. 86A und B).

„Die heimgesuchte Pflanze wird manchmal, jedoch nicht immer, erst verlassen, nachdem sämtliches Laub, mit Ausnahme besonders harter Rippen und Stiele, fortgeschleppt worden ist" (Schimper, 1898). Die „Schlepper" sind nicht etwa auf eine oder wenige bestimmte Pflanzenarten angewiesen, wie viele unserer forstschädlichen Insekten, sondern sie befallen die verschiedensten Pflanzen und tragen außer den Blattstücken auch Blüten, Samen usw. mit fort. Möller gibt an, daß die Zahl der „geschnittenen" Pflanzenarten ganz außerordentlich groß ist, so daß weniger die Masse, als vielmehr Mannigfaltigkeit des eingetragenen Materials überrascht.

Besonders stark sind die eingeführten Gewächse, wie Orangen, Granatbäume, Rosen, den Angriffen der Sauba ausgesetzt und es ist daher in manchen Gegenden geradezu unmöglich, solche Kulturen anzulegen.

Wie die Ameisen die eingeschleppten Blattstücke verwenden, d. h., daß sie dieselben nicht direkt als Nahrung gebrauchen, sondern sie zum Düngen eines Pilzes benutzen, darüber ist oben (Kap. V, 2d) schon das Nähere gesagt.

Endlich sei auch noch an den Schaden erinnert, den die Körner sammelnden Ameisen der Pflanzenwelt zufügen, indem durch das Eintragen und Verzehren von Samen eine Menge Pflanzenkeime vernichtet werden (vgl. Kap. V, 2c).

Pflanzenbeschädigung durch Nestbau.

Nebst dem Nahrungserwerb ist es der Nestbau der Ameisen, der zu einer Schädigung der Pflanzenwelt führen kann. Es handelt sich dabei hauptsächlich um solche Ameisen, welche mehr oder weniger ausgedehnte Höhlungen in den verschiedenen Teilen der Pflanze ausnagen, die als Wohnstätte dienen Für uns kommen in dieser Beziehung in erster Linie die sogenannten Holz- oder Roßameisen (*Camponotus herculeanus* und *ligniperdus*) in Betracht, die ganz gesunde Stämme von Fichten oder Tannen (seltener von Laubhölzern) in großer Ausdehnung (bis zu 10 m) derart aushöhlen, daß nur einzelne aus hartem Herbstholze bestehende Ringwände der Jahresringe, sowie die Hornäste stehen bleiben (s. oben S. 119). Der Stamm wird hierdurch in seinem Inneren mehr oder weniger vollständig in konzentrisch ineinandersteckende Hohlzylinder zerlegt, die schließlich nur noch durch die durchgehenden Hornäste zusammengehalten werden. Daß ein solch schwerer Eingriff die Lebensenergie des befallenen Baumes und seine Widerstandskraft gegen starke Winde wesentlich herabsetzt und ihn dadurch den sekundären Feinden und der Gefahr des Windbruches überliefert, ist ohne weiteres klar. Außerdem lockt die Anwesenheit der Ameisen im Stamm regelmäßig Spechte an, vor allem den Schwarzspecht[1]), dessen Lieblingsnahrung die Roßameisen darstellen. Dieser kann die Stämme so zurichten, daß man im Zweifel ist, ob die Ameise oder der Specht dem Baume mehr Schaden zufügt. Gewöhnlich begnügt sich der Specht nicht mit einem Loche, sondern schlägt deren vier bis fünf oder noch mehr übereinander ein[2]). — Natürlich tragen die Spechtlöcher noch dazu bei, sowohl die physiologische Schädigung zu vermehren als auch die technische Entwertung zu erhöhen, besonders wenn sie noch über die eigentliche Region des Ameisennestes hinausreichen. Und so wird also die Roßameise nicht nur direkt schädlich durch ihre Nestbautätigkeit, sondern auch noch indirekt durch die Anziehung des Spechtes[3]).

Im Süden Europas ist es eine andere *Camponotus*-Form, *herculeanus vagus* (*C. pubescens*), welche die verschiedenen Bäume in ähnlicher Weise heimsucht. Wenn sie in Korkeichen vorkommt, so kann sie noch dadurch besonders schädlich werden, daß sie Gänge in den Kork frißt und so diesen technisch völlig wertlos macht [A. Krausse[4])].

Außer den genannten *Camponotus*-Arten gibt es noch eine ganze Reihe Holzschnitzer unter den Ameisen, wie z. B. *Colobopsis truncata*

[1]) In der ersten Auflage ist irrtümlicherweise der Grünspecht als Vertilger der Holzameisen genannt. Dieser stellt jedoch vorwiegend den im Boden lebenden Insekten nach, vor allem der (forstnützlichen) roten Waldameise. Bei strengem Frostwetter nährt er sich nach Wasmann (1906) überhaupt nur von *Formica rufa* und *pratensis*, wie die Untersuchung der Exkremente zeigte.

[2]) Altum (Forstzoologie II, 2, S. 235) bildet eine „Ameisenfichte" aus dem Erzgebirge ab, die auf der einen Seite nicht weniger als 17 Spechtlöcher aufweist.

[3]) Letzteres trifft übrigens vielfach auch für solche Ameisen zu, welche in schon vorhandenen Pflanzenhöhlungen nisten und also durch den Nestbau an und für sich den Pflanzen nicht schädlich werden. So werden die Imbauwabäume in Brasilien (*Cecropia adenopus*, s. unten), in deren hohlen Internodien meistens eine bestimmte Ameisenart (*Azteca Mülleri*) nistet, häufig von Spechten arg zugerichtet. Das gleiche beobachtete ich selbst in Ceylon an einer anderen Ameisenpflanze, *Humboldia laurifolia*, die in den hohlen blasig aufgetriebenen Zweigen häufig Ameisen beherbergen, indem die meisten von Ameisen besetzten Internodien schwere Spechtverwundungen aufwiesen.

[4]) Ähnliche Korkzerstörungen werden durch *Cremastogaster scutellaris* verursacht. (Vgl. Maceira, Garcia, Schädliche Insekten auf Korkeichen in Estremadura und Altkastilien, Referat in Allg. Forst- u. Jagd-Ztg. 1904, S. 397, C. Emery, Le Formiche e gli Alberi in Italia 1908, Krausse, A., Über Beschädigung der Korkeiche durch *Crem. scutellaris*. Arch. Naturg., Bd. 79 (1913).

(s. oben S. 120), die ihre Nester in Birnbäumen anlegt, jedoch erlangen die Gänge nur eine geringe Ausdehnung, so daß von einer Schädigung kaum die Rede sein kann. Das gleiche gilt für die verschiedenen kleinen Ameisen, welche ihre Gänge und Kammern lediglich in der toten Rinde anlegen, wie z. B. die *Leptothorax*-Arten, die obendrein nur ganz schwache Völker bilden, so daß die Fraßspuren nur höchst unbedeutend sind.

2. Die Ameisen als Beschützer und Verteidiger der Pflanzenwelt.

Vertilgung der Pflanzenschädlinge.

In welch ausgiebiger Weise die Ameisen die Vernichtung von Pflanzenschädlingen betreiben, davon kann man sich leicht überzeugen, wenn man im Sommer das Leben und Treiben der überall häufigen *Formica rufa* beobachtet. In großen Scharen ziehen sie, leer oder mit Puppenhäuten beladen, aus ihrem hochgetürmten Nest aus, und eben solche Scharen ziehen fortwährend heimwärts, größtenteils mit einem Beutetier beladen. Nicht nur auf ebener Erde suchen sie ihre Opfer, sondern sie erklettern auch die höchsten Fichten und Tannen, um die an den Nadeln fressenden Raupen oder Käfer sich zu holen. Sind die Bäume in der nächsten Umgebung gesäubert, so geht es an entfernter stehende usw. Wenn man bedenkt, welche große Einwohnerzahl (400000 bis 500000) eine *F. rufa*-Kolonie besitzen kann, so versteht man ohne weiteres, daß da, wo die *Rufa*-Kolonien sehr zahlreich sind, die Waldameisen eine ganz vortreffliche Schutzwehr gegen die verschiedenen Waldfeinde aus der Insektenwelt darstellen. Hat doch Forel berechnet, daß von den Bewohnern eines einzigen großen *Rufa*-Nestes an einem Tage mindestens 100000 Insekten vertilgt werden; das macht in einem Sommer mindestens 10 Millionen! Es ist auch wiederholt beobachtet, daß Bäume, an deren Fuß ein *Rufa*-Haufen sich befindet, von Schadinsekten frei bleiben, und daß bei Insektenkalamitäten die von der roten Waldameise besetzten Stellen wie grüne Oasen aus der kahlgefressenen Umgebung sich abheben (Ratzeburg). Daher ist es sehr angebracht, daß die Zerstörung von *Rufa*-Nestern (zwecks Sammeln von „Ameiseneiern" usw.) vom Gesetz mit empfindlichen Strafen geahndet wird. Liegt es doch im höchsten Interesse des Forstmannes, jeden Ameisenhaufen in seinem Revier als kostbares Gut zu betrachten, das möglichst zu erhalten ist. Man hat auch den Vorschlag gemacht, durch Teilung der Haufen die *Rufa*-Völker künstlich zu vermehren, um die Schädlinge des Waldes damit zu bekämpfen (Ratzeburg). Die bisherigen Versuche in dieser Richtung sind zwar ohne auffälligen Erfolg geblieben; doch sollte man deswegen die Sache noch nicht aufgeben, sondern vielmehr neue Versuche unternehmen unter eingehendster Berücksichtigung der heute noch weit mehr geklärten Lebensgewohnheiten der fraglichen Ameisen.

Was bei uns die Waldameisen tun, besorgen in den Tropen — und zwar in noch viel höherem Maße — die Wander- oder Treiberameisen, die in Riesenzügen von einem Ort zum anderen wandern, überall dem Ungeziefer Verderben bringend. Vosseler, der in Ostafrika mehrere Jahre hindurch die Wanderameise beobachtet hat, bezeichnet ihre Anweisenheit geradezu „als einen Segen für die verschiedenen Kulturen". „In einer gegebenen Zeit vertilgen sie mehr Ungeziefer als alle anderen Insektenfresser zusammen, indem sie den ganzen von ihnen überschwemmten Boden bis zu einer gewissen Tiefe säubern. Da sie nicht nur zappelndes Getier, sondern auch Eier und Puppen, nicht nur offen herumkrabbelndes, sondern auch verstecktes Ungeziefer auswittern, hinterlassen sie ein ziemlich gesäubertes Feld. Vielleicht sind sie gar einmal berufen, bei der Bekämpfung besonders gefährlicher Feinde unserer Tropenpflanzungen eine bedeutsame Rolle zu spielen." Nach den Schätzungen von Vosseler dürfte ein von ihm beobachtetes Volk der Siafu (s. oben, S. 180 ff.) in 10 Tagen etwa 1600000 Stück Insekten auf etwa 10000 qm abgesuchten Feldes heimgeschleppt haben.

Als sehr nützlich haben sich die Ameisen auch bei der Vertilgung des so überaus schädlichen Baumwollkapselkäfers in Texas erwiesen. Es sind eine ganze Reihe verschiedener Ameisenarten festgestellt worden, welche jenem Käfer arg zusetzen; unter ihnen spielt die „fire ant", *Solenopsis geminata*, die wichtigste Rolle. Alle Stadien des Boll weewil werden von den Ameisen angegriffen, sowohl die Imagines, als auch die Larven und Puppen, die sie aus den Baumwollfrüchten herausholen. Wie groß diese Wirkung der Ameisen ist, kann man daraus ersehen, daß an manchen Orten 50 Proz. der Larven durch sie getötet wurden[1]).

Die Kenntnis dieser nutzbringenden Tätigkeit der Ameisen ist übrigens schon eine sehr alte. Haben die Chinesen doch schon im 12. Jahrhundert gewisse Ameisen gesammelt, gezüchtet und geschützt, um auf diese Weise ihre Mandarinen und Orangenbäume raupenfrei zu halten. Es ist unter den Chinesen sogar eine besondere Arbeiterklasse, die der „Ameisensammler" entstanden (vgl. Raciborski, 1900).

[1]) Vor einiger Zeit glaubte man in einer Ameise aus Guatemala, der Kelep ant (*Ectatomma tuberculatum* Oliv), geradezu einen spezifischen Feind des Kapselkäfers gefunden zu haben. Der Botaniker O. F. Cook hatte nämlich die genannte Ameise einige Male in den Baumwollfeldern Guatemalas beim Verzehren einer Kapselkäferlarve beobachtet, und schloß daraus etwas voreilig auf eine Symbiose zwischen Ameise und Baumwollstrauch. Die Nektarien der Baumwollpflanze sollten Anpassungen an die Ameise sein, die dafür die Pflanze von ihren Schädigern reinigt. Eine gewaltige Aufregung bemächtigte sich der Pflanzer ob dieser Entdeckung: Sie glaubten nun ihres Hauptpeinigers, der ihnen so schwere Verluste beibrachte, in kurzer Zeit entledigt zu sein, wenn man nur diese Ameise aus Guatemala in Texas einführte. Doch bald genug folgte die Enttäuschung. Cooks Beobachtung und vor allem seine Schlüsse erwiesen sich in der Praxis als nicht stichhaltig und der schöne Traum von der Kelep ant zerfloß in nichts.

— Auch die Javaner benutzen nach Raciborski schon seit alter Zeit Ameisen, um die Früchte der Mangobäume gegen die Angriffe des *Cryptorrhynchus mangifera*, eines Käfers, zu schützen. „Sie sammeln im Walde oder an den Strandbäumen die Nester der großen und bösartigen roten Ameisen, bringen diese in ihre Gärten und hängen sie auf die schattigen Mangobäume.“ Sie verbinden ferner die einzelnen Bäume durch Taue usw., um so den Ameisen einen größeren Wirkungskreis zu verschaffen.

Ganz ähnlich schützt man in Italien, im Gebiet von Mantua, die Obstbäume. „Wenn in dieser Gegend Eichen gefällt werden, so läßt man diejenigen Stümpfe stehen, an deren Fuß sich Ameisennester finden. Haben sich dann im folgenden Jahre die Ameisen in denselben eingenistet, so rodet man die Stöcke aus und bindet sie am Fuße junger Obstbäume fest, wodurch diese auf Jahre gegen Raupenfraß geschützt sind“ (Ludwig, Fr., Lehrbuch der Biologie der Pflanzen 1895, S. 243).

Abwehr der Pflanzenschädlinge.
[Ameisenpflanzen[1]).]

Nach dem eben Gesagten steht es also fest, daß gewisse Ameisen durch fortwährende Vertilgung von schädlichen Insekten der Pflanzenwelt einen großen Nutzen stiften. Nach dieser Erkenntnis war es naheliegend genug, die Frage aufzuwerfen, ob denn vielleicht die Pflanzen besondere Einrichtungen besäßen, wodurch diese so wirksame Schutzgarde angezogen und womöglich auf der Pflanze festgehalten werden könne. Denn je intimer und beständiger die Beziehungen zwischen Ameisen und Pflanzen sind, desto sicherer — so muß man annehmen — ist der Schutz, den die letzteren genießen. Solche Einrichtungen zur Anziehung von Ameisen glaubte man in der Tat bei einer Anzahl Pflanzen gefunden zu haben, und zwar zweierlei Art: entweder bestehend in Darbietung von Nahrung (Sekrete) oder in Darbietung von Wohngelegenheit (bzw. in einer gleichzeitigen Darbietung von beiden). Alle derartigen, scheinbar für Ameisenschutz speziell organisierten Pflanzen werden als „myrmekophile Pflanzen“ oder „Ameisenpflanzen“ (sens. lat.) bezeichnet.

Darbietung von Nahrung. — Eine ganze Reihe von Pflanzen besitzen neben den in den Blüten sitzenden Honigdrüsen (den sogenannten „floralen Nektarien“) noch zahlreiche außerhalb der Blüten an den verschiedensten Stellen des Pflanzenkörpers vorkommenden Drüsen, die sogenannten „extrafloralen Nektarien“. Häufig sind die betreffenden Stellen auch noch durch auffallende Färbung (Purpur,

[1]) Eine ausgezeichnete gedrängte Darstellung der Ameisenpflanzen, in der den neuesten Anschauungen Rechnung getragen wird, gibt Miehe unter dem Stichwort „Ameisenpflanzen“ in dem Handwörterbuch der Naturwissenschaften, Bd. I.

Rot, Weiß) ausgezeichnet. Von unseren einheimischen Pflanzen besitzen solche „extraflorale Nektarien" verschiedene Kompositen (*Centaurea montana, Jurinea, Serratula* usw.), sodann *Prunus, Populus* usw.; weit häufiger sind sie bei tropischen Pfanzen (s. unten).

„Die floralen Nektarien werden mit gutem Recht als Anpassungen aufgefaßt, welche den Insektenbesuch zwecks Kreuzbefruchtung begünstigen sollen." „Offenbar unter dem Eindrucke dieser allgemein akzeptierten Theorie von dem Zusammenhang zwischen honigsaugenden Insekten und der Sicherung der Fremdbestäubung, hat man den Versuch gemacht, eine ähnliche Beziehung zwischen den extrafloralen Nektarien und den Ameisen zu konstruieren. Die Ameisen sollten den Nektar schlürfen und sich so an die Pflanze gewöhnen, um dieselbe dafür gleich einer Schutzgarde gegen Feinde der verschiedensten Art zu verteidigen" (Miehe). Diese von Belt und Delpino begründete Theorie blieb eine Zeitlang völlig unbestritten. Gab sie doch auch bis jetzt die einzige plausible Erklärung für die Existenz der extrafloralen Nektarien. Zudem hatte Wettstein experimentell festgestellt, daß gewissen Pflanzen, wie *Centaurea alpina, Jurinea mollis* usw., durch die von den extrafloralen Nektarien angezogenen Ameisen ein tatsächlicher Schutz gegen Käferfraß usw. zu teil wird[1]).

Nach neueren Beobachtungen, besonders von Nieuwenhuis v. Üxküll-Güldenbandt, scheint es jedoch als ob die angenommenen Zusammenhänge zwischen extrafloralen Nektarien und Verteidigungsameisen im obigen Sinne gar nicht bestehen, oder wenigstens nicht in jener Verallgemeinerung. Die genannte holländische Forscherin, die in Buitenzorg auf Java zahlreiche mit extrafloralen Nektarien besetzte Pflanzen in ihren Beziehungen zu den Ameisen studierte, kam sogar zu dem Ergebnis, daß jene zuckerausscheidenden Organe nicht nur nicht nützlich, sondern geradezu schädlich für die betreffenden Pflanzen werden können. Schon der Sitz und die Form der extrafloralen Nektarien sprechen in vielen Fällen gegen die Bedeutung, die man ihnen zuschrieb: So stehen gerade die großen becherförmigen Honigbehälter oft mit der Öffnung nach unten, so daß der Honig ohne weiteres aus dem Becher herausfließt; außerdem bedeutet der Sitz an der Unterseite der Blätter eine Ablenkung der vermeintlichen Pflanzenbeschützer von der Blütenregion; ja die Ameisen können, auf der Unterseite der Blätter sitzend, nicht einmal abschreckend auf etwaige sich nähernde Blütenfeinde wirken. Ferner wurde häufig beobachtet, daß die an den Nektarien leckenden Ameisen sich nicht im geringsten um andere gleichzeitig auf der Pflanze sich befindenden Insekten kümmern, sondern sie ruhig gewähren lassen.

---

[1]) Die genannten einheimischen Kompositen scheiden an den Hüllblättern der Köpfchen Honig aus, der von den Ameisen abgeholt wird. v. Wettstein stellte nun fest, daß solche Blütenköpfe, welche künstlich für Ameisen unzugänglich gemacht wurden, erheblich stärker unter Käferfraß zu leiden haben als die, welche sich des normalen Ameisenbesuches erfreuten (Miehe).

Oftmals saugen andere Insekten einträchtig mit den Ameisen den Honig aus demselben Nektarium. Dazu kommt, daß die angelockten Ameisen oft ausgedehnte Läusezuchten auf den betreffenden Pflanzen anlegen, wodurch den letzteren mitunter großer Schaden zugefügt wird, usw.

So gibt es also Gründe genug, die es verbieten, das Vorhandensein von extrafloralen Nektarien ohne weiteres und ganz allgemein in kausalen Zusammenhang mit dem Besuch von Schutzameisen zu bringen. In manchen Fällen mag ja die Anlockung von Ameisen auf die Pflanzen eine Abhaltung von Feinden bedeuten, doch dürfen wir darin kaum mehr als eine zufällige Begleiterscheinung erblicken.

Darbietung von Wohnung und Nahrung. — Wie wir oben bei der Besprechung des Nestbaues bereits ausgeführt haben, besitzen gewisse Pflanzen, speziell in den Tropen, natürliche Hohlräume an den verschiedensten Stellen, die mehr oder weniger regelmäßig von Ameisen bewohnt werden. In vielen Fällen handelt es sich um Gesetzmäßigkeiten, insofern als ganz bestimmte Ameisen stets nur ganz bestimmte Hohlräume beziehen. Da nun manche dieser Ameisenpflanzen außer den Wohnräumen auch noch eine besondere Nahrung in Form von eigenartigen Körperchen darbieten, so glaubte man in dem Verhältnis zwischen Ameise und Pflanze eine echte auf Gegenseitigkeit beruhende Symbiose erblicken zu dürfen. Neuere kritische Untersuchungen haben jedoch auch diese Anschauung (gleichwie die obige von dem Zusammenhang zwischen extrafloralen Nektarien und Pflanzenschutz) stark ins Wanken gebracht.

Eines der bekanntesten Beispiele einer den Ameisen Wohnung und Nahrung bietenden Pflanze stellt die südamerikanische *Cecropia adenopus*, von den Brasilianern „Imbauwa" genannt, dar. Die Cecropien gehören zu den am meisten in die Augen fallenden Bäumen des tropischen Amerika: Ein schlanker, ziemlich dünner, mit dreieckigen Blattnarben bedeckter Stamm, der die Höhe von 12 bis 15 m erreicht, trägt eine Krone kandelaberartig gestellter Seitenzweige, an denen endständige Büschel großer gelappter Blätter mit dornigen Blattstielen sitzen. Der Stamm und die Äste sind hohl und an den Knoten durch Querplatten in Fächer geteilt (Fig. 87). In diesen Hohlräumen nistet gewöhnlich eine Ameise, *Azteca Mülleri*; sie dringt durch eine besonders dünne, leicht zu durchbohrende Stelle, die in jedem Internodium vorhanden und äußerlich als kleines ovales Grübchen („Tür") gekennzeichnet ist, in den Stamm ein (Fig. 88). Nach v. Ihering bohren sich mehrere Weibchen in je eine Kammer eines Stammes ein, um dort jedes für sich eine kleine Kolonie zu gründen. Alle diese jungen Kolonien (Vorkolonien) sollen später zu einer einzigen Dauerkolonie mit nur einer Königin verschmelzen (die überzähligen Weibchen sollen getötet werden), die im oberen Teile des Stammes ihren Sitz hat. Diese Stelle ist auch äußerlich erkennbar, da der Baumstamm hier eine bauchige gallenartige Anschwellung (Ameisengalle) zeigt (siehe oben Fig. 47, S. 122). Das Hauptnest erstreckt sich durch vier bis fünf Internodien, deren Querwände (ebenso wie auch alle übrigen des Stammes) von den Ameisen durchbohrt werden.

Neben der Wohnung finden die *Azteca*-Ameisen auch noch eine besondere Nahrung auf den Cecropiabäumen, nämlich die sogenannten Müllerschen Körperchen, die an der Unterseite der schildartigen Blattpolster in einem Rasen von braunen Haaren hervorwachsen (Fig. 89). Es sind 1,2 mm lange ovale, weiße auf kurzen Stielchen sitzende Körperchen, welche reich an Eiweißstoffen und fetten Ölen sind und leicht abfallen[1]). Nachgewiesenermaßen fressen die Ameisen diese Körperchen, welche längere Zeit aus jungen zwischen den Haaren stehenden Anlagen nachwachsen, mit besonderer Vorliebe. Sie sind jedoch keineswegs auf dieselben allein angewiesen, sondern fressen auch das Wuchergewebe, welches von den Durchbohrungsstellen aus in die Kammern hineinwächst, legen ferner Läusezuchten im Inneren der Kammern an usw.

Fig. 87.

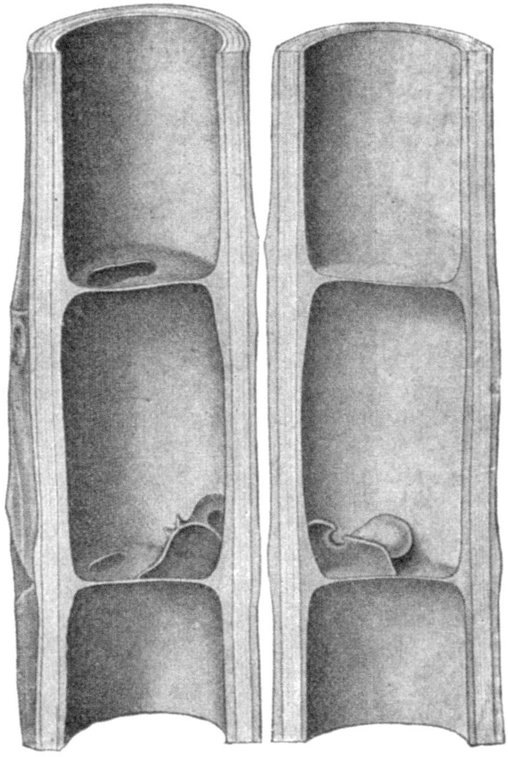

Längsgespaltenes Stück eines jungen *Cecropia*-Stammes. Zentrale Höhlung mit von den Ameisen durchbohrten Querflächen. Aus Schimper.

Die Ameisen genießen also zweifellos eine Reihe von Vorteilen auf den Cecropiabäumen. Es fragt sich nun: Bieten die Ameisen den Cecropien eine Gegenleistung dafür? Nach Belt, Fr. Müller, Schimper u.a. sind die Dienste, die die *Azteca*-Ameisen den Cecropien darbringen, keine geringen:

[1]) Sie bestehen aus weichem parenchymatischen Gewebe ohne Gefäßbündel und tragen auf ihrer Spitze eine große Spaltöffnung, sind also Organe, welche entwickelungsgeschichtlich mit den auch sonst verbreiteten Sekretionsorganen verwandt sind (Miehe).

sollen sie doch die wirksamste Hilfstruppe gegen die Blattschneideameisen (*Atta*-Arten) sein, unter denen, wie oben ausgeführt (S. 256), die Pflanzenwelt Südamerikas so schwer zu leiden hat Wenn man an die Stämme klopft, stürzen die *Azteca* heraus mit wehrhafter Geberde; — diese stets zu beobachtende Erscheinung genügte, den Ameisen die genannte Verteidigungsrolle zuzuschreiben, und im weiteren Verfolg dieser Annahme das Vorhandensein einer auf Gegenseitigkeit beruhenden Symbiose zu konstruieren.

Nach den übereinstimmenden Resultaten neuerer Forscher (v. Ihering, Fiebrig, Ule) ist jedoch der Nutzen, der der Pflanze von seiten der Ameise erwächst, keineswegs so über alle Zweifel erhaben als man bisher angenommen hatte. Zunächst werden die Cecropien von den Blattschneideameisen überhaupt nur wenig heimgesucht,

Fig. 88.

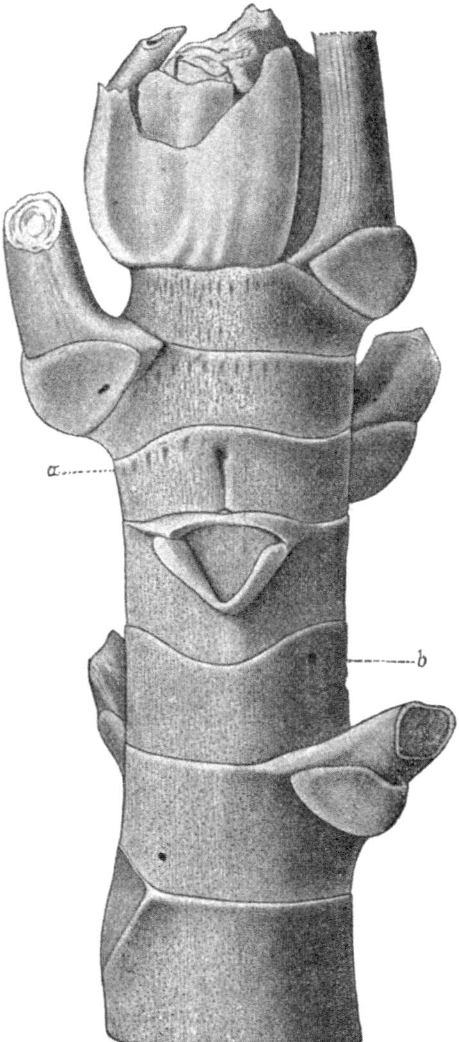

Fig. 89.

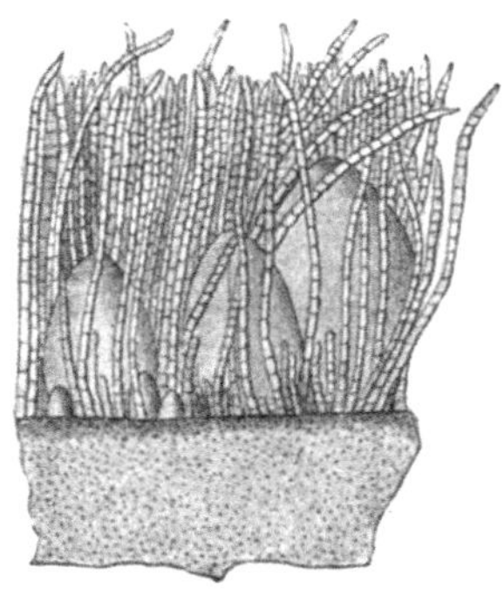

Fig. 88. Gipfel eines jungen *Cecropia*-Stammes. Aus Schimper.
a verdünnte noch nicht durchbohrte Eingangsstelle („Tür"); in *b* ist dieselbe durchbohrt.

Fig. 89. Müllersche Körperchen in verschiedenen Entwickelungsstadien. Aus Schimper.

zumal sie meistens an solchen (feuchten) Standorten stehen, wo die letzteren gar nicht nisten können. So ist also der Feind, gegen den die *Azteca* speziell schützen sollen, gar nicht vorhanden. Dagegen werden die vielen anderen Tiere, welche die Cecropien wirklich heimsuchen (Käfer, Raupen, das Faultier u. a.), von den Ameisen ganz und gar nicht abgehalten, sondern ruhig auf den Bäumen geduldet. Ja manche Schädlinge werden durch die Ameisen geradezu angezogen: so gelangt durch die von den Ameisen gemachte Öffnung eine Raupe in den Stamm, die zum Absterben der Zweige führen kann; sodann werden auch Spechte angelockt, welche den Ameisen nachstellen und dabei dem Baume große Wunden zufügen, die ihrerseits wieder dem Eindringen weiterer Schädlinge und Pilze Vorschub leisten, usw.

Fig. 90.

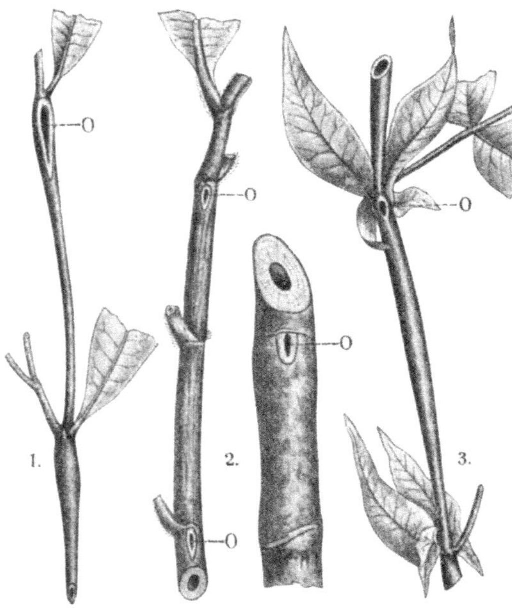

Verschiedene myrmekophile Pflanzen. Nach Schimper.

1. *Ficus inaequalis*; 2. *Triplaris americana*, links jung, rechts alt; 3. *Humboldtia laurifolia*. *O* Eingangsöffnung in den Hohlraum.

Nach all dem sind wir also nicht mehr berechtigt, von einem gegenseitigen Abhängigkeitsverhältnis zwischen den Cecropien und den Azteken zu reden. Die letzteren bedürfen wohl der Cecropien zu ihrer Existenz, nicht aber umgekehrt die Cecropien der Ameisen. Der Nutzen liegt also ganz einseitig auf Seiten der Ameisen, so daß wir das Verhältnis zwischen Pflanze und Ameise eher als Parasitismus denn als Symbiose auffassen dürfen. Sehr drastisch drückt dies v. Ihering aus mit den Worten: „Die Cecropia bedarf zu ihrem Gedeihen so wenig der *Azteca*-Ameisen wie der Hund der Flöhe".

Ist diese Anschauung, die auf zahlreiche Beobachtungen beruht, richtig, so dürfen wir die verschiedenen Bildungen der Cecropien (wie die dünnen Einbohrstellen in den Internodien und die Müllerschen Körperchen), die scheinbar der Anlockung der Ameisen dienen, nicht mehr als myrmekophile Anpassungen betrachten. Wir müssen dann annehmen, daß jene Bildungen anderen Zwecken dienen oder auf andere Ursachen zurückzuführen sind, und daß die Ameisen es nur verstanden haben, sich ihrer zu bedienen und in ihrer Lebensweise sich ganz der Organisation der Pflanze anpassen.

Außer den Cecropien gibt es noch eine Anzahl weiterer „Ameisenpflanzen", welche in hohlen Achsen Ameisen beherbergen, wie *Ficus inaequalis*, die verschiedenen *Triplaris*-Arten, ferner *Humboldtia laurifolia* u. a. (Fig. 90). Manche derselben scheinen in ihrer Organisation den Ameisen noch mehr entgegenzukommen als die Cecropien, indem bei ihnen die „Türen", die in den hohlen Stamm führen, nicht nur vorgebildet oder als verdünnte Stellen angedeutet, sondern gleich von vornherein vollständig ausgebildet sind, so daß die Ameisen dieselben ohne weiteres als Ein- und Ausgangsöffnung benutzen können. Trotzdem aber dürften hier ebensowenig myrmekophile Anpassungen vorliegen wie bei den Cecropien. Daß die Ameisen, die in den Zweigen von *Humboldtia* sich aufhalten, den Pflanzen nicht den geringsten Nutzen bringen, konnte ich selbst in Ceylon feststellen: einmal waren es Ameisen der verschiedensten Art, die ich in den Zweigen ein und desselben Baumes antraf (Ameisen, die man auch an anderen Nistplätzen findet), und sodann zeigten sich die Zweigbewohner durchaus nicht kriegerisch, so daß von einer Abwehr von Feinden durch sie keinesfalls die Rede sein kann. Dagegen bringen sie den von ihnen bewohnten Pflanzen nicht geringe Nachteile sowohl dadurch, daß sie Läusezuchten in den hohlen Zweigen anlegen, als auch dadurch, daß durch ihre Anwesenheit Spechte angelockt werden (wie bei den Cecropien), welche die Zweige arg zurichten und schädigen. Wies doch an einem von mir untersuchten Strauch fast jedes Internodium eine beträchtliche Spechtwunde auf.

Einen ganz abweichenden Typus axialer Höhlungen zeigen die berühmten Ameisenpflanzen des Malaiischen Archipels, *Myrmecodia* und *Hydnophytum*. Hier handelt es sich nicht mehr um eine einzige zentrale Höhlung in einem zylindrischen Internodium, sondern um zahlreiche, schwammartig kommunizierende Räume in einem saftigen Knollen (Fig. 91), welcher wohl, da die betreffenden Pflanzen Epiphyten sind, als Wasserspeicher dient. Das Wasser befindet sich im Parenchym der Scheidewände; die Räume selbst sind lufthaltig und von Ameisen (*Iridomyrmex cordatus*) bewohnt. Ziemlich zahlreiche, aber kleine Öffnungen vermitteln den Verkehr nach außen. Aus ihnen stürzen die Tierchen angriffsbereit hervor, sobald die Knolle berührt wird. Sie sind ziemlich harmlos, ihr Biß ist kaum als schmerzhaft zu bezeichnen. Werden sie nicht gestört, so bleiben sie tagsüber in der Knolle (Miehe). Eigenartig ist es, wie die Ameisen sich im Inneren eingerichtet haben. Nach Miehe, dem wir die neuesten eingehenden Untersuchungen über die fraglichen Ameisenepiphyten verdanken, sind die Wände des Labyrinthes von zweierlei Art: ein Teil ist glatt und hellbraun, der andere mit kleinen Warzen bedeckt und schwärzlich. Nur in dem ersteren Teil werden die Puppen usw. deponiert, während der warzige Teil lediglich zur Ablage der Exkremente dient. Die

Wände dieses Teiles sind ferner dadurch ausgezeichnet, daß auf ihnen ein Pilz gedeiht, dessen rauchgraue Färbung zusammen mit den bräunlichen Kotüberzügen die abweichende Färbung dieser Kammerwände bedingt. Trotzdem die Ameisen diese Pilzrasen durch Abbeißen kurz halten und das üppige Gedeihen des Pilzes an das Vorhandensein der Ameisenbevölkerung gebunden ist, dient er ihnen wahrscheinlich nicht als Nahrung, sondern stellt vielmehr ein unvermeidliches

Fig. 91.

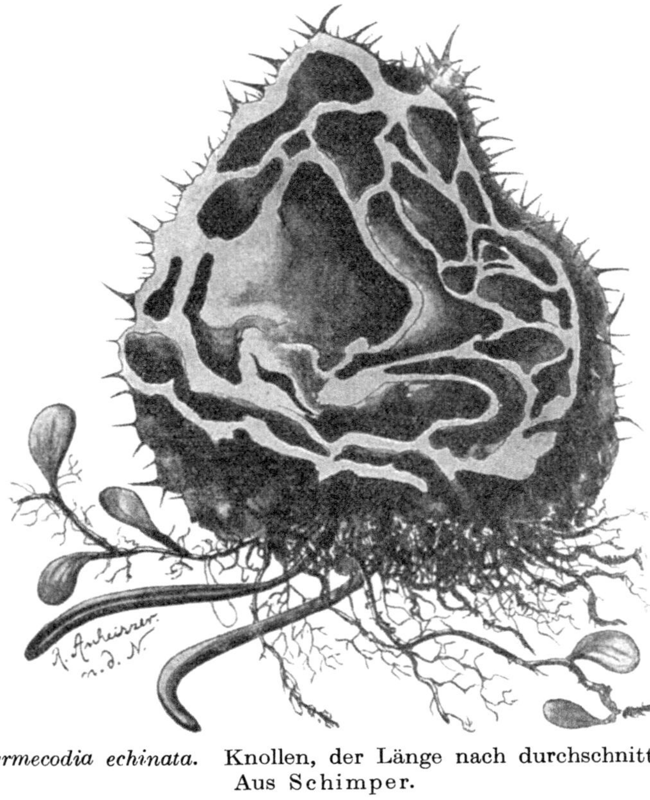

Myrmecodia echinata. Knollen, der Länge nach durchschnitten. Aus Schimper.

durch die Abtritte der Ameisen zur Entwickelung gebrachtes Unkraut dar, das nur deswegen von den Ameisen rasiert wird, weil es zu einem Verkehrshindernis werden könnte (Miehe).

Während man nun früher geglaubt hat, daß die Knollen mit ihren Labyrinthgängen eine Art Ameisengallen seien, hat Treub durch Aufzucht von *Myrmecodia* nachgewiesen, daß die genannten Bildungen ganz spontan, ohne jede Mitwirkung der Ameisen zustande kommen. So finden sich also auch bei diesen besonders berühmten

Ameisenpflanzen keine Organisationseigentümlichkeiten, welche notwendig als ursprüngliche Anpassungen an den Ameisenbesuch gedeutet werden könnten. Ob die Ameisen nicht nebenbei den Pflanzen einen gewissen Schutz angedeihen lassen, ist damit natürlich nicht entschieden, doch erscheint es in Anbetracht der Wehrlosigkeit derselben nicht wahrscheinlich[1]). Sicher ist andererseits der Ameisenkot für die Pflanze vorteilhaft, besonders da die letztere kein Humussammler ist. In der Tat wurden Nitrifikation und somit auch Nitrate innerhalb der Knolle festgestellt (Miehe).

Eine andere Kategorie von Ameisenpflanzen stellen verschiedene Akazien Südamerikas und Afrikas dar (Fig 92). Bei ihnen sind es nicht

Fig. 92.

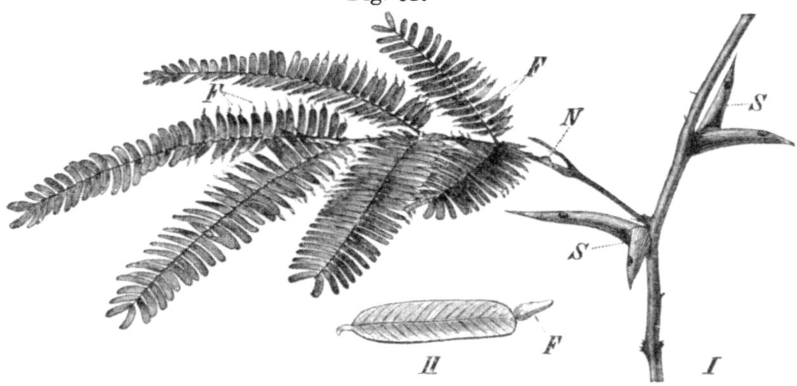

Acacia sphaerocephala. Aus Schimper.

I. Stammstück mit den hohlen von Ameisen bewohnten Dornen *S* und einem Blatt, letzteres mit Beltschen Körperchen *F*. Auf dem Blattstiel ein Nektarium *N*. II. Einzelnes Blattfiederchen.

hohle Achsen, sondern die hohlen Dornen, welche von den Ameisen als Nistplatz ausgenutzt werden. Besondere Einbohrstellen oder „Türen" sind hier nicht vorgebildet; die Ameisen verschaffen sich vielmehr durch Herstellung eines Loches Zugang zu dem Hohlraum in den

---

[1]) Zudem hat man bis heute den Feind, gegen den die Ameisen die *Myrmecodia* schützen sollten, überhaupt noch gar nicht kennen gelernt. Dahl (1901) meint allerdings, „man muß sich nicht nur die Frage vorlegen, ob die Pflanze durch die Ameisen vor einem wirklich vorkommenden Feinde, wie es für *Cecropia* in Amerika die *Atta* sei, geschützt werde, sondern man muß auch fragen, ob ohne den Schutz der Ameisen vielleicht irgend ein Feind hätte erstehen können". Entsprechend diesem Standpunkt sieht er auch in den Vorkammern von *Camponotus quadriceps* in dem Mark von *Endospermum formicarium* Becc. eine Symbiose, obwohl der Baum der Ameise weder eine fertige Höhlung noch auch vorgebildete „Türen" (wie *Cecropia*) darbietet. Kleine, glatte Kissen an der Wurzel jeder Blattfläche sollen allerdings den Müllerschen Körperchen entsprechen; doch wurden niemals oder nur selten Ameisen dabei gesehen, da sie wohl hauptsächlich des Nachts zur Nahrung ausziehen. Feinde des *Endospermum* konnten auch nicht entdeckt werden.

Dornen. Einige der myrmekophilen Akazien, wie die bekannten von Belt untersuchten *Acacia sphaerocephala* und *A. spadicigera* (Mexiko), bieten den Ameisen auch noch Nahrung dar in Form von kleinen birnenförmigen Körperchen, die an der Spitze der Fiederblättchen sitzen und die gleichen Inhaltsstoffe wie die Müllerschen Körperchen aufweisen, und die als Beltsche Körperchen bezeichnet werden. Auch sie werden gleich jenen von den Ameisen gern gefressen. — Besonderer Erwähnung unter den Akazien verdienen noch die sogenannten Flötenakazien der ostafrikanischen Steppe, bei denen die Dornen (einschließlich einiger anliegender anderer Pflanzenteile, wie Blattstiel, Achselsproß usw.) zu kastaniengroßen schwarzen Gallen ausgewachsen sind, deren holzige Wände einen Hohlraum umschließen. Ursprünglich ist die Galle von einem weichen homogenen Gewebe erfüllt, dasselbe löst sich aber später vom Zentrum aus immer mehr in eine poröse zunderähnliche Masse auf, die vertrocknet die Innenwand der Galle bekleidet. Die Ameisen durchbohren die Wand der Gallen an einer oder mehreren Stellen — daher der Name Flötenakazien: streicht der Wind durch die Löcher, so entsteht in den Gallen ein sausendes Geräusch — und errichten dann aus der vorgefundenen eingetrockneten Masse mehrere Etagen und Gänge (eine Art Kartonnest) für die Unterbringung der Brut usw. Als Gallenbewohner wird stets nur eine bestimmte Ameisenart, nämlich der äußerst wehrhafte *Cremastogaster tricolor*, angetroffen. Berührt man die Gallen, so stürzen nach Sjöstedt, dem wir die eingehendsten Untersuchungen verdanken, die Ameisen in der aggressivsten Weise hervor, an ihrem Hinterende ein weißliches übelriechendes Sekret austreten lassend. Nach dem genannten schwedischen Forscher stellen die Ameisen zweifellos einen kräftigen Schutz gegen die Angriffe von Antilopen, Gazellen und schädlichen Insekten dar. Dennoch aber dürfen wir auch in diesem Falle die hohlen Gallen nicht als Anpassungen an die Schutzameisen auffassen; sie entstehen, wie Sjöstedt nachweisen konnte, vielmehr

Fig. 93 A. Fig. 93 B.

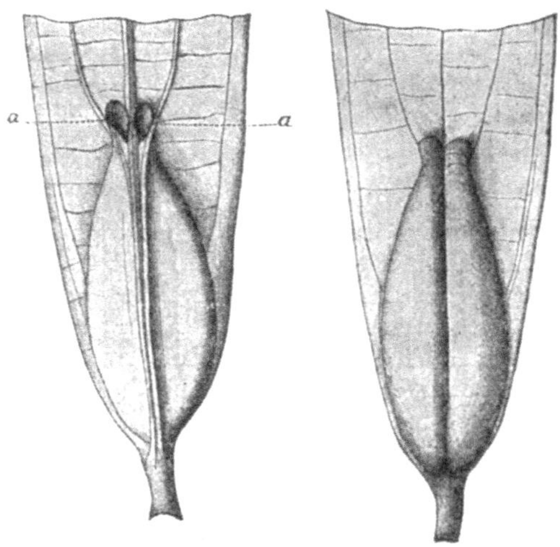

Tococa lancifolia.
Blattbasis mit Schläuchen
Nach Schumann aus Schimper.
A von unten gesehen, die Eingänge (*a*) zeigend; B von oben.

ganz unabhängig von den Ameisen, vielleicht hervorgerufen durch Schildläuse. Die Ameisen haben sich an die Akazien angepaßt und die hohlen Gallen sich zunutze gemacht, nicht aber umgekehrt; dies geht unter anderem auch daraus hervor, daß durchaus nicht alle Flötenakazien mit Ameisen besetzt sind, sondern auch völlig ameisenfreie Exemplare in der gesundesten Verfassung angetroffen werden.

Ob die gleiche Einseitigkeit des Verhältnisses auch für die zahlreichen anderen als myrmekophil beschriebenen Pflanzen zutrifft, darüber kann heute noch nicht entschieden werden. So wissen wir über die Natur der mannigfaltigen Phyllombildungen, die von den Ameisen als Wohnung benutzt werden, noch herzlich wenig. Doch scheinen nach den Beobachtungen Kohls in Afrika auch diese nicht als Anpassungen an Schutzameisen aufgefaßt werden zu dürfen. Es würde mich zu weit führen, all diese Blattgebilde hier zu besprechen; ich begnüge mich, die mit einer Öffnung versehenen Blasen am Blattgrund der *Tococa* abzubilden (Fig. 93). Ganz ähnlich sind die Bildungen bei *Duroia, Maieta, Myrmedone* usw. usw.

* * *

Wie aus dem Gesagten hervorgeht, hat sich also bezüglich des Themas ,,Ameisenpflanzen“ in der neueren Zeit ein merklicher Umschwung der Anschauungen vollzogen. Die Ameisenschutztheorie von Delpino, Schimper, Fr. Müller, Belt u. a., die ein gegenseitiges Abhängigkeitsverhältnis zwischen Pflanzen und Ameise und in ursächlichem Zusammenhang damit myrmekophile Anpassungen bei den betreffenden Pflanzen annimmt, ist in ihren Grundfesten erschüttert. Konnten doch gerade diejenigen Fälle, die als die sichersten galten (wie *Cecropia, Myrmecodia* usw.), einer kritischen Nachuntersuchung nicht standhalten, indem sich herausstellte, daß es sich bei ihnen nur um eine einseitige Ausnutzung der Pflanzen von seiten der Ameisen handelt. Daß dabei gelegentlich auch ein kleiner Nutzen für die Pflanzen abfällt, kann die Ameisenschutztheorie nicht retten; dazu fehlt in allen jenen Fällen die Grundbedingung, daß nämlich die betreffenden Pflanzen auf den Schutz der Ameisen direkt angewiesen sind. — Inwieweit freilich der extreme Standpunkt Rettigs, der in dem Satze gipfelt: ,,es gibt wohl Pflanzenameisen in Hülle und Fülle, aber wenig oder überhaupt keine Ameisenpflanzen“, berechtigt ist, kann heute noch nicht entschieden werden. Vielleicht ist Rettig in der Verallgemeinerung zu weit gegangen. Bei der großen Verschiedenheit in den Lebensgewohnheiten der Ameisen ist Vorsicht besonders geboten; man könnte sonst leicht Gefahr laufen, denselben Fehler zu machen, wie ihn die Begründer und Anhänger der Ameisenschutztheorie gemacht haben. Jedenfalls wäre es zu früh, das vorliegende Problem als in seiner Gesamtheit endgültig gelöst zu betrachten.

3. Die Ameisen als Züchter und Verbreiter der Pflanzen.

Bezüglich der Pflanzenzucht der Ameisen kann ich mich hier kurz fassen, da das meiste darüber schon an anderer Stelle gesagt ist. Es handelt sich in erster Linie um die Zucht von niederen Gewächsen, von Pilzen.

Als die Hauptpilzzüchter haben wir die *Attini* kennen gelernt, welche es fertig gebracht haben, den von ihnen kultivierten Pilz (*Rozites gongylophora*) zur Produktion besonderer Vegetationsformen (der „Kohlrabi") zu veranlassen. Diese Kohlrabiköpfchen, die reichlich Eiweißstoffe enthalten, stellen die ausschließliche Nahrung der Ameisen dar (näheres darüber in Kap. V, 2d).

Auch unsere Fauna beherbergt einen Pilzzüchter, nämlich *Lasius fuliginosus*, welcher in den Wänden seines Kartonnestes einen als *Septosporium myrmecophilum* beschriebenen Pilz kultiviert. Die Bedeutung dieses Pilzes für die Ameisen ist noch nicht völlig klar; jedenfalls aber spielt er bei weitem nicht eine so wichtige Rolle im Ameisenhaushalt wie der *Atta*-Pilz (näheres vgl. Kap. IV, A 6).

Die Pflanzenzucht der Ameisen beschränkt sich aber nicht nur auf Pilze, sondern erstreckt sich auch auf höhere Pflanzen. Wenn sich auch die *Aristida*-Kulturen der berühmten „ackerbautreibenden Ameise" Lincecums als zufällige Nebenprodukte erwiesen haben (s. Kap. V, 2c), so hat uns doch neuerdings Ule Fälle kennen gelehrt, in denen die Ameisen besondere Epiphyten („Ameisenepiphyten") hoch oben auf Bäumen säen und pflegen, indem sie die Samen und Würzelchen mit Erde umgeben. Es entstehen dadurch die hübschen, an Blumenampeln erinnernden „Ameisengärten", die im Amazonasgebiet eine häufige Erscheinung sind (näheres darüber s. Kap. IV, A, 1e).

In allen diesen Fällen besorgen natürlich die Ameisen auch die Verbreitung der betreffenden Pflanzen (das *Atta*-Weibchen nimmt etwas vom Pilz auf den Hochzeitsflug mit usw.).

Aber auch sonst kommt den Ameisen in der Verbreitungsbiologie der Pflanzen eine nicht unwesentliche Rolle zu. Daß gewisse Ameisen Samen sammeln und eintragen, ist schon seit alters her bekannt. Doch über den Umfang und die Bedeutung, welche diese Gewohnheit für die Verbreitung der Pflanzen besitzt, sind wir erst durch Sernander aufgeklärt worden. Dieser Forscher hat durch zahlreiche Versuche dargetan, daß eine Menge phanerogamer Pflanzen ausschließlich auf die Verbreitung durch Ameisen angewiesen sind. Zu diesen gehören vor allem die Schattenformen, also die der untersten Vegetationsschichte unserer Wälder zukommenden Pflanzen (Fig. 94). Es ist unschwer einzusehen, warum gerade diese eine solche Verbreitungsart am meisten bedürfen. Kommen doch für sie die anderen Verbreitungsgelegenheiten, die den oberen

Vegetationsschichten so ausgiebig zur Verfügung stehen, gar nicht oder nur in ungleich geringem Maße in Betracht[1]).

In Anbetracht der auf dem Boden überall herumwimmelnden Ameisen und in Anbetracht ferner der diesen eigenen Gewohnheit, Nahrungs- und Nestobjekte in ihren Kiefern oft weite Strecken nach Hause zu tragen, war es naheliegend genug, daß die Bodenpflanzen, die, wie gesagt, die Hauptverbreitungsfaktoren kaum ausnutzen können, sich dieser beweglichen und flüchtigen Transporteure zu bedienen versuchten. Um diese Verbreitung möglichst ausgiebig zu erreichen, besitzen die betreffenden Samen besondere Anhängsel, Wülste usw., welche stark ölhaltig sind und als Anlockungsmittel für die Ameisen dienen. Sernander bezeichnet dieselben als „Elaisome" und die damit begabten Samen als „myrmekochor". Daß diese ölhaltigen Gebilde in der Tat eine große Anziehungskraft auf die Ameisen ausüben und wohl auch als spezielle Anpassungen an diesem Zweck entstanden sind, hat Sernander durch zahlreiche direkte Beobachtung und durch eine noch größere Zahl von exakten Experimenten[2]) in über-

Fig. 94.

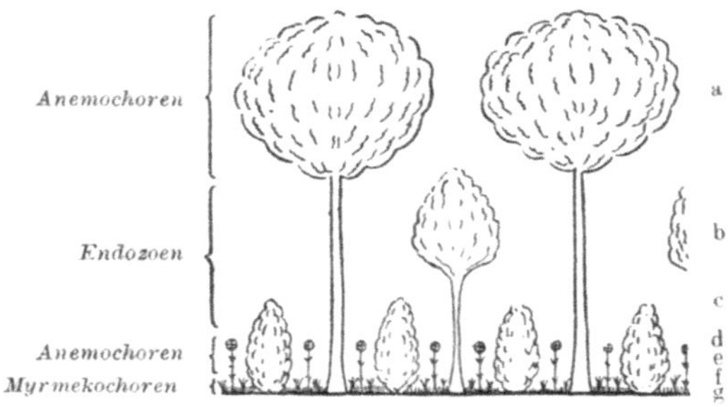

Schnitt durch einen Wald zur Veranschaulichung der wichtigsten Arten der Pflanzenverbreitung. Nach Sernander.

[1]) Die oberste Schichte, die sogenannte „Hochwaldschichte" (*a*), ist in hohem Maße windexponiert; außerdem erreicht der Wind zwischen den Baumstämmen und Strauchgruppen eines fertig gebildeten Waldvereins auch noch in der „höchsten und mittleren Feldschichte" (*d* und *e*) eine größere Kraft. Daher finden sich in diesen Schichten hauptsächlich Anemochoren, d. h. Pflanzen, deren Samen durch den Wind verbreitet werden. In der zwischen diesen beiden gelegenen Schichte der „untersten Wald- und Gebüschschicht" (*b* und *c*) kann der Wind weniger ausrichten, wofür hier die endozoische Verbreitungsart in den Vordergrund tritt. Denn im Buschwerk verleben eine Menge kleiner beerenfressender Vögel einen guten Teil ihres Daseins. — In den beiden untersten Schichten endlich tritt nun einerseits die Kraft des Windes stark zurück, und andererseits kommt auch die Verbreitung durch Vögel kaum in Betracht, so daß also die hierher gehörigen Pflanzen anderer Verfahren sich bedienen müssen, unter denen die Verbreitung durch die Ameisen, die „Myrmekochorie", einen hervorragenden Platz einnimmt.

[2]) Die Experimente wurden so angeordnet, daß je 10 Samen von
1. einer auf Myrmekochorie zu untersuchenden Art,
2. einer als myrmekochor bekannten Art und
3. einer den Ameisen gänzlich indifferenten Art

zusammen in einem Häufchen auf eine Ameisenstraße gelegt wurden, und zeugender Weise dargetan. Diese Untersuchungen führten zugleich zu dem Schluß, daß die Mengen der Verbreitungseinheiten (Samen, Früchte usw.), die in der Natur von den Ameisen transportiert werden, geradezu enorm sein muß. Als Minimumzahl z. B. für die durch eine *Formica rufa*-Kolonie verbreiteten Samen während einer Vegetationsperiode ergab die Berechnung 30480; und aus dem Auswurfsgut eines Nestes von *Lasius niger* berechnete Sernander, daß das relativ kleine Volk in acht Wochen 638 Samen von *Veronica hederaefolia* eingesammelt hat, die nun, nachdem die Elaiosome abgefressen, wieder ausgeworfen wurden.

Man könnte wohl den Einwurf machen, daß, wenn wirklich die Ameisen die Hauptverbreiter jener Pflanzen sind, die Verteilung derselben doch eine recht ungleiche sein müßte, d. h. eine dichte Anhäufung an den Neststellen stattfinden würde, während die dazwischen liegenden Strecken frei blieben. Dagegen ist aber zu bedenken, daß die Ameisen ja keineswegs alle aufgehobenen Samen bis zu ihrem Neste bringen, sondern mindestens ebensoviel unterwegs fallen lassen.

Es ist nichts gewöhnlicher, als daß eine Ameise, bisweilen, wie es scheint, ganz unmotiviert den Samen, mit dem sie sich eine Zeitlang abgeschleppt hat, plötzlich fallen läßt und sich nicht mehr darum kümmert. Nach einer Weile kommt vielleicht eine andere Ameise, die den verlassenen Samen wieder aufnimmt, um ihn dann nach einiger Zeit an einem anderen Ort ebenfalls wieder fallen zu lassen usw. Eine der Ursachen, die zur Preisgabe der Samen führt, liegt darin, daß das oft schwach gebaute Elaiosom schon während des Transportes zerrissen und abgefressen worden ist. Für manche Samen (wie *Reseda odorata*, *Carduus pycnocephalus*) dürfte eine andere Ursache in Betracht kommen, nämlich eine Einrichtung, welche zu ihrer allmählichen Bedeckung mit Erde führt, während die Ameisen mit ihnen des Weges ziehen, usw. So ist auf verschiedene Weise dafür gesorgt, daß die Myrmekochorie eine möglichst gleichmäßige Verbreitung gewährleistet[1]).

---

sodann die Zahl der durch Ameisen weggeholten Exemplare, ferner die Zeit und die transportierte Wegstrecke bestimmt wurde. Gelang es so eine Pflanze als myrmekochor festzustellen, so wurde das Experiment mit dieser allein fortgesetzt, wobei zum Teil die ölhaltigen Anhängsel der Samen abpräpariert wurden, um zu sehen, ob diese wirklich das Anlockungsmittel für die Ameisen waren. Die angestellten Experimente waren sehr zahlreich, füllen deren Berichte doch ungefähr 200 Quartseiten!

[1]) Was die Verbreitung der Myrmekochoren in unseren Wäldern betrifft, so sei kurz erwähnt, daß die Eichenmischwälder mit etwa 80 und die Buchenwälder mit etwa 45 Arten die reichste Myrmekochorenflora aufweisen. Besonders die an sich nicht gerade zahlreiche Kräuter- und Gräservegetation des reinen Buchenhochwaldes bestehen zu einem erstaunlich hohen Prozentsatz aus Myrmekochoren. Viel ärmer ist dagegen die Myrmekochorenflora der Birkenwälder (mit etwa 16 Arten), und noch mehr der Fichten- und Kiefernwälder, in denen gar nur 9 bzw. 4 Arten nachgewiesen sind.

4. Die Pflanzen als Feinde der Ameisen. — Die Ameisen als Hügelbildner.

Nicht immer bietet die Pflanzenwelt den Ameisen nur Nutzen, sondern sie kann letzteren mitunter recht unangenehm werden. So scheiden z. B. die Lattich-Arten einen klebrigen, rasch erhärtenden Saft aus, in dem viele der darüberlaufenden Ameisen ihren Tod finden.

Ich habe ferner oben (Kap. III, 3b) darauf hingewiesen, daß schwache Völker nicht selten infolge reichlicher Schimmelbildung im Neste zugrunde gehen können.

Nun möchte ich hier noch einen anderen Kampf zwischen Pflanzen und Ameisen erwähnen, der von Nils Holmgren (1904)

Fig. 95 A. Fig. 95 B. Fig. 95 D. Fig. 95 C.

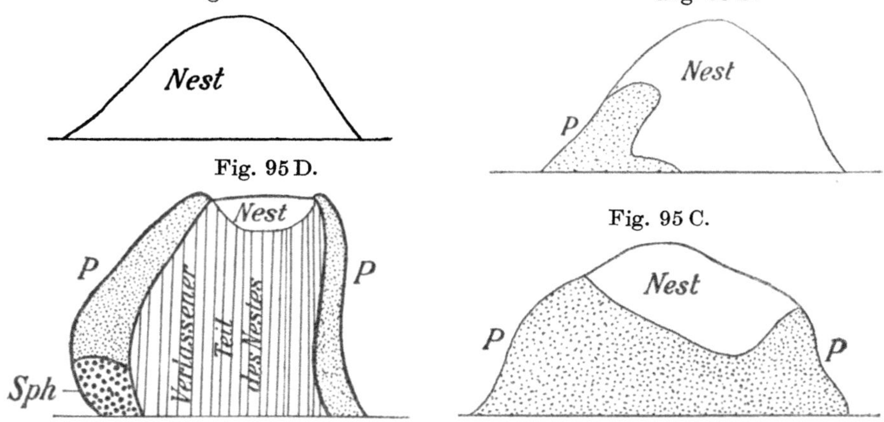

Schematische Darstellung der *Polytrichum* (*P*) und *Sphagnum* (*Sph*)-Invasion in einem Ameisenhaufen. Nach Nils Holmgren aus Meisenheimer.

in den Sümpfen Lapplands beobachtet wurde. In den Sümpfen ist *Formica exsecta* eine häufige Erscheinung; doch verhält sich diese Ameise bezüglich ihres Nestbaues auffallend verschieden je nach der Zone, in der ihr Nest sich befindet. In der äußeren Weidezone, wo reichliches Baumaterial vorhanden ist, erreichen die Haufen eine beträchtliche Höhe; in der inneren Zone dagegen werden sie niemals so hoch, sind dafür aber viel zahlreicher. Dies rührt einmal daher, daß ihnen hier weniger Baumaterial zur Verfügung steht: vor allem aber werden hier die Ameisenhaufen stetig durch Invasion von Pflanzen, und zwar von *Polytrichum strictum* bedroht. Von der Basis her aufsteigend, überzieht der *Polytrichum*-Teppich allmählich den ganzen Ameisenhaufen und verdrängt infolge der zunehmenden Feuchtigkeit die Bewohner Schritt für Schritt daraus[1]). Die Kolonie wird durch fortwährende Auswanderung immer kleiner; nur noch im obersten Teil des bewachsenen Haufens (in der „Narbe") befindet sich schließlich eine spärliche Gesellschaft, bis auch diese zur Auswanderung gezwungen wird und nun der ganze einstige Ameisenhaufen von der *Polytrichum*-Vegetation okkupiert ist. Doch nicht allzu lange soll sich das *Polytrichum* seines Sieges erfreuen; denn bald ergeht es ihm ebenso wie den Ameisen, d. h. es wird durch einen neuen Eindringling, Torfmoose (*Sphagnum*), verdrängt (Fig 95). Und so geht schließlich aus dem Ameisenhaufen als Endprodukt ein *Sphagnum*-Hügel hervor, auf dem noch eine ganze Reihe anderer niederer Pflanzen im Laufe der Zeiten sich ansiedeln. Es spielen also die Ameisen eine wichtige Rolle bei der Hügelbildung in diesen Sümpfen, indem ihre Nester als Ansatzpunkte der Moor- und Torfvegetation dienen.

Literatur.

Beccari, O., Piante ospitatrici ossia piante formicarie della Malesia et della Papuasia. Malesia. Bd. 2.

Belt, Th., The Naturalist in Nicaragua 1874.

Dahl, Fr., Das Leben der Ameisen im Bismarckarchipel. Berlin 1901.

Emery, C., Zur Biologie der Ameisen. In: Biol. Zentralbl. **11**, 165—180, 1891.

Emery, C., Le Formiche e gli Alberi in Italia. In: Pro Montibus. Bologna 1908.

Escherich, K., Ameisen und Pflanzen. In: Tharandter forstl. Jahrb. **29** (1909).

Escherich, K., Zwei Beiträge zum Kapitel Ameisen und Pflanzen. In: Biol. Zentralbl. 1911.

Fiebrig, Karl, *Cecropia peltata* und ihr Verhältnis zu *Azteca alfari* usw. In: Biol. Zentralbl. **29** (1909).

Forel, A., Les Fourmis de la Suisse 1874, S. 230 ff.

Forel, A., Die Ameisenfauna Bulgariens. In: Verhandl. d. Zool. bot. Ges. Wien 1892, S. 305—318. (Über *Liometopum*.)

Forel, A., In und mit Pflanzen lebende Ameisen aus dem Amazonasgebiet und aus Peru. In: Zool. Jahrb. (Systemat.) **20**, 677—707, 1904.

Holmgren, Nils, Ameisen als Hügelbildner in Sümpfen. In: Zool. Jahrb. (Systemb.) **20**, 353—370, 1904, mit 11 Fig.

Huth, E., Ameisen als Pflanzenschutz. Verzeichnis der bisher bekannten myrmekophilen Pflanzen. Berlin 1886.

[1]) Herr Dr. A. Ludwig brachte mir aus einem Moor im Grunewald bei Berlin eine Anzahl getrockneter *Polytrichum strictum*-Polster mit, deren basale Hälfte von Gängen und Kammern durchzogen sind. Die Bewohner derselben, eine *Myrmica*-Art, werden hier erst durch die wachsende Feuchtigkeit, die die allmählich eindringenden, stärker wasserspeichernden Sphagnen hervorrufen, verdrängt. Ähnliches beobachtete Kuhlgatz (1902) in den Mooren Westpreußens.

Huth, E., Myrmekophile und myrmekophobe Pflanzen. Berlin 1887.

Ihering, H. v., Die Ameisen von Rio Grande do Sul. In: Berl. ent. Zeitschr. 1894.

Ihering, H. v., Die Cekropien und die Schutzameisen. In: Englers Bot. Jahrb. **39** (1907).

Kohl, H., Die Ameisenpflanzen des tropischen Afrika usw. In: Natur und Offenbarung **55** (1909), 50 S.

Krausse, A., *Camponotus herculeanus vagus* als Korkschädling. In: Arch. f. Naturg. 1913.

Kuhlgatz, Th., Vorstudien über die Fauna des *Betula nana*-Hoch moores im Culmer Kreis in Westpreußen. In: Nord. Wochenschr., N. F. 1, S. 613, 1902.

Ludwig, F., Weiteres zur Biologie von *Helleborus foetidus*. In: Zeitschr. f. wiss. Ins.-Biol. **3** (1907).

Meisenheimer, J., Referat über Nils Holmgren. In: Naturw. Wochenschr., N. F. 3, Nr. 61, S. 970—971.

Miehe, H., Javanische Studien II. (*Myrmecodia*). In: Abh. d. Kgl. Sächs. Ges. d. Wissensch., Math.-Phys. Klasse **32**, Nr. IV, 1911.

Miehe, H., Ameisenpflanzen. In: Handb. d. Naturwiss., 1. Bd.

Miehe, H., Über die javanische *Myrmecodia* und die Beziehungen zu ihren Ameisen. In: Biol. Zentralbl. **31** (1911).

Möller, A., Über die Pilzgärten einiger südamerikanischer Ameisen. Jena 1893.

Müller, Fritz, Die Imbauba und ihre Beschützer. In: Kosmos 8 (1880/81).

Müller, Fritz, Über die Haarkissen der Imbauba. In: Jen. Zeitschrift f. Nat. **10** (1876).

Nieuwenhuis v. Üxküll-Güldenbandt, M., Extraflorale Zuckerausscheidungen und Ameisenschutz. In: An. Botan. Buitenzorg, 2. Ser., **6** (1908).

Raciborski, M. v., Über myrmekophile Pflanzen. In: Flora **87**, 38 ff., 1900.

Rettig, Ernst, Ameisenpflanzen — Pflanzenameisen. In: Beiheft z. Bot. Zentralbl. **17**. Jena 1904.

Ross, H., Pflanzen und Ameisen im tropischen Mexiko. In: Naturw. Wochenschr. 8 (1909).

Rumphius, Amboinsche Kruidboek. **6** (1750).

Schimper, A. F. W., Die Wechselbeziehungen zwischen Pflanzen und Ameisen im tropischen Amerika Jena 1888.

Schimper, A. F. W., Pflanzengeographie. S. 147—170. Jena 1898.

Schumann, K., Die Ameisenpflanzen. Hamburg 1889.

Schumann, K., Ameisenpflanzen. In: Gartenflora 1902.

Sernander, R., Den Skandinaviska Vegetationens Spridningsbiologie. (Zur Verbreitungsbiologie der Skandinavischen Pflanzenwelt.) Upsala 1903. (Über die Verbreitung der Pflanzen durch Ameisen, S. 234—310, 360—387, 450—452, 455.)

Sernander, R., Entwurf einer Monographie der europäischen Myrmekochoren. In: Kgl. Svenska Vetenskapsakademien Handl. **41**, 140 S., 11 Taf., 1906.

Sjöstedt, Yngve, Akaziengallen mit Ameisen auf den ostafrikanischen Steppen. In: Wiss. Ergebn. Schwed. Zool. Exped. v. d. Kilimandjaro usw. (8. Hymen) 1908.

Ule, E., Ameisengärten im Amazonasgebiet. In: Englers Bot. Jahrb. **30**, Beibl. Nr. 68, S. 45—52.

Ule, E., Blumengärten der Ameisen am Amazonenstrom. In: Karsten und Schenk, Vegetationsbilder. Dritte Reihe, Heft 1.

Ule, E., Ameisenpflanzen. In: Bot. Jahrb. **37** (1906).

Wasmann, E., Zur Myrmekophagie des Grünspechtes. In: Tydschr. v. Entom. **48**, 6—12, 1906.

Wettstein, R. v., Über Kompositen der österreichisch-ungarischen Flora mit zuckerabscheidenden Hüllschuppen. In: Sitzungsber. Akad. Wien 1888.

Wheeler, W. M., Ants. Kap. XVII.

Wheeler, W. M., On the pupation of Ants and the peasibility of establishing the Guatemalan Kelep or Cotton-Weevil Ant in the United States. In: Science U. S. **20**, 437—440, 1904.

Zehntes Kapitel.

Psychologie.

(Für die 2. Auflage durchgesehen und stark erweitert von Dr. R. Brun-Zürich.)

Wir haben im Verlaufe unserer Darstellung höchst auffallende Tätigkeiten der Ameisen kennen gelernt, Tätigkeiten, die wir sonst nur noch beim Menschen anzutreffen gewohnt sind; ich erinnere nur an die Kriege, Sklavenjagden, Viehzucht, den Gartenbau usw. Aber nicht nur diese extremsten Produkte der Ameisenkultur, sondern auch schon die alltäglichen Lebensäußerungen, mögen sie sich auf die Brutpflege oder den Nestbau oder auf die Nahrungsversorgung beziehen, sind kompliziert genug, unsere Bewunderung in hohem Maße zu erregen.

Es ist natürlich von größtem Interesse für uns, zu wissen, worauf denn alle diese Tätigkeiten, worauf das harmonische Zusammenleben der Gesellschaft beruht. Sind es menschenähnliche Raisonnements und Pflichtgefühle, welche das Zusammenarbeiten so vieler Tausender von Individuen zu einem gemeinsamen Zwecke bedingen? Haben die Ameisen eine menschliche Moral, menschliche Tugenden und Laster? — Oder sind es in der Hauptsache ererbte Instinkte, verbunden mit einigem Assoziationsvermögen, welche ihre Handlungen leiten? — Oder beruht endlich vielleicht gar alles nur auf blinden Reflexen, und sind die Ameisen nur Reflexmaschinen?

Jede dieser drei Möglichkeiten hat ihre Anhänger gefunden. Da sind zunächst die Anthropomorphisten Büchner, Brehm, Marshall u. a., welche in den Ameisen tatsächlich kleine Menschen sehen und aus deren Handlungen hohe Intelligenz herauslesen, und welche sich nicht genug tun können, die selbstbewußte Aufopferung, die strenge Moral und die edlen Tugenden der Ameisen zu preisen.

Den krassen Anthropomorphisten diametral gegenüber steht der Reflextheoretiker Bethe, welcher von einer Ameisenpsyche überhaupt nichts wissen will, sondern überall nur blinde Reflexe sieht. Aller Empfindung bar sollten die Ameisen in all ihrem Tun und Treiben nur starren Reflexen folgen, gleichwie die blecherne Ente dem Magnet. So sollten sie z. B. mit ihren kompliziert gebauten Augen nicht wirklich „sehen“, sondern der ganze optische Apparat sollte nur zur Vermittelung eines Photoreflexes dienen, welcher die Ameisen dann in dieser oder jener Richtung zu laufen zwingt.

Zwischen diesen beiden Extremen stehen die Myrmekologen von Fach: Forel, Emery, Wasmann, Wheeler u. a., welche das Leben der Ameisen nicht nur aus Büchern oder einigen Laboratoriumsexperimenten, sondern auf Grund jahrelanger eifriger Studien aus eigener Anschauung durch und durch kennen. Diese sehen in den Ameisen weder intelligente Miniaturmenschen noch auch bloße Reflexmaschinen, sondern Wesen, welche zwar in der Hauptsache nach ererbten Instinkten handeln, jedoch deutlich plastische Anpassungen (Modifikationsvermögen) auf Grund von Erfahrungen, welche im individuellen Leben erworben wurden, erkennen lassen[1]).

Die anthropomorphistische Richtung ist nichts anderes als eine Kuriosität! Die Anthropomorphisten vertreten einerseits den Standpunkt des Monismus, und sehen also in der Seele lediglich eine Funktion des Gehirns. Es steht also für sie einerseits fest, daß die Höhe der geistigen Fähigkeiten von der (absoluten) Größe des Großhirns abhängig ist; andererseits aber setzten sie über den riesigen Unterschied zwischen Ameisen- und Menschengehirn ruhig hinweg und schreiben dem stecknadelknopfgroßen Ameisengehirn das gleiche hohe Funktionsvermögen zu wie dem gewaltigen Menschengehirn. Eine größere Inkonsequenz als diese dürfte in der modernen Geschichte der Naturwissenschaft kaum wieder zu finden sein.

Wir können deshalb bei unserem psychologischen Streifzuge an Büchner, Marshall usw. ruhig vorbeigehen und werden daher im folgenden lediglich die beiden anderen Anschauungen berücksichtigen und prüfen, welche von ihnen sich besser mit den biologischen Tatsachen in Einklang bringen läßt.

Bevor wir aber dazu übergehen, müssen wir einen kurzen Blick auf die Sinne der Ameisen werfen.

1. Die Sinne der Ameisen.

Die Ameisen besitzen nachweislich Geruchs-, Gesichts-, Geschmacks- und Tastsinn. Ein Gehörssinn ist noch nicht zweifellos festgestellt und ein besonderer „statischer Sinn“ zur Wahrnehmung passiver Drehungen und Lageveränderungen der Körperachse geht den Ameisen, wie den Insekten überhaupt, gänzlich ab. Dagegen ist ihnen nach neueren Ermittelungen zweifellos die Fähigkeit zuzuschreiben,

---

[1]) Da wir kein Mittel besitzen, zu entscheiden, ob bei niederen Tieren eine bestimmte Reaktion von Bewußtseinsvorgängen begleitet ist oder nicht, so erscheint es in vergleichend psychologischen Fragen zweckmäßig, die Annahme einer „psychischen“ (im Gegensatz zur bloß reflektorisch-physiologischen) Nerventätigkeit ausschließlich an den Nachweis eines Individualgedächtnisses zu knüpfen. „Instinkt ist das Erbgedächtnis der Art“ (Hering, Forel, Morgan, Semon, Ziegler u. a.), die Instinkthandlung im Grunde nichts anderes als eine in festgefügten vorgebildeten Bahnen ablaufende Folge komplizierter assoziierter Reflexe. Das plastische Handeln dagegen beruht stets auf einer Mitbeteiligung neuer, in der Gehirnorganisation des betreffenden Tieres nicht präformierter, sondern erst im Leben des Individuums hinzuerworbener sinnlicher Erfahrungen.

ihre eigenen, aktiven Bewegungen vermittelst des Muskelsinnes wahrzunehmen und auch die betreffenden Bewegungseindrücke („Kinästhesien") bis zu einem gewissen Grade im Gedächtnis zu fixieren. Sie erinnern sich beispielsweise, an einem bestimmten Orte nach rechts oder nach links abgewichen zu sein (Brun, 1916); sie vermögen ferner die bei Zurücklegung einer Wegstrecke geleistete Muskelarbeit, und somit auch die Länge dieses Weges, einigermaßen abzuschätzen („Podometersinn" von Piéron und Cornetz); und endlich sind sie imstande, auch Geländesteigungen, schon von 20° an, auf kinästhetischem Wege wahrzunehmen, indem sie die zur Überwindung der Schwerkraft nötige Verschiebung des Muskelgleichgewichtes registrieren [Brun, 1914[1])].

Der Geruchssinn spielt weitaus die Hauptrolle im Leben der Ameise. Er hat seinen Sitz in den Antennen, und zwar in den Endgliedern bzw. den Porenplatten, Geruchskolben usw.[2]). Nach Miß Fieldes Untersuchungen (1904) scheinen sich die einzelnen Glieder bezüglich der Geruchsrezeption verschieden zu verhalten, d. h. es soll jedes Glied auf die Wahrnehmung nur eines ganz bestimmten Geruches abgestimmt sein: Der Fußspurgeruch soll nur mit dem 10., der Individualgeruch nur mit dem 11., der Nestgeruch nur mit dem 12. Glied wahrgenommen werden. Die für die Brutpflege nötige Geruchswahrnehmung soll an das 6. und 9. Glied gebunden sein, während fremde feindliche Gerüche nur mit dem 6. und 7. Glied aufgenommen werden. Wasmann (1909) und Forel (1910) halten diese Angaben indessen für zu schematisch.

Da der Geruchssinn der Ameisen oberflächlich an den symmetrischen und nach allen Richtungen beweglichen Fühlern sitzt, so muß derselbe, wie Forel (1901) treffend und klar ausgeführt, von dem unsrigen qualitativ verschieden

---

[1]) Der Nachweis dieser (früher bestrittenen) Tatsache gelang Brun auf folgende Weise: Er befestigte ein Lubbocknest mit einer kleinen Kolonie von *F. rufa* am Rande seines großen, kreisrunden Experimentiertisches, dessen verstellbare Platte in der Ausgangssituation um 20° nach der Nestseite geneigt war. Das Futter (Honig) befand sich in einem runden Näpfchen im Zentrum der Scheibe; die Ameisen mußten somit vom Neste zum Honig auf schiefer Ebene ansteigen. Die Möglichkeit der Lichtorientierung war durch eine besondere sinnreiche Disposition (durch sogenannte „bipolare Beleuchtung", vgl. S. 295) ausgeschaltet. — Sobald nun eine Ameise zum Honig gelangt war und daran fraß, kehrte Brun die Neigung des Tisches geräuschlos in die entgegengesetzte um, derart, daß jetzt das Nest sich oben am Tischrande befand. Die Folge war, daß die getäuschten Ameisen beim „Heimwege" regelmäßig falsch gingen, d. h. sie wanderten alle ohne Ausnahme abwärts, indem sie den Nesteingang seiner früheren Lage gemäß beharrlich an der tiefsten Stelle der Peripherie des Tisches suchten. Sie hatten sich folglich genau gemerkt, daß sie beim „Hinweg" aufwärts gestiegen waren!

[2]) Zwischen diesen Porenplatten usw. finden sich mehrfach noch eigentümliche Organe, die als „Flaschen- und Champagnerpfropfenorgane" beschrieben sind (Forel, Kraepelin). Die Bedeutung derselben ist noch unklar; vielleicht sind es Drüsen?

sein. Indem die Fühler in ständiger Bewegung sind und beim Vorwärtsschreiten alle Gegenstände rechts und links abtasten, geben sie den Ameisen nicht nur eine Vorstellung von den chemischen Eigenschaften des berührten Objekts, sondern zugleich auch von der Form desselben, sowie im weiteren von der gegenseitigen räumlichen Anordnung und zeitlichen Aufeinanderfolge dieser verschiedenen Geruchsformen (d. h. der verschiedenen „runden, viereckigen, länglichen, harten, weichen Gerüche" usw.). Forel bezeichnet diesen von dem unsrigen doch recht abweichenden Sinn als Kontaktgeruchssinn oder „topochemischen Fühlersinn". Derselbe gibt in Verbindung mit der starken Entwickelung des „Großhirns" gewissermaßen den Schlüssel zur Ameisenpsychologie. Entfernt man einer Ameise die Fühler, so nimmt man ihr auch die Fähigkeit, Freund und Feind zu unterscheiden, sich gegenseitig Mitteilung zu machen, ja sogar sich im Raume zu orientieren.

Im Gegensatz zu der enormen Feinheit des Kontaktgeruchssinnes ist das Ferngeruchs- oder Witterungsvermögen der Ameisen auffallend gering entwickelt.

Der Gesichtssinn hat nicht die allgemeine und wichtige Bedeutung für die Ameise wie der Geruchssinn. Geht er doch einer ganzen Anzahl Ameisen überhaupt vollkommen ab. Über die verschiedene Ausbildung der Augen bei den verschiedenen Arten und Ständen ist oben (Kap. I) schon berichtet worden. Das Netzauge (Seitenauge) gibt nach Exner ein einziges aufrechtes Bild, dessen Klarheit von der Zahl der Fazetten und der Konvexität des Auges abhängt. Die Unbeweglichkeit der Augen hat zur Folge, daß eine ruhende Ameise ruhende Objekte, zumal kleine, schwer oder gar nicht sieht. Der Gesichtssinn der Netzaugen ist demnach besonders für das Sehen der Bewegungen, d. h. der relativen Ortsveränderung des Netzhautbildes eingerichtet (Forel); infolgedessen gestattet er aber auch umgekehrt, bei der (geradlinigen) Fortbewegung des eigenen Körpers, große entfernte Objekte der Umwelt und namentlich stabile Lichtquellen in überaus exakter Weise räumlich auf der Netzhaut zu lokalisieren (Santschi). Und zwar wird das um so eher der Fall sein müssen, da die schmalröhrenförmigen Einzelfazetten (Ommatidien) nur den mehr oder minder senkrecht einfallenden Strahlen Zutritt zur lichtempfindenden Netzhaut gestatten, alle schrägen Strahlen dagegen in ihren pigmentierten Wänden absorbieren, so daß sich also eine solche Lichtquelle jeweilen nur in einigen wenigen Fazetten abbilden wird.

Es ist klar, daß ein solcher Mechanismus für die Orientierung im Raume von der größten Bedeutung sein muß:

Hat z. B. eine Ameise während des Hinweges das Bild der Sonne konstant mit den vorderen Fazetten des linken Auges wahrgenommen, so braucht sie sich beim Rückwege nur so einzustellen, daß dieses Bild jetzt konstant in die korrespondierenden hinteren Fazetten des rechten Auges fällt, so wird ihr Rückmarsch dem Hinweg parallel sein und sie ziemlich genau wieder zum Ausgangspunkte zurückführen. Die Fazettenaugen der Ameisen sind also nach Santschi gewissermaßen „Lichtkompasse", welche den Tieren eine geradlinige Richtungseinhaltung und somit eine sehr exakte räumliche Orientierung ermöglichen. — Wir werden weiter unten sehen, wie schön diese scharfsinnig ausgedachte Theorie durch das Experiment bestätigt wird.

Eine besondere Eigentümlichkeit des Gesichtssinnes besteht endlich darin, daß die Ameisen ultraviolette Strahlen wahrzunehmen vermögen. Sie zeigen sich gegen diese sogar am allerempfindlichsten, wie Lubbock, Forel und Miß Fielde nachgewiesen haben.

Welche Funktion die Ozellen erfüllen, darüber sind wir noch im Unklaren. Nach Forel, denen sich v. Buttel, Smalian u. a. anschließen, dienen sie wahrscheinlich nur zum Sehen in nächster Nähe in dunkeln Räumen.

Der Geschmackssinn hat seinen Sitz an den Mundteilen, speziell der Zunge und den Maxillen (s. Kap. I). Die Geschmacksreaktionen sind ähnlich den unsrigen.

Der Tastsinn ist über den ganzen Körper durch Tasthaare oder Tastpapillen vertreten. Er reagiert ganz besonders auf feine Erschütterungen der Luft und der Unterlage und kann dadurch eventuell einen Gehörssinn vortäuschen (Forel). Als besondere Formen des Tastsinnes sind noch der photodermatische Sinn und der Temperatursinn zu erwähnen.

Ein Gehörssinn ist, wie gesagt, bis jetzt noch nicht mit Sicherheit nachgewiesen. Es sind zwar von Lubbock und Janet in den Tibien und verschiedenen anderen Körperteilen „chordotonale Organe" beschrieben; ob dieselben aber wirklich zur Vermittelung von Gehörsempfindungen dienen, ist nicht bewiesen. Ein Moment spricht allerdings dafür, nämlich die Lautäußerungen, deren verschiedene Ameisen fähig sind (s. Kap. VI, 2 a).

2. Das Großhirn der Ameise.

Als Großhirn bezeichnen wir das den Muskel- und Sinneszentren übergeordnete Nervenzentrum. Über den Bau desselben (die *Corpora pedunculata* usw.) bitte ich im ersten Kapitel nachzulesen. Dem Großhirn fällt die Funktion zu, die Sinneseindrücke aufzuspeichern, zu fixieren und sie in verschiedener Weise zu assoziieren; es ist also der Sitz der sogenannten plastischen Tätigkeiten In dieser Beziehung ist ein Vergleich der drei Stände sehr lehrreich: beim ♂ ist das Großhirn fast ganz verkümmert[1]), beim ♀ ist es ziemlich gut ausgebildet,

[1]) Nach neueren Feststellungen von Wheeler, Pietschker und C. B. Thompson scheint dies allerdings nicht für alle Arten in gleichem Maße zuzutreffen.

um beim ☿ seine mächtigste Entfaltung zu erreichen (vgl. Fig. 18). Diesem morphologischen Verhalten entspricht genau der Grad und die Komplikation der geistigen Fähigkeiten: die Männchen sind ungemein dumm und handeln fast rein automatisch; viel höher stehen die Weibchen, bei denen sich eine deutliche psychische Plastizität nachweisen läßt; weitaus am höchsten aber sind die geistigen Fähigkeiten bei den Arbeitern ausgebildet, in deren Händen ja auch das ganze Staatswohl gelegen ist.

Ein weiterer Beweis, daß das Großhirn das eigentliche Assoziationszentrum darstellt, ergibt sich aus den Verletzungen des genannten Organs. Nach Forel (1873) erzeugt jede schwere Verletzung des Ameisengehirns anfänglich Konvulsionen und zahlreiche Reflexbewegungen, jede für sich koordiniert, jedoch ohne gegenseitige Koordination, ohne Zweck usw. Darauf folgt ein Zustand der Betäubung. *Formica rufibarbis*, deren Gehirn von den Sichelmandibeln einer Amazone durchbohrt wird, bleibt zunächst wie angenagelt auf dem Platze stehen; sodann durchläuft hier und da ein Zittern den ganzen Körper und von Zeit zu Zeit zuckt eines der Beine in die Höhe. Wenn man sie reizt, macht sie wohl noch koordinierte Abwehrbewegungen; sobald jedoch der Reiz aufhört, fällt sie wieder in ihre frühere Betäubung. Einer auf einen bestimmten Zweck gerichteten Handlung ist sie vollkommen unfähig; sie sucht nicht mehr zu fliehen, nicht mehr anzugreifen, nicht mehr in ihr Nest zurückzukehren oder sich mit ihren Genossen zu vereinigen, auch nicht mehr vor der Sonne, vor Wasser oder Kälte sich zurückzuziehen; sie hat die elementarsten Instinkte der Furcht und Selbsterhaltung vollkommen verloren. Die so verwundete Ameise ist nur noch eine Reflexmaschine und gleicht vollkommen der Taube, welcher Flourens die Großhirnhemisphären exstirpiert hatte[1]) (Forel).

* * *

Wir wollen nun dazu übergehen, einige Probleme der Ameisenpsychologie zu untersuchen. Alle biologischen Erscheinungen des Ameisenlebens psychologisch zu analysieren, ist natürlich in so engen Grenzen vollkommen ausgeschlossen; es würde dies ein Werk von zehnfachem Umfang dieses Buches erfordern. Ich muß mich daher hier auf nur einige besonders wichtige Punkte beschränken, und zwar will ich — dem Beispiel Lubbocks, Wasmanns, Bethes usw. mich anschließend — folgende vier Fragen zu beantworten suchen: 1. Wie erkennen sich die Ameisen untereinander? 2. Wie finden die Ameisen ihren Weg? 3. Besitzen die Ameisen Mitteilungsvermögen? 4. Besitzen die Ameisen ein formelles Schlußvermögen?

---

[1]) Hätte Bethe diese Tatsachen, ja überhaupt nur das Vorhandensein eines Großhirns mehr berücksichtigt, so würde er wohl kaum zu einer solch extremen Anschauung wie der Reflextheorie gelangt sein.

3. Wie erkennen sich die Ameisen?

Die Mitglieder einer Kolonie leben bekanntlich in der größten Harmonie miteinander und tun sich niemals ein Leid. Setzt man aber eine fremde Ameise in ihr Nest, so fahren sie sofort darauf los, zerren sie nach allen Seiten und schaffen sie tot oder lebendig hinaus. Die Ameisen vermögen also Freund und Feind sehr gut zu unterscheiden. Ja selbst eine monatelange, in manchen Fällen sogar jahrelange Trennung kann ihr Benehmen gegen Freunde nicht wesentlich verändern, denn wenn man eine lange isoliert gehaltene Ameise wieder in ihr altes Nest zurücksetzt, so wird sie ohne weiteres wieder aufgenommen, oft allerdings erst nach vorgängiger mißtrauischer Untersuchung [Huber, Forel, Lubbock u. a.[1])].

Worauf beruht nun dieses Unterscheidungsvermögen? Forel hat in seinem berühmten Buche (1874) zum ersten Male wahrscheinlich gemacht, daß der Kontaktgeruchssinn die Hauptrolle dabei spielt. Er zeigte, daß eine der Fühler beraubte Ameise nicht mehr imstande ist, Freund und Feind zu erkennen. Es blieb bei diesem Experiment allerdings noch die Möglichkeit offen, daß die Erkennung durch Zeichen („Parole"), die sich die Ameisen mit den Fühlern geben, geschehe. Doch erwies sich auch diese Eventualität als unzutreffend, indem nämlich ihrer Fühler beraubte oder mit Chloroform betäubte Ameisen von ihren Gefährtinnen durch Berührung mit den Fühlern sehr gut erkannt werden (Lubbock, Wasmann). Und so bleibt die von Forel gemachte Annahme zu Recht bestehen.

Forel, Wasmann, Mc Cook, Bethe u. a. haben ferner nachgewiesen, daß Ameisen, welche von feindlicher Ameisensäure bespritzt, oder in feindliches Ameisenblut, oder in Alkohol, oder auch nur in Wasser getaucht wurden, von ihren eigenen Nestgenossen zuerst nicht oder wenigstens nur unsicher erkannt wurden. Diese Erfahrung führt uns einen Schritt weiter und zeigt uns klar, daß es ein den Ameisen anhaftender Geruchsstoff ist, welcher die Unterscheidung von Freund und Feind ermöglicht. Dieser spezifische Koloniegeruch wird nach Miß Fieldes Untersuchungen allen Angehörigen derselben Kolonie durch die gemeinsame Stammutter erblich übertragen, er ist also ein Familiengeruch. Bei ganz jungen, eben aus der Puppe geschlüpften Ameisen ist derselbe noch nicht vorhanden, wie aus dem

[1]) Daß dieses Unterscheidungsvermögen für die Ameisen unbedingt erforderlich ist, leuchtet ohne weiteres ein: Ohne dasselbe wäre ja ein geordnetes Staatenleben ausgeschlossen. Es darf indessen nicht verschwiegen werden, daß es auch Ausnahmen von dem Gesetze gibt — Arten, welche Angehörige fremder Kolonien (der gleichen Spezies) ohne Zeichen von Feinschaft in ihrem Haushalt aufnehmen. Hierher gehören beispielsweise *Lasius flavus* (Lubbock) und *Lasius fuliginosus* (Notzmer). Bei der letztgenannten Art wird wohl der Familiengeruch der einzelnen Kolonien durch den ungemein penetranten Artgeruch verdeckt, gleichsam maskiert.

indifferenten Verhalten fremder Ameisen gegen solche zu ersehen ist[1]). Isoliert man nun solche ganz jungen Exemplare und setzt sie erst nach einiger Zeit, wenn sie erhärtet und ausgefärbt sind, in ihr altes Nest, so werden sie dort sofort als Freunde aufgenommen — ein Beweis, daß dieser spezifische Geruchsstoff nicht von außen kommt, sondern von den Individuen selbst produziert wird[2]). Das geht auch aus den oben erwähnten Badeexperimenten hervor: Setzt man die in Alkohol gebadete Ameise sofort (nachdem sie getrocknet) wieder in ihr Nest, so wird sie von ihren Nestgenossen nicht gleich wieder erkannt, sondern zuerst mit feindlicher Aufmerksamkeit verfolgt; läßt man sie aber nach dem Bade noch längere Zeit isoliert, so wird sie ohne jedes Zeichen von Argwohn wieder aufgenommen (Bethe).

Andererseits werden aber Ameisen, welche über eine gewisse Zeitdauer hinaus von ihrem Heimatnest getrennt waren, von ihren alten Stammesgenossen schließlich doch nicht mehr als Freunde erkannt, sondern feindlich angegriffen[3]). Daraus muß geschlossen werden, daß auch der Koloniegeruch nichts absolut Unveränderliches ist, sondern daß ihm, neben dem Familiengeruch, noch eine zweite, nicht spezifische (akzidentelle) Komponente anhaftet, welche sich den Individuen aus dem besonderen „Geruchscachet" der Nestlokalität beizumischen scheint (Brun, 1913). Für diese Deutung sprechen namentlich auch jene Fälle, wo eine Kolonie sich spontan in zwei später feindliche Nester spaltet (Forel, 1874; Brun, 1910).

Diese Tatsachen liefern nun die Basis für unser nächstes Problem, dessen Fragestellung lautet: Ist das gegenseitige Erkennen ein bloßer Chemoreflex, oder geschieht die Erkennung auf Grund wirklicher Geruchswahrnehmungen und Geruchsgedächtnis?

Wenn wir eine fremde Ameise in ein Nest setzen, so sehen wir, daß jede Ameise, die dem Fremdling begegnet und ihn mit den Fühlern berührt, sofort die Mandibeln weit öffnet und sich in Angriffsstellung setzt. Der Vorgang vollzieht sich so rasch, sicher und regelmäßig, daß wir ihn als „reflektorisch" bezeichnen können. Auch wir Menschen verhalten uns ähnlich bei Begegnung eines gefürchteten Tieres; wenn wir uns z. B. neben einer Schlange niedersetzen, so fahren wir im Moment, da wir sie gewahren, blitzartig in die Höhe. Das ist auch ein reflektorischer Vorgang, denn die Situation kommt uns meistens erst nach dem Auffahren zum Bewußtsein. Ebensowenig nun, wie wir daraus schließen dürfen, die Erkennung der Schlange sei nichts anderes als ein Photoreflex, ebensowenig darf uns das erste

[1]) Darauf beruht die Möglichkeit, künstlich gemischte Kolonien aus verschiedenen Unterfamilien herzustellen (Kap. VII, Anhang).

[2]) Derselbe ist wahrscheinlich an gewisse Hautdrüsen gebunden, welche erst einige Tage nach dem Ausschlüpfen aus der Puppe zu funktionieren beginnen.

[3]) Die maximale Trennungszeit, nach welcher dies geschieht, ist bei den verschiedenen Arten verschieden.

Verhalten der sich begegnenden Ameisen allein maßgebend sein für die Beurteilung der psychologischen Vorgänge, die sich beim Erkennen abspielen.

Bethe hat dies zu wenig berücksichtigt und ist daher bei seinen Experimenten vielfach zu Fehlschlüssen gelangt. So auch bei seinen Badeexperimenten, die an und für sich sehr hübsch und lehrreich sind. Dieselben bestanden darin, daß er einzelne Ameisen zuerst in Alkohol wusch (um den Eigengeruch zu entfernen) und sie dann in der Brühe (Blut) zerquetschter fremder Ameisenarten badete. Die so behandelten Ameisen wurden im Neste der fremden Art freundlich aufgenommen, auch wenn sie körperlich noch so verschieden waren, und umgekehrt wurden sie von ihren eigenen Nestgenossen als Feinde behandelt. Nach Bethe ist es also ein leichtes, Freund in Feind und Feind in Freund zu verwandeln! Wäre dem wirklich so, so hätte Bethe in der Tat ein Argument für seine Theorie geliefert.

Bethe hat aber, wie es scheint, nur die allererste Wirkung, welche das gebadete Tier auf die anderen Ameisen ausübte, beobachtet, das weitere Verhalten aber nicht verfolgt. Denn Wasmann wiederholte die Badeexperimente und kam dabei zu wesentlich anderen Resultaten. Die Ameisen stutzten zwar anfangs, als ihr maskierter Nestgenosse zurückkam, doch es dauerte gewöhnlich nicht sehr lange, bis sie durch genaues Betasten mit den Fühlern ihren Kameraden unter der Maske erkannten. Ebenso wurden die maskierten Feinde nach nicht langer Zeit als solche erkannt und auch als solche behandelt, d. h. getötet. Von einer Verwandlung von Freund in Feind und umgekehrt ist also keine Rede! Wie kommt denn der angebliche „Reflexautomat" dazu, den maskierten Gefährten überhaupt näher zu untersuchen? Als richtiger Automat müßte er doch auf den ungleichen Geruch unbedingt feindlich und auf den gleichen Geruch freundlich (bzw. gar nicht) reagieren, gleichgültig, von wem dieser Geruch ausging!

Reflexe sind starr und können (wenigstens qualitativ) nicht verändert werden. Nun gibt es aber eine große Anzahl Beispiele aus dem Ameisenleben, welche beweisen, daß die Geruchsreaktion der Ameisen qualitativ veränderlich ist. Wasmann weist auf die „internationalen Beziehungen der echten Ameisengäste" hin, aus denen mit Sicherheit zu erschließen ist, daß Ameisen zu lernen vermögen auf Grund angenehmer sinnlicher Erfahrungen (Geschmackswahrnehmungen) auf bestimmte Geruchsstoffe in ganz anderer Weise zu reagieren, als sie es vordem getan. Denn viele Ameisen sind imstande, neue Gäste kennen zu lernen und bei sich aufzunehmen, auf deren Geruchsstoff sie bei der ersten Begegnung entschieden feindlich reagierten[1]).

[1]) Übrigens geht aus der Erscheinung der Myrmekophilie auch hervor, daß die Erkennung nicht immer ausschließlich vermittelst des topochemischen Geruchssinnes erfolgt, sondern daß auch der Gesichtssinn der Ameisen dabei eine (wenn auch wahrscheinlich weit geringere) Rolle spielen kann. Denn die oft überraschende

Ganz besonders aber ist in diesem Zusammenhang auf die im VI. Kapitel mitgeteilten „Friedensschlüsse", sowie auf die im Anhang zu Kap. VII erwähnten künstlichen Mischkolonien hinzuweisen. Die Frage nach dem Zustandekommen dieser Allianzen (deren Psychologie in neuerer Zeit namentlich von Brun studiert wurde) ist für unser Problem von entscheidender Bedeutung, so daß wir hier auf dieselbe etwas näher eingehen müssen.

Was vorerst die künstlichen Mischkolonien betrifft, wie sie durch Forels „Schüttelmethode" (besonders leicht aus verschiedenen *Formica*-Arten) zu erzeugen sind, so lag es nahe, hier in erster Linie an die Entstehung eines Mischgeruches zu denken, d. h. an eine gleichmäßige Vermischung der verschiedenen Nestgerüche, welche eine Aufhebung der physiologischen Gegensätze bewirkt. Daß ein solcher Mischgeruch in der alten Allianzkolonie tatsächlich besteht, geht aus einem hübschen Experiment hervor, das Forel schon vor mehr als 40 Jahren machte und welches seither wiederholt nachgeprüft wurde. Wenn man — einige Wochen nach vollzogener Allianz — ungemischte Angehörige der einen Partei (aus deren Heimatnest) in die Mischkolonie bringt, so werden dieselben zwar von ihren ehemaligen Stammesgenossen sofort als Freunde erkannt und ohne Zeichen von Mißtrauen im Nest aufgenommen. Von der Gegenpartei aber werden die Neulinge gewöhnlich mehr oder minder heftig belästigt oder angegriffen (jedoch nie so heftig wie ganz fremde Ameisen!), jedenfalls aber von den schon mit ihnen Alliierten genau unterschieden[1]). Brun (1912) machte nun auch den entsprechenden Gegenversuch, d. h. er isolierte (zehn Tage nach Eintritt der Allianz) eine Anzahl Ameisen jeder Partei nachträglich wieder aus der Mischkolonie und brachte sie zu den entsprechenden Heimatnestern zurück. Die Resultate dieser Versuche stimmten vollständig mit denjenigen der Betheschen Badeexperimente überein. Die Mischameisen wurden von ihren alten Nestgenossen anfänglich mit großem Mißtrauen aufgenommen und teilweise angegriffen, doch wurden viele nach gründlicher, gleichsam „vorurteilsloser" Untersuchung auch gleich anfangs unter der fremden Maske als Freunde erkannt. Wurden dagegen die aus der Mischkolonie isolierten Ameisen nicht sofort, sondern erst nach einer zwei- bis dreistündigen Quarantäne bei ihrem Heimatnest ausgesetzt, so wurden sie ohne jede Anfeindung aufgenommen.

Diese Experimente beweisen somit tatsächlich, daß in der alten Allianzkolonie ein Mischgeruch vorhanden ist, in dem Sinne, daß die Epidermis jeder Ameise sich außer mit dem eigenen Koloniegeruch

---

Mimikry der Ameisengäste, deren Grad deutliche Beziehungen zur Ausbildung des Gesichtssinnes (Augen) ihrer Gäste erkennen läßt, ist sonst gar nicht zu verstehen. Ausführliches darüber ist bei Wasmann (1899, S. 34—59) zu finden.

[1]) In der Regel werden diese schon zu Beginn auffallend lauen Angriffe in der Folge zusehends matter und machen allmählich indifferenter Duldung und schließlich freundschaftlichem Verhalten Platz.

auch noch flüchtig mit dem Geruche der fremden Art imprägniert hat, wodurch der erstere eine oberflächliche Maskierung erfährt. Für eine Erklärung des Allianzphänomens im Sinne der Reflextheorie ist aber damit noch gar nichts gewonnen. Denn ein so beschaffener Mischgeruch müßte reflexphysiologisch offenbar als ganz neuer, fremdartiger Reiz wirken, welcher niemals imstande wäre, die alten „sozialen Reflexe" auszulösen. „Die Reaktion auf einen solchen Mischgeruch könnte also immer nur wieder eine feindliche sein, und zwar müßten jetzt alle Ameisen nicht nur gegen ihre bisherigen Gegner, sondern auch gegen ihre eigenen Koloniegenossen feindlich vorgehen" (Brun, 1913).

Nun hat aber Brun (1912) außerdem den Nachweis erbracht, daß der besagte Mischgeruch sich in der Mischkolonie überhaupt erst mehrere Tage nach dem Zustandekommen der Allianz einstellt, indem die Parteien sich in der ersten Zeit noch sehr wohl zu unterscheiden vermögen und während dieser ersten Zeit auch ungemischte Ameisen der Gegenpartei (Nachschübe wie im Forelschen Versuch) noch ohne jede Anfeindung im Nest aufnehmen[1]). Das heißt aber, mit anderen Worten, daß der Mischgeruch unmöglich die Ursache des Zustandekommens der Allianz sein kann!

Brun hatte eine Allianzkolonie *Formica rufa* + *pratensis* + *sanguinea* (+ *fusca*) hergestellt. Nach 24 Stunden trennte er einen Teil der *rufa* mit ganz wenigen *pratensis* und *sanguinea* von dem künstlichen Apparate (Lubbocknest) ab und brachte sie in einem geräumigen Terrarium unter. Die so aus ihrer Zwangslage befreiten und in Übermacht gesetzten *rufa* begannen allmählich, die wenigen unter sie geratenen *sanguinea* (nicht aber die rassenverwandten *pratensis*!) zu verfolgen und töteten sie sämtlich. Als sie aber drei Tage später wieder in die Mischkolonie zurückversetzt wurden, fiel es ihnen nicht ein, die dort zahlreich anwesenden[2]) *sanguinea* zu belästigen — sie wurden aber auch umgekehrt von den *sanguinea* nicht angegriffen (ebensowenig wie andere *Rufa*-Nachschübe), obschon sie ja sicher keinen Mischgeruch besaßen.

Die Zwangslage — und nicht die Vermischung der Nestgeruchsstoffe — ist es also offenbar, was die instinktive Kampfeslust der Ameisen zunächst hemmt und sie zum friedlichen Vergleiche nötigt. Der später sich bildende Mischgeruch kann dann allerdings die unter dem Druck der Notwendigkeit geschlossene Allianz nachträglich noch

---

[1]) Sie scheinen also deren Geruch noch nicht von dem ihrer neuen Freunde zu unterscheiden!

[2]) Daß die Ameisen die Vielheit von Individuen (z. B. die ungefähre Stärke der Gegner) schätzungsweise wahrnehmen, daß sie also gewissermaßen „zählen" können, geht unter anderem auch aus verschiedenen Beobachtungen Wasmanns (1908) hervor. Derselbe sah nämlich in *Formica*-Nestern, welche eine gewisse Anzahl *Dinarda* beherbergten, jedesmal eine heftige Verfolgung dieser sonst indifferent geduldeten Käfer ausbrechen, sobald er zahlreiche derselben gleichzeitig ins Nest setzte.

festigen und — indem er die einstigen Gegner gleichsam dauernd vor einander maskiert — zu einer dauerhaften gestalten. Aber auch dann muß, wie wir sahen, zu der mechanisch-physiologischen Wirkung der Geruchsmischung noch ein zweiter psychischer Faktor hinzukommen, nämlich die Gewöhnung der Ameisen an den neuen Mischgeruch, eine sekundäre Assoziation ihrer sozialen Instinkte mit demselben. Daß die Allianz nicht lediglich ein geruchsphysiologisches Phänomen ist, geht übrigens auch aus der bemerkenswerten negativen Tatsache hervor, daß man vermittelst der „Schüttelmethode" keineswegs alle beliebigen Arten miteinander vereinigen kann: Bei systematisch wenig verwandten, psychisch tiefstehenden (manche *Myrmicinen*) oder biologisch in einseitiger Weise überspezialisierten Arten (*Polyergus*) versagt die Methode vielmehr von vornherein.

Die Richtigkeit der obigen Betrachtungsweise wird ferner bestätigt durch die nicht so selten vorkommenden „spontanen Friedensschlüsse", wobei eine Mischung der Parteien überhaupt nicht stattfand. Die Bedingungen, unter welchen es zu solchen spontanen Allianzen kommen kann, sind recht bezeichnende; sie verraten deutlich die dabei stattfindende plastische Anpassung an die schwierigen neuen Verhältnisse, die Hemmung des Kampfinstinktes durch die mächtigeren sozialen Instinkte im Verein mit günstigen neuen Erfahrungen. So tritt z. B. die Allianz viel rascher und leichter ein, wenn eine oder beide Parteien eine große „Mitgift" an Brut bei sich haben oder auch bei Gegenwart befruchteter Königinnen in einem oder in beiden Lagern. E. Brun beobachtete zweimal (1910 und 1913) sofortige Allianz zwischen zwei mächtigen *Rufa*-Stämmen, welche durch einen starken dritten Feind bedroht waren. Kutter (1913) brachte zwei *Rufa*-Kolonien dadurch zur kampflosen Vereinigung, daß er in der einen Kolonie zunächst die Königinnen der anderen adoptieren ließ usw.

Alle diese Fälle von Reaktionsänderungen stehen mit der Betheschen Reflextheorie in direktem Widerspruch.

Nun behauptet aber Bethe ferner, die feindliche Reaktion der Ameisen auf ungleiche Gerüche sei angeboren[1]) und belegt diesen Satz mit mehreren Experimenten. Er entnahm z. B. einem *Lasius*-Nest ganz junge weiche Exemplare und hielt sie bis zur Erhärtung in einer Schachtel. „Ein Feind war ihnen noch nie begegnet; trotzdem gerieten alle, die auf ein *Tetramorium*-Nest gesetzt wurden, in die größte Unruhe, während andere, in ihr altes Nest zurückversetzt, ruhig ohne jede feindliche Reaktion zwischen ihren angeborenen Nestgenossen umherliefen." Gegen die Richtigkeit, vielmehr Allgemeingültigkeit dieses Resultats wurde von Wasmann Widerspruch erhoben, und zwar unter Hinweis auf die gemischten Kolonien,

[1]) Bethe legt auf das „Angeborensein" einen großen Wert, indem er diese Eigenschaft geradezu als das Hauptcharakteristikum des Reflexes ansieht. Dies ist aber ein Irrtum. Wohl sind alle Reflexe angeboren, andererseits aber ist nicht alles, was angeboren ist, Reflex [vgl. Wasmann, 1899 (1909), S. 4—10].

speziell die Raubkolonien. Denn die in den Raubkolonien aufgezogenen Sklaven reagieren freundlich bzw. gar nicht auf den ungleichen Geruchsstoff der Herren, während sie doch unbedingt feindlich reagieren müßten, wenn ihnen die Reaktion angeboren wäre! Nach den neueren Ergebnissen über die Entstehung der gemischten Kolonien, die wir Wheeler und Wasmann verdanken, hat dieser Einwand allerdings etwas an Schärfe verloren. Denn wir wissen jetzt, daß die sekundären Raubkolonien aus primären Raub- oder Adoptionskolonien hervorgehen und daß in beiden Fällen bereits die ersten Herren-Arbeiter von den Sklaven erzogen werden, so daß die Herren schon von Anfang an keinen reinen Eigengeruch mehr haben, sondern infolge der Pflege (Beleckung) seitens der Sklaven einen stark mit dem Sklavengeruch versetzten Mischgeruch. Die sekundär geraubten Sklaven stehen also keineswegs dem reinen, gänzlich ungleichen Herrengeruch gegenüber, sondern einem Mischgeruch, in welchem ihr Artgeruch stark vertreten ist. Dann bleibt aber immer noch zu erklären, wie die Sklaven dazu kommen, auf diesen Mischgeruch genau so zu reagieren wie auf den Eigengeruch! — Noch beweisender gegen das Angeborensein der Geruchsreaktionen ist die schon im Anhang zu Kap. VII erwähnte Tatsache, daß man sogar Ameisen verschiedener Unterfamilien friedlich miteinander vereinigen kann, wenn man sie sogleich nach dem Ausschlüpfen aus der Puppe in einem Neste zusammensetzt.

Wir können also auf Grund dieser Tatsachen die Streitfrage nunmehr dahin beantworten, daß zwar der den verschiedenen Kolonien eigene Familiengeruch von den Ameisen als Erbgut mit auf die Welt gebracht wird, daß aber die freundliche (positiv soziale) Reaktion auf diesen erblichen Familiengeruch auf Grund einer frühzeitig erworbenen Gewohnheit, eines sogenannten sekundären Automatismus (Forel) erfolgt und im Laufe des individuellen Lebens unter Umständen auf beliebige andere Gerüche ausgedehnt werden kann.

Die angeführten Tatsachen und Überlegungen haben uns zur Genüge gezeigt, daß das Problem der gegenseitigen Erkennung nicht durch die Annahme einfacher Chemoreflexe zu lösen ist. Es soll nicht geleugnet werden, daß Chemoreflexe bei der Unterscheidung von Freund und Feind beteiligt sind; jedoch verlangen alle die Beispiele des allmählichen Kennenlernens, auf die wir oben hinwiesen, außerdem unbedingt noch das Dazwischentreten psychischer Elemente, durch welche gute und schlechte Erfahrungen, Geschmacks-, Geruchs- und eventuell auch Gesichtsempfindungen zu neuen Assoziationen verbunden werden.

4. Wie finden die Ameisen ihren Weg?

Wie beim gegenseitigen Erkennen, so spielt auch bei der Orientierung im Raume der Geruchssinn eine wichtige Rolle. Schon Bonnet und Huber haben diese Ansicht ausgesprochen und Forel, Lubbock, Wasmann, Bethe u. a. haben dieselbe seither so vielfach bestätigt, daß heute kein Zweifel mehr darüber besteht. Aber auch der Gesichtssinn ist beim Wegfinden beteiligt, allerdings je nach der Spezies und den Umständen in sehr ungleichem Maße. Denn wie es einerseits Arten gibt, bei denen dieser Sinn überhaupt gänzlich außer Betracht fällt (so z. B. bei den blinden *Dorylinen*), so steht es andererseits fest, daß bei den mit relativ gut entwickelten Augen versehenen Arten der Gattungen *Formica*, *Polyergus*, *Myrmecocystus*, *Pseudomyrma* und vielen anderen der Gesichtssinn für die Orientierung eher wichtiger ist als der Geruchssinn. Schon Forel hatte gezeigt, daß *Formica pratensis* durch Schwärzen der Cornea nicht unerheblich in ihrer Orientierung gestört wird. Andere Arten, wie die *Lasius*, stehen zwischen den beiden Extremen in der Mitte und sind bald mehr Geruchstiere, bald mehr Gesichtstiere, je nachdem, ob sie auf kollektiven Fährten, oder auf Einzelwanderung begriffen sind.

Es ist das Verdienst von Cornetz, in neuerer Zeit darauf hingewiesen zu haben, daß man bei der Fernorientierung der Ameisen im Prinzip unterscheiden muß zwischen den Wanderungen auf gemeinsam begangenen Straßen, Geruchsfährten usw. und den selbständigen Einzelreisen isolierter Individuen. In beiden Fällen ist das psychologische Problem, wie leicht verständlich, ein ganz verschiedenes. Bei vielen Arten, so bei den blinden und bei *Lasius fuliginosus*, ist ausschließlich der erste Modus im Gebrauch, bei anderen mehr der zweite (*Formica sanguinea*); noch andere gehen nach Belieben bald einzeln, bald auf gemeinsamer Fährte vom Neste aus (*Formica rufa*, *Lasius niger*).

Es fragt sich nun: Ist das Wegfinden lediglich ein Chemo- bzw. Photoreflex, oder basiert dasselbe auf psychischen Vorgängen.

Betrachten wir zunächst solche Ameisen, die sich bei ihren Ausgängen mit Vorliebe an scharf begrenzte Straßen halten (wie z. B. *Lasius*), so sehen wir auf diesen Straßen gewöhnlich ununterbrochene Züge hin und her laufender Individuen. Machen wir nun mit dem Finger einen Strich durch die Straße, so ändert sich das Bild mit einem Schlage: beiderseits des Striches bleiben die Ameisen zunächst wie gebannt stehen und stauen sich in kurzer Zeit in Massen an. Dieser Versuch, der bereits von Bonnet ausgeführt wurde, führte Bethe zu der Ansicht, daß das Wegfinden lediglich ein Chemoreflex sei, der durch die von den Ameisen mit ihren Spuren hinterlassenen Geruchsstoffe ausgelöst werde. Bethe hat auch hier wieder nur die erste Wirkung des Experimentes im Auge gehabt, denn hätte er auch das weitere Verhalten der am Strich angestauten Ameisen berücksichtigt, so hätte er unmöglich zu einer solch schablonenhaften Auffassung des Ameisenlebens gelangen können. Denn die durch den Strich irritierten Ameisen bleiben nicht etwa wie angenagelt stehen, sondern sie beginnen sofort mit prüfenden Fühlerschlägen den Boden zu untersuchen und „eilen, aufeinander zuspringend und lebhaft die Antennen kreuzend, längere Zeit hin und her, bis schließlich eine es wagt, den Rubikon zu überschreiten, worauf die anderen ihr folgen und die Kolonne sich wiederherstellt" (Wasmann). Ohne die Annahme eines sinnlichen Strebevermögens und des Vermögens einer willkürlichen Bewegung ist diese Erscheinung nie und nimmer zu erklären[1]).

Mit dem Nachweis der Tatsache, daß die Ameisen auf ihren Fährten einer chemischen Spur folgen, ist nun aber die Frage der Geruchsorientierung noch keineswegs erschöpft. Der merkwürdigste Umstand dabei ist vielmehr der, daß die Ameise nicht nur die Geruchsfährte an und für sich, sondern auch die Richtung derselben zu erkennen vermag. Wenn man von der Straße, auf der zahlreiche Ameisen hin und her laufen, eine entfernt und sie nach einiger Zeit an einer beliebigen anderen Stelle wieder hinsetzt, so verfolgt sie stets dieselbe Richtung, in der sie vor dem Experiment gelaufen ist (Forel, 1886). Doch bleibt bei diesem Versuch natürlich noch immer die Möglichkeit, daß sich die Ameise auf Grund anderweitiger Umstände, beispielsweise nach dem Lichte, orientiert hat[2]). Dagegen hat Bethe (1898) den einwandfreien Nachweis erbracht, daß viele Ameisenarten die beiden Richtungen ihrer Fährte tatsächlich allein auf Grund der Beschaffenheit der Spur selbst zu unterscheiden vermögen.

Bethe leitete eine Fährte von *Lasius niger*, die zu einem Blattlausstrauch führte, über drei schmale Streifen aus Zinkblech, deren mittlerer um seinen Mittelpunkt drehbar war. Drehte er nun dieses Mittelstück der Spur um 360^0, so erfolgte keine Störung, drehte er dasselbe aber nur um 180^0, so trat an den beiden Grenzen jedesmal sofort eine Stockung ein, die erst dann wieder schwand, wenn das Drehstück wieder in seine ursprüngliche Lage zurückgedreht wurde. Aus diesen und ähnlichen Versuchen folgerte Bethe, daß die Ameisenspur in der einen Richtung anders beschaffen sein müsse als in der anderen, und zwar, daß hier eine „Polarisation" der kleinsten chemischen Duftteilchen vorliege, welche für die hin- und rücklaufenden Spuren eine entgegengesetzte sei. Die Ameisen seien reflektorisch gezwungen, jede Spur, auf welche sie stoßen, im Sinne ihrer „Polarität" zu verfolgen. Die Verkehrsstörung nach Drehung eines Spurabschnittes um 180^0 würde sich dann sehr einfach so erklären, daß jetzt an den beiden Grenzen des Drehstückes ungleiche Polaritäten zusammenstoßen — ein Verhalten, das sich schematisch etwa folgendermaßen darstellen ließe:

Polarität vor der Drehung:

Polarität nach der Drehung:

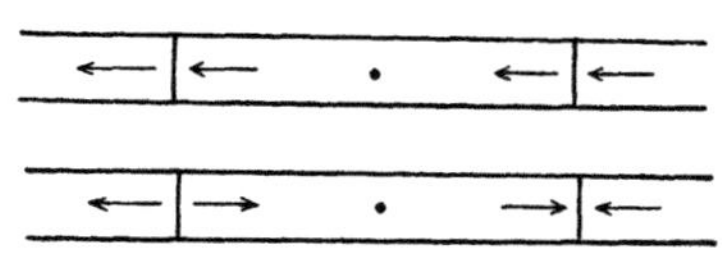

[1]) Bethe hat aus dem Vorgang des Suchens einen „Suchreflex" gemacht. Ein solcher ist aber ein Widerspruch in sich selbst: Denn ein Suchen beweist doch gerade das Vorhandensein eines Gedächtniseindruckes und das Streben nach Wiedergewinnung des entsprechenden sinnlichen Originaleindruckes.

[2]) Wie wir noch sehen werden, ist dies bei vielen Arten (z. B. *Formica*) tatsächlich der Fall.

Wasmann wiederholte diese Drehungsversuche (die übrigens vor Bethe schon von Lubbock ausgeführt worden waren) und erzielte dabei ganz ähnliche Resultate wie Bethe. Jedoch entdeckte er in der Betheschen Auslegung dieses Experimentes einen Irrtum: Auf der Straße, die über die Brücke führt, befindet sich nämlich nicht eine einzige Spur (etwa eine „Hinspur"), sondern stets Hin- und Herspuren, die nach der Chemoreflextheorie sogar unbedingt scharf voneinander getrennt sein müßten, da sich ihre Wirkungen sonst gegenseitig aufheben würden. Den Tatsachen mehr entsprechend wäre also vor der Drehung folgendes Bild:

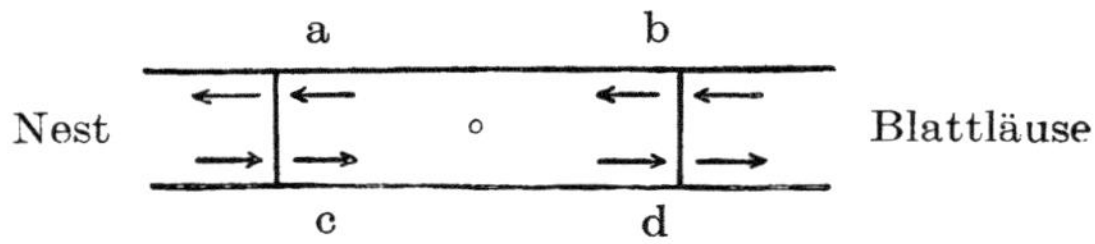

Drehen wir nun das Mittelstück *a*, *b*, *c*, *d* um 180°, so ergibt sich in der Polarität offenbar gar keine Veränderung, wie folgendes Schema zeigt:

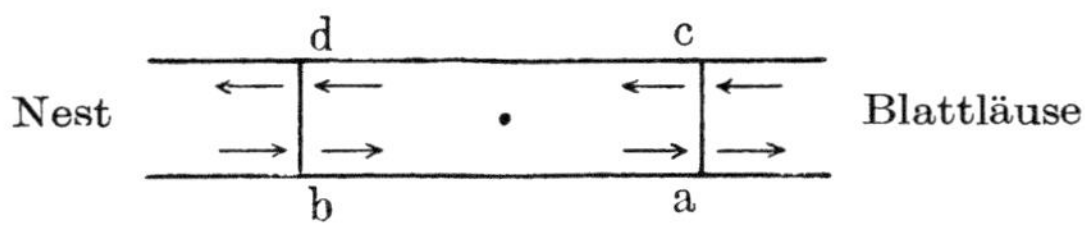

Eine notwendige Konsequenz der Polarisationstheorie wäre ferner die, daß eine Ameise, die zum ersten Male einen neuen Weg gegangen ist, denselben nicht als Rückweg benutzen könnte. Dies widerspricht aber durchaus den Tatsachen. Bethe selbst hat ja konstatiert, daß die Ameisen ihren Hinweg auch als Rückweg benutzen. Noch krasser ist der folgende Widerspruch: Nach der Reflextheorie wird der Aufbruch einer Ameise (sowohl vom Nest fort als auch zum Nest hin) durch einen bestimmten („adäquaten") Reiz ausgelöst, den Bethe in der Belastung bzw. Nichtbelastung gefunden zu haben glaubte: „Belastung löst reflektorisch den Gang zum Nest hin, Mangel an Belastung den Gang vom Nest fort aus." Nun weiß aber jeder, der nur einigermaßen die Ameisen beobachtet hat, daß einerseits eine große Anzahl Ameisen von ihren Ausgängen „mit leeren Händen" bzw. leerem Kropf nach Hause kommt, andererseits aber auch viele Ameisen mit Leichen, Puppenhüllen usw. belastet das Nest verlassen! Zwei so offenkundige Widersprüche mit den alltäglichsten Erscheinungen wie diese dürften vollauf genügen, die Haltlosigkeit der Reflextheorie darzutun.

Aus all dem schloß Wasmann, daß es nicht eine Polarisation der chemischen Stoffteilchen sein kann, was den Ameisen die Richtung angibt, sondern glaubte in folgender Weise die Sache einfacher erklären zu können: Wir wissen durch Forel, daß die Ameisen vermittelst ihrer beweglichen Nasen (Fühler) nicht nur die chemische Beschaffenheit der berührten Objekte wahrnehmen, sondern auch die

Form derselben. Die Ameisen vermögen demnach runde Gerüche von länglichen, dreieckigen usw. zu unterscheiden. Es ist ferner ohne weiteres zuzugeben, daß die von den Ameisen hinterlassene Fährte eine bestimmte Form hat, welche für die hin- und rückführenden Spuren eine verschiedene Richtung haben muß, weil die Stellung der Füße in beiden Fällen eine entgegengesetzte ist. Nimmt man nun außer dieser entgegengesetzt gerichteten Form der beiden Spuren noch einen qualitativ oder quantitativ verschiedenen Geruch für die Hin- und Herspuren an — etwa derart, daß die vom Nest wegführenden Fußtapfen einen stärkeren Nestgeruch, die von den Blattläusen heimführenden Spuren dagegen mehr einen Blattlausgeruch aufweisen —, so ist klar, daß auf einer so beschaffenen Fährte die beiden Richtungen für den topochemischen Geruchssinn der Ameisen an jeder Stelle unmittelbar unterscheidbar wären.

Jeder, der das Ameisenleben etwas kennt und über die Tatsachen nachdenkt, wird der Wasmannschen „Fußspurtheorie" vor der Betheschen Deutung den Vorzug geben. Und doch kann uns auch diese geistreich ausgedachte Theorie bei näherem Zusehen nicht ganz befriedigen; vor allem deshalb nicht, weil man sich nur schwer vorstellen kann, wie die Ameisen imstande sein sollten, auf einer schmalen Fährte, wo tausende von winzigen sechsfüßigen Einzelspuren sich in wirrem Durcheinander überlagern, noch die einzelnen gleichgerichteten Geruchsformen herauszulesen.

Noch anders suchte Forel das Bethesche „Polarisationsphänomen" zu erklären. Er stellte sich vor, daß die Ameisen im Laufe ihrer wiederholten Hin- und Herreisen allmählich eine gewisse Kenntnis von der wechselnden topochemischen Beschaffenheit des Bodens auf und neben der Spur gewinnen. Dreht man also einen Spurabschnitt um 180°, so wird jetzt die Reihenfolge der nacheinander auf demselben angetroffenen Geruchsformen in Widerspruch stehen mit der im Gedächtnis der Ameisen bewahrten Sukzession. Mit anderen Worten: Die Tierchen werden eine plötzliche Umkehrung des topochemischen Raumes wahrnehmen, die sie natürlich desorientieren muß. — Es ist ohne weiteres zuzugeben, daß auch diese Theorie die Tatsachen recht gut erklärt; doch kann sie jedenfalls nur in solchen Fällen Geltung haben, wo die Fährte über mannigfach wechselndes Terrain hinzieht, nicht aber da, wo die Spur (wie gerade in den Betheschen Experimenten) über eine ganz glatte, künstlich vereinfachte Unterlage verläuft.

Diese und ähnliche Bedenken haben neuerdings Brun (1914) veranlaßt, die merkwürdige Erscheinung Bethes nochmals nachzuprüfen und mit verbesserter Methode genauer zu analysieren. Brun ließ seine Ameisen (*Lasius fuliginosus*) in einer Dunkelkammer über eine 1 m lange schmale Papierbrücke wandern (Fig. 96), die vom Nest (*N*) quer durch den Mittelpunkt eines großen runden Experimentiertisches zu einer kleinen Plattform mit Honig (*Pl*) führte. Als Beleuchtung dienten zwei Kerzen, die symmetrisch zu beiden Seiten der Brücke am Rande des Tisches aufgestellt waren. Bei dieser Versuchsanordnung ist es klar, daß jede im Mittelpunkt der Brücke befindliche Ameise in beiden Augen genau symmetrische Lichteindrücke empfangen muß, deren sinnliche Lokalisation sich spiegelbildlich gleich bleibt, ob die Ameise nun aus der Mitte in der Richtung des Nestes oder nach der entgegengesetzten Seite aufbricht. Mit anderen Worten: Durch diese Methode der „bipolaren Beleuchtung" wird der „Lichtkompaßsinn" von Santschi (vgl. S. 282) als Orientierungsfaktor vollständig ausgeschaltet, so daß die Tiere nunmehr ausschließlich auf die Geruchsanzeige der Wegrichtungen angewiesen sind.

Brun setzte nun mit Larven beladene Ameisen (die somit nur das Nest zum Ziele haben konnten) einzeln auf die Mitte der Brücke, und zwar ließ er sie von der Spitze des Bleistiftes, vermittelst dessen er sie abgefangen hatte, in der falschen Richtung, also gegen *Pl*, auf die Brückenmitte absteigen. Das Resultat war im allgemeinen stets dasselbe: Die Tierchen verfolgten die falsche Richtung zunächst regelmäßig noch eine Strecke weit; dann aber stutzten sie plötzlich, schwankten noch einige Male zwischen beiden Richtungen hin und her und gingen endlich entschlossen nestwärts. Es war also auf der Spur in der Tat etwas vorhanden, was den Ameisen die Richtung anzeigte und ihnen gestattete, ihren anfänglichen Irrtum zu korrigieren. Diese Richtungsunterscheidung konnte aber nicht auf einer Kenntnis irgendwelcher topochemischer Einzelheiten der Fährte beruhen, denn die besagte Korrektur wurde auch von solchen Ameisen ohne weiteres geleistet, welche die betreffende Fährte nachweislich früher noch niemals begangen hatten! — Im weiteren stellte es sich heraus, daß das Bethesche Spurdrehungsexperiment auf Fährten, über welche längere Zeit Brut getragen wurde, vollständig versagt. Brun hatte seine Ameisen eines Tages große Mengen Larven von der Plattform abholen lassen. Als er nun nach einigen Stunden den Rest der Larven von der Plattform abhob und auf die Mitte der Brücke schüttete, da waren die von der Mitte mit Larven abgehenden Ameisen gänzlich unfähig, sich zu orientieren, denn es gingen ebensoviele Individuen nach der falschen Seite ab, wie nach der richtigen, und zwar diesmal unentwegt bis zum falschen Ende der Fährte. Desgleichen konnten auf dieser

Fig. 96.

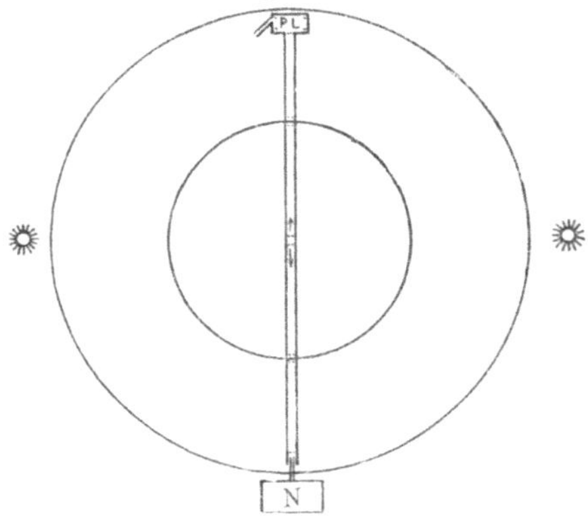

Analyse des Betheschen „Spurdrehungsphänomens" vermittelst bipolarer Beleuchtung. (Nach Brun).

„Brutfährte" nunmehr beliebige Teilstrecken der Spur (z. B. der zentrale Kreis des Tisches) um 180° gedreht werden, ohne daß an den Grenzen des Drehstückes die geringste Verkehrsstörung eintrat. — Nun brachte Brun an der linken Seite der Brücke (vom Neste aus gesehen) eine kleine Papierbrüstung an und wiederholte sodann, drei Tage später, den obigen Versuch des „Larvenabholens aus der Mitte". Und siehe da!, diesmal ging nur ein kleiner Bruchteil der Ameisen falsch; die meisten orientierten sich sofort, sobald sie zufällig mit dem Fühler jenes Geländer berührten! Die Ameisen hatten sich somit nicht allein gemerkt, daß sie diese Brüstung beim Hinweg jedesmal zur Linken, beim Heimweg dagegen rechts hatten, sondern sie hatten auch diese konstant einseitig wahrgenommenen Tasteindrücke allmählich mit der bezüglichen Wegrichtung fest assoziiert.

Auf „Honigfährten" fand Brun das Bethesche Phänomen allerdings durchweg positiv, d. h. die Ameisen reagierten bei Drehung eines Spurabschnittes um 180° stets mit Verkehrsstörung. Doch fand Brun dabei noch einige interessante Besonderheiten, die den früheren Beobachtern entgangen waren. So zeigte es sich z. B., daß eine Stockung des Verkehrs auch dann eintritt, wenn zwei weit auseinander liegende Spurabschnitte (z. B. das Nestende und das Futterende der Fährte) ohne Drehung einfach miteinander vertauscht werden, obschon ja durch dieses Manöver an der angeblichen „Polarität" der Spur nicht das mindeste geändert wird. Ferner fand sich, daß die Verkehrsstörung proportional mit der Länge des gedrehten Spurabschnittes zunimmt, daß sie stärker ist nach Vertauschung zweier weit auseinander liegenden Spurabschnitte, als nach bloßer Drehung derselben an Ort und Stelle u. a. m.

Wie sind nun alle diese Tatsachen zu erklären? Am besten doch wohl durch die Annahme, daß gewisse auf der Spur deponierte Geruchsstoffe in der einen oder anderen Richtung ein sukzessives Intensitätsgefälle aufweisen: „Beim Ausgehen vom Neste verschleppen Tausende von Ameisen den Nestgeruch an den Füßen und Fühlern in allmählich abnehmender Intensität zielwärts. Die Fährte wird also in der Nähe des Nestes starken Nestgeruch und keinen oder nur schwachen Honiggeruch aufweisen, während in der Nähe des Zieles das Umgekehrte der Fall sein wird. Dreht man nun — sagen wir in der Nähe des Nestes — ein Teilstück der Fährte um 180°, so werden die vom Nest her bei demselben ankommenden Ameisen plötzlich eine starke Intensitätsschwankung wahrnehmen, die natürlich um so stärker ist, je länger das gedrehte Teilstück ist. Betreten sie aber das Drehstück trotzdem, so werden sie bei weiterer Verfolgung der Fährte anstatt zunehmenden Honiggeruchs wieder zunehmenden Nestgeruch verspüren, was sie vollends desorientieren muß" (Brun, 1915). — Wesentlich anders liegen die Verhältnisse auf der Brutfährte: Hier wird — infolge des Transportes der Larven — die Spur in gleichmäßiger und ursprünglicher Stärke mit dem Larvengeruch bestrichen; sie wird daher allmählich auf allen ihren Abschnitten einen starken und vollkommen homogenen Brutgeruch annehmen, der weder in der einen noch in der anderen Richtung mehr ein merkliches Intensitätsgefälle darbieten wird. — So hat auch das vollständige Versagen des Betheschen Versuches auf solchen, gleichsam „neutralen" Brutfährten eine einfache und befriedigende Erklärung gefunden.

Diese letztere Tatsache — das Fehlen der geruchlichen Richtungsanzeige auf Brutfährten — hat nun Brun jüngst (1916) auch mit Erfolg zur Nachprüfung der Forelschen Hypothese des topochemischen Fühlersinnes benutzt: Wir haben oben gesehen, daß beim Versuch des Larvenabholens aus der Mitte der homogenen Brutfährte, unter bipolarer Beleuchtung, ungefähr die Hälfte aller aus der Brückenmitte mit Larven abgehenden Ameisen falsch gingen, und zwar ohne diese ihre falsche Richtung zu korrigieren; ein Beweis, daß unter diesen Umständen tatsächlich jede Indikation für die Unterscheidung der relativen Richtungen fehlte, so daß die Wahrscheinlichkeit für beide Richtungen genau gleichviel, also 50 Proz., betrug. Dabei ist aber zu bedenken, daß Brun seine Ameisen bisher stets auf einer einförmig glatten Papierunterlage hatte wandern lassen, die natürlich dem Antennensinn der Tiere keinerlei topochemische Anhaltspunkte bieten konnte. Jetzt variierte Brun sein obiges Experiment in der Weise, daß er der Unterlage auf der Nestseite und auf der Plattformseite der Brücke eine verschiedene Beschaffenheit gab, beispielsweise so, daß er die Nestseite wie bisher glatt ließ, die entgegengesetzte Hälfte dagegen durch Einstanzen von Punkten rauh machte; in anderen Fällen wurde die eine Seite mit länglichen Punktstrichen (ähnlich wie bei der Blindenschrift), die andere mit punktierten Quadraten versehen, oder es wurden auf der einen Seite Tannennadeln in der Längsrichtung der Brücke, auf der Plattformseite dagegen in querer Richtung aufgeleimt usw. Brun sagte sich dabei folgendes: Wenn Forels Hypothese richtig ist, d. h., wenn wirklich die Ameisen imstande sind, die verschiedenen „Geruchsformen" des Bodens, über welchen sie wandern, vermittelst der Fühler wahrzunehmen und deren Reihenfolge mit der bezüglichen Wegrichtung zu assoziieren, so müßten jetzt, bei Wiederholung des Versuches des Larvenabholens aus der Mitte, viele der falsch abgegangenen Ameisen ihren Irrtum an der abweichenden Bodenbeschaffenheit erkennen und wieder umkehren, so daß sich das früher gleiche Verhältnis zwischen Falschgängern und Richtiggängern nunmehr merklich zugunsten der letzteren verschieben müßte. Und das war nun tatsächlich der Fall, indem in sämtlichen Varianten der obigen Versuchsreihen stets eine beträchtliche Anzahl, in einigen Fällen bis 75 Proz., der zunächst falsch gegangenen Individuen schon nach wenigen Schritten umkehrten! Die geniale Hypothese Forels hat somit durch diese exakten Versuche nach mehr als 15 Jahren eine glänzende Bestätigung erfahren!

* * *

Soweit die Brunsche Analyse der Geruchsorientierung. Man mag daraus ersehen, wie kompliziert die Verhältnisse hier in Wirklichkeit liegen und wie wenig die Reflextheorie selbst diesen Vorgängen, die auf den ersten Blick so einfach erschienen, gerecht zu werden vermag.

Aber abgesehen von alledem, versagt überhaupt das Spurunterbrechungsexperiment bei vielen Ameisen vollkommen. Man versuche einmal, die Züge der *Formica rufa* auf diese Weise zu unterbrechen! Fährt man mit dem Finger quer durch eine *Rufa*-Straße, so erzielt man gar keinen Erfolg; aber selbst wenn man mit einer Schaufel ein ziemlich breites Stück von der Oberfläche abkratzt, ist die Unterbrechung nicht allgemein und nur von ganz kurzer Dauer. Nach ein oder zwei Minuten schon geht alles wieder seinen alten Gang. Andere *Formica*-Arten lassen sich noch weniger stören, wie z. B. *F. sanguinea*, bei der man den Boden vor ihrem Nest ruhig wegschaufeln kann, ohne damit die Orientierung der ein- und ausziehenden Ameisen zu unterbrechen. Keiner, der je einmal einen Umzug (Nestwechsel) von *F. sanguinea* gesehen, wird daran festhalten wollen, daß die Ameisen auf solchen „Durchgangsstrecken" sklavisch einer bestimmten Spur folgen. Sie laufen zwar alle in derselben Richtung, aber durchaus nicht etwa auf einer engen, scharf begrenzten Straße, sondern weit auseinander, und wissen alle Hindernisse, auch frisch gesetzte (z. B. einen hingeworfenen großen Ast), mit großer Schnelligkeit und Geschicklichkeit zu überwinden, ohne sich dabei in ihrer Zugrichtung stören zu lassen.

Zahlreiche andere Tatsachen beweisen noch unzweideutiger, daß das Wegfinden der Ameisen nicht überall und ausschließlich vermittelst eines zurückgelassenen flüchtigen Geruchsstoffes geschieht. Huber weist schon Bonnet gegenüber darauf hin, daß es, wenn dem so wäre, nach einem heftigen Regenguß den Ameisen schwer sein müßte, den alten Weg (zu den Blattläusen usw.) wieder zu finden, was aber den Tatsachen widerspricht; denn wir sehen nach einem Regen die Ameisen gewöhnlich sofort wieder in der alten Richtung hin und her laufen. Das nämliche ist auch nach künstlichen Terrainveränderungen der Fall; es gelingt auf die Dauer nie, die Ameisen auf diese Weise von einem früher besuchten Beuteplatz abzuhalten (Cornetz). Die von ihrem Raubzuge heimkehrende Amazonenarmee (*Polyergus rufescens*) wird durch künstliche Überschwemmung des Bodens in der genauen Einhaltung ihrer Richtung nicht beeinträchtigt (Forel, Fabre). Ähnliches beobachtete Miß Fielde (1903) bei Ameisen, die auf der Heimkehr durch Unterwassersetzen des Terrains zum Schwimmen gezwungen wurden.

Man wußte ferner seit langem, daß Ameisen sehr oft auch einzeln auf Wanderung ausgehen; man nahm aber ohne weiteres an, daß solche Einzelwanderer auf ihrer eigenen Hinspur zum Neste zurückkehren. Diese Annahme hat sich indessen als völlig unzutreffend erwiesen, indem Cornetz (1909) zeigte, daß man vor einer solchen isoliert wandernden Ameise her den Boden ausgiebig mit dem Besen bearbeiten kann, ohne daß die Orientierung des Tierchens durch die Verwischung der Hinspur im geringsten leidet. Isoliert wandernde Ameisen gehen also in der Regel nicht auf einer Geruchsspur.

Dieselbe Tatsache hatte der französische Psychologe H. Piéron schon 1904 gezeigt. Piéron fing einzeln auf der Heimkehr zum Neste begriffene Ameisen bei einem Punkte x mit seinem Hute auf und versetzte sie mehrere Meter seitwärts, nach x_1 (Fig. 97), auf gleichartiges Terrain. Die Tiere setzten ihren Marsch ruhig fort, indem sie ihre bisherige (absolute) Richtung genau beibehielten, und zwar noch ungefähr so weit, als sie (ohne Transport) noch bis zum Neste hätten zurücklegen müssen (Piéronscher Parallellauf). Dann erst begannen sie, offenbar das Nest suchend, sich im Kreise zu drehen.

Fig. 97.

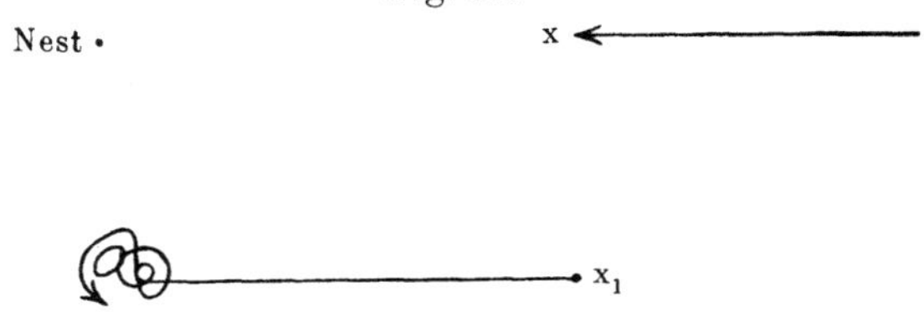

Piéronscher Transportversuch.

Die Ameise verhält sich also bei diesem Experiment ganz ähnlich, als ob sie einen Kompaß hätte, an dem sie die Richtung ihrer Reise ablesen könnte, und als ob sie einen Schrittmesser (Podometer) besäße, der ihr die noch zurückzulegende Distanz in Streckendifferenzen anzeigen würde.

Im Anschluß an diese merkwürdige Erscheinung hat dann Cornetz eine große Zahl von Einzelreisen in geduldiger Beobachtung verfolgt und an Hand von aufgenommenen Kurven genau studiert. Er stellte fest, daß die Fernreisen der isoliert wandernden Ameisen kein regelloses „Umherirren" darstellen, sondern stets in einer bestimmten Hauptrichtung erfolgen, die nach vorübergehenden seitlichen Abweichungen jedesmal mit großer Genauigkeit wieder aufgenommen wird. Die Rückreise ist dem Hinweg im großen ganzen parallel, ohne aber jemals die „Hinspur" einzuhalten. Seltener werden beim Hinweg nacheinander zwei verschiedene Hauptrichtungen (die dann meist rechtwinkelig aufeinander stehen) eingeschlagen; diese werden dann bei der Rückkehr nacheinander in der umgekehrten Folge wieder aufgenommen. Wesentliche Abkürzungen im Sinne einer direkten Schließung des beschriebenen Dreiecks sollen dabei nicht vorkommen. In Nestnähe angekommen, verläßt die heimkehrende Ameise ihre meist etwas fehlerhafte Hauptrichtung und beginnt nun konzentrische Kurven zu beschreiben [Suche nach dem Nesteingang (Turner)]; an ganz bestimmten Punkten scheint sie sich jedoch plötzlich zu orientieren, indem sie schnurstracks zum Neste läuft. Auch das Piéronsche Phänomen hat Cornetz nachgeprüft und dabei gefunden, daß es selbst im tiefsten Waldesschatten, ja sogar bei Nacht eintritt, jedoch nur, sofern der

Transport auf einen dem früheren sehr ähnlichen Boden stattfand. — Die Deutung, die Cornetz allen diesen Tatsachen gibt, mutet zum Teil recht mystisch an: Was z. B. den Piéronschen Parallellauf und die konstante Einhaltung der Reiserichtung betrifft, so glaubt er da vor einem Rätsel zu stehen, das uns zur Annahme eines uns noch gänzlich unbekannten „inneren Richtungssinnes" zwingen soll, — einer Richtungskraft, welche, unabhängig von allen sinnlichen Anhaltspunkten in der Außenwelt, den Ameisen ermögliche, eine absolute Richtung des Raumes, die sie vordem innegehalten haben, jederzeit, selbst nach tagelanger Unterbrechung der Reise, und an jedem beliebigen Orte wieder aufzunehmen!

Diese transzendentale Hypothese wurde indessen durch Santschi (1911—1914) und Brun (1914—1916) als sachlich wie theoretisch gleichermaßen unbegründet zurückgewiesen und durch sinnreiche Gegenexperimente vollständig widerlegt: Wir hatten schon bei Besprechung der Sinnesfunktionen der Ameisen Gelegenheit, der Lichtkompaßtheorie von Santschi zu gedenken, welche besagt, daß den Ameisen, dank der exakten Lokalisation einer stabilen Lichtquelle im Fazettenauge (und — beim Rückweg — Reversion dieses Lichteindruckes auf die korrespondierenden Punkte des anderen Auges), eine sehr genaue Orientierung nach dem Lichte ermöglicht wird. Da nun das Licht einer praktisch unendlich weit entfernten Lichtquelle (der Sonne) für alle von ihr beschienenen Orte aus der gleichen Richtung fällt, so erfährt durch diesen Mechanismus der geheimnisvolle Piéronsche Parallellauf, sowie die Konstanz der geradlinigen Reiserichtung, eine ebenso einfache wie plausible Erklärung[1]).

Die Richtigkeit der Lichtkompaßtheorie wird durch eine große Zahl experimenteller Tatsachen über allen Zweifel erwiesen. Wir können hier natürlich nur die wichtigsten und beweiskräftigsten dieser Experimente anführen; dieselben dürften aber genügen, dem Leser ein anschauliches Bild von dem gegenwärtigen Stand der Frage zu gewähren.

---

[1]) Die S. 299 unten erwähnte Beobachtung von Cornetz, daß sich das Piéronsche Phänomen (im Freien!) auch bei Nacht erzeugen läßt, steht mit der Lichtkompaßtheorie nur in scheinbarem Widerspruch. Denn man darf erstens nicht vergessen, daß „Nacht" keineswegs gleichbedeutend ist mit völliger Finsternis, daß vielmehr auch in der dunkelsten, mond- und sternlosen Nacht noch immer ein schwacher Lichtschimmer vom Firmament ausgeht, (mit deutlichen Helligkeitsunterschieden in den verschiedenen Himmelsgegenden!), daß ferner des Nachts eine weitgehende „Dunkelanpassung" des Auges mit hochgradig gesteigerter Lichtempfindlichkeit der Netzhaut stattfindet usw. (Brun 1916). Man denke ferner an das Vorhandensein ultravioletter Strahlen, gegen welche die Ameisen ja gerade sehr empfindlich sind. Auch hat Brun (1914) bei *F. rufa* gezeigt, daß bei wirklich absoluter Finsternis (in der Dunkelkammer) von einer Orientierung in der Tat keine Rede mehr ist, daß aber andererseits dasselbe Tier selbst bei strahlender Beleuchtung ebenfalls vollständig verloren ist, sobald diese Beleuchtung eine diffuse oder bilaterale („bipolare") ist.

Schon Lubbock hatte beobachtet, daß die über seine Drehscheibe wandernden Ameisen jede Drehung der Scheibe sofort mit einer gleichgroßen Gegendrehung im umgekehrten Sinne beantworteten, so daß sie ihre absolute Richtung im Raume genau beibehielten[1]). Dagegen wurde diese Reaktion sofort unsicher, als Lubbock das Licht vermittelst einer über die Drehscheibe gestülpten Hutschachtel absperrte und sie unterblieb gänzlich, wenn er zugleich mit der Drehung die Kerze umstellte. Und andererseits drehten sich die Ameisen auch dann, wenn Lubbock lediglich die Kerze im Kreise herumbewegte, ohne die Scheibe überhaupt zu drehen. — Ähnliche Lichtumstellungs- und Drehungsversuche haben später mit dem nämlichen Erfolg Viehmeyer (1900), Turner (1907), Ernst (1914) und Brun gemacht. Wasmann (1901) sah bei seinen im künstlichen Apparat gehaltenen *Formica sanguinea* ebenfalls eine starke Orientierungsstörung auftreten, als er den Glasröhren, durch welche die Ameisen vom Neste zum Futter wanderten, eine andere Richtung (und somit eine andere Stellung zur Lichtquelle, dem Fenster) gab. Dagegen wanderten die Ameisen ohne zu stutzen durch, wenn er die Glasröhren, ohne die Richtung zu verändern, durch neue ersetzte — trotz der dadurch hervorgerufenen Unterbrechung der Geruchsspur.

Fig. 98.

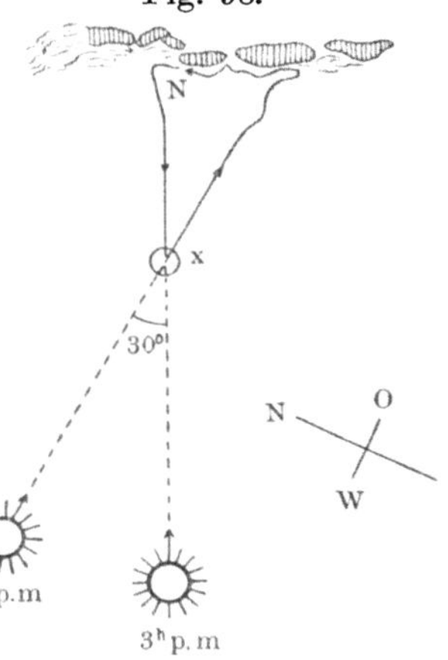

Nachweis der Sonnenorientierung durch den Fixierversuch. (Nach Brun.)

Sehr interessant sind ferner Santschis Spiegelversuche: Santschi beschattete bei heimkehrenden Ameisen das Terrain durch einen großen Schirm und projizierte sodann das Bild der Sonne vermittelst eines Spiegels auf die andere Seite. Die Tiere machten sofort kehrt und liefen so lange in der entgegengesetzten Richtung (also geradenwegs vom Neste fort), als Santschi die „falsche Sonne" scheinen ließ! Wurde die Sonne nur um 90° falsch projiziert, so wichen die Ameisen dementsprechend auch nur in einem Winkel von 90° von ihrer ursprünglichen Richtung ab. Das Spiegelexperiment ergab sogar auf Ameisenstraßen deutlich positive Resultate!

In sehr exakter Weise hat ferner Brun (1914) die Sonnenorientierung bei *Lasius niger* nachgewiesen (Fig. 98): Eine Ameise wandert fast geradlinig der Sonne entgegen auf einen großen Sandplatz hinaus. Sie wird bei *x* vermittelst einer über ihr in den Sand gestülpten

[1]) Bethe hat, in gänzlicher Mißverstehung der Experimente Lubbocks, aus dieser Erscheinung zu Unrecht einen „statischen Drehreflex" gemacht.

Schachtel gefangen gesetzt. Es ist genau 3 Uhr nachmittags. Um 5 Uhr wird das Schächtelchen weggenommen. Die Ameise macht sich sogleich auf den Rückweg und wandert, wiederum ziemlich geradlinig, gegen das Einfaßbord des Platzes zurück. Doch weicht ihre Rückweglinie vom Hinweg um 30⁰ nach rechts ab, — also um genau so viele Bogengrade als die Sonne während der zweistündigen Fixierung am Firmament nach links gewandert ist. In einem zweiten Falle, wo die Fixierung nur 1½ Stunden gedauert hatte, betrug die Abweichung der Rückwegkurve dementsprechend auch nur 23,5⁰ nach rechts (also nur 1⁰ zu viel), in einem dritten Falle nach 2½stündiger Gefangenschaft 37⁰ (Sonnenwinkel 37,5⁰).

Es wäre nun aber wieder ein Irrtum, zu glauben, daß sich die isoliert wandernde Ameise in allen Fällen ausschließlich nach dem Lichte orientiert. Denn gerade bei den psychisch höchststehenden und mit relativ gutem Gesichtssinn ausgestatteten Arten der Gattung *Formica* (*F. rufa, sanguinea*) versagt nach Brun der „Fixierversuch" meist vollständig, indem die Ameisen nach der Freigabe ihre frühere Richtung unbeirrt wieder aufnehmen.

Es muß hier somit noch ein anderer Faktor als das Licht für die Orientierung maßgebend sein. Über die Natur dieses unbekannten Faktors geben uns die folgenden beiden Beobachtungen hinreichend Aufschluß. Einmal der Umstand, daß diese gut sehenden Ameisen beim Piéronschen Experiment nicht selten die durch den Transport bewirkte seitliche Abweichung durch entsprechendes Traversieren prompt ausgleichen (Santschi, Brun), sodann die Feststellung Bruns, daß diese Arten (entgegen Cornetz' Behauptung) ein beim Hinweg beschriebenes Polygon direkt durch die Diagonale zu schließen vermögen[1]). Diese und andere Tatsachen zwingen uns zu der Annahme, daß die genannten Arten bei ihren Fernreisen vielfach auch Gesichtsbilder gewisser (verschwommen wahrgenommener) größerer Objekte (Bäume, Sträucher usw.) als Richtungspunkte benutzen. Zu dem gleichen Resultat ist Wasmann schon 1901 gekommen. Aus manchen Versuchen Bruns geht ferner hervor, daß diese Ameisen von häufig besuchten Örtlichkeiten auch eine Reihe assoziierter Geruchs- und Gesichtsbilder im Gedächtnis aufspeichern, die sie nach längerer Zeit wieder zu „ekphorieren" (erinnern) vermögen. So fanden z. B. einzelne Exemplare von *F. rufa* und *sanguinea*, die Brun beim Nest abfing und in eine entfernte, von der betreffenden Kolonie seit Wochen nicht mehr (früher aber häufig) besuchte Gegend versetzte, sich rasch und sicher auf dem kürzesten Wege nach dem Neste zurück. Es ist somit diesen

[1]) Brun jagte einzelne Ameisen vom Neste fort und zwang sie durch Lenken mit den Händen, längere Fernwanderungen (10 bis 34 m) in einer oder in zwei Richtungen oder, in anderen Fällen, große Halbkreise und komplizierte vielwinkelige Kurven zu beschreiben. Die Ameisen kehrten nach Absolvierung dieses „Zwangslaufes" stets ohne zu zögern auf der geradesten Linie zu ihrem Ausgangspunkte zurück!

Arten zweifellos auch ein gewisses Maß von Ortsgedächtnis zuzusprechen.

Damit wollen wir von der Frage: Wie finden die Ameisen ihren Weg? Abschied nehmen. Das Problem der räumlichen Orientierung ist, wie der Leser sich überzeugt haben wird, ungeheuer kompliziert und mit den hier erörterten Fragen natürlich noch keineswegs erschöpft. Wir dürfen aber wohl sagen, daß wir heute, dank der Anwendung exakter experimenteller Methoden, wie sie vor allem durch Forel, Lubbock, Wasmann, Bethe, Piéron, Cornetz, Santschi, Brun benutzt wurden, einer vorläufigen Lösung wesentlich näher gekommen sind. Als hauptsächlichste Ergebnisse können wir festhalten, daß die Orientierung nicht bei allen Arten nach demselben Prinzip geschieht, sondern daß sich die einzelnen Arten bezüglich der vorzugsweise zur Verwendung kommenden Sinnesorgane (Augen und Fühler) sehr verschieden verhalten und daß selbst bei der gleichen Spezies die verschiedensten Orientierungsmittel je nach Umständen sich kombinieren können. Mehr als auf anderen Gebieten hat man sich daher gerade hier vor Verallgemeinerungen zu hüten; die Untersuchungen dürfen sich nicht auf einige wenige Arten beschränken, sondern müssen auf möglichst viele und verschiedenartige Formen ausgedehnt werden.

5. Besitzen die Ameisen Mitteilungsvermögen?

Diese Frage ist entschieden zu bejahen. Alle Forscher — mit Ausnahme des Reflextheoretikers Bethe — sind darüber einig. Wenn wir aber von gegenseitigen Mitteilungen der Ameisen reden oder von einer „Ameisensprache“, so dürfen wir dieselbe natürlich nicht mit der menschlichen Sprache vergleichen, sondern müssen im Auge behalten, daß es sich nur um eine instinktive Zeichensprache, analog der sogenannten Laut- und Gestensprache mancher niederer und höherer Tiere, handeln kann. „Wie bei jener einem bestimmten Gefühlszustand des Tieres ein bestimmter Laut, sei es nun ein Schrei- oder Zirplaut, entspricht, durch den es diesen Zustand instinktiv äußert und dadurch auch zur Gehörswahrnehmung von anderen Tieren seinesgleichen bringt (Paarungs-, Warnungs- usw -laut), so dienen bei den Ameisen bestimmte Fühlerschläge zur Unterstützung der sozialen Instinkte, um den subjektiven Gefühlszustand der betreffenden Individuen auf andere ihresgleichen zu übertragen“ (Wasmann, 1899). Ernst (1912) hat neuerdings gezeigt, daß den Ameisen das beständige gegenseitige Berühren mit den Fühlern ein tiefempfundenes Bedürfnis ist und daß sie, wenn dieses Bedürfnis längere Zeit ungestillt bleibt (indem z. B. die einzige Gefährtin stirbt), in die größte Unruhe geraten.

Daß das Hauptverständigungsorgan die Fühler sind, hat schon Huber erkannt, der deshalb von einer „language antennal“ („Fühlersprache“) redet. Forel, Lubbock, Wasmann u. a. kamen durch

Versuche und Beobachtungen zu demselben Resultat. Man braucht nur einen Blick auf eine begangene Ameisenstraße zu werfen, um des öfteren zwei sich begegnende Ameisen ihre Fühler kreuzen zu sehen. Was sie sich bei diesem Fühlerverkehr mitteilen, ist uns natürlich unzugänglich; es liegt jedoch sehr nahe, anzunehmen, daß die heimkehrende Ameise ihre auf der Exkursion gemachten Erfahrungen der Ausziehenden kundtut (ob sie was gefunden oder nicht usw.). Wenn dieses „Kundtun" auch lediglich darin bestehen sollte, daß die am Fühler der Heimkehrenden haftenden Geruchsstoffe (Honig, Fleisch usw.) auf die Fühler der Ausziehenden mechanisch übertragen werden, so liegt doch jedenfalls dem Bestreben diese Übertragung überhaupt herbeizuführen, ein psychisches Element zugrunde.

Die Fühlersprache der Ameisen ist ziemlich „wortreich" und steht der Lautsprache der Vögel wohl nur wenig nach. Wasmann hat ein förmliches „Wörterbuch der Fühlersprache", d. h. eine Übersicht über die mannigfaltige biologische Bedeutung, welche die Fühlerschläge als Mittel der instinktiven Zeichensprache besitzen, zusammengestellt; einiges daraus sei hier erwähnt:

a) Fühlerschläge bewirken vor allem die Anregung des Nachahmungstriebes, durch den das Zusammenwirken der verschiedenen Individuen einer Kolonie ermöglicht wird.

b) Durch Fühlerschläge wird die Aufforderung zur Fütterung gewöhnlich eingeleitet, indem die bettelnde Ameise den Kopf der anderen leise schlägt und streichelt.

c) Durch Fühlerschläge wird die Aufforderung zum Nestwechsel eingeleitet, indem die eine Ameise den Kopf der anderen mit den Fühlern schlägt und dann in der betreffenden Richtung sich entfernt.

d) Durch Fühlerschläge gibt eine Ameise anderen oft die Anregung, ihr zu folgen, wenn sie etwas gefunden hat (Futter usw.).

e) Durch heftige Fühlerschläge gibt eine Ameise ihren Gefährtinnen die Anregung zum Angriff, oder aber auch zur Flucht.

f) Durch Fühlerschläge sucht eine Ameise nicht selten eine ihrer Gefährtinnen vor einer Gefahr zu warnen, die von einer bestimmten, von ihr bemerkten Richtung herkommt.

g) Durch leise andauernde Fühlerschläge sucht eine Ameise manchmal eine in heftiger Aufregung befindliche Gefährtin zu beschwichtigen.

h) Durch Fühlerschläge wird insbesondere bei den Raubameisen (*Polyergus, Formica sanguinea* usw.) die Anregung zum Aufbruch der Expedition gegeben, und auch die Richtung des Zuges bestimmt, indem jene Ameisen, welche den richtigen Weg gefunden, die anderen durch Fühlerschläge anregen, ihnen zu folgen usw. usw.

Die Verschiedenheit der Zeichen beruht vor allem auf der Art der Fühlerschläge, ob heftig, ob leise, ob in langen oder in kurzen Intervallen usw., und ferner darauf, wohin die Schläge versetzt werden (ob auf die Stirne, oder die Seiten des Kopfes, oder nur gegen die Fühler). Wahrscheinlich spielen auch verschiedene Geruchsstoffe, die an den Fühlern haften, eine Rolle bei der gegenseitigen Verständigung. Die Unterschiede der Zeichen sind — wenigstens für unsere Sinne — nur sehr gering, dennoch aber können wir es durch lange und genaue Beobachtung des Ameisenlebens so weit bringen, die Fühlersprache der Ameisen einigermaßen zu verstehen. — Bei dem beschränkten Raum ist es mir versagt, jeden der unter a) bis h) angeführten Fälle mit einem konkreten Beispiel zu belegen. Außerdem haben wir ja im Verlauf dieses Buches schon genügend Gelegenheit gehabt, das Mitteilungsvermögen der Ameisen zu illustrieren, ich verweise in dieser Beziehung vor allem auf die Kapitel V bis VIII.

Von den vielen Versuchen, die Forel, Lubbock, Wasmann usw. speziell im Hinblick auf das Mitteilungsvermögen der Ameisen angestellt haben, sei nur einiges kurz erwähnt: Lubbock experimentierte in der Weise, daß er tote Insekten (Fliegen usw.) und Spinnen in einiger Entfernung vom Nest auf einen Kork feststeckte und dieselben von einer einzelnen Ameise entdecken ließ. Nachdem diese sich eine Zeitlang vergeblich bemüht hatte, die Beute heimzuschleppen, kehrte sie gewöhnlich mit „leeren Händen" in ihr Nest zurück, bald darauf aber kam sie mit einer größeren Anzahl Genossen wieder hervor, die ihr — wenn auch nur sehr langsam und gemächlich — folgten und das Beutetier stückweise wegtrugen. Da Lubbock dieses Experiment mehrfach anstellte und mit verschiedenen Ameisen (*Atta testaceopilosa*, *Pheidole megalocephala*, *Formica fusca*), so kann man wohl schwerlich den Einwand der Zufälligkeit gegen das Resultat erheben. Lubbock schließt denn auch daraus, daß die Ameisen etwas der Sprache ähnliches besitzen. „Man kann unmöglich daran zweifeln, daß die Freunde von der ersten Ameise wirklich herangeholt wurden[1])." Wenn wir auch — wie Bethe will — annehmen, daß der Fliegen- oder Spinnengeruch, der an der ersten Ameise sich festgesetzt, die Genossen angezogen und aus dem Neste gelockt hat (reflektorisch), so vermag es die Reflextheorie doch nie und nimmer zu erklären, wie denn die erste Ameise überhaupt dazu kommt, mit leeren Händen in das Nest zurückzukehren.

Auch Wasmann kam bei seinen Beobachtungen und Experimenten zu denselben Resultaten wie Lubbock. So sah er einmal, wie eine Waldameise (*Formica rufa*), welche allein zwei Lomechusen nicht fortzutragen und in ihr Nest zu schaffen vermochte, fünf ihrer Gefährtinnen durch Fühlerschläge herbeiholte; diese folgten der ersten Ameise, suchten mit ihren Fühlern tastend die Käfer auf und bewerkstelligten dann den Transport derselben. — Noch drastischer verlief folgender Versuch, der mit einer gemischten *Sanguinea* + *rufibarbis* + *fusca*-Kolonie in einem Wasmannschen Nest (s. Einleitung S. 7) angestellt wurde: Es wurden in das „Abfallnest" eine Anzahl ☿-Kokons

1) Wie angesichts dieser Resultate und Schlußfolgerungen Bethe sagen kann: „Aus den vielen Versuchen, die Lubbock zur Prüfung des Mitteilungsvermögens angestellt, geht hervor, daß etwas Derartiges nicht existiert" — ist vollkommen unbegreiflich!

von *F. fusca* und *rufibarbis* gelegt, zu einer Zeit, in der sich keine Ameise in diesem Nestteil befand. Noch nach 1½ Stunden hatten die *Sanguinea* und ihre Sklaven nichts von den Kokons bemerkt. Wasmann setzte nun eine *Sanguinea* in das Abfallnest zu den Kokons. Diese lief nach kurzer Zeit ins Nest zurück, zuerst ins „Obernest" und von dort unmittelbar ohne Aufenthalt durch das Vornest in das Hauptnest, in welchem sie verschwand. Kaum 10 Sekunden später kam eine ganze Flut von *Sanguinea* aus dem „Hauptnest" in das „Vordernest" gelaufen; von dort gings direkt in das „Obernest" und dann nach einem Zögern von nur wenigen Sekunden in das „Abfallnest" hinab; sofort begann der Transport der Kokons, der den ganzen Nachmittag hindurch währte.

Nur ein Hyperskeptiker wird daran zweifeln, daß dieser plötzliche Massenaufbruch der *Sanguinea* durch die eine von den Kokons zurückgekehrte Ameise veranlaßt worden ist, und daß diese letztere lediglich deshalb zum Hauptnest zurückgelaufen ist, um ihre Genossen von dem Funde zu benachrichtigen bzw. ihre Erregung darüber auf ihre Genossen zu übertragen. Es sei aber nochmals betont, daß wir weit entfernt sind, den Ameisen dabei etwa eine aus Vernunftsgründen, logischen Schlüssen usw. aufgebaute Absicht zuzuschreiben, sondern daß wir das Zurücklaufen und Benachrichtigen der Genossen in der Hauptsache auf einen instinktiven Trieb zurückführen — auf den Trieb, die eigenen Gefühlszustände und Bewegungsimpulse auf andere Individuen der Gesellschaft zu übertragen[1]).

Die gegenseitige Verständigung geschieht übrigens nicht allein durch die Fühlersprache, sondern mitunter wenden die Ameisen noch andere Mittel an. Wenn sie recht deutlich werden wollen, so schlagen sie mit ihrem Kopf gegen die Brust ihres Genossen (Huber). Bei der Aufforderung zur Fütterung werden meist außer den Fühlern auch die Vorderbeine benutzt, mit denen sie die Seiten des Kopfes der Fütternden bearbeiten; durch eifriges Belecken der Mundgegend wird ferner die Aufforderung noch nachdrücklicher gemacht. Wenn Warnrufe mit den Fühlern nichts nutzen, so wenden die Warnenden Gewalt an und ziehen ihre Genossen an den Beinen usw. von der gefährlichen Stelle ab. Wir haben ferner oben (Kap. VI, 2) gesehen, daß manche Ameisen (*Camponotus*-Arten) bei herannahender Gefahr mit ihrem Abdomen und ihren Köpfen auf den Boden oder die Wände des Nestes schlagen und dadurch ein deutlich hörbares Geräusch erzeugen. Es ist höchstwahrscheinlich, daß es sich hier um Alarmsignale handelt. Auch ist es nicht ausgeschlossen, daß manche Ameisen durch Erzeugung von Zirplauten („Stridulationen") auf geringe

---

[1]) Ich stehe nicht an, diesen Trieb als einen der wichtigsten sozialen Triebe anzusprechen, ohne den ein größeres Gesellschaftsleben gar nicht denkbar wäre. Zweifellos hat, was nebenbei bemerkt sei, dieser soziale Grundtrieb seine Wurzel in dem Sexualtrieb. (Vgl. auch: Forel, Die sexuelle Frage. München 1905.)

Entfernung sich gegenseitig „herbeirufen" können, z. B. zur Bewältigung einer großen, sich heftig sträubenden Beute (Santschi, Brun).

Nach alledem, was wir bis jetzt gehört haben, steht das Mitteilungsvermögen der Ameisen außer Zweifel. Die Ameisensprache ist sogar ziemlich wortreich; in erster Linie beruht dieselbe auf Zeichen, welche mit den Fühlern gegeben werden. Die Lautsprache tritt dagegen ganz in den Hintergrund und ist nur bei wenigen Ameisen beobachtet.

6. Besitzen die Ameisen ein formelles Schlußvermögen?

Wenn wir uns die letztgenannten Versuche Lubbocks und Wasmanns vergegenwärtigen, so möchte man fast glauben, das Zurücklaufen der einen Ameise und das Holen von Hilfe konnte nur auf Grund von richtiger Überlegung, auf Grund von logischen Schlüssen geschehen. Wir brauchen jedoch nicht zu den höchsten Neurokymtätigkeiten zu greifen, um diese Fälle zu erklären, sondern wir kommen auch hier recht wohl damit aus, daß wir den Ameisen ein sinnliches Gedächtnis zuschreiben, und ferner die Fähigkeit, die durch die verschiedenen Sinne empfangenen Bilder (Engramme) zu neuen Assoziationen zu verbinden. Die Ameisen haben auf ihren Fourageexpeditionen dutzendmale die Erfahrung gemacht, daß das Einschleppen einer schweren Beute viel leichter zu mehreren geschieht als allein. Wenn nämlich eine einzelne Ameise auf einer bevölkerten Ameisenstraße sich mit Tragen eines so großen Gegenstandes abmüht, so dauert es selten lange, daß sich derselben eine ganze Anzahl Genossen, die eben des Weges kommen, zugesellen (Nachahmungstrieb), und nun gemeinsam Hand an die schwere Last legen. Wenn sie auch anfänglich vielleicht sich entgegenarbeiten, so arbeiten sie doch schon nach kurzer Zeit gleichsinnig. Diese Erfahrung wird im Gedächtnis aufgespeichert, und tritt nun der Fall ein, daß eine Ameise (wie bei obigen Versuchen) allein außerhalb des Nestes sich befindet, und nun eine schwer zu bewältigende Beute antrifft, so wird in dieser Ameise sofort die assoziierte Vorstellung helfender Nestgenossen wach werden. Mit dieser Vorstellung verbindet sich die des Nestes, wodurch der Impuls zum Zurücklaufen gegeben ist (C. Schaeffer). — Ein Abstraktionsvermögen ist also dabei durchaus nicht nötig, ebensowenig eine wirkliche Einsicht in die Beziehungen zwischen Mittel und Zweck, sondern auch ohne eine solche, lediglich auf Grund eines sinnlichen Assoziationsvermögens lassen sich diese fraglichen Vorgänge ungezwungen erklären.

Wenn ich einen Hund mit einem Stein werfe, so schreit derselbe infolge des empfundenen Schmerzes und läuft weg. Wenn ich nun demselben Hunde gegenüber ein zweitesmal mich nur bücke, so genügt dies, die Fluchtbewegung auszulösen (zu ekphorieren nach Semon, Die Mneme, Leipzig 1905). Die zweite Fluchtbewegung ist kein Reflex im Sinne Bethes, denn die Reaktion ist ja nicht angeboren. Einem jungen Hunde, der noch nie die schlechte Erfahrung mit dem Stein gemacht, wird es nicht einfallen, auf das bloße Bücken meinerseits sofort die Flucht zu ergreifen. Auch hier fehlt eine wirkliche Einsicht in die Beziehungen zwischen Mittel und Zweck, vielmehr hat sich der Gefühlseindruck (Schmerz) mit dem Gesichtseindruck (Bücken) lediglich zu einer neuen Assoziation verbunden, so daß die Wiederholung des letzteren genügt, ersteren auszulösen.

Derartige Verbindungen der verschiedenen Sinneseindrücke zu neuen Assoziationen sind es, die den Schlüssel der Ameisenpsychologie liefern. Damit kommen wir überall aus, und mag es mitunter auch noch so sehr den Anschein haben, daß die Ameisen in bewußter Absicht handeln, daß sie logische Schlüsse ziehen usw., so zeigt die kritische Analyse solcher Vorgänge doch stets, daß den Ameisen die höchsten geistigen Fähigkeiten vollkommen abgehen.

Alle Versuche, die in dieser Hinsicht von Lubbock, Wasmann, Bethe ausgeführt wurden, fielen völlig negativ aus. Bethe z. B. schraubte eine mit Honig auf einer Ameisenstraße liegende Scheibe, die von den Ameisen fleißig besucht wurde, ganz langsam im Verlaufe von mehreren Wochen höher, bis sie endlich so hoch lag, daß die Ameisen nicht mehr hinaufgelangen konnten. Es liefen daraufhin zunächst immer noch viele auf der Straße herum und richteten sich auf die Hinterbeine, natürlich aber ohne Erfolg. „Man hätte bei diesem allmählichen Höherhängen des Brotkorbes erwarten sollen, daß die Ameisen, wenn sie imstande wären, den einfachen Schluß zu ziehen: der Boden muß erhöht werden — einige Sandkörner aufgetürmt hätten.“ Sie taten dies aber nicht, trotzdem sie doch sonst (bei den Nestbauten) mit großer Schnelligkeit hohe Erdwälle aufzuführen imstande sind. Solche und ähnliche Versuche wurden noch mehrfach ausgeführt (Lubbock, Wasmann u. a.), und zwar alle mit dem gleichen Erfolg!

Besonders lehrreich ist der Uhrschalenversuch Wasmanns, der oben (Kap. VI, 1) bereits beschrieben ist. Er sei hier nochmals kurz angeführt: Wasmann stellte neben ein *F. sanguinea*-Nest eine Uhrschale mit Wasser, in deren Mitte sich eine Insel mit Puppen befand. Die Ameisen bauten eine Brücke zur Insel, indem sie Sand in die Uhrschale warfen, und holten dann die Puppen herüber! Ist das nicht ein schlagender Beweis für eine hohe Ameisenintelligenz, für ein formelles Schlußvermögen usw.? Ein Kontrollversuch belehrt uns eines anderen: Wasmann stellte nämlich später eine Uhrschale mit Wasser ohne Inseln und ohne Puppen hin — und die Ameisen benahmen sich genau ebenso, d. h. sie warfen auch diesmal Sand ins Wasser und legten den See trocken! Hätten wir aus dem ersten Versuche geschlossen: die Ameisen warfen den Sand ins Wasser in der (bewußten) Absicht, zu den Puppen zu gelangen, so hätten wir einen groben Fehlschluß gemacht. Denn sie folgten bei diesem Vorgehen lediglich ihrem Reinlichkeitstrieb, der sie alle unangenehmen Dinge in ihrem Nestbezirk, welche nicht fortgeschafft werden können, mit Sand usw. bedecken läßt (vgl. Kap. VI, 1). Dieser große Reinlichkeitstrieb ist es, auf welchem alle die vielen „Brückenbauten“ über Leimringe usw., welche von jeher mit Vorliebe als Beweis für das logische Denken der Ameisen selbst von ernsten Forschern (z. B. Leukart) vorgebracht wurden, beruhen. Der Wasmannsche Versuch führt uns so recht deutlich vor Augen, wie vorsichtig man bei der Auslegung einzelner herausgerissener Beobachtungen sein muß, besonders bei Tieren, welche in ihrer Organisation so weit von uns verschieden sind.

Von seiten der Anthropomorphisten wurde häufig die Pflege von Blattläusen und anderen Gästen als Beweis für die Ameisenintelligenz herangezogen. Nach William Marshall soll diese Erscheinung sogar mehr als alles andere dartun, eine wie hohe Stufe der Intelligenz die Ameisen erlangt haben. „Wir müssen ihnen eine bedeutende Beobachtungsgabe zuerkennen und gestehen, daß sie die Lebensweise ihrer Haustiere bis zu einem gewissen Grade studieren.“

Hätte Marshall die Ameisen nur besser studiert, so hätte er unmöglich eine solche Behauptung aufstellen können. Nach Wasmann behandeln künstliche Autodidaktenkolonien, die aus ganz jungen, eben nach dem Ausschlüpfen aus dem Nest genommenen Arbeiterinnen gebildet werden, vorgesetzte Blattlauseier vollkommen richtig genau ebenso wie alte Kolonien, obwohl sie doch keine Spur von Erfahrungskenntnis über Blattlausentwickelung besitzen konnten. Und ferner: wie schlecht müssen doch die Arbeiter der *Formica sanguinea* die Lebensweise der so häufig bei ihnen hausenden *Lomechusa* „studiert“ und „beobachtet“ haben, da sie in den vielen tausend Jahren immer noch nicht herausgebracht haben, daß dieser Gast ihr größter Feind ist (der sogar die Existenz ihrer ganzen Kolonie gefährdet) und sie immer noch die Larven dieses Vampirs lustig weiterpflegen. Man könnte in diesem Falle vielleicht einwenden, daß das Exsudat der *Lomechusa* den Ameisen einen solch hohen Genuß bereite, daß sie ihm zuliebe sogar das Wohl ihrer Familie vergessen, wie ja auch viele Menschen durch ihre Sucht nach Genüssen (Alkoholismus, Erotismus) ihre Familie ins Unglück stürzen und zugrunde richten.

Bei anderen, mit *Lomechusa* verwandten Gästen, den *Atemeles*-Arten, ist aber auch dieser Einwand hinfällig. Denn die *Atemeles* verlassen, sobald sie entwickelt sind, das Nest ihrer Pflegerinnen (*Formica*), um sich zu anderen Ameisen (verschiedenen *Myrmica*-Arten) zu begeben und bei diesen den größten Teil ihres Lebens zuzubringen. Erst im nächsten Frühjahr, zur Paarungszeit, finden sie sich wieder in den *Formica*-Kolonien ein, wo sie ihre Brut auf Kosten der Ameisenbrut aufziehen lassen. „Für wen pflegen also jene *Formica* eigentlich die Brut von *Atemeles*? Nicht für sich, sondern für *Myrmica* . . .“ Nicht nur, daß sie vom Exsudat nichts abbekommen, „haben sie nur den großen Schaden, welchen die Kuckucksbrut durch Auffressen der Ameiseneier und -larven ihnen zufügt“ (Wasmann).

Hätten die Ameisen nur eine Spur von Intelligenz, von einer wirklichen Einsicht in die Beziehungen zwischen Mittel und Zweck, so würde es ihnen doch nie und nimmer einfallen, die *Atemeles* bei sich aufzunehmen und deren Brut zu pflegen.

Solcher Beweise bietet das Leben der Ameisen eine Menge, und wollten wir unseren Tierchen gar einen so hohen Grad von Intelligenz zuschreiben wie Marshall, der sie exakte biologische Forschungen ausführen läßt, so würde die Ameisenbiologie zu einem Kapitel unlösbarer Widersprüche! Wir müßten uns dann weit mehr über das wundern, was die Ameisen nicht vermögen, als über das, was sie vermögen.

* * *

Fassen wir das Resultat unserer flüchtigen psychologischen Skizze kurz zusammen, so ergibt sich folgendes: Die Ameisen sind keine Miniaturmenschen; denn eine menschliche, auf Abstraktions- und formellen Schlußvermögen beruhende Überlegung fehlt ihnen vollkommen. Anatomisch drückt sich dieser Mangel unzweideutig in der Kleinheit des Ameisengroßhirns gegenüber der mächtigen Entfaltung des menschlichen Großhirns aus. Die Ameisen sind andererseits aber auch keine Reflexautomaten; denn sie besitzen nachweisbar ein nicht geringes Modifikationsvermögen. Die Ameisen sind vielmehr mit psychischen Qualitäten reichlich ausgestattete Wesen, bei denen man Gedächtnis, Assoziationen von Sinnesbildern, Wahrnehmungen, Benutzung von individuellen (sinnlichen) Erfahrungen, und somit deutliche, wenn auch geringe individuelle plastische Anpassungen nachweisen kann[1]).

Die höchste psychische Plastizität kommt den Arbeitern zu, bedeutend geringer ist sie bei den Weibchen, um bei den Männchen fast auf Null herabzusinken. Diesem Unterschiede der geistigen Fähigkeiten bei den drei Ständen entspricht die verschiedene Ausbildung des Großhirns, wie im ersten Kapitel des näheren ausgeführt ist (vgl. Fig. 18, S. 37).

Aber trotz der gewaltigen Verschiedenheiten zwischen Ameisen und Menschen (sowohl bezüglich der Körperorganisation als auch der psychischen Qualitäten) sind jene „in ihrer sozialen Biologie und Psychologie ein höchst wertvolles und interessantes Vergleichsobjekt der lebenden Naturwelt, sowohl für die sozialen Verhältnisse des Menschen, wie für die menschliche Psychologie überhaupt. Sie beweisen, wie die ewigen göttlichen Naturpotenzen, sowohl die der Lebewesen als deren Relationen untereinander, gleiche oder ähnliche Erscheinungen auf ganz verschiedenen Wegen produzieren. Sind doch Sklaverei, Viehzucht und Gartenbau von den Ameisen getrieben worden,

---

[1]) Zu ungefähr den gleichen Ergebnissen ist v. Buttel-Reepen bezüglich der psychischen Fähigkeiten der Bienen gelangt.

lange bevor es Menschen auf der Erde gab. Die Ameisen haben aber diese Künste höchstwahrscheinlich auf dem Wege der Zuchtwahl automatisch im Laufe unzähliger Generationen mit Hilfe ererbter Kombinationen erworben, ohne daß je eine Ameise individuell die Zweckmäßigkeit der Sache überschaut hätte. Der Mensch dagegen erfindet individuell, mit Hilfe der unzähligen plastischen Reizkombinationen seines mächtigen Gehirns, und zwar erfindet er sehr oft individuell Dinge, die schon längst vor ihm von anderen Naturkräften oder Lebewesen zustande gebracht worden waren. In den Sprüchen Salomonis **6**, 6 u. ff. heißt es: „Gehe hin zur Ameise, du Fauler, siehe ihre Weise an und lerne, ob sie wohl keinen Fürsten, noch Hauptmann, noch Herrn hat, bereitet sie doch ihr Brot im Sommer und sammelt ihre Speise in der Ernte.“ Man kann dem noch hinzufügen: „Sie gibt dem Menschen die sozialen Lehren der Arbeit, der Eintracht, des Mutes, der Aufopferung und des Gemeinsinnes.“ (Forel, Die Ameise, 1898.)

Literatur.

Bethe, Albrecht, Dürfen wir Ameisen und Bienen psychische Qualitäten zuschreiben? In: Arch. f. d. ges. Physiologie **70** (1898).

Bethe, Albrecht, Noch einmal über die psychischen Qualitäten der Ameisen. In: Ebenda **79** (1900).

Bethe, Albrecht, Die Heimkehrfähigkeit der Ameisen und Bienen, zum Teil nach neuen Versuchen. In: Biol. Zentralbl. **22** (1902).

Bonnet, C., Observations sur de petites Fourmis etc. In: Oeuvres d'Hist. Nat. et de Philos. I. Neuchâtel 1779—1783.

Brun, R., Zur Biologie und Psychologie von *Formica rufa* und anderen Ameisen. In: Biol. Zentralbl. **30**, 524 ff., 1910.

Brun, R., Weitere Beiträge zur Frage der Koloniegründung bei den Ameisen. In: Ebenda **32** (1912).

Brun, R., Zur Psychologie der künstlichen Allianzkolonien bei den Ameisen. In: Ebenda **32** (1912).

Brun, R., Über die Ursachen der künstlichen Allianzen bei den Ameisen. In: Journ. f. Psychol. u. Neurol. **20** (1913).

Brun, E. u. R., Beobachtungen im Kemptthaler Ameisengebiete. In: Biol. Zentralbl. **33** (1913).

Brun, R., Die Raumorientierung der Ameisen und das Orientierungsproblem im allgemeinen. Jena 1914.

Brun, R., Das Orientierungsproblem im allgemeinen und auf Grund experimenteller Forschungen bei den Ameisen. In: Biol. Zentralbl. **35** (1915).

Brun, R., Die räumliche Orientierung der Ameisen. In: Naturw. Umschau d. Chem.-Ztg. Nr. 1 (1916).

Brun, R., Le problème de l'orientation lointaine chez les Fourmis et la doctrine transcendentale de V. Cornetz. In: Revue Suisse de Zool. No. 3 (1916).

Brun, R., Weitere Untersuchungen über die Fernorientierung der Ameisen. In: Biol. Zentralbl. **36** (1916).

Büchner, Ludw., Aus dem Geistesleben der Tiere. Berlin 1876.

Buttel-Reepen, H. v., Sind die Bienen Reflexmaschinen? Leipzig 1900.

Buttel-Reepen, H. v., Die stammesgeschichtliche Entstehung des Bienenstaates. Zusatz 4. Leipzig 1903.

Cobelli, R., Il senso del gusto nel *Lasius emarginatus* Oliv. In: Verhandl. d. Zool. bot. Ges. Wien **52** (1902).

Cobelli, R., I veneni ed il *Lasius emarginatus* Oliv. In: Ebenda 1903.

Cornetz, V., Le sens topographique chez les fourmis. In: Revue des Idées, Déc. 1909.

Cornetz, V., Trajets de fourmis et retours au nid. In: Mémoires de l'Institut général psychologique 1910.

Cornetz, V., Album faisant suite aux trajets. In: Ebenda. — Texte explicatif. In: Ebenda.

Cornetz, V., Observations de 1909. In: Ebenda. — Observations de 1910. In: Ebenda.

Cornetz, V., Une règle de constance dans les trajets lointains de la fourmi exploratrice. In: Revue des Idées 1910.

Cornetz, V., Deux expériences intéressantes à faire avec les fourmis. In: Bull. Soc. Hist. Nat. Afrique du Nord, Janv. 1911.

Cornetz, V., La conservation de l'orientation chez la fourmi. In: Rev. Suisse de Zool. **19** (1911).

Cornetz, V., Das Problem der Rückkehr zum Nest der einzeln forschenden Ameise. In: Zeitschr. f. wiss. Insektenbiol. **7** (1911).

Cornetz, V., Le danger des expériences négatives en biologie. In: Rev. des Idées 1911, S. 295.

Cornetz, V., L'oeil boussole de la fourmi d'après Santschi. In: Ebenda, S. 233.

Cornetz, V., A propos d'une croyance vulgaire très répandue touchant le retour au gîte de la fourmi. In: Bull. Inst. gén. psych. 1911.

Cornetz, V., Quelques observations sur l'estimation de la distance chez la fourmi. In: Bull. Soc. Hist. Nat. Afrique du Nord 1912, S. 39.

Cornetz, V., La connaissance du monde environnant son gîte pour une fourmi d'espèce supérieure. In: Rev. des Idées, Avril 1912.

Cornetz, V., De la durée de la mémoire des lieux chez la fourmi. In: Arch. de Psychol. **12**, 122, 1912.

Cornetz, V., Über den Gebrauch des Ausdruckes „tropisch“ und über den Charakter der Richtungskraft bei den Ameisen. In: Arch. f. d. ges. Physiol. **147**, 215, 1912.

Cornetz, V., Observations de fourmis recruteuses de l'espèce *Myrmecocystus (Cataglyphis) bicolor*. In: Bull. Inst. gén. Psychol. 1912.

Cornetz, V., Comparaison entre la prise d'une direction chez un rat et chez une fourmi. In: Ebenda.

Cornetz, V., Les fourmis voient-elles des radiations solaires traversant les corps opaques? In: Ebenda.

Cornetz, V., L'illusion de l'entraide chez la fourmi. In: Rev. des Idées, Déc. 1912.

Cornetz, V., Divergences d'interprétation à propos de l'orientation chez la fourmi. In: Rev. Suisse de Zool. **21** (1913).

Cornetz, V., Transport de fourmis d'un milieu dans un autre. In: Bull. Soc. Hist. Nat. Afrique du Nord **5** (1913).

Cornetz, V., Les explorations et les voyages des fourmis. Paris, Flammarion, 1913.

Cornetz, V., Les pistes des fourmis. In: Nature 1913.

Cornetz, V., Über die Rolle des Lichtes bei der Orientierung der Ameise. In: Zeitschr. f. wiss. Insektenbiol. **9** (1913).

Cornetz, V., Opinions diverses à propos de l'orientation chez la fourmi. In: Bull. Soc. Hist. Nat. Afrique du Nord **10** (1914).

Cornetz, V., A propos de l'orientation des fourmis. In: Rev. Zool. Africaine **3** (1914).

Cornetz, V., Réponse aux remarques nouvelles de M. le Docteur Santschi. In: Bull. Soc. Hist. Nat. Afrique du Nord **10** (1914).

Cornetz, V., Observations nocturnes de trajets de Fourmis. In: Revue Suisse de Zoologie **22** (1914).

Cornetz, V., Fourmis dans l'obscurité. In: Arch. de Psychol. (Genève) **14** (1914).

Crawley, W. C., How Ants greet members of the same colony. In: The Entomologist's Record **22** (1910).

Donisthorpe, H., British Ants. Plymouth 1915. (Psychologie: S. 43—52).

Emery, C., Intelligenz und Instinkt der Tiere. In: Biol. Zentralbl. **13** (1893).

Emery, C., La vita delle Formiche. Bologna 1914.

Emery, C., Sulla intolleranza o frotellanza fra le formiche di formicai differenti. In: Bollet. Lab. zool. gen. e agrar. **5** (1911).

Ernst, Chr., Einige Beobachtungen an künstlichen Ameisennestern. In: Biol. Zentralbl. **25** (1905).

Ernst, Chr., Einige Beobachtungen an künstlichen Ameisennestern. In: Ebenda **26** (1906).

Ernst, Chr., Neue Beobachtungen bei Ameisen. In: Biol. Zentralbl. **32** (1912).

Ernst, Chr., Tierpsychologische Beobachtungen und Experimente. In: Arch. f. d. ges. Psychol. 1910.

Ernst, Chr., Studien zur Psychologie der Ameisen. In: Zeitschr. f. angew. Psychol. **5** (1911).

Ernst, Chr., Das Orientierungsvermögen der Ameisen. In: Ebenda **6** (1912).

Ernst, Chr., Kritische Untersuchungen über die psychischen Fähigkeiten der Ameisen. In: Arch. f. d. ges. Psychol. **31** (1914).

Escherich, K., Ameisenpsychologie. In: Beilage d. Allgem. Ztg. München 1899, Nr. 100.

Fabre, J. H., Souvenirs Entomologiques II, 1879, S. 134, 8me Ed., Paris, Delgrave.

Fielde, Adele M., A Study of an Ant. In: Proc. Acad. Nat. Sc. Philadelphia 1901.

Fielde, Adele M., Further Study of an Ant. In: Ebenda.

Fielde, Adele M., Notes on an Ant. In: Ebenda 1902.

Fielde, Adele M., Supplementary Notes on an Ant. In: Ebenda 1903.

Fielde, Adele M., Experiments with Ants induced to swim. In: Ebenda.

Fielde, Adele M., A cause of feud between ants of the same species living in different communities. In: Biol. Bull. **5** (1903).

Fielde, Adele M., The reactions of Ants to Material Vibrations. In: Proc. Acad. Nat. Soc. Philadelphia 1904.

Fielde, Adele M., Power of Recognition among Ants. In: Biol. Bull. **7** (1904).

Flügel, O., Zur Psychologie und Entwickelungsgeschichte der Ameisen. In: Zeitschr. f. exakt. Philos. **20**, 1.

Forel, Aug., Fourmis de la Suisse, 1874.

Forel, Aug., Gehirn und Seele. Vortrag. Bonn 1899.

Forel, Aug., Die Ameise. In: Die Zukunft **6** (1898).

Forel, Aug., Expériences et remarques critiques sur les Sensations des Insectes, I—V. Como 1900 bis 1901.

Forel, Aug., Die psychischen Fähigkeiten der Ameisen und einiger anderer Insekten, mit einem Anhange über die Eigentümlichkeiten des Geruchssinnes bei jenen Tieren. München, Reinhardt, 1901.

Forel, Aug., Beispiele phylogenetischer Wirkungen und Rückwirkungen bei den Instinkten und dem Körperbau der Ameisen als Belege für die Evolutionslehre und die psychophysiologische Identitätslehre. In: Journ. f. Physiol. u. Neurol. **1** (1902).

Forel, Aug., Nochmals Herr Dr. Bethe und die Insekten-Psychologie. In: Biol. Zentralbl. **23** (1903).

Forel, Aug., Die sexuelle Frage. München, Reinhardt, 1905.

Forel, Aug. und H. Dufour, Über die Empfindlichkeit der Ameisen für Ultraviolett und Röntgenstrahlen. In: Zool. Jahrb., Syst.-Bd., **17** (1902).

Forel, Aug., Das Sinnesleben des Insekten. München, Reinhardt, 1910. (Deutsch von Maria Semon.)

Forel, A., Les fourmis percoivent-elles l'ultra-violet avec leurs yeux on avec leur peau? — Arch. Sc. Phys. Nat. Genève **1** (1886).

Forel, A., Etudes Myrmecologiques. In: Ann. Soc. Ent. Belg. **30** (1886).

Forel, A., Recherches biologiques récentes de Miss Adele Fielde. In: Bull. Soc. Vand. Sc. Nat. **39** (1903).

Forel, A., Ebanche sur les moeurs des fourmis de l'Amerique du Nord. In: Ann. Soc. Ent. Belg. **43** (1899).

Gourmont, Remy de, Le sens topographique chez les fourmis. In: Rev. des Idées, Déc. 1909.

Huber, P., Recherches sur les moeurs des Fourmis indigènes. Genève 1810.

Janet, Note sur la production de sons chez les fourmis. In: Ann. Soc. Ent. France **1**, 1893.

Krausse, A. H., Einiges Terminologische über die Begriffe Reflex, Instinkt, Intelligenz usw., speziell in der Ameisenpsychologie. In: Insektenbörse **19** (1902).

Krausse, A. H., Erkennen Ameisen einer Kolonie andere, derselben Art angehörende, aber aus einer anderen Kolonie stammende Ameisen? In: Nerthus **5** (1903).

Krausse, A. H., Die moderne Ameisen-Biologie und -Psychologie. In: Ebenda.

Krausse, A. H., Die antennalen Sinnesorgane der Ameisen. Inaug.-Diss. Jena 1907.

Kutter, H., Ein weiterer Beitrag zur Frage der sozialparasitischen Koloniegründung von *Formica rufa*. In: Zeitschr. f. wiss. Insektenbiol. **9** (1913).

Kutter, H., Zur Biologie von *Formica rufa* und *Formica fusca* i. sp. In: Biol. Zentralbl. **33** (1913).

Lubbock, John, Ameisen, Bienen und Wespen. Leipzig 1883.

Lubbock, John, Die Sinne und das geistige Leben der Tiere. Leipzig 1889.

McCook, H., Modifications of habit in Ants through fear of enemies In: Proc. Acad. Nat. Sc. Philadelphia 1887.

Marshall, William, Leben und Treiben der Ameisen. Leipzig 1889.

Meissner, O., Das Orientierungsvermögen der Ameisen. In: Zeitschr. f. wiss. Insektenbiol. **4** (1908).

Natzmer, G. v., Zur Psychologie der sozialen Instinkte der Ameisen. In: Biol. Zentralbl. **33** (1913).

Piéron, H., Du rôle du sens musculaire dans l'orientation des fourmis. In: Bull. Inst. gén. Psychol. **4** (1904).

Piéron, H., Contribution à l'étude du problème de la reconnaissance chez les Fourmis. In: Compt. rend. d. Séanc. 6me Congr. intern. Zoologie. Genf 1905, S. 482—491.

Piéron, H., Généralité du processus olfactif de reconnaissance chez les fourmis. In: Compt. rend. Séanc. Soc. Biol. Paris **61** (1906).

Piéron, H., Le rôle de l'olfaction dans la reconnaissance des fourmis. In: Ebenda.

Piéron, H., Le problème de l'orientation envisagé chez les fourmis. In: Scientia 1912.

Pietschker, H., Das Gehirn der Ameisen. In: Jen. Zeitschr. f. Naturw. **47** (1911).

Reimarus, Herm. Sam., Allgemeine Betrachtungen über die Triebe der Tiere. Hamburg 1762.

Romanes, G. John, Animal Intelligenz. London 1882.

Romanes, G. John, Die geistige Entwickelung im Tierreich. Leipzig 1885.

Santschi, F., Quelques observations nouvelles et remarques sur la variabilité de l'instinct de nidification chez les fourmis. In: Journ. f. Psychol. u. Neurol. **13** (Festschr. für Forel), 1908.

Santschi, F., Observations et remarques critiques sur le mécanisme de l'orientation chez les fourmis. In: Rev. Suisse de Zool. **19** (1911).

Santschi, F., Comment s'orientent les formis. In: Ebenda **21** (1913).

Santschi, F., A propos de l'orientation virtuelle chez les fourmis. In: Bull. Soc. Hist. Nat. Afrique du Nord **5** (1913).

Santschi, F., L'oeil composé considéré comme organe d'orientation chez la fourmi. In: Rev. Zool. Africaine **3** (1913).

Santschi, F., Remarques nouvelles sur l'orientation des fourmis. In: Bull. Soc. Hist. Nat. Afrique du Nord **6** (1914).

Santschi, F., Sur l'orientation céleste des fourmis. In: Ebenda **7** (1915).

Schaeffer, C., Die geistigen Fähigkeiten der Ameisen. In: Verhandl. d. Nat.-Ver. Hamburg, 3. Folge, **9** (1902).

Schoenichen, Walther, Über Tier- und Menschenseele. Stuttgart 1900.

Semon, R., Die Mneme. Leipzig 1905.

Semon, R., Die mnemischen Empfindungen. Leipzig 1909.

Sharp, D., On stridulation in Ants. In: Trans. Ent. Soc. London **2** (1893).

Smalian, C., Altes und Neues aus dem Leben der Ameisen. In: Zeitschr. f. Naturwiss. **67** (1894).

Szymanski, J. G., Ein Versuch, das Verhältnis zwischen modal verschiedenen Reizen in Zahlen auszudrücken. In: Arch. f. d. ges. Physiol. **138** (1911).

Thompson, C. B., A comparative study of the brains of three genera of Ants, with special reference to the mushroon bodies. In: Journ. of comparat. Neurol. and Psychol. **23** (1913).

Turner, C. H., Do Ants form practical judgments? In: Biol. Bull. **13** (1907).

Turner, C. H., The homing of Ants. In: Journ. of Compar. Neurol. and Psychol. **17** (Chicago), 1907.

Viehmeyer, H., Beobachtungen über das Zurückfinden von Ameisen zu ihrem Nest. In: Allgem. Zeitschr. f. Ent. 1900.

Wasmann, E., Die zusammengesetzten Nester und gemischten Kolonien der Ameisen. (3. Abschnitt. Zur Psychologie der Ameisengesellschaften.) Münster 1891.

Wasmann, E., Die psychischen Fähigkeiten der Ameisen. Stuttgart 1899.

Wasmann, E., Instinkt und Intelligenz im Tierreich. 2. Auflage. Freiburg i. Br. 1899.

Wasmann, E.. Vergleichende Studien über das Seelenleben der Ameisen und der höheren Tiere. 2. Auflage. Freiburg 1900.

Wasmann, E., Nervenphysiologie und Tierpsychologie. In: Biol. Zentralbl. **21** (1901).

Wasmann, E., Noch ein Wort zu Bethes Reflextheorie. In: Ebenda **22** (1902).

Wasmann, E., Zum Orientierungsvermögen der Ameisen. In: Allgem. Zeitschr. f. Entom. **6** (1901).

Wasmann, E., Menschen- und Tierseele. 2. Auflage. Cöln 1904.

Wasmann, E., Die monistische Identitätstheorie und die vergleichende Psychologie. In: Biol. Zentralbl. **23** (1903).

Wasmann, E., Die moderne Biologie und die Abstammungslehre. Freiburg i. Br. 1904.

Wasmann, E., Das Gesellschaftsleben der Ameisen. 1. Bd. Münster 1915.

Wasmann, E., Weitere Beiträge zum sozialen Parasitismus usw. In: Biol. Zentralbl. **28** (1908). Besonders S. 297.

Wheeler, W. M., Ants (Kap. 29 u. 30) New York 1910.

Wheeler, W. M., The compound and mixed Nests of American Ants. In: Amer. Naturalist. **35** (1901).

Wheeler, W. M., Ethological observations on an American Ant *(Leptothorax emersoni)*. In: Journ. f. Psychol. u. Neurol. **2** (1903).

Ziegler, E., H. Der Begriff des Instinktes einst und jetzt. Jena 1910.

Anhang I.

Die Ameisen als lästige Haus- und Gartenbewohner und ihre Bekämpfung[1]).

a) Hausameisen.

Als Hausameisen kommen bei uns hauptsächlich in Betracht: *Camponotus herculeanus, ligniperdus* und *pubescens, Lasius brunneus, emarginatus, niger, flavus* und *fuliginosus, Tetramorium caespitum, Formica fusca* und endlich das winzige, aus Asien eingeschleppte *Monomorium pharaonis.* Von diesen dringen die *Camponotus*-Arten, ferner *Lasius brunneus* und *fuliginosus* in das Holz ein und errichten darin ihre Nester. Dabei kann die Holzzerstörung soweit gehen, daß das Gebälk erneuert werden muß. — Die übrigen der oben genannten Hausameisen nisten in den Ritzen des Mauerwerkes, in den Zwischenböden, in den Fugen der Pflasterung[2]) usw. Auch dadurch können natürlich Beschädigungen im Hause angerichtet werden. Außerdem werden die beiden Kategorien von Hausameisen noch recht lästig durch ihre Besuche in den Speisekammern, Küchen, Wohn- und Eßzimmern usw., indem sie die verschiedenen Speisen verunreinigen und teilweise auch annagen (wie z. B. das Obst).

Es besteht also Grund genug, diese unangenehmen Hausgäste zu vertreiben. Allerdings ist dies keine leichte Aufgabe; wir kennen bis heute keine völlig befriedigende und durchschlagende Bekämpfungs-

---

[1]) Vgl. hierzu die sehr ausführliche Darstellung dieses Gegenstandes von H. Stitz (Zeitschr. f. ang. Entomologie 1917, Heft 1).

[2]) Im Preußischen Stadt- und Landboten (76. Jahrg., Nr. 176 vom 3. Juli 1916) wird über die Tätigkeit von *Formica fusca cinerea* nach A. Krausse folgendes berichtet: „Massenhaftes Auftreten der schwarzen Ameise wird aus dem im Bezirke Potsdam gelegenen Vorort Glaskow gemeldet. Unter dieser eigenartigen Sommererscheinung haben besonders die Landhausbesitzer sehr zu leiden, zumal es an Leuten fehlt, die die Straßen und Gehwege reinhalten. Die Ameisen schaffen sich unter den Mosaiksteinen eine Wohnstätte und bringen dadurch den lästigen Sand an die Oberfläche. Die Wühlarbeit hat auch zur Folge, daß bei Regen die Steinchen sich lockern und im Pflaster Lücken entstehen."

methoden. Der Hauptgrund der Schwierigkeiten liegt darin, daß nur dann ein voller Erfolg erzielt wird, wenn die ganze Kolonie und vor allem die Königin vernichtet wird. Denn bleibt auch nur ein kleiner Teil der Kolonie mit der Königin übrig, so wird das Volk sich immer wieder ergänzen.

Wo es sich nur um geringere Mengen von Ameisen handelt, kann event. die einfache Fangmethode mittels Köder genügen. Man legt einen Schwamm, der mit Zuckerwasser getränkt oder mit Zucker bestreut ist, auf die von den Ameisen begangenen Wege und wirft diese Köder, sobald sie mit Ameisen bedeckt sind, in einen Topf mit kochendem Wasser. Man wendet dieses Verfahren so lange an, bis die Ameisen verschwunden sind. Oder man kann dem Zuckerwasser Gift (Arsen, Calomel oder Borax) beisetzen, wodurch das Abtöten in heißem Wasser überflüssig wird. Als Köder können auch Speiseabfälle, Knochen usw. verwendet werden. Nach Stitz (1917) sollen die Ameisen auch an frischen Brennesseln, die man in die befallenen Räume oder Schränke legt, in großen Mengen sich ansammeln, worauf sie dann in obiger Weise vernichtet werden können.

Wird man mit den Ködern der Plage nicht Herr, so versuche man es mit einer direkten Vernichtung der Ameisenvölker durch Eingießen von Giftflüssigkeiten in die Ritzen bzw. Öffnungen, aus denen die Ameisen kommen. Als geeignete Flüssigkeiten kommen in Betracht: Benzin (feuergefährlich!), Schwefelkohlenstoff (feuergefährlich!), Petroleum und andere ähnliche Stoffe. An Stelle des feuergefährlichen Schwefelkohlenstoffes kann man ein unbrennbares Schwefelkohlenstoffpräparat verwenden, unter denen ich besonders das Lausol-Lang (Chemische Fabrik in Griesheim) empfehle. Auch mit dem Einstreuen von Insektenpulver, Kampfer, Naphthalin, Saprolpulver (Chemische Fabrik Flörsheim a. M.), oder einer Mischung von Zucker mit Schwefelpulver kann man Erfolge erzielen. Auch das feinkörnige Karbid hat man angewandt, speziell gegen die im Pflaster vorkommenden Ameisen (s. oben). „Wenige Körner davon in die sichtbaren Eingänge und offenen Ritzen gestreut, genügen, um den Ameisen den Garaus zu machen. Das Karbid entwickelt langsam Acetylen, welches stark giftig ist und als spezifisch schweres Gas in die unterirdischen Gänge dringt“ (A. Krausse).

b) Gartenameisen.

Zu den Gartenameisen gehören in erster Linie die verschiedenen *Lasius*-Arten und *Tetramorium caespitum*. Sie schaden auf verschiedene Weise:

1. durch Annagen der Früchte, Zerstören der Blüten und jungen Triebe, durch Abbeißen der Keimlinge;
2. dadurch, daß sie durch ihre Nestbautätigkeit im Boden die Wurzeln bloßlegen und so zum Vertrocknen bringen;

3. indirekt durch ihre Läusezuchten (siehe oben, S. 147), wodurch die schädliche Tätigkeit der Blatt- und Wurzelläuse wesentlich gesteigert wird. Ich möchte diesen indirekten Schaden als den weitaus größten annehmen.

Es ist vor allem der Obst- und Gemüsezüchter, der unter dieser dreifachen schädlichen Tätigkeit der Ameisen zu leiden hat, und dem daher auch besonders daran gelegen ist, die Ameisen aus den Gärten zu vertreiben.

Die Bekämpfung der Gartenameisen ist, wie die der Hausameisen, eine recht schwierige; sie läuft, wie dort, auf eine möglichst vollständige Zerstörung der Nester mitsamt ihrem lebenden Inhalt hinaus. Handelt es sich um kleine Nester, so kann man dieselben mit einer Schaufel ausheben und in einen bereitstehenden Topf mit heißem Wasser werfen. Oder man kann auch heißes Wasser in das Nest eingießen; allerdings ist diese Methode infolge der schnellen Abkühlung des Wassers nicht so sicher wie die erste, zumal in größeren Nestern. Bei solchen wendet man daher meist andere Flüssigkeiten oder Gase an.

Am gebräuchlichsten ist das Eingießen von Schwefelkohlenstoff. Man stößt zu diesem Zwecke mit einem Pfahl ein oder mehrere Löcher in den Haufen bzw. in das Nest, gießt in diese die Flüssigkeit hinein und verstopft sofort danach dieses sowie alle anderen Öffnungen des Baues. Da der Schwefelkohlenstoff infolge seiner Schwere nach unten sinkt, darf man die Löcher nicht zu tief machen. Wirksamer noch ist es (nach Reh), am letzten Loch den Schwefelkohlenstoff anzuzünden und nachher auch dieses zu verschließen (selbstverständlich ist dabei große Vorsicht geboten und vor allem das Gefäß mit dem Schwefelkohlenstoff von der Neststelle weit zu entfernen).

Auch mit Cyankalium bzw. Cyannatrium (sehr giftig!) hat man gute Erfolge erzielt. Nach Reh hat sich in Amerika folgende Methode bewährt: 28 g Cyankalium in $3^3/_4$ Liter Wasser gelöst und in der Größe des Baues entsprechender Menge in dessen Öffnung gegossen. Auch gepulvert in die Nestöffnungen oder auf die Wege der Ameisen gestreut, wirkt es vorzüglich. — Nach persönlicher Mitteilung von sehr erfahrener Seite kann man das Leben in Ameisenhaufen auch durch Übergießen mit einer 1proz. Cyankaliumlösung rasch vernichten. Grasflächen, die von Ameisen beschädigt sind, werden (nach demselben Gewährsmann) am besten durch Bespritzen des Rasens mit einer 0,5proz. Cyankaliumlösung von den Schädlingen befreit. Dieser Behandlung hat ein tüchtiges Bespritzen mit Wasser zu folgen, damit der Rasen keinen Schaden leidet, und damit auch das Cyankalium tiefer in die Erde eindringt.

Kleinere Nester kann man nach Reh dadurch zerstören, daß man eine starke Lösung von Eisenvitriol eingießt, Chlorkalk auf das Nest streut und dann kräftig gießt oder die Nester mit Ätzkalk gut vermischt. Cook und Horne empfehlen (nach Reh): das Nest öffnen, eine Lösung von 500 g Chlorkalk in $8^1/_2$ Liter Wasser eingießen; wenn die Lösung eingezogen ist, 240 g Schwefelsäure in $8^1/_2$ Liter Wasser nachgießen.

Gute Erfolge erzielt man auch mit den Arsensalzen: ein Teelöffel voll Londonpurpur oder Parisergrün wird in die Hauptöffnung jedes Nestes gestreut; die Arbeiter schleppen das Gift unabsichtlich mit in den Bau; es kommt in das Futter der Königin und der jungen Brut und vergiftet diese langsam, aber sicher (Reh).

Zur Abhaltung und Vertreibung der Ameisen von Saatbeeten, Mistbeeten usw. verwendet man am besten Naphthalin, Kampfer oder Saprolpulver. Vom Erklettern der Bäume sind die Ameisen durch Leimgürtel oder Ringe von Baumwolle abzuhalten. Besonders wirksam soll auch ein mit nach unten gerichteten Haaren umgebundenes Kaninchenfell sein (Reh).

Literatur.

Reh, L., Handbuch der Pflanzenkrankheiten. 3. Band. Die tierischen Feinde, S. 608 f.

Stitz, H., Die Beziehungen der Ameisen zum Menschen, und ihre wirtschaftliche Bedeutung. In: Zeitschr. f. angew. Entomologie, 4. Bd. (1917), Heft 1. In dieser fleißigen Arbeit ist alles, was über die wirtschaftliche Bedeutung der Ameisen bekannt ist, zusammengestellt. Auch ist dort die sehr umfangreiche Literatur vollständig aufgeführt. Ich sehe deshalb hier von einer ausführlichen Literaturangabe ab.

Wheeler, W. M., Ants, Appendix D.

Anhang II.

Übersicht über die in Deutschland einheimischen Ameisen[1]).

Manchem der verehrten Leser dürfte der folgende Bestimmungsschlüssel nicht unwillkommen sein. Ich berücksichtige im wesentlichen nur die Arbeiterform, weil der biologische Beobachter in erster Linie mit dieser zu tun hat. Außerdem haben wir die ausgezeichneten Bestimmungstabellen von Mayr, Forel, Emery, Wasmann und André, wo sich jeder über die Geschlechtstiere leicht orientieren kann. Neben den systematischen Kennzeichen füge ich jeder Art einige Notizen über Vorkommen, Lebensweise usw. bei, wodurch die Bestimmung in manchen Fällen noch erleichtert werden mag.

A. Die Unterfamilien.

1. Hinterleibstielchen, eingliedrig 2
   „ zweigliedrig . . . . 2. *Myrmicini*.
2. Der eigentliche Hinterleib zwischen dem ersten und zweiten Segment eingeschnürt . . . . 1. *Ponerini*.
   Der eigentliche Hinterleib nicht eingeschnürt 3
3. Der dreieckige Clypeus setzt sich zwischen die Insertionsstellen der Fühler nach hinten fort; Hinterleib von oben gesehen gewöhnlich nur vier Segmente zeigend; fünftes Segment unter dem vierten verborgen; Kloakenöffnung quer-spaltförmig, ventralwärts gelegen; ohne Wimperbesatz . . 3. *Dolichoderini*[2]).
   Der Clypeus setzt sich nicht zwischen die Insertionsstellen der Fühler fort; Hinterleib von oben gesehen fünf Segmente zeigend; fünftes Segment konisch zugespitzt, nach hinten gerichtet; Kloakenöffnung klein und rund, an der Spitze desselben gelegen, mit einem Wimperkranz umgeben . . 4. *Camponotini*.

---

[1]) Die systematische Übersicht wurde für die zweite Auflage von meinem Freund H. Viehmeyer durchgesehen und zum großen Teil neu bearbeitet, wofür auch an dieser Stelle herzlich gedankt sei.

[2]) Die *Dolichoderini* sind in Deutschland nur durch zwei Arten vertreten: *Tapinoma erraticum* und *Dolichoderus quadripunctatus*. Sollten also Zweifel bestehen betreffs der Subfamilie, so vergewissere man sich, ob eine dieser beiden leicht kenntlichen Arten vorliegt (s. unten). Ist dies nicht der Fall, so kann man zu den *Camponotini* übergehen.

B. Die Gattungen.

1. *Ponerini.*

Für unser Faunengebiet kommt nur eine Gattung in Betracht, nämlich *Ponera* Ltr.

2. *Myrmicini.*

1. Arbeiterform fehlt . . . . *Anergates* For.
   ,, vorhanden 2
2. Oberkiefer ohne gezähnten Kaurand 3
   ,, mit gezähntem Kaurand, breit dreieckig 4
3. Oberkiefer schmal und spitz, sichelförmig (Fig. 69) *Strongylognathus* Mayr.
   Oberkiefer breit dreieckig, mit schneidigem Kaurand *Harpagoxenus* For.
4. Erstes Stielchenglied viereckig, Clypeus mit zwei vorn in zwei stumpfe Zähne endenden Längsleisten, 2,9 bis 3,2 mm *Myrmecina* Curt.
   Erstes Stielchenglied keulenförmig, d. h. vorn zylindrisch, hinten verdickt 5
5. Zweites Stielchenglied ventral mit einem schräg nach vorn und unten gerichteten Dorn. . . . . . . *Formicoxenus* Mayr.
   Zweites Stielchenglied ventral unbedornt 6
6. Fühler 10-, Keule 2-gliedrig . . . . . . *Solenopsis* Westw.
   Fühler 11- oder 12-gliedrig, Keule 3-, 4- oder 5-gliedrig 7
7. Die drei letzten Glieder der Fühlergeißel zusammen so lang oder länger als die vorhergehenden. 11
   Die drei letzten Glieder der Fühlergeißel zusammen kürzer als die vorhergehenden 8
8. Augen sehr klein, Epinotum mit zwei Zähnen, letztes Fühlerglied etwa so lang als die drei vorhergehenden zusammen, rostrot, 3 bis 3,7 mm. . . . . *Stenamma* Westw.
   Augen größer 9
9. Pro- und Mesonotum zusammen halbkreisförmig (im Profil gesehen) gewölbt, das Epinotum weit überragend, Fühlerkeule 4-gliedrig 10
   Pro- und Mesonotum flach gewölbt, das Epinotum nur wenig oder gar nicht überragend, Fühlerkeule 3-, 4- oder 5-gliedrig . . . . *Myrmica* Latr.
10. Monomorph, Epinotum bedornt . . . . *Aphaenogaster* Mayr.
    Dimorph, Epinotum ohne Dornen oder Zähne *Messor* For.
11. Hinterrücken (Epinotum) vollkommen unbewehrt *Monomorium* Mayr.
    Hinterrücken stets bewaffnet 12

12. Hinterrand des Clypeus zwischen der Stirnleiste und dem Kiefergelenk aufgebogen und als erhabene Leiste die Fühlergrube vorn begrenzend; Fühler 12-gliedrig *Tetramorium* Mayr.
    Hinterrand des Clypeus nicht aufgebogen, sein Vorderrand nahe dem Kiefergelenk etwas aufgebogen; Fühler 11- oder 12-gliedrig . . . . *Leptothorax* Mayr

3. *Dolichoderini.*

1. Hinterrücken (Epinotum) flach abfallend; Schuppe schmal, mit dem Petiolus verschmolzen, von dem ersten Gastersegment überragt . . . . *Tapinoma* Foerst.
   Hinterrücken senkrecht abfallend, mit tief ausgehöhlter Hinterfläche; Schuppe breit, freiliegend, d. h. nicht überragt von dem ersten Gastersegment. . . . . .*Dolichoderus* Lund.

4. *Camponotini.*

1. Insertion der Fühler vom Hinterrand des Clypeus entfernt (Fig. 7, S. 21) 2
   Insertion der Fühler an der Vereinigungsstelle von Stirnleisten und Clypeus gelegen 3
2. Meist große Arten von 3 bis 14 mm Länge; Clypeus trapezförmig; ohne morphologisch-differenzierte Soldatenform *Camponotus* Mayr.
   Kleinere Art von 3 bis 5 mm Länge; Clypeus mit parallelen Seiten; mit differenzierter Soldatenform mit scharf abgestutztem Vorderkopf (Fig. 29C, S. 55) . . . . *Colobopsis* Mayr.
3. Mandibeln glatt, ohne gezähnten Kaurand, spitz sichelförmig (Fig. 8B, S. 21). . . . . *Polyergus* Latr
   Mandibeln mit gezähntem Kaurand, breit dreieckig (Fig. 8A, S. 21) 4
4. Fühler elfgliedrig . . . . *Plagiolepis* Mayr.
   Fühler zwölfgliedrig 5
5. Stirnfeld undeutlich begrenzt, viel breiter als lang; Stirnaugen sehr schwach entwickelt oder fehlend; kleine Arten von 2 bis 5 mm . . . . *Lasius* Fb.
   Stirnfeld allseits deutlich begrenzt, nicht breiter als lang; Stirnaugen gut ausgebildet; mittelgroße Arten von 5 bis 10 mm *Formica* L.

C. Die Arten.

Ponera Ltr.

In unserer Fauna kommt nur eine einzige Art vor: *P. contracta* Latr. Sie ist 2,5 bis 3,5 mm lang, sehr schmal, braun bis schwärzlich gefärbt und lebt in sehr kleinen Gesellschaften unter Steinen oder Rinde, oft im Nestbezirk von *Formica sanguinea* oder *rufa* (Wasmann).

Anergates Forel.

Die einzige Art *A. atratulus* Schenck lebt stets in gemischten Kolonien mit *Tetramorium caespitum*. Die Arbeiterkaste fehlt vollkommen; die Männchen sind stark degeneriert, flügellos, larvenähnlich; die befruchteten Weibchen zeichnen sich durch Physogastrie aus (vgl. Fig. 70 A, S. 217). Die jungen Geschlechtstiere erscheinen im Juni und Juli; die Befruchtung findet im Nest statt.

Strongylognathus Mayr.

In Deutschland kommt nur eine Säbelameise vor: *Str. testaceus* Schenck. Dieselbe ist 2,5 bis 2,75 mm lang, rötlichgelb, glänzend, Hinterkopf tief ausgeschnitten (Fig. 69b, S. 215). Sie lebt stets mit dem ihr an Größe und Form nahestehenden *Tetramorium caespitum* zusammen in gemischten Kolonien (S. 215). Hochzeitsflug im Juli und August. Die Geschlechtstiere sind nur wenig größer als die Arbeiter (♀ 3,5 bis 4, ♂ 4 bis 4,5 mm), während die von *Tetramorium* drei- bis viermal so groß sind (♀ 5 bis 8, ♂ 6 bis 7 mm), so daß bei Anwesenheit der Geschlechtstiere eine Verkennung der beiden Arten ausgeschlossen ist.

Harpagoxenus For.

Die einzige Art, *H. sublaevis* Nyl., lebt in gemischten Kolonien mit *Leptothorax acervorum* F. (gelegentlich auch mit *L. tuberum* F.), dem sie verwandtschaftlich wie habituell sehr nahe kommt. Man erkennt sie unter ihren Hilfsameisen leicht an ihrer Größe (3,5 bis 5,5 mm) und dem relativ großen rechteckigen Kopf. Eine echte Sklavenhalterin und in ihren Gewohnheiten *Formica sanguinea* am ähnlichsten. Hauptverbreitungsgebiet der hohe Norden Europas; in Deutschland von Viehmeyer bei Dresden, im Erzgebirge und im Böhmer Wald, andererseits auch in der Schweiz und in Kärnten gefunden. Zwei verschiedene Weibchenformen, normal geflügelte und ergatoide; erstere bisher nur in Deutschland gefunden. — Hochzeitsflug in Deutschland Mitte Juli.

Myrmecina Curt.

Ebenfalls nur eine Art: *M. graminicola* Latr. (*Latreillei*). Von kurzer gedrungener Statur, schwarzbraun, abstehend behaart, 2,75 bis 3,25 mm lang. Lebt in kleinen Kolonien, meist im Nestbezirk anderer Ameisen, in Mulm, unter Blättern oder Steinen, oder in Mauerritzen; ist sehr furchtsam, rollt sich bei nahender Gefahr meist zusammen und stellt sich tot. — Hochzeitsflug im August und September.

Formicoxenus Mayr.

Die einzige Art: *F. nitidulus* Nyl., ist 2,5 bis 3 mm lang, glatt und glänzend, rötlichgelb bis rötlichbraun (Hinterleib dunkler) und lebt als Gast in den Nestern von *Formica rufa* und *pratensis* (S. 194).

Solenopsis Westw.

Bei uns nur *S. fugax* Ltr. Eine winzige, 1,5 bis 2 mm lange Ameise von gelber Färbung. Weibchen schwarzbraun, verhältnismäßig riesig groß (Fig. 67, S. 193). Lebt als Diebsameise im Nestbezirk größerer Ameisen, oft in ungemein volkreichen Kolonien (S. 193). — Hochzeitsflug im September und Oktober.

Stenamma Westw.

Die Gattung enthält nur wenige Arten, von denen eine bei uns vorkommt: *St. westwoodi* Westw. Rostrot, 3 bis 3,7 mm lang; Fühler, Beine und Unterseite des Abdomens etwas heller; Kopf und Hinterleib dagegen meist dunkler; Kopf und Thorax tief gerunzelt. Lebt verborgen, in Mulm oder Laub usw., auch unter schattig liegenden Steinen.

Myrmica Latr.

Für die deutsche Fauna kommen vier Arten in Betracht, die alle ziemlich übereinstimmend heller oder dunkler rotbraun gefärbt sind, deren Erkennung aber mit Hilfe des folgenden Schlüssels nicht schwer sein dürfte:

1. Epinotum unbewehrt, nur mit zwei stumpfen Höckern, Fühlerkeule fünfgliedrig, Mandibeln mit zwei großen Endzähnen, hinter diesen 12 bis 14 kleinere, Länge 7 bis 8,5 mm *M. rubida* Latr.

   Epinotum mit kräftigen Dornen oder Zähnen, Fühlerkeule drei- bis viergliedrig, Mandibeln mit vier bis acht Zähnen, Länge 3 bis 5,5 mm 2

2. Fühlerschaft an der Basis in flachem Bogen gekrümmt, Fühlerkeule viergliedrig . . . . *M. rubra* L.

   a) Epinotumdornen gewöhnlich kürzer, ihr Zwischenraum glatt und glänzend, zweites Stielchenglied (Postpetiolus) glänzend, Länge 4 bis 5 mm . . . . *M. rubra laevinodis* Nyl.

   b) Epinotumdornen länger, ihr Zwischenraum gewöhnlich quergestreift, Postpetiolus ziemlich matt, mit einigen Längsfurchen, Länge 4,5 bis 5,5 mm . *M. rubra ruginodis* Nyl.

   Fühlerschaft an der Basis plötzlich gekrümmt oder geknickt, an der geknickten Stelle meist verdickt und mit einem zahn- oder lappenförmigen Anhange; Fühlerkeule dreigliedrig 3

3. Fühlerschaft an der Basis geknickt, an der Knickungsstelle mit deutlichem Zahne oder Lappen . . *M. scabrinodis* Nyl.
   a) Fühlerschaft an der Knickung mit einem kleinen zahnartigen Vorsprung oder mit breitem Lappen, dessen Basis zur Längsachse des Schaftes schief gestellt ist, Länge 3,5 bis 5 mm *M. scabrinodis scabrinodis* Nyl.
   b) Fühlerschaft an der Knickung mit breitem, zur Längsachse des Schaftes quergestellten Lappen, gewöhnlich dunkler gefärbt.
      aa) Epinotumdornen kürzer, ihr Zwischenraum in der Regel quergestrichelt, erstes Stielchenglied (Petiolus) kürzer, im Profil oben mehr winkelig, Länge 3,5 bis 5 mm *M. scabrinodis lobicornis* Nyl.
      bb) Epinotumdornen länger (wie bei *scabrinodis scabrinodis*), ihr Zwischenraum gewöhnlich glatt, Petiolus länger, im Profil oben weniger winkelig, Länge 4 bis 5 mm *M. scabrinodis Schencki* Em.

   Fühlerschaft an der Basis in kurzem Bogen gekrümmt, ohne Zahn oder Lappen 4
4. Kleiner, heller gefärbt, mit schwächerer Skulptur, Stirnfeld fast ganz glatt, Länge 3 bis 4 mm . *M. scabrinodis rugulosa* Nyl.

   Größer, dunkler, mit rauher Skulptur, Stirnfeld längsgestreift, Länge 4 bis 4,5 mm . . . . . . *M. sulcinodis* Nyl.

M. rubida Latr. Die größte Art der Gattung, und zugleich die gefürchtetste aller deutschen Ameisen; ihr Stich ist sehr wirksam und selbst für Menschen sehr empfindlich. Nistet in der Erde, unter Steinen, errichtet zuweilen auch einen Krater oder eine Kuppel aus Erde; sie zieht sandige Gegenden (die Heide) feuchten Wäldern vor. Im Gebirge häufiger als in der Ebene. Hochzeitsflug in den Sommermonaten Mai bis September.

M. laevinodis Nyl. und *ruginodis* Nyl. Werden von Emery als Rassen einer Art, der *M. rubra* L., angesehen. Sie stehen einander systematisch sehr nahe und sind durch Übergangsformen (*v. ruginodo-laevinodis* For.) verbunden. Sie verhalten sich auch biologisch sehr ähnlich. Erstere bevorzugt schweren und feuchten Boden, letztere Sandboden. — Hochzeitsflug findet vom Juli bis Oktober statt.

M. rugulosa, scabrinodis, lobicornis Nyl. und *Schencki* Em. Auch zwischen diesen vier Formen kommen Übergänge vor, z. B. *var. rugulosoides* For. Sie stellen daher nicht eigentliche „Arten" (im Sinne Doederleins) dar, sondern „Formen" oder Rassen einer Art (*scabrinodis*). Die weniger häufige *rugulosa* ist durch den nicht geknickten, sondern gebogenen Fühlerschaft vielleicht als eine Überleitung zu *rubra* anzusehen. — Biologisch stehen sie einander äußerst nahe; *lobicornis* bevorzugt besonders das Gebirge, *Schencki* mehr das Flach- und Hügelland. — Hochzeitsflug Mai bis September.

M. sulcinodis Nyl. ist eine mehr nordische Form, die in Deutschland fast nur im Gebirge vorkommt.

Aphaenogaster Mayr.

Die einzige in Deutschland vorkommende Art, *Aph. subterranea* Ltr., erinnert bezüglich ihrer Statur und Färbung etwas an die kleinen *Myrmica*-Arten, von denen sie aber durch den hochgewölbten Pro- und Mesothorax leicht zu unterscheiden ist. Oberseite des Körpers glatt und glänzend; Färbung rötlich oder gelblichbraun, Kopf und Abdomen dunkler, schwarzbraun; Extremitäten heller, gewöhnlich gelblichbraun; Länge 4 bis 5 mm. Nistet in der Erde, meist unter Steinen. Die geflügelten Geschlechtstiere erscheinen im Juli und August. Das Vorkommen dieser südlichen Form beschränkt sich in Deutschland auf wenige, durch ihre Wärme ausgezeichnete Lokalitäten des Südwestens.

Messor Forel.

Dimorphismus meist sehr bedeutend, größte und kleinste Formen durch eine Reihe von Zwischenstufen verbunden. Beim größten Soldaten ist der Kopf so breit oder breiter als lang. Nester in der Erde, manchmal sehr tief, oft mit Getreidevorräten (S. 159). Die einzige in Deutschland (bei Wiesbaden und in Schlesien) gefundene Form ist *M. barbarus structor var. mutica* Nyl.

Monomorium Mayr.

Von der ziemlich artenreichen Gattung kommt in Deutschland nur eine einzige Art vor, und zwar nicht einmal als endemisch, sondern nur eingeschleppt; es ist dies die berüchtigte Hausameise der großen Städte, *M. pharaonis* L. Von winziger Statur, 1,75 bis 2 mm lang, rotgelb mit dunklerem Hinterleibsende. Lebt bei uns nur in Häusern, wo sie recht unangenehm und sogar schädlich werden kann.

Tetramorium Mayr.

Bei uns nur eine Art, *T. caespitum* L., unter dem Namen „Rasenameise" bekannt. Länge 2,5 bis 3,5 mm, braun bis schwarzbraun gefärbt; Oberkiefer, Fühlergeißel, Gelenke der Beine und Tarsen stets heller; Männchen und Weibchen sehr groß (6 bis 8 mm). Die Art ist ungemein weit verbreitet über ganz Europa, Asien, Nordafrika und Nordamerika, und hat eine Reihe geographischer Rassen und Varietäten ausgebildet. Sie nistet meistens in offenem Terrain; ihre Nester sind unterirdisch und häufig von einer Erdkuppel bedeckt. Im Süden sammelt sie regelmäßig Samenkörner, bei uns nur ausnahmsweise (S. 159); mit ihr leben verschiedene andere Arten in gemischten Kolonien (*Strongylognathus*, *Anergates*). Hochzeitsflug im Juni und Juli.

Leptothorax Mayr.

In Deutschland zwei Arten, deren eine in einer großen Anzahl verschiedener Rassen auftritt:

1. Fühler elfgliedrig, gelbrot oder braunrot. Oberseite des Kopfes und des Hinterleibes, sowie die Fühlerkeule dunkler *L. acervorum* F.

a) Beine mit abstehender Behaarung. Länge 3,3 bis 3,7 mm
L. acervorum acervorum F.

b) Beine ohne abstehende Behaarung. Länge 2,8 bis 3,7 mm
L. acervorum muscorum Nyl.

2. Fühler zwölfgliedrig, Beine stets ohne abstehende Haare:

a) Meso- und Epinotum durch einen deutlichen Quereindruck getrennt. Gelb mit gleichfarbiger Fühlerkeule, auf dem ersten Hinterleibssegment eine dunkelbraune Querbinde. Länge 2,3 bis 3 mm. . . . *L. tuberum Nylanderi* Först.

b) Meso- und Epinotum nie getrennt, Thoraxrücken bildet, im Profil betrachtet, eine ununterbrochene Linie.

aa) Epinotumdornen an der Basis sehr breit und kurz, ihre Oberseite ziemlich horizontal, mit dem Thoraxrücken eine fortlaufende Linie bildend, ihre Unterseite vertikal. Rotbraun; Kopf und Hinterleib schwarzbraun, Fühler, Mandibeln und Tarsen gelblich. Länge 2,5 bis 3,2 mm. . . . . *L. tuberum corticalis* Schenck.

bb) Epinotumdornen lange, etwas gebogen und dünn, an der Basis kaum breiter als gegen das Ende. Thorax kräftig längsrunzelig. Rotgelb; Kopf und Hinterleib bis auf den Vorderrand des ersten Abdominalsegments bräunlich, Fühlerkeule meist bräunlich. Länge 2,6 bis 3,3 mm . . . . *L. tuberum affinis* Mayr.

cc) Epinotumdornen mäßig lang, gerade. Thorax kräftiger gerunzelt als bei *tuberum* i. sp., aber schwächer als bei *affinis*. Rötlich; Kopf, Fühlerkeule, der Hinterleib bis auf einen gelben Fleck an der Basis dunkelbrau. Länge 2,6 bis 3 mm . . . . . . *L. tuberum nigriceps* Mayr.

dd) Epinotumdornen mäßig lang, ziemlich gerade. Thorax fein gerunzelt. Gelb; Fühlerkeule, Vorderkopf (der Scheitel niemals) und oft eine wenig deutliche in der Mitte unterbrochene Querbinde auf dem ersten Hinterleibssegment braunschwarz. Länge 2,2 bis 5 mm
L. tuberum interruptus Schenck.

ee) Dem *interruptus* ähnlich, aber größer und die Binde auf dem ersten Hinterleibssegment breit, scharf abgesetzt und nicht unterbrochen. Länge 2,5 bis 3,5 mm
L. tuberum unifasciatus Latr.

ff) Epinotumdornen gewöhnlich mäßig lang, Thorax fein längsrunzelig. Gelb oder rötlichgelb; Fühlerkeule, Kopf, besonders der Scheitel, und die Mitte der Oberseite des Hinterleibes mehr oder weniger dunkelbraun. Übergänge zu den Rassen *affinis*, *nigriceps* und *interruptus* häufig. Länge 2,4 bis 3 mm
L. tuberum tuberum F.

Alle *Leptothorax*-Formen leben in kleinen Kolonien, unter der Rinde (*corticalis, tuberum* i. sp.), unter Steinen (*acervorum, Nylanderi, unifasciatus, interruptus*), in hohlen Zweigen (*affinis*), in morschem Holze (*acervorum*), in Gallen usw., ohne sich dabei auf ein besonderes Medium zu beschränken. *Acervorum* kommt oft im Nestbezirke der *Formica*-Arten vor. Die Geschlechtstiere der Gattung sind nur wenig größer als die Arbeiter (im Gegensatz zu *Tetramorium*), Charakter furchtsam und friedlich. Hochzeitsflug vom Sommer bis Spätherbst. Häufig mit *Myrmica*-Arten gemeinsam schwärmend. *L. acervorum* ist die Hilfsameise von *Harpagoxenus*.

Tapinoma Foerst.

Die einzige deutsche Art, *T. erraticum* Ltr., ist 2,5 bis 3,5 mm lang, schwarz oder braunschwarz gefärbt, und ziemlich reichlich anliegend behaart. Sie hat viel Ähnlichkeit mit *Lasius niger*, von dem sie sich aber durch die Bildung der Schuppe und die nach vorn überragende Hinterleibsbasis leicht unterscheiden läßt. Wer aber trotzdem etwa noch im Zweifel sein sollte, der achte auf den starken, aromatischen Geruch, welchen *Tapinoma* bei Berührung abgibt und der auch den Spiritusexemplaren noch lange anhaftet. Nistet vorzugsweise an sonnigen Plätzen, an steinigen Abhängen, auf Wiesen usw.; erbaut über dem Nest oft eine dünne, zeltartige Erdkuppel (S. 113, Fig. 41 B). Die *Tapinoma* sind ungemein flinke Tiere und halten beim Laufen das Abdomen aufgerichtet, stets zur Verteidigung bereit; denn sie wehren ihre Feinde nicht durch Stiche oder Bisse ab, sondern durch Berühren mit ihrem Abdomen, aus dessen Spitze (Kloake) das jenen aromatischen Geruch besitzende Gift quillt (S. 36). Sie sind vornehmlich Fleischfresser; man trifft sie nicht selten an Kadavern von Vögeln; ferner finden sie sich meistens bei den Schlachten, welche zwischen großen Ameisen (*Formica* usw.) geschlagen werden, ein, um sich (nach Art der Hyänen) der Gefallenen oder Verwundeten zu bemächtigen und sie als Beute heimzuschleppen. Hochzeitsflug im Juni.

Dolichoderus Lund.

Ebenfalls nur eine Art in Deutschland: *D. quadripunctatus* L. Kopf schwarz, Thorax und Stielchen rot, Abdomen schwarz und fast stets mit vier gelblich-weißen Makeln (zwei auf dem ersten, und zwei auf dem zweiten Segment) geschmückt; Kopf und Thorax mit tiefen grubenförmigen Punkten dicht besetzt; Länge 3 bis 4 mm. Die charakteristische Färbung schließt eine Verwechselung mit einer anderen deutschen Art aus. Nistet sehr gerne auf Nußbäumen, unter Rinde, oder in dem hohlen Markkanal abgestorbener Äste oder aber auch in totem verarbeiteten Holze. Kolonien manchmal sehr individuenreich. Hochzeitsflug im Spätsommer.

Camponotus Mayr.

Die deutschen Arten — unter denen die größten der heimischen Ameisen sich befinden — lassen sich folgendermaßen unterscheiden:

1. Rücken des Thorax von vorn nach hinten sanft gewölbt, ohne Einschnürung zwischen Meso- und Epinotum 2

   Thoraxrücken zwischen dem Meso- und Epinotum mit einer starken Einschnürung. Epinotum mit horizontaler Basal- und vertikaler abschüssiger Fläche. Entweder ganz schwarz, oder der Vorderkörper mehr oder weniger lebhaft rot, glänzend. Länge 3 bis 7 mm . . . . . *C. lateralis* Oliv.

2. Mandibeln mit sechs bis sieben Zähnen, Wangen mit abstehenden Haaren; der auch bei den großen Exemplaren deutlich gekielte Clypeus verlängert sich nach vorn in einen breiten vorstehenden rechteckigen Lappen, der beiderseits stark ausgebuchtet ist. Ganz schwarz oder mit braunen Gliedmaßen, sehr selten der Thorax braun. Kopf und Thorax der größeren Arbeiter ziemlich matt, Hinterleib glänzend. Länge 5,5 bis 9,5 mm . . . . *C. maculatus aethiops* Latr.

   Mandibeln mit vier bis fünf Zähnen, Wangen ohne abstehende Haare, Clypeus bei den großen Arbeitern nicht gekielt, mit sehr kurzem Lappen, der beiderseits abgerundet oder stumpfwinklig ist 3

3. Kleiner (4 bis 9 mm), Lappen des Clypeus beiderseits abgerundet, in der Mitte ausgerandet. Schwarz oder dunkelbraun, mit hellen oder dunkelbraunen Extremitäten, glänzend. *C. fallax* Nyl. (*marginatus* Rog.).

   Größer (6,5 bis 14 mm), Lappen des Clypeus sehr kurz, beiderseits stumpfwinklig, in der Mitte nicht ausgerandet. *C. herculeanus* L.

   a) Schwarz, anliegende und abstehende Behaarung lang und reichlich, matt, mit leichtem Seidenschimmer. Länge 8 bis 13 mm . . *C. herculeanus vagus* Scop. (*pubescens* F.).

   b) Thorax, Schuppe, Beine und Fühlergeißel dunkelrotbraun oder heller rot, anliegende und abstehende Behaarung weniger lang und weniger reichlich.

      aa) Erstes Hinterleibssegment ganz schwarz oder der Schuppe zunächst mit einem kleinen rotbraunen Flecke, Gaster matt. Länge 6,5 bis 12 mm *C. herculeanus herculeanus* L.

      bb) Schlanker, vordere Hälfte des ersten Hinterleibssegmentes rot, Gaster ziemlich glänzend. Länge 7 bis 14 mm . . . . *C. herculeanus ligniperda* Latr.

Nur *herculeanus* i. sp. und *ligniperda* sind über ganz Deutschland verbreitet, die übrigen Arten nur auf die wärmsten Gegenden

Deutschlands beschränkt. Die ersteren beiden sehr eng miteinander verwandt, Zwischenformen zwischen beiden nicht selten (var. *herculeano-ligniperda*). Nisten im Holz, auch in lebenden Stämmen (vorzugsweise Koniferen) und können dadurch schädlich werden; minieren aber auch Erdnester unter Steinen. *Herculeanus* liebt mehr das Gebirge, *ligniperda* mehr die Ebene. Geschlechtstiere fliegen ziemlich früh, von Mai bis Juni, gewöhnlich ohne eigentliche Schwarmbildung.

C. vagus Scop (pubescens) liebt trockene sonnige Gegenden und findet sich meist an kahlen Abhängen oder in der Ebene; nistet in alten Baumstrünken, in die er Gänge usw. meißelt, manchmal auch in Pfählen oder sogar in Balken von Häusern. Die Geschlechtstiere fliegen in der Mitte des Sommers (siehe auch S. 75, Anmerkung). Bisher nur in der Pfalz (Prof. Lauterborn) und im Elsaß bei Hagenau (Dr. Strohl) gefunden.

C. aethiops und *fallax (marginatus)*. Beide sehr scheue und furchtsame Tiere. Ersterer baut Erdnester, Hochzeitsflug Mitte Juni bis Juli; letzterer nistet in Stämmen, Hochzeitsflug Mai. *Aethiops* bisher nur im Elsaß (Rufach), am Kaiserstuhl in Baden (Adam und Förster) und in den xerothermen Gebieten der Nahe (Reichensperger) gefunden; *fallax (marginatus)* außer im Elsaß und am Kaiserstuhl („in einem Bienenstock", nach Adam und Förster) auch in der Mark („zwischen den Doppelwänden von Bienenkörben", nach Stitz) und mehrfach in Sachsen gefunden.

C. lateralis Oliv. Bisher nur in den xerothermen Gebieten an der Nahe (Reichensperger) und im Elsaß bei Rufach (Escherich und Ludwig) gefunden. Nest in der Erde. Der Hochzeitsflug scheint im März stattzufinden, nachdem die Geschlechtstiere überwintert haben (Forel).

Alle *Camponotus*-Arten sind fleißige Blattlauszüchter; besonders ist *vagus (pubescens)* bekannt durch seine langen Reihen, in denen er auf das Melken auszieht. *Lateralis* außerdem Fleischnahrung stärker bevorzugend, und gleich Tapinoma die Nester anderer Arten umlauernd (Forel). Übrigens ist auch von *ligniperda* bekannt, daß sie gelegentlich Puppen anderer Ameisen rauben (Brun).

Plagiolepis Mayr.

Von dieser Gattung kommt nur eine Art für Deutschland in Betracht, *P. pygmaea* Ltr., eine winzige dunkelbraune Ameise von nur 2 mm Länge. Sie findet sich nur in wärmsten Gegenden: Rufach in Elsaß (Escherich und Ludwig), Kaiserstuhl (Adam und Förster), „in den heißesten Hängen des Rheintals und einiger Nebentäler" (Reichensperger). Ihre Nester sind meist recht umfangreich und stark bevölkert, in Felsspalten und unter dürrem Moos und Flechten angelegt (Reichensperger).

Colobopsis Mayr.

Für die deutsche Fauna kommt nur eine Art in Betracht: *C. truncata* Spin. Länge 3 bis 5 mm; Färbung rotbraun, Hinterleib braunschwarz; Körper glänzend, nur der Vorderkopf sehr grob punktiert, gerunzelt und glanzlos. Arbeiter dimorph: Soldat mit scharf abgestutztem Vorderkopf; die konkave Stutzfläche von einem kreisförmigen scharfen Rand umgeben (Fig. 29 C, S. 55). Über die Funktion des Soldaten siehe S. 63. Nistet ausschließlich im Holz, das sie mit ihren kurzen, kräftigen Mandibeln sehr gut zu bearbeiten versteht (Fig. 46, S. 120). Eine besondere Vorliebe scheint sie für Nußbäume zu haben. Ist eigentlich eine südliche Art, und kommt auch in Deutschland nur in warmen Gegenden (Weinländern) vor.

Polyergus Latr.

Die einzige Art der Gattung, *P. rufescens* Latr. (die Amazone), gehört zu den schönsten Ameisen; ihr Kolorit ist ein helleres oder dunkleres Rotbraun, wie von gebrannter Terra di Siena; Länge 6 bis 8 mm. Sie lebt stets in gemischten Kolonien mit *Formica fusca* und *rufibarbis*, deren Puppen sie in wohlorganisierten Sklavenjagden raubt (S. 208 bis 212). Hochzeitsflug im Juli und August.

Lasius F.

1. Tiefschwarz, stark glänzend, Hinterleib nur mit kurzen, abstehenden Haaren besetzt, Hinterrand des Kopfes tief ausgeschnitten. Länge 4 bis 5 mm . . . . *L. fuliginosus* Latr.

   Braun, gelb oder zweifarbig, wenig glänzend, reichlich anliegend behaart, Hinterrand des Kopfes weniger stark ausgebuchtet 2

2. Der ganze Körper gelb gefärbt 3

   Entweder gleichmäßig heller oder dunkler braun, oder Kopf und Hinterleib braun und der Thorax gelbrot. Länge 2,5 bis 4 mm . . . . *L. niger* L.

   a) Fühlerschaft und Schienen mit abstehenden Haaren.

      aa) Ganz braunschwarz, nur der Thorax manchmal ein wenig heller, Stirnrinne undeutlich. . *L. niger niger* L.

      bb) Kopf und Hinterleib dunkelbraun, Thorax gelbrot, Stirnrinne undeutlich. . . *L. niger emarginatus* Latr.

   b) Fühlerschaft und Schienen ohne abstehende Behaarung.

      aa) Dem *niger* i. sp. sehr ähnlich, etwas heller gefärbt, etwas weniger behaart und gewöhnlich kleiner, Stirnrinne nur in der Nähe des Stirnfeldes deutlich.

      L. niger alienus Först.

bb) In der Färbung dem *emarginatus* ähnlich, Thorax mehr braungelb, Stirnrinne sehr deutlich bis zum vorderen Punktauge . . . . *L. niger brunneus* Latr.

3. Arbeiterkaste stärker polymorph, bei den größten Arbeitern Kopf und Hinterleib rötlich oder bräunlichgelb, Augen groß, mit 60 bis 80 Facetten, Schuppe niedrig, oben etwas breiter als unten, ihr oberer Rand weniger oder gar nicht ausgeschnitten, Schienen ohne abstehende Behaarung. Länge 2 bis 4 mm *L. flavus* F.

Polymorphismus der Arbeiterkaste geringer, ganz hellgelb, Augen winzig, mit 15 bis 20 Facetten. Länge 1,7 bis 2,5 mm *L. flavus myops* For.

Polymorphismus der Arbeiterkaste geringer, Kopf und Hinterleib der größten Arbeiter nicht anders gefärbt als der Thorax, Augen groß, Schuppe höher, oben schmäler als unten. Länge 3,5 bis 5 mm . . . . *L. umbratus* Nyl.

a) Schienen mit abstehenden Haaren, Körperhaare lang, Farbe rötlichgelb, Schuppe wenig oder gar nicht ausgeschnitten. Länge 3,5 bis 5 mm. . . . . . *L. umbratus umbratus* Nyl.

b) Schienen ohne abstehende Haare, auf dem Körper nur sehr sparsam mit kurzen Borstenhaaren besetzt, Schuppe wenig oder gar nicht ausgeschnitten. Länge 3,5 bis 5 mm *L. umbratus mixtus* Nyl.

c) Schienen ohne abstehende Haare, Thorax und Hinterleib oben reichlich mit langen Borstenhaaren besetzt, Schuppe schmal, sehr hoch, ihr oberer Rand sehr tief dreieckig ausgeschnitten. Länge 3,5 bis 5 mm *L. umbratus affinis* Schenck.

d) Schienen ohne abstehende Haare, Thorax reichlich mit langen Borstenhaaren besetzt, Schuppe sehr hoch, sehr tief halbkreisförmig ausgeschnitten. Länge 3,7 bis 4,5 mm *L. umbratus bicornis* Foerst.

L. fuliginosus Ltr. Die größte deutsche *Lasius*-Art zeichnet sich durch einen penetranten, eigentümlichen Geruch aus. Verfertigt Nester aus starkem, braunem, brüchigem Karton, in alten hohlen Bäumen meist in der Nähe der Wurzeln oder in Baumstrünken oder auch in Erdhöhlen usw. (S. 123). Lebt in sehr volkreichen Kolonien; nährt sich größtenteils von Blattlaushonig, raubt aber zuweilen auch fremde Ameisenlarven und -puppen. Sozialparasitische Art. Hochzeitsflug im Juni und Juli, abends oder auch zur Nachtzeit.

L. niger i. sp. L. und *alienus* Foerst. *L. niger* i. sp. ist die gemeinste Ameise unseres Faunenbezirks; sie ist wenig wählerisch bezüglich des Nistplatzes und findet sich fast überall (in Gärten, Städten, Feldern, Wäldern, auf Wiesen, im Tal und im Gebirge usw.). Sie ist eine ausgezeichnete Erdarbeiterin, und errichtet über ihrem unterirdischen Neste dauerhafte, von Kammern und Gängen durchzogene Erdkuppeln (Fig. 41 A, S. 113) und häufig auch lange gedeckte Straßen zu Blattläusen usw., gelegentlich nistet sie auch in alten Strünken. *L. alienus* ist weniger gemein, verhält sich aber biologisch ganz ähnlich wie *niger*, nur liebt er mehr trockenes Gelände, z. B. die Heide. Hochzeitsflug der beiden im Juli und August, stets mit Schwarmbildung verbunden. Die Weibchen sind um ein Vielfaches größer als die Arbeiter und die Männchen.

L. brunneus Ltr. und *emarginatus* Ol. *Brunneus* lebt meist in alten Baumstrünken oder unter der Rinde, seltener in Häusern, Mauerspalten usw., während *emarginatus* gerade letztere Plätze bevorzugt. *Emarginatus* besitzt einen charakteristischen Geruch, baut hin und wieder auch Kartonnester ähnlich *fuliginosus* (Wasmann). Hochzeitsflug von *brunneus* wie bei *niger* und *alienus*, *emarginatus* fliegt in der Nacht.

L. flavus Fabr., die kleinste der gelben Arten; lebt vorzugsweise auf Wiesen, an Straßenrändern, in unterirdisch minierten Nestern, die unter Steinen angelegt oder mit einer Erdkuppel bedeckt sind. Letzteres ist im Elsaß meistens der Fall; in sandigen (nördlicheren ?) Gegenden findet man dagegen (nach Wasmann) diese Bauart nicht. Man kann die Erdkuppeln schon äußerlich dadurch von denen der obigen *Lasius*-Arten unterscheiden, daß sie keine Öffnungen besitzen und meist mit Pflanzen bewachsen sind. *Flavus* verläßt denn auch fast niemals sein Nest, er nährt sich ausschließlich von den Exkrementen der Wurzelaphiden (S. 147). Hochzeitsflug von Juli bis Oktober, mit Schwarmbildung, auch im Winter ♂ und ♀ im Nest gefunden. Weibchen wie bei den vorigen Arten relativ sehr groß. *L. flavus myops* legt sein Nest regelmäßig unter Steinen an.

L. umbratus Nyl., *mixtus* Nyl., *bicornis* Foerst und *affinis* Schenck. Von den Unterarten des *umbratus* sind *umbratus* i. sp. und *mixtus* die häufiger vorkommenden. Alle haben relativ kleine ♀♀ und sind höchstwahrscheinlich Sozialparasiten (siehe S. 201). Biologisch verhalten sie sich übereinstimmend und ganz ähnlich wie *flavus*. Nester unter Steinen oder zwischen den Wurzeln der Bäume. *Umbratus* i. sp. scheint zuweilen das Material seiner Nestwände kartonartig zu verarbeiten. *Umbratus* und *mixtus* sind häufig, *bicornis* dagegen ist sehr selten. *Umbratus* scheint Buschwerk und Wald den Wiesen vorzuziehen; ich fand ihn meistens an der Basis großer Bäume. Hochzeitsflug wie bei *flavus*.

Formica.

1. Clypeus in der Mitte des Vorderrandes ausgeschnitten, Färbung rot und schwarz, Stirnfeld matt. Länge 6 bis 9 mm *F. sanguinea* Latr.
   Clypeus in der Mitte des Vorderrandes nicht ausgeschnitten 2

2. Hinterkopf tief ausgebuchtet, Färbung wie *rufa*, mäßig pubeszent und sehr wenig behaart. Schuppe oben meist tief ausgerandet, Basalrand der Mandibeln mit einigen mehr oder weniger deutlichen Zähnen. Länge 3,8 bis 7,5 mm *F. exsecta* Nyl.

   a) Maxillarpalpen lang, fast bis zum Hinterhauptsloch reichend, sechsgliedrig, Clypeus ohne deutlichen Eindruck hinter dem Vorderrande, Schuppe tief halbkreisförmig ausgeschnitten. Länge 5 bis 7,5 mm . . . . *F. exsecta exsecta* Nyl.

   b) Maxillarpalpen sehr kurz, nur bis zum Hinterrande des Mundes reichend, fünfgliedrig, selten sechsgliedrig; Clypeus mit einem dem aufgebogenen Vorderrande parallel laufenden Eindruck; Skulptur schwach, Pubeszenz kurz und weitläufig, Gaster, besonders an der Basis, schimmernd. Länge 3,8 bis 6,5 mm. . . . . *F. exsecta pressilabris* Nyl.

   Hinterkopf nicht oder nur sehr seicht ausgebuchtet . . . 3

3. Körperbau kräftiger und gedrungener, Kopf meist kaum länger als breit; drittes bis viertes Geißelglied viel schlanker als sechstes bis achtes, Stirnfeld stets glänzend. Länge 4 bis 9 mm *F. rufa* L.

   a) Dunkler oder heller rostrot, Stirn, Scheitel und Gaster schwarzbraun, ebenso mitunter ein kleiner Fleck auf dem Pronotum, der aber den Hinterrand nicht erreicht. Augen unbehaart. Abstehende Behaarung am Körper sparsam, am Fühlerschaft und Schienen fehlend. Länge 6 bis 9 mm *F. rufa rufa* L.

   b) Wie *rufa* gefärbt, aber die schwarzbraunen Flecken am Kopf und Thorax größer, der Fleck auf dem Pronotum erreicht den Hinterrand und verschmilzt mit einem auf dem Mesonotum befindlichen dunklen Fleck. Augen behaart. Abstehende Behaarung am Körper reichlich, am Fühlerschaft fehlend, an den Schienen sparsam. Länge 4 bis 9 mm . . . . *F. rufa pratensis* Retzius.

   c) Lebhaft rot, auch die Basis des Gasters, der übrige Teil des Hinterleibes schwarzbraun, selten auf Scheitel und Pronotum ein dunkler Fleck. Augen behaart. Abstehende Behaarung des Körpers reichlich, Schaft und Schienen spärlich beborstet. Länge 4 bis 9 mm. *F. rufa truncicola* Nyl.

   d) In der Färbung *truncicola* ähnlich. Aber Augen unbehaart, und Kopf und Thorax ganz ohne abstehende Haare, Gaster ziemlich reichlich und kurz abstehend behaart. *F. rufa dusmeti* Em.

   Körperbau schlanker. Kopf bedeutend länger als breit. Drittes bis viertes Geißelglied nur wenig schlanker als das sechste bis achte. Stirnfeld wenig von der Umgebung abstechend, d. h. matt, wenn letztere matt, und glänzend, wenn letztere glänzend . . . . *F. fusca* L.

A. Unterseite des Kopfes ohne lange Borstenhaare.

a) Fast der ganze Körper glänzend, meist auch das Stirnfeld, Pubeszenz sehr spärlich, Gaster stark glänzend, Farbe braunschwarz, Gliedmaßen braun.

aa) Größer (5 bis 7,5 mm), mit im Profil abgerundetem Epinotum, ohne deutlichen Winkel zwischen abschüssigem und basalem Teil *F. fusca gagates* Latr.

bb) Kleiner (höchstens 6,5 mm), Epinotum im Profil einen zwar abgerundeten, doch deutlichen Winkel bildend . . . . *F. fusca picea* Nyl.

b) Körper ziemlich matt, höchstens schwach glänzend, Stirnfeld matt.

aa) Dunkelbraun bis braunschwarz, abstehende Behaarung spärlich. Pubescenz auf dem Gaster einen Reif bildend, ohne Seidenschimmer. Länge 5 bis 7 mm *F. fusca fusca* L.

bb) Ähnlich wie *rufa* gefärbt, hellrot, Scheitel und Gaster braunschwarz, oft auch ein kleiner Fleck auf dem Pronotum. Pubeszenz dicht. Länge 5 bis 7,5 mm *F. fusca rufibarbis* F.

B. Unterseite des Kopfes mit einigen langen Borstenhaaren. Farbe wie *fusca* i. sp. Pubescenz dicht mit grauem Seidenschimmer, reichlich mit kurzen abstehenden Borstenhaaren bedeckt. Länge 5 bis 7 mm *F. fusca cinerea* Mayer.

F. exsecta Nyl. Lebt vorzugsweise an Waldrändern, in Waldlichtungen usw.; errichtet „kombinierte Nester“ (S. 116), d. h. baut aus vegetabilischen Materialien Haufen, die aber nie sehr groß werden und gewöhnlich flach gewölbt sind; neigt zur Bildung von Zweigniederlassungen (S. 198). Hochzeitsflug im Juni und Juli, ohne Schwarmbildung.

F. sanguinea Ltr. Die „blutrote Raubameise“ nistet gewöhnlich in Wäldern, besonders an Waldrändern; ihre Haufen, die aus ähnlich feinem Material wie bei *exsecta* bestehen, sind sehr unregelmäßig und werden nie sehr hoch; nicht selten fehlen die Haufen auch ganz und befindet sich das Nest unter einem Stein oder unter Geröll. Über den periodischen Nestwechsel und die Sommer- und Winternester siehe oben, S. 107. Selten sind die Kolonien rein, meistens befinden sich in ihr noch mehr und weniger zahlreiche *F. fusca*- oder *rufibarbis*-Arbeiter als „Sklaven“. Über die Gründung neuer Kolonien, die Sklavenjagden, das Zahlenverhältnis der Herren zu den Sklaven usw. siehe S. 204. Häufig findet man Myrmekophilen in den *Sanguinea*-

Kolonien, von denen *Dinarda dentata* und *Lomechusa strumosa* die wichtigsten sind. Letztere kann sehr verhängnisvoll für die Ameisen werden, indem durch ihre Anwesenheit das Aufziehen der gänzlich unbrauchbaren krüppelhaften Pseudogynen veranlaßt wird (S. 52, Fig. 26). Die Geschlechtstiere fliegen im Juni bis Mitte August, ohne Schwarmbildung.

F. rufa L., *pratensis* Retz. und *truncicola* Nyl. Alle drei Formen sind haufenbauend; die Haufen von *rufa* sind hoch und stumpfkegelförmig und erreichen mitunter gewaltige Dimensionen (S. 117), jene von *pratensis* niedriger und flacher, und die von *truncicola* endlich sind unregelmäßig (ähnlich denen von *sanguinea*) und meist an alten Baumstämmen oder Wurzeln errichtet. Die Nester der Waldameise enthalten ein ganzes Heer von Mitbewohnern (Myrmekophilen), die aber (mit Ausnahme des Symphilen *Atemeles pubicollis*) meist zu den indifferent geduldeten Gästen (den Synoeken) gehören. Besonders auffallend sind die großen weißen Goldkäferlarven (*Cetonia floricola*), die ihre Entwickelung regelmäßig hier durchmachen. Die Geschlechtstiere fliegen während des ganzen Sommers. Über die Koloniegründung von *rufa* und *truncicola* siehe oben S. 198 und 199.

F. fusca L., *rufibarbis* F., *cinerea* Mayr. und *gagates* Nyl. *F. fusca* ist sehr furchtsam und wird infolgedessen von verschiedenen anderen Ameisen (*Formica sanguinea*, *Pol. rufescens*) als Sklavin benutzt (Kapitel VII, 2). Ferner lassen sich die jungen Weibchen von *F. truncicola* und auch von *F. rufa* und *pratensis* in weisellosen *Fusca*-Kolonien aufnehmen, um von ihnen ihre erste Brut aufziehen zu lassen. Auch *rufibarbis* dient vielfach als Sklavenameise. Die Nester von *F. fusca* und ihren Rassen sind unterirdisch, entweder rein miniert, oder unter Steinen, oder von einer Erdkuppel, oder von einem kleinen Haufen von vegetabilischen Materialien überdeckt. Die *Fusca*-Kolonien sind gewöhnlich ziemlich volkarm, während *cinerea* sich meistens durch ihren großen Volkreichtum auszeichnet. *Picea* und *gagates* sind relativ selten; erstere ist besonders im Norden und Osten des paläarktischen Gebietes verbreitet, letztere mehr im Süden und Westen. — *Rufa* bevorzugt die Wälder zum Nestbau, *pratensis* die Wiesen oder den Waldrand, Lichtungen, Schonungen, Wegränder usw. *Truncicola* findet man häufig in ziemlich dichten Schonungen, *cinerea* gewöhnlich in Heide- und Sandgegenden und *picea* ist eine ausgesprochene Liebhaberin der Moore.

Mit Ausnahme der Angehörigen der *Fusca*-Gruppe haben alle unsere *Formica*-Arten eine abhängige Koloniegründung.

Literatur.

Adam und Förster, Die Ameisenfauna Oberbadens. In: Mitt. Bad. Landesvereins für Nat. 1913.

André, Ed., Spécies des Hymenoptères 2. Les Fourmis. Beaune 1881.

Emery, C., Beiträge zur Monographie der Formiciden des paläarktischen Faunagebietes. In: D. Ent. Zeit. 1908 f.

Escherich und Ludwig, Beiträge zur Kenntnis der elsässischen Ameisenfauna. In: Mitt. Philom. Ges. Els.-Loth. **3**, 1906.

Forel, Aug., Les Fourmis de la Suisse. Zürich 1874.

Forel, Aug., Die Ameisen der Schweiz. Fauna insectorum helvetiae. Dübendorf 1915.

Mayr, G., Die europäischen Formiciden. Wien 1861.

Reichensperger, A., Die Ameisenfauna der Rheinprovinz usw. In: Ber. Vers. Botan. u. Zool. Vereins Rheinl.-Westf. 1911.

Schimmer, Beiträge zur Ameisenfauna des Leipziger Gebietes. In: Sitz. Nat. Ges. Leipzig **35**, 1908.

Stitz, H., Die Ameisen (Insekt. Mitteleuropas) H. 1914.

Viehmeyer, H., Beiträge zur Ameisenfauna des Königreichs Sachsen. In: Abhandl. der Isis. Dresden 1906.

Wasmann, E., Zur Kenntnis der Ameisen von Luxemburg. 1909.

Wasmann, E., Verzeichnis der Ameisen und Ameisengäste von Holländisch-Limburg. In: Tijdschr. voor Entomologie **34**, 39—64, 1891.

Namenregister.

Sachregister.

Die mit * versehenen Zahlen beziehen sich auf die Figuren der betreffenden Seite.

GPSR Compliance

The European Union's (EU) General Product Safety Regulation (GPSR) is a set of rules that requires consumer products to be safe and our obligations to ensure this.

If you have any concerns about our products, you can contact us on ProductSafety@springernature.com

In case Publisher is established outside the EU, the EU authorized representative is:

Springer Nature Customer Service Center GmbH
Europaplatz 3
69115 Heidelberg, Germany

Batch number: 10577878

Printed by Printforce, the Netherlands